航天
测试发射原理

钟文安　张俊新　编著

国防工业出版社

·北京·

内容简介

本书从航天测试发射任务的实际出发，全面系统地阐述了测试发射人员所需掌握的航天领域概念和原理，主要包括运载火箭、航天器和航天发射场的组成、功能和工作原理，以及航天发射场规划布局、测试发射模式和航天文化等，为航天发射场规划论证、测试发射模式选择、测试项目安排以及测试发射流程制定等提供了基本原则、理论知识和实用方法。本书内容共分为 7 章，分别是航天基本概念和原理、运载火箭结构和动力、运载火箭飞行和控制、运载火箭测量和测控、航天器、航天发射场、运载火箭测试和发射。

本书可供从事航天测试发射任务的工程技术人员以及发射场设计、使用和维护人员参考，对于从事航天任务的管理人员也有重要的参考价值，还可供高等院校相关专业学生学习参考。

审图号：GS(2020)2673 号

图书在版编目（CIP）数据

航天测试发射原理 / 钟文安，张俊新编著 . -- 北京：
国防工业出版社，2020.6
ISBN 978-7-118-09812-9

Ⅰ . ①航… Ⅱ . ①钟… ②张… Ⅲ . ①航天器发射－
测试系统 Ⅳ . ① V525

中国版本图书馆 CIP 数据核字 (2020) 第 073855 号

※

*国防工业出版社*出版发行

（北京市海淀区紫竹院南路 23 号　邮政编码 100048）
北京龙世杰印刷有限公司印刷
新华书店经售
*

开本 710×1000　1/16　印张 34　字数 658 千字
2020 年 7 月第 1 版第 1 次印刷　印数 1—1500 册　定价 169.00 元

（本书如有印装错误，我社负责调换）

国防书店：(010) 88540777　　书店传真：(010) 88540776
发行业务：(010) 88540717　　发行传真：(010) 88540762

　　航天是多学科的综合，不仅有工学、理学、医学等学科门类的应用，还有管理学、军事学等的应用，甚至教育学、法学、艺术学等学科在航天领域的运用也不少，需要航天发射场管理及技术人员具备渊博的知识，具有系统思维，知识和技术既要专更要广，能够灵活运用，触类旁通。航天又是"万人一杆枪"的事业，一枚中大型火箭的发射，配套的厂（所）有成百上千，直接相关的工作人员有成千上万，经过数年的研究、试验和制造，最后运至发射场进行全面测试并加注发射；对于一次性运载器、航天器来说，发射场的测试发射工作是发现解决问题提高成功率的最后机会；在发射场，每个工作人员都是大的组织网格里的一个小节点，平日里所遇所思的又只是"大象的一条腿"，缺乏系统性。责任的具体化和要求的无边界，导致技术人员开始从事航天测试发射工作时，找不到学习的切入点无从下手；一些概论性的书籍太泛泛，不具体，一些专业性强的书籍又太深奥，难以入门；需要很长时间才能形成总体的概念，才能解决航天是什么的问题，才能领悟发射场如何设置测试项目，才能理解安全发射、成功发射的内涵要义。

　　作者既从事过发射场基础的技术工作，又担任过发射场发射总体设计；既组织过具体火箭的测试发射，又规划论证了新一代运载火箭发射场建设。在长期航天发射实践工作中，深知一线技术和管理人员的所思所想，也深知他们的愿望和苦恼，因此决定将航天测试发射几十年的一些成果总结成书。本书主要瞄准航天测试发射工程技术人员的需求，内容力求简练，减少复杂的公式和不必要的推导过程，注重概念阐述和原理论述，起到总体引领的作用；通过本书的学习，希望能使广大科技人员快速形成航天测试发射的知识体系，对正确理解和掌握测试发射理论、技术和方法有所裨益。

本书第 1 章阐述了航天的基本概念、太空和地球的环境特点以及天体力学的基本定律，让读者总体上掌握航天系统工程执行过程中的基本概念、遵循和需要考虑的事项。第 2～4 章着重就运载火箭的总体结构和动力、飞行和控制、测量和测控等内容进行阐述。发射场测试发射过程中，涉及运载火箭总体结构方面测试项目较少，多为总装操作和部件安装。但总体结构是运载火箭系统设计的核心内容之一，对系统理解运载火箭的原理至关重要。将运载火箭的组成、结构和动力系统内容结合阐述，便于理解火箭的质量、尺寸与发动机动力之间的关系。目前，绝大多数运载火箭的飞行过程为箭上控制系统控制。因此，将运载火箭的飞行过程和控制系统的工作原理结合阐述，便于理解运载火箭弹道设计过程的考虑因素和控制系统的工作目标。运载火箭箭上的测量系统，与测控通信系统的地面测控设备，组成箭地信息链，共同完成遥测、外测和安全控制等基本功能。因此，将测量系统与地面测控系统一体阐述，便于从系统上理解测量、测控的原理。第 5 章介绍航天器的组成和原理，以及航天器运行轨道的相关知识，让读者方便理解航天器在发射场的测试和对发射场的技术要求，以及航天器入轨参数的含义。第 6 章论述了航天发射场的选址、总体规划和布局基本原理，阐述了发射场加注、供气、供电、空调等系统的原理和技术指标。第 7 章从测试发射技术、测试发射模式和测试发射工艺流程等总体概念入手，阐明测试发射全过程控制的制约因素；按照我国现役运载火箭普遍采用的总装及单元测试、分系统匹配测试、总检查测试和加注发射 4 阶段的划分方式，综合论述测试项目的目的和基本原理，以及形成的航天质量文化。

为了便于读者阅读参考，本书采用航天测试发射工作中可能遇到的一些术语作为章节目录，书后还列有关键词索引，读者可以通读全书，也可以作为航天词典进行查阅学习。另外，不同发射场的建设和各型运载火箭测试项目的设计都有各自的特点，不免有所差异，在内容上无法做到覆盖全部，希望读者在阅读时注意区别。

由于作者水平有限，书中存在的不妥之处，敬请读者批评指正。

作者
2019 年 9 月
于文昌航天发射场

‖目录

第 1 章

航天基本概念和原理

主流学界认为宇宙是由一次大爆炸形成的，最初所有的物质和能量浓缩成很小的体积，温度极高，密度极大，压强极高，而后突然发生大爆炸，使物质四散出去，范围不断扩大，局部聚集在一起形成星球、星系，温度也慢慢变低；最新观测表明，宇宙正在加速膨胀，已知的宇宙，已经膨胀了至少138.2亿年，直径至少930亿光年。

第1节 太空环境

1 卡门线

国际航空联合会定义大气层与太空的界线高度为100km，这个界线称为"卡门线"，以西奥多·冯·卡门命名。大气随高度逐渐稀薄，在海平面100km高度大气的成分主要是氮、氧分子，气压约为0.1MPa。

扩展阅读

西奥多·冯·卡门（1881—1963，图1-1），匈牙利犹太人，1936年加入美国籍，是20世纪最伟大的航天工程学家之一，开创了数学和基础科学在航空航天和其他技术领域的应用，被誉为"航空航天时代的科学奇才"，我国著名科学家钱学森、钱伟长、郭永怀都是他的亲传弟子。

图1-1　冯·卡门

事实上并没有"一条线"在那里，对于"卡门线"的具体高度也有不同的认识。卡门线以下的大气称为稠密大气层，也称为地球大气环境，在此高度内的飞行器必须考虑空气动力和阻力。卡门线以外，即为外层空间，大气对飞行器的影响较小，基本可以忽略。运载火箭在稠密大气中飞行时，整流罩热流较高，穿过卡门线后，热流降低至可接受范围，才进行抛罩动作，因此一般运载火箭均在超过卡门线高度执行抛罩动作。运载火箭垂直发射而不是水平发射，是因为垂直发射利于快速冲出卡门线，减少空气阻力和热流等不利因素的影响时间。返回式航天器，如返回式的载人飞船，工程上计算其气动加热的开始高度也是卡门线。

2 航空和航天

航空和航天是两个不同的概念：航空，指在大气层内的飞行活动，如飞机、热气球等。航空活动的特点是可以只带燃烧剂，使用空气中的氧气作为氧化剂，利用空气动力或浮力完成各种机动；航天，指大气层外的飞行活动，如运载火箭、卫星和航天飞机。航天活动的特点是需要自带燃料以及全部或部分氧化剂。

立足地球，对卡门线外的太空进一步划分，可分为近地空间、行星空间、行星际空间、恒星系空间和恒星际空间；近地空间指静止轨道高度及以下的空间；行星空间指太阳系内行星引力作用范围；行星际空间指太阳系行星空间之间的空间；恒星系空间和恒星际空间指太阳系外的空间。

扩展阅读

深空：按照 GJB 21.1A 定义，距地表高度大于等于 2×10^6 km 的范围为深空探测范围，其余为非深空任务范围。

领空：不同国家和组织对领空的定义不尽相同，按照国际航空联合会关于卡门线的定义，主权国家领陆和领海垂直向太空 100km 内的空间称为领空。美国主张 80km 以下范围为领空，多数国家则认为大气中间层以下，即 85km 以下为领空范围。

3 深冷

根据大爆炸理论，宇宙一直在膨胀，温度也不断降低，研究表明目前太空的平均温度是 3K（-270.3℃），属极低温度。因此设计外层空间活动的航天器时，需要采用多种温度控制技术，采用耐低温材料，以确保结构和机构可在太空温度环境下工作[1,2]。

扩展阅读

绝对零度：热力学的最低温度，是理论上的温度下限，约等于摄氏温标－273.15℃。热力学温标的单位是开尔文（K），绝对零度是开尔文温度标定义的零点。在绝对零度下，原子和分子拥有量子理论允许的最小能量。

宇宙微波背景辐射：又称为3K背景辐射，是一种充满整个宇宙的电磁辐射，其特征与绝对温标2.725K的黑体辐射相同，频率属于微波范围。旧式电视机的雪花现象，约1%是宇宙背景辐射造成的。

4 辐射

宇宙空间许多天体向外辐射高能粒子，形成宇宙射线，如银河系射线、太阳射线等。防辐射是深空活动需要考虑的重要因素之一，据探测，火星表面辐射量约为地球的500倍以上。对于近地空间，太阳辐射的影响较大。日冕活动导致物质喷发，太阳风每秒吹散物质量可达百万吨级。太阳风暴和辐射带有大量X射线和重带电粒子，对人体有害，可以破坏DNA，提高患癌概率。太阳辐射如图1-2所示。

图 1-2　太阳辐射

太阳不断辐射出带电粒子，这些粒子被地球磁场捕获，束缚在离地表一定高度的区域，从而形成带电粒子带，称为地球辐射带。地球辐射带主要分为内带和外带，其中内带主要是质子，外带主要是电子。这两条辐射带对称于赤道排列，呈环形，剖面呈月牙状。受太阳风的影响，地球辐射带会有所变形；向阳面受挤压，背阳面被拉扯出一个长长的尾巴。

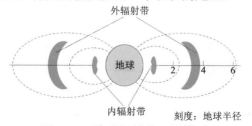

图 1-3　地球辐射带理想模型

范艾伦带：指绕地球高能粒子辐射带，由科学家詹姆斯·范艾伦于 1958 年发现，如图 1-4 所示。其纬度范围为南北纬 40°～50°，内带为 1500～5000km，外带为 13000～20000km，其主要来源是地球捕获的太阳风粒子。当太阳发生磁暴时，地球磁层受干扰变形，局限在范艾伦带内的带电粒子泄出，随磁力线进入大气层，激发空气分子，进而产生极光。范艾伦带的内辐射带粒子较多，对航天器和宇航员伤害较大。

图 1-4　范艾伦带

5　真空

随着高度增加，大气越来越稀薄，气压逐渐降低。距地面 50km 的空间集中了全部大气质量的 99.9%，100km 高空大气压力仅为地面的百万分之一。太空环境真空度可达 10^{-2}～10^{-11} Pa，每立方厘米只有 0.1 个氢原子，而在地球大气层中，每立方厘米含有 1010 个氮和氧分子。真空环境导致航天器与外部无法进行对流传热，只能靠辐射传热。

温度交变现象：真空环境下热交换方式仅有辐射一种，因此受太阳辐射和地球阴影的交替影响，航天器外表面材料温度周期变化大，达 ±100℃ 甚至更大，对材料性能和寿命影响较大。

高真空会加速材料的分解、升华、蒸发效应，特别对高分子聚合物，质量损失、强度降低的影响更大，可能造成材料表面粗糙、氧化层和保护层脱落等问题。高真空加速了润滑材料的挥发，所形成的保护膜部分或完全消失，可能出现干摩擦和冷焊现象。

冷焊：指超高真空时，两种金属洁净表面互相接触，在一定应力条件下，相互渗透融合，从而将两个物体表面连接成一体的现象。被动的冷焊，一般在 10^{-7}Pa 以上的超高真空下发生，这种现象可能使航天器某些活动机构出现故障，轴承磨损或触点卡滞。1989 年，NASA 发射了一颗名为"伽利略"号的探测器，1991 年 4 月 11 日，当控制中心向"伽利略"号发送打开主天线的指令，却发现主天线并没有完全打开。原来，在"伽利略"号发射升空之前，在地面上经历了数次运输和测试，在这些过程中，覆盖在几根骨架上的润滑物质和氧化层过早地磨损。进入太空后，有三根骨架和其他金属部件在"冷焊"的作用下被黏结到了一起，因此无法打开天线。这颗耗资十几亿美元，从开始设计到预计任务结束耗时 25 年的探测器就这样变成一块太空垃圾。为防止冷焊，可采用特种金属，或在接触面涂抹固体润滑剂，如石墨。我国"玉兔"月球车（图 1-5）采用了耐摩擦、抗冷焊的涂层材料，以便更好地在月球行走。

图 1-5　"玉兔"月球车

材料放气效应：材料在高真空环境下，吸附、溶解和理化变化产生的气体释放现象，可造成材料损失，污染光学器件，改变材料表面特性等影响。材料放气现象对航天器的稳定运行有很大影响，任何一处微小的泄漏，都会产生附加加速度，从而改变航天器的轨道和姿态。

从大气到真空，气体介质击穿电压遵循巴申曲线，如图 1-6 所示。巴申曲线的横坐标是真空度 p 与电极间隙长度 d 的乘积，纵坐标是击穿电压 U。对于一定的气体介质，曲线有一个最低点，对应最易击穿的条件。由巴申曲线可以看出，真空下电极在厘米级间距时，击穿电压较低，较易击穿。在航天器设计和制造过程中，需要特别关注，避免真空击穿。

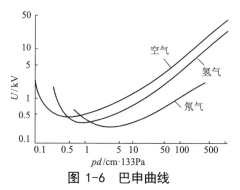

图 1-6　巴申曲线

6　微重力

微重力环境一般指重力加速度小于 $10^{-3}m/s^2$ 的环境。微重力并不是微小引力；重力是地球引力的一个分力，而引力与距离的平方成反比，因此卫星离地距离越远，引力越小；然而，即使在距离地面 1000km 的高度，引力加速度也有 0.75g，即一个物体在地面受引力 100 N，到了 1000km 高度，依然受到 75 N 的地球引力。国际空间站离地球的距离不超过 420km，它受到的地球引力减少有限，并未达到"微重力"的级别。

微重力的实质是一种"部分失重"的状态。失重是物体对支持物的压力（或悬挂物的拉力）小于物体所受重力的现象，失重并不是重力的消失或大幅度减小，只是没有支撑力，感觉不到重力的状态，如真空自由落体过程，属于完全的失重。

卫星在理想同步轨道上作匀速圆周运动，重力等于离心力，此时卫星就处于完全失重状态；大部分卫星为椭圆轨道，此时重力的一个分力（大部分）与离心力平衡，而另一极小分力给卫星产生微小加速度，即微重力。此外，太阳光压、其他星球的引力、大气阻力等也会引起微小加速度，从而产生微小重力。微重力环境下有很多与地球重力环境不同的现象，如人体漂移、球形火焰（图 1-7）等。人的脚长期走路，有角质和死皮，微重力环境下会自动脱离飘浮在空中，因此宇航员任何时候都要穿袜子。微重力对宇航员的肌肉、骨质影响较大，可能造成骨质疏松、肌肉萎缩等，长时间在太空工作的宇航员回到地面不宜立即站立，否则对关节骨骼伤害较大。此外，微重力环境还有可能使人体红细胞数量下降，造成"太空贫血症"。

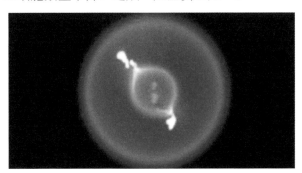

图 1-7　NASA 在国际空间站上做的燃料实验火焰呈球形

7　空间碎片

空间碎片可分为自然成因的太空尘和人为空间碎片，人为碎片又称为太空垃圾，包括火箭残骸和报废卫星等，在典型卫星轨道上其通量高于太空尘两个数量级，对航天器有较大的危险性，如图 1-8 所示。1996 年，法国"塞瑞斯"卫星 6m 长的重力梯度杆和"阿里安"火箭碎片碰撞而折断，成为太空垃圾的第一个受害者。目前，可观测到并记录在案的空间碎片超过 4000 万个，形成超过 3000t 的太空垃圾。联合国于 1993 年做出了第一个关于空间碎片的决议，要求在空间碎片的测量、描述空间碎片的数学模型及减轻空间碎片危害的措施等方面开展研究。

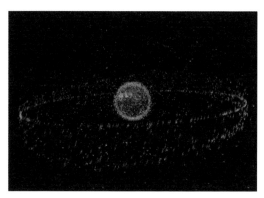

图 1-8　空间碎片示意

　　大于 1mm 的中大碎片，由于质量大、速度很高，航天器碰上后可能发生致命问题。目前没有有效的防护中大碎片的措施，通行方法是探测其轨道，航天器采取轨道机动的方法予以规避。小于 1mm 的小空间碎片探测难度大，无法进行规避飞行，主要依靠航天器的防护设计。通过超高速碰撞试验，得到材料空间碎片的撞击效应，并基于此进行防护设计来对小空间碎片进行被动防护。目前，航天器防碎片结构均基于 1947 年 F.L.Whipple 提出的方法，即在舱壁外一定距离放一个防护屏的结构，包括 Whipple 防护、填充 Whipple 防护、多层冲击防护结构等，如图 1-9 所示。

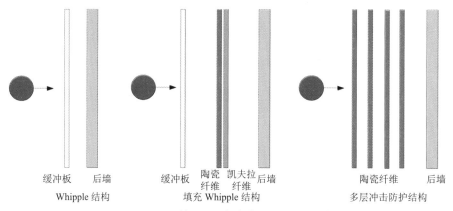

图 1-9　航天器防碎片 Whipple 结构

第 2 节 地球环境

1 地球大气层

行星拥有大气层需具备三个条件：一是足够的质量与大小，产生足够的引力，使气体分子的逃逸速度变大，阻止其逃逸；二是温度，温度越高，气体分子运动越快，水星离太阳过近，温度高，气体分子难以被拉住；三是大气的成分，大分子气体和小分子气体相互运动中，小分子气体容易从引力中逃逸，因此大分子成分多的大气容易保留。地球刚好符合这些条件。

地球原始大气的主要成分是氢和氦；后随温度下降和火山等地质活动，大气成分逐渐变为二氧化碳、甲烷、氮、硫化氢、氨等一些分子量较大的气体；而后随着太阳辐射等向地表发展，受光合作用影响，增加了主要成分 —— 氧气。经过长时间演变，逐渐形成了现在的大气层。现在大气层成分主要包括氮气 78.1%，氧气 20.9%、氩气 0.93%，还有少量的二氧化碳、稀有气体（氦气、氖气、氪气、氙气、氡气、氩气）和水蒸气。

2 大气分层及温度

大气层随高度不同表现出不同的特点，分为对流层、平流层、中间层、热层和散逸层。对流层集中了大气 3/4 的质量和几乎全部水汽，在高纬度地区约 8 ～ 9km 厚，低纬度地球约 17 ～ 18km 厚，中纬度地球约 10 ～ 12km 厚，大气温度随高度而变化，在对流层内，高度每上升 100m，温度约下降 0.65℃；平流层顶界约 50 ～ 55km，顶层温度约 270 ～ 290K，受地面温度影响小，存在大量臭氧，可以吸收太阳辐射，飞机一般在平流层飞行；中间层顶界约 80 ～ 85km，温度随高度上升而下降，有强烈的垂直运动，顶层温度低至 169 ～ 190K。原因是这一层没有臭氧，而且氧、氮吸收的短波辐射已被上一层吸收；热层无明确边界，一般将热层以上 500km 处称为外层或散逸层，大气极其稀薄。在热层内，受太阳紫外线和宇宙射线作用，氧和一部分氮分解为原子状态，主要特征是气温随高度升高而上升，层顶温度高达 1500K，空气处于高度电离的状态[1,2]。

大气的成分随高速升高也有变化，平均分子量随高度升高而减小，地面至 200km 主要以氮气、氧气为主，200 ～ 500km 为氧（不是氧气）和氦，1000km 以上主要为氢和氦。

扩展阅读

原子氧：中高层大气中的氧受太阳辐射影响，气体分子分解为原子，称为原子氧。从170km开始不可忽略这个效应，其他气体机理类似。原子氧比氧气更活泼，参与化学反应受元素激发可产生光晕，干扰航天器的光学敏感器。美国航天飞机初期飞行时，受到原子氧轰击产生二氧化氮而发出淡红色光晕。

3 大气阻力

大气的压力和密度均随高度指数下降，高度越高，下降速率越慢。在100km高度压力约为0.03Pa，属高真空环境；350km高度真空度为4×10^{-6}Pa，属超高真空环境。

100km以内为稠密大气，设计中不能忽略火箭飞行过程中的空气阻力。另外，大气不同分层的风速，对火箭的横向风载荷会产生弯矩作用，需要克服。稠密大气中，箭体飞行过程摩擦生热的效应较强，因此，火箭贮箱、有效载荷等结构需要采取绝热层和整流罩等防护措施，以减少热交换。一般情形下，空气阻力的大小与空气阻力系数、迎风面积和速度的平方成正比，计算公式为

$$F=\frac{1}{2}C_{D}\rho v^2 S$$

式中：F 为空气阻力；C_{D} 为阻力系数；ρ 为空气密度；S 为迎风等效面积；v 为速度。式中 $\frac{1}{2}\rho v^2$ 又称为速度头。

理论上达到7.9 km/s的第一宇宙速度即可进入太空不至落回地面，但实际工程应用中克服地球引力和大气阻力进入空间轨道需要的速度一般为9.5～10km/s，大于第一宇宙速度，多出的部分主要是阻力和重力的损失。

4 高空风

太阳照射地球不同的区域，造成冷热不均；冷的地方气压高，热的地方气压低，形成压力梯度；空气从压力高处流向低处，形成风；同时，由于地球自转，以及地面摩擦，大气流动还受到哥氏力和摩擦力作用。

航天领域关注的风包括地面风、浅层风和高空风（图1-10）。地面风高度范围为地表至10m高度，浅层风高度范围为表面至150m高度，高空风高度范围为1000m以上，对于运载火箭飞行，高度可达20000m。高空风由于不受地面摩擦力影响，因此风速一般较大。高空风对火箭的影响主要体现为合成风攻角，合成风攻角过大，火箭箭体承受的风载荷大，可能导致飞行失控甚至解体。1992年，我国的CZ-2E火箭发射澳星B2时，由于高空切变风影响，星箭发生共振，导致卫星爆炸。

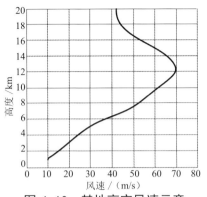

图 1-10　某地高空风速示意

5　浅层风

一般将地面至 150m 高度内的风称为浅层风。浅层风对竖立状态火箭的影响主要有三个方面：

（1）倾倒风险。随风速增加，作用于火箭的合力矢量投影超出火箭支撑面投影时，火箭将发生倾倒。如图 1-11 所示，火箭竖直状态最大风载按下式计算：

$$Z = C_z \frac{\rho v_{\max}^2}{2} S$$

式中：C_z 为气流绕过箭体的合力系数；ρ 为空气密度；S 为火箭纵截面面积；$v_{\max}$ 为最大允许风速。则火箭的翻转力矩为 $M_z = ZL$，其中 L 为压心至支点的纵向距离。风压中心，就是风载荷作用在箭体上的等效力合力的作用中心，与箭体的结构形状有关。火箭重力抗翻倒力矩为 $M_0 = mgb$。不发生翻倒的条件是 $M_0 > M_z$。

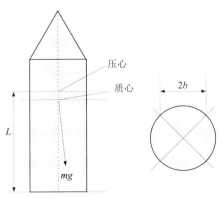

图 1-11　火箭竖立稳定性示意

（2）火箭尾段弯矩过大。火箭所受浅层风载荷作用在箭体尾段（芯级或助推）时，弯矩过大可能造成结构损坏。火箭越重，尾段受到的弯矩越大，因此火箭在加注后，相较于火箭空箱状态的垂直转运，对浅层风的要求更为严格。

（3）起飞漂移量过大。火箭起飞时，由于质心偏移、发动机喷管初始角度误差以及风的影响等，造成火箭偏离垂直位置的现象称为起飞漂移。浅层风对起飞漂移量的影响集中体现在刚起飞的过程中。此时，脱拔等电缆和固定装置离火箭的尾翼或喷管较近，因此特别需要注意起飞漂移量，避免产生磕碰。

一般取火箭风压中心高度一定时间内的平均值称为浅层风平均风速，而瞬时最大风速与平均风速之比称为阵风因子，要求平均风速不能过大，同时阵风因子不大于 1.5。

各类运载火箭地面测试时均采取抗风载设计，防风拉杆是常用的火箭防风载荷设计，位于火箭支点上，采用螺栓将火箭固定在支点上，如图 1-12 所示。

图 1-12　防风拉杆

火箭起飞时，初始飞行速度很小，飞行攻角大。受横向流动的黏性效应，箭体绕流出现分离，形成排列对称、方向相反的漩涡，随着攻角增大，分离点前移，涡流强度增大，当攻角达到 50° 左右时，漩涡周期性脱离箭体引起激烈侧向振动，随后侧向力逐渐减小。因此，起飞初期，浅层风对箭体的影响较大。

6 大气电场

地球的地表带负电荷，大气带正电荷，因此大气电场方向指向地面。电场强度受时间、地点、天气状况、离地高度等多种因素影响，一般分为晴天电场和扰动天气电场。将晴天电场作为大气电场的参考样本，水平方向电场可以忽略不计，场强随着高度变化而变化，全球陆地平均场强约为120V/m，海面场强约为130V/m。恶劣天气时，大气电场的数值和方向均会产生明显的不规则变化，特别是雷雨云下的电场，变化剧烈，称为扰动天气电场。

运载火箭电气系统易受变化的电磁场影响，其元器件工作电压不高，且智能单机抵御雷击的能力较弱；飞行过程中，火箭和喷焰均为良导体，等效导体长度达100～200m，易受雷击，因此大气电场强度是运载火箭发射的气象最低发射条件之一。1987年3月26日，NASA使用"大力神"/"半人马座"火箭从美国卡纳维拉尔角基地发射海军通信卫星时，火箭发射约1min后受雷击干扰突然失控，浪涌电压破坏了制导控制计算机，导致星箭俱毁，损失高达1.7亿美元。1969年11月19日，NASA使用"土星"5号运载火箭从美国佛罗里达州肯尼迪航天中心发射"阿波罗"12号载人飞船过程中，宇航员乘坐的飞船在20s内两次被雷击中，飞船上很多系统失灵，经过排故，任务继续。这次任务发射前后均无雷电，仅在火箭飞行过程中遭到雷击。目前，火箭飞行过程中雷电预测与防控仍是难题。

运载火箭在测试发射和飞行过程中都惧怕雷电。火箭测试发射过程中应对雷电一般采取"躲、防、抗"的三字诀：能躲尽量躲避，选择无雷电时刻发射；采用避雷塔等防止雷电直击火箭；箭体结构采用抗雷设计。

7 防雷措施

在设计上，运载火箭防雷主要有四大措施，即屏蔽、搭接、接地和等电位。

屏蔽，指通过绝缘的方式防止雷电经过火箭或电气设备。箭上电缆网及摆杆上的电缆均使用屏蔽层，有防雷的作用。

搭接，指使整个火箭尽量成为一个整体，整体电阻小，在大电流通过时，热效应不明显。电流会自动寻找最优放电路径通过，因此将火箭整体搭接良好成为"良导体"，可以避免造成损坏。火箭在级间段、分离面等处都进行了良好的搭接设置。脐带电缆和摆杆上的电缆可能存在与箭体搭接不好的情况，属于防雷电的薄弱环节。飞机是整体搭接的典型代表，全球每年都有许多航班遭到雷击，但因此造成的飞机事故很少，这得益于良好的搭接。

接地，是将整个箭体与大地连接，确保大电流通过时能够有效泄放。

等电位，由于火箭整体较长，因此在不同部段设置等电位点，使整个箭体表面尽量处于等电位面，更有利于电流泄放。

另外，在火箭的尾翼上，一般设置有静电释放器，便于释放箭体静电荷。大电流通过避雷塔或勤务塔时，会产生交变电磁场，对火箭会产生瞬间强雷击影响；因此，需要避免在火箭较近的地方泄放大电流。

8 电离层

等离子体是宇宙空间物质构成的主要形态，99% 以上的物质都以等离子态形式存在。地球电离层就是等离子体，它处于离地 50km 至几千千米高度，温度在 180 ～ 3000K 范围。太阳高能电磁辐射、宇宙线和沉降粒子作用于高层大气，使之电离而形成的电子、离子和中性粒子，这些粒子构成了等离子体区域，即电离层。

扩展阅读

物质的形态：当大量微观粒子在一定温度、压力等条件下集聚为一种稳定状态结构时，称为物质的一种状态，即不同物质在不同环境条件下将呈现不同状态；至少包含以下形态——固态、液态、气态、非晶态、液晶态、等离子态、超固态、中子态、超导态、超流态……随着技术发展，更多的物质状态逐渐被认识。

电离层按粒子浓度随高度的变化分为 D、E、F 等层次，如图 1-13 所示。其中 F 还分为 F_1、F_2 两个层次。D 层为 50 ～ 90 km，E 层指 90 ～ 130 km，F 层从 130 km 至几千千米范围。可以看出，E 层已部分超出卡门线。

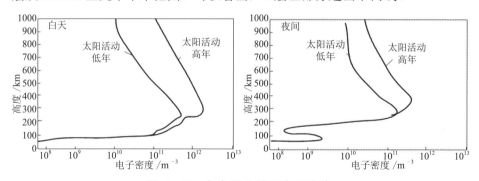

图 1-13　电离层分层及电子密度

电磁波中，短波无法通过电离层，会被电离层反射，中短波通信正是利用反射进行远距离的通信，如图 1-14 所示。但对于运载火箭，测控通信则必须要穿过电离层，因此只能使用微波通信。

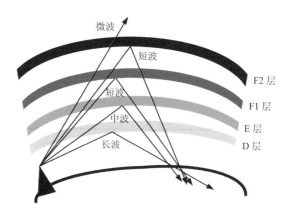

图 1-14　电离层对不同频率电磁波的影响

电离层对航天器的影响包括：造成通信电波时延、信号衰落、信号丢失、信号频率偏移等问题；使航天器阻力增大，从而影响轨道和姿态；发生弧光放电影响电源系统，也可能使航天器表面充电。

扩展阅读

表面充电效应：指低轨航天器飞行过程中，表面积累带电粒子，使表面电位升高的现象。表面充电效应可能造成放电现象或充电故障。在电离层中充电效应尤为明显，飞行器表面会沉积大量等离子体，使飞行器表面带负电势。飞行器表面电位与飞行器速度、等离子体温度与密度相关。当空间中等离子体密度和温度不变时，飞行器表面电位与飞行速度近似成线性关系；当飞行器飞行速度和等离子体密度不变时，飞行器表面电位与等离子体温度近似成线性关系；等离子体密度对飞行器表面电位影响较小。20 世纪 70 年代，多种应用卫星不断出现非工程性异常，有的失效报废，分析认为是卫星的表面充电效应所致。

第 3 节 航天物理学基本原理

1 牛顿运动定律

牛顿 17 世纪发表在《自然哲学的数学原理》中的三大物理定律，称为经典力学的三大定律，也是航天领域的基本力学原理。

牛顿第一定律：一切物体在不受外力作用的情况下，总保持静止或匀速直线运动状态，也称为惯性定律。牛顿第一定律只在惯性系成立，是一个参照系是否是惯性系的判据。

牛顿第二定律：物体受到合力的作用产生加速度，加速度的方向与合力方向相同，加速度的大小与合力大小成正比，与其惯性质量成反比。

$$F = ma$$

式中：m 为物体质量；a 为物体的加速度。牛顿第二定律是力的基本定义，也是运载火箭飞行过程基本力学分析的基础。

牛顿第三定律：两个物体之间的作用力与反作用力，在同一条直线上，大小相等，方向相反。火箭靠喷出高速燃气获得推力，利用的就是反作用力。

在同篇文章中，牛顿提出了著名的万有引力定律，即两个物体间引力大小与物体质量乘积成正比，与它们距离的平方成反比。

$$F = \frac{GMm}{r^2}$$

式中：$G = 6.67 \times 10^{-11} \text{N·m}^2/\text{kg}^2$，称为万有引力常量；$M$ 为地球质量；m 为物体质量；r 为物体距地心的距离。

扩展阅读

非牛顿引力：在微观、高速、强引力条件下，牛顿反平方引力公式的适用性下降，在更大或更小尺度内，引力的计算更符合相对论或其他理论模型，称为"非牛顿引力"模型。

后牛顿效应：牛顿经典力学不能很好解释的效应，物理学上统称为后牛顿效应，包括水星进动、光线弯曲、引力红移等。

2 第一宇宙速度

在地球上发射的物体环绕地球做匀速圆周运动的速度称为第一宇宙速度，也称为"环绕速度"。如图 1-15 所示，根据离心力及万有引力公式，可得第一宇宙速度理论值 $v_1 \approx 7.9\text{km/s}$。

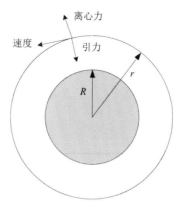

离心力

速度

引力

R

r

图 1-15　第一宇宙速度示意

实际上卫星不可能沿着地球表面做匀速圆周运动，肯定具有一定的轨道高度，并且，对于近地轨道，大气阻力有一定影响。因此，工程应用中，卫星入轨速度往往大于第一宇宙速度。

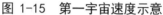

扩展阅读

第二宇宙速度：在地球上发射的物体完全摆脱地球引力束缚所需的最小初始速度，$v_2 \approx 11.2 \text{km/s}$，又称为"逃逸速度"。

第三宇宙速度：在地球上发射的物体摆脱太阳的引力束缚飞出太阳系所需的最小初始速度，$v_3 \approx 16.7 \text{km/s}$。

第四宇宙速度：在地球上发射的物体摆脱银河系所需的最小初始速度，$v_4 \approx 110 \sim 120 \text{km/s}$。

第五宇宙速度：在地球上发射的物体飞出银河星系群所需的最小初始速度，$v_5 \approx 1500 \sim 2250 \text{km/s}$。

第六宇宙速度：在地球上发射的物体可脱离全宇宙的引力所需的最小初始速度，暂无数值范围。

3　二体问题

二体问题是两质点在牛顿引力相互作用下的运动问题，是多数天体运动问题的简化。

如图 1-16 所示，根据万有引力定律，可得绝对运动方程：

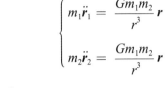

$$\begin{cases} m_1\ddot{\boldsymbol{r}}_1 = \dfrac{Gm_1m_2}{r^3}\boldsymbol{r} \\[3mm] m_2\ddot{\boldsymbol{r}}_2 = \dfrac{Gm_1m_2}{r^3}\boldsymbol{r} \end{cases}$$

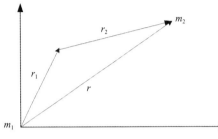

图 1-16　二体运动问题

上面两式相加，可以得到两个天体的质心运动积分，并表明质心做匀速直线运动。上面两式相减，得到二体相对运动方程：

$$\ddot{\boldsymbol{r}} = -\frac{\mu}{r^3}\boldsymbol{r}$$

对相对运动方程两边用 r 进行点乘和叉乘，得到角动量积分和能量积分，在极坐标下做一系列变换，得到变换 $u = 1/r - \dfrac{\mu}{h^2}$ 的简谐振动方程，最后得到通解：

$$r = \frac{p}{1 + e\cos(\theta - \omega)}$$

这个方程就是天体的相对运动方程，随着 e 取值的不同，天体分别做圆周运动、椭圆运动、抛物线以及双曲线运动。

> **扩展阅读**

三体问题：科幻小说《三体》有一个基本设定——"三体问题无解析解"，即对于给定三体系统，无法预知其将来的运动轨迹。三体问题中每一个天体在其他两个天体的万有引力作用下，其运动方程都可以表示成 6 个一阶的常微分方程，因此，三体问题的运动方程为 18 阶微分方程。目前，学界没有发现普适的解析解，但有两方面的成果：一是在多数情况下，可以得到较为精确的数值解，而且收敛，因此可以用于工程计算；二是不断发展特殊解，如太阳、地球、月亮三者，由于月球相对于太阳质量太小，即弱化为"小扰动二体问题"。1772 年，拉格朗日在"平面限制性三体问题"条件下找到了 5 个特解，也就是著名的拉格朗日点。时至今日，限制性三体问题仍是学界研究的热点。

4 开普勒定律

开普勒定律是德国天文学家开普勒（1571—1630）研究第谷观测的太阳系行星运动数据时，通过归纳计算总结出的三大定律，适用于一切绕心的天体运动[3]。

开普勒第一定律：所有绕心运动运行轨道均为椭圆，所环绕的天体在椭圆的一个焦点上，也称为椭圆定律，如图1-17所示。地球绕太阳运动，太阳在一个焦点上；卫星绕地球运行，地球在轨道椭圆的一个焦点上；彗星的运动轨迹也是椭圆。

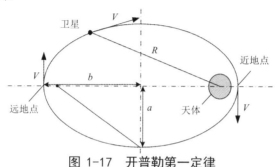

图 1-17　开普勒第一定律

开普勒第二定律：绕心运动物体与环绕天体的中心连线在相等的时间内扫过的面积相等，也称为面积定律，如图1-18所示。其内涵是受定心力作用下，物体与中心连线任意相等连续时间内位移扫过的面积是相等的。对于卫星运动而言，在近地点和远地点相同时间内扫过的面积相等，因此过近地点的线速度大于远地点。

$$B = \frac{\Delta A}{\Delta t}$$

式中：B 为常数，称为面积速率。由于一个周期内扫过的面积是椭圆的面积，因此

$$B = \frac{\pi ab}{T}$$

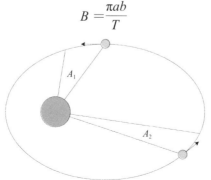

图 1-18　开普勒第二定律

开普勒第三定律：绕心运动轨道周期的平方与它的轨道长轴的三次方成正比，又称为调和定律，即

$$\frac{a^3}{T^2} = \frac{GM}{4\pi^2}$$

开普勒三大定律适用于中心引力场运动，因此无论是行星绕太阳，还是卫星绕地球，都符合这个定律。虽然推导开普勒定律一般使用牛顿力学和万有引力定律，但实际上开普勒定律的提出早于牛顿定律，是典型的数据挖掘的超前成果，而这些数据的记录者第谷却没能得出这些结论[2]。

运载火箭结构和动力

第二次世界大战后各世界大国纷纷发展弹道导弹，客观上促进了火箭技术的发展。早期运载火箭都是从弹道导弹演变而来的，通过纵向加级、横向并联形成了多级火箭，如美国的"侦察兵"系列和我国CZ-1系列火箭；随着任务不断丰富、可靠度要求提高以及通用化系列化要求的提出，运载火箭开始独立于弹道导弹发展，如美国的"德尔它"4、法国的"阿里安"5以及我国的CZ-5和CZ-7火箭，从一开始就设计为发射航天器使用，作为武器它们没有任何实战性。

当然，不可能也没有必要为每一个航天器设计一种专用的运载器，运载火箭的设计是根据国家规划和航天发展的需要，结合国家工业技术水平，为适应近期和中远期各种轨道及航天器的要求进行研制的。如CZ-5火箭立项的研制目标，主要是完成探月三期"嫦娥"五号及后续任务。

第1节 运载火箭

运载火箭是一种由单级或多级火箭组成的航天运输工具，依据反作用原理，将人造地球卫星、载人飞船、空间站、探测器等有效载荷送入预定轨道。因此，不是所有的火箭都称为运载火箭。

有效载荷是一个相对概念，对于运载火箭而言，其有效载荷可以是卫星、探测器、货运飞船等；有上面级的任务，上面级和卫星都是火箭的有效载荷；对于卫星，其本体结构上安装的具体功能设备才是有效载荷，包括通信转发器、照相机等；对于货运飞船，其上搭载的航天服、生活物资、科学实验设备等货物是有效载荷。

1 运载火箭种类

按推进剂的类型，可分为液体火箭、固体火箭和固液混合火箭。我国CZ-2F火箭，基础级是液体的，逃逸系统是固体的；欧洲航天局"阿里安"5火箭是固体助推，芯级采用氢氧低温液体发动机；我国CZ-11火箭是全固体火箭。

按箭体结构级数，可分为单级火箭和多级火箭。CZ-5运载火箭和CZ-7运载火箭都是二级半液体火箭，由一级、二级和4个助推器组成，"半"指助推器。

按能源类型，可以分为化学火箭、核动力火箭、电火箭和光子火箭等。现役主流火箭均为化学火箭，靠氧化剂和燃烧剂的化学反应获得动力。

按结构形式可以分为串联型、并联型和捆绑型，我国的 CZ-3B、CZ-5 和 CZ-7 等火箭都是捆绑型火箭。

按运载能力划分，可分为小型、中型、大型和重型运载火箭。我国一般将近地轨道运载能力 2t 及以下的火箭称为小型运载火箭，近地轨道运载能力 2 ～ 20t 的火箭称为中型运载火箭，近地轨道运载能力 20 ～ 50t 的火箭称为大型运载火箭，近地轨道运载能力 50t 级及以上的火箭称为重型运载火箭。按照这个标准，新一代运载火箭中，CZ-5 运载火箭是大型火箭，CZ-7 运载火箭是中型火箭，CZ-6 是小型火箭。

2 运载火箭的组成

运载火箭箭上系统组成主要包括箭体结构、动力系统、控制系统、测量系统。用于火箭地面测试发射的设备称为发射支持系统[4-6]。

箭体结构主要包括箭体各部段、贮箱、连杆、尾翼、整流罩、小整流罩等。

控制系统是运载火箭的"大脑"，计算中枢。控制系统的惯性器件敏感火箭飞行过程中的加速度和角速度，箭机根据火箭姿态和飞行过程中载荷情况，通过反馈控制火箭飞行。

动力系统是火箭的动力来源，主要包括发动机，及为发动机工作服务的增压输送系统。发动机工作产生推力，增压输送系统保证推进剂源源不断地输送给发动机。

测量系统负责箭上数据采集记录存储及回传，将火箭飞行过程中各参数记录并回传给地面，用于飞行分析和火箭评估改进。测量系统与地面测控系统协同，完成外弹道测量、安控等重要任务。

以 CZ-5 火箭为例，火箭的整流罩、芯一级、芯二级、4 个助推和尾翼，还包括芯级和助推的捆绑连杆等属于箭体结构；箭上的箭机、惯组、速率陀螺、加速度计、伺服机构和中间装置，包括这些设备的供电系统和控制线路属于控制系统；箭上各模块的发动机及其配套的阀门管路系统、增压输送系统属于动力系统；箭上的各类传感器和摄像装置，以及配套的变换器、采编器、综合器、供电设备和箭上天线等属于测量系统。随着一体化设计理念的提出，火箭各系统也逐步整合，如将控制系统和测量系统通过高速总线连成一体，成为统一的电气系统。

3 运载火箭主要性能指标

1）运载能力

运载火箭作为太空运输工具，其运载能力指向给定轨道运送有效载荷的最大质量。同一枚火箭，在不同的发射场（纬度不同），发射不同倾角、不同轨道高度的卫星，运载能力不同。某火箭运载能力与轨道倾角的关系如图2-1所示。

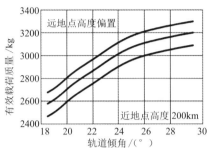

图 2-1　某火箭运载能力与轨道倾角的关系

采用液体推进剂的火箭，推进剂的温度变化时，会导致密度变化，从而影响推进剂的加注量和加注容积。两种推进剂加注量不同，会造成发动机推进剂混合比的差异，从而影响发动机的瞬时推进剂流量和推力。综合以上影响，推进剂加注温度会影响运载火箭的运载能力。

由于各类干扰因素，如火箭参数偏差、外界干扰、发射条件偏离额定情况等，因此火箭的最大运载能力是一个随机变量。为保证火箭入轨精度，火箭的最后一级为制导关机，而不是耗尽关机。从这个角度来说，火箭的最大运载能力可分为两部分：可用部分和不可用部分。不可用部分称为运载能力的安全余量，折算成推进剂，就是推进剂的安全余量。推进剂的安全余量是以一定概率补偿飞行中各类干扰对运载火箭运载能力的影响。推进剂安全余量是火箭的死重，因此对所有干扰因素进行补偿是得不偿失的。通常推进剂安全余量仅用于补充随机扰动的影响，其中混合比偏差对推进剂安全余量影响最大，占75%～90%。火箭若干次飞行后，可根据飞行测量结果修正安全余量设置，从而进一步提升可用运载能力。

运载火箭是为执行特定航天任务研制的，运载火箭定型后，其飞行方案和目标轨道相对比较固定。例如，CZ-2F、CZ-7和CZ-5B等火箭，其目标轨道均为近地轨道，基本无法执行高轨任务；而CZ-3A系列火箭和CZ-5火箭，均在末级设计了滑行段，并且发动机可多次启动，贮箱容积等设计都进行了相应考虑，因此若用于近地轨道发射是不合适的。

2）入轨精度

火箭将有效载荷送入目标轨道的精确能力称为入轨精度。有效载荷的轨道由半长轴 a、偏心率 e、倾角 i、升交点赤经 Ω、近地点幅角 ω 和真近点

角 f 等六要素决定。运载火箭的目标轨道会对这六个要素都有相应的范围要求，以满足特定任务的需求。如北斗 GEO 卫星要求在地球同步轨道上，而且为了组网的要求，每颗卫星都有精确的定位轨道，对角度、各卫星间的相位等都有要求；交会对接任务，要求火箭把有效载荷运送至对接目标的附近。

影响运载火箭入轨精度的主要因素包括：（1）干扰因素，包括质量、推进剂流量、比冲、推力、推力轴线、质心偏移、风、气动参数偏差等；（2）制导误差，包括制导系统方法误差、制导系统工具误差等；（3）非制导误差，主要有发动机后效冲量误差、瞄准系统误差、引力异常的影响、起飞零点的影响、导航计算初始条件的偏差等。

3）可靠性和安全性

运载火箭造价不菲，以我国 CZ-3A 火箭为例，单枚火箭成本在 3 亿元人民币以上，这还不包括发射场测试成本、人力成本、特种推进剂成本、地面测控运行成本等，而卫星动辄价值 10 亿元人民币以上。因此，火箭发射任务若失败，损失巨大，所以运载火箭的可靠性至关重要。

运载火箭的发射任务是"万人一杆枪"的系统性工程，无论从涉及的系统、单机、元件数量，还是参与的人力物力，都十分庞大，可靠性模型建立难度大。火箭由几十万、上百万个零部件组成的，若有一个零部件出问题，整个火箭就可能发射失败，可靠性控制难度大。虽然数十年来，人类航天领域的技术能力得到了大幅提升，管理理论也不断健全完善，但火箭发射失利的情况仍时有发生。

减少级数、分离次数、简化系统，采用冗余设计，是提高运载火箭可靠性的有效手段。优化火箭残骸落点位置，采用推进剂加注后无人值守技术，简化低温系统射前程序，是提高火箭安全性的有效手段。

4）经济性

火箭的发射成本，决定了火箭型号在国际商业市场的竞争力。运载火箭无法大批量生产，单件的成本大幅度增加。美国用于登月的"土星"5 火箭只生产了 15 枚，单枚成本在当时高达 1.85 亿美元；美国"大力神"5 火箭单枚成本高达 2 亿多美元。运载火箭的发射成本包括消耗的推进剂成本、发射场的使用成本以及地面各类附属设施的使用成本、测控成本和人力成本。目前，小型运载火箭发射一次大约需要 2000 万～3000 万美元；中型运载火箭发射一次大约需要 6000 万～15000 万美元；大型运载火箭发射一次约需要 2 亿美元以上。按照目前国际商业发射价格，发射有效载荷约为每千克 1.2 万美元。采用模块化、组合化设计，一箭多星技术，缩短发射周期，可以有效降低发射成本。随着技术的进步，运载火箭的成本将进一步降低。

4 齐奥尔科夫斯基公式

前面说明了火箭的基本概念和主要性能指标，运载火箭为什么能飞起来，以及火箭结构系数等总体概念的定义需要介绍著名的齐奥尔科夫斯基公式。早在 1903 年，俄罗斯科学家齐奥尔科夫斯基（当时是一名名不见经传的教师）发表了标题为《用火箭推进器探索宇宙》的论文，文中根据牛顿定律和动量守恒原理，提出了著名的火箭理想速度公式：

$$V_k = - V_r \ln \frac{m_0}{m_k}$$

式中：V_k 为飞行器的末速度；V_r 为燃气喷流相对于火箭的速度；m_0 为发动机工作开始时火箭质量；m_k 为发动机工作结束时火箭质量。这个公式又称为火箭理想速度公式。

扩展阅读

结构系数：奥尔科夫斯基公式中 $\frac{m_k}{m_0} = \mu$，称为火箭的结构系数。结构系数反映了运载火箭的结构设计和工业制造水平。将运载火箭壳体等不能抛掉的重量设计得尽量小，才能达到更大的末速度。结构系数的倒数 $\frac{m_0}{m_k}$ 称为运载火箭的质量比。

齐奥尔科夫斯基公式表明，运载火箭飞行的末速度和三个因素相关：一是扔东西的速度，即火箭发动机燃气喷出的速度；二是火箭起飞时的总质量；三是火箭飞行结束时的质量。

扩展阅读

齐奥尔科夫斯基（1857—1935，图 2-2），火箭之父，俄罗斯航天之父，现代航天学和火箭理论的奠基人。

图 2-2 齐奥尔科夫斯基

5 世界航天初期发展

齐奥尔科夫斯基提出，人类探测宇宙空间是可行的，而且在当前的条件下仅能使用火箭实现这一目标，因为火箭可以在真空中飞行，并提出了液氢是一种良好的推进剂等一系列具有高度前瞻性的结论。齐奥尔科夫斯基在理论上为现代航天指明了方向，而第一个真正动手做出液体火箭的，是美国的科学家戈达德。

扩展阅读

罗伯特·戈达德（1882—1945，图2-3），美国火箭之父，液体火箭发明者。

图 2-3 戈达德和他的第一枚液体燃料火箭

真正意义上现代火箭开始的标志是 1942 年德国成功试射的 V-2 火箭，该火箭由冯·布劳恩主导研发。随着第二次世界大战结束，世界航天在美苏冷战的大背景下迎来了高速发展的黄金时期，以冯·布劳恩和科罗廖夫分别领衔的美苏航天工程专家，极大地发展了运载火箭的种类和能力，并完成了首次人造卫星发射、首次载人发射、首次登月等里程碑式任务。

扩展阅读

韦纳·冯·布劳恩（1912—1977，图2-4），德国著名火箭专家，对 V-1 和 V-2 火箭的诞生起了关键性作用，第二次世界大战后作为战犯遣至美国，但转眼就变成美国总统的红人，并于1955 年加入美国国籍。他主导研制的"土星"5号运载火箭，将第一艘载人登月飞船"阿波罗"11号送上了月球。1981 年 4 月首次试飞成功的航天飞机，也是在布劳恩手里发端的。

图 2-4 韦纳·冯·布劳恩

谢尔盖·帕夫洛维奇·科罗廖夫（1907—1966，图2-5），苏联著名火箭专家，第一枚射程8000km洲际弹道导弹设计师，第一颗人造地球卫星运载火箭的设计师，第一艘载人航天飞船的设计师。一个人相当于苏联的整个航天史，使苏联在很长一段时间内航天能力领先于美国，并直至今天，仍在液氧煤油发动机方面领先全世界。

图2-5　谢尔盖·帕夫洛维奇·科罗廖夫

随着半导体器件的发展，有效载荷体积和质量大幅度减小，制造人造地球卫星成为可能。1957年10月4日苏联在拜科努尔发射场，用一枚三级运载火箭成功发射世界第一颗人造地球卫星——"史普尼克"（Sputnik），如图2-6所示。

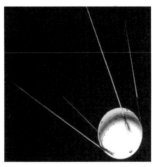

图2-6　第一颗人造地球卫星——"史普尼克"

6 我国航天初期发展

中国是运载火箭的故乡，自古就有"嫦娥奔月"传说，象征着中华民族对探索浩瀚宇宙的古朴向往。公元11世纪时，我国出现了使用黑火药发射的"飞火箭"，是最早利用火箭推进原理制成的飞行器，如图2-7所示。14世纪末期，明朝士大夫万户，把自己绑在捆着47枚火箭的椅子上以求飞天奔月，是"世界上第一个想利用火箭飞行的人"，被公认为世界航天始祖。为了纪念他，科学家将月球上一座环形火山命名为"万户山"。

图 2-7　飞火箭

　　1956 年 10 月 8 日，我国第一个火箭导弹研制机构 —— 国防部第五研究院成立，钱学森任院长；1958 年 4 月，我国开始兴建第一个运载火箭发射场。

　　1970 年 4 月 24 日，我国使用 CZ-1 运载火箭发射"东方红"一号人造地球卫星（图 2-8），一举成功，使中国成为继苏、美、法、日之后世界上第五个独立研制并发射人造地球卫星的国家。2016 年，国务院批准将每年的 4 月 24 日设为"中国航天日"。

图 2-8　"东方红"一号人造地球卫星

7　我国主要运载火箭

　　我国现已成功研制了 CZ-1 系列、CZ-2 系列、CZ-3 系列、CZ-4 系列火箭、CZ-5、CZ-6、CZ-7、CZ-11 等运载火箭，形成了由 10 多种型号组成的长征系列运载火箭家族（图 2-9），并研制了快舟系列固体运载火箭。

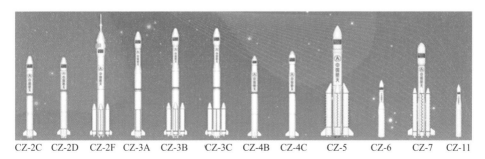

CZ-2C　CZ-2D　CZ-2F　CZ-3A　CZ-3B　CZ-3C　CZ-4B　CZ-4C　CZ-5　CZ-6　CZ-7　CZ-11

图 2-9　我国现役"长征"系列火箭

CZ-1 系列运载火箭（图 2-10）于 1965 年开始研制，全长 29.86m，起飞质量 81.6t，起飞推力 1020kN，能把 300kg 的有效载荷送到 440km 的近地圆轨道上。CZ-1 运载火箭的一、二子级采用液体火箭发动机、惯性制导、三轴姿态稳定技术；三子级采用固体火箭发动机、自旋稳定、无制导方案。CZ-1 系列后续又发展出 CZ-1C 和 CZ-1D 两个型号[7]。

图 2-10　CZ-1 系列运载火箭

CZ-2 系列运载火箭（图 2-11）于 1970 年开始研制，包括 CZ-2、CZ-2C、CZ-2E、CZ-2D、CZ-2F 等型号，现役 CZ-2 系列运载火箭有 CZ-2C、CZ-2D、CZ-2F 等型号。其中，CZ-2F 是在 CZ-2E 捆绑运载火箭的基础上，以提高可靠性确保安全性为目的研制的运载火箭，20 世纪 90 年代末研制成功，其全长 58.34m，重 479t，起飞推力 604t，能把 8t 重的航天器送入 200 ～ 350km 的近地轨道。

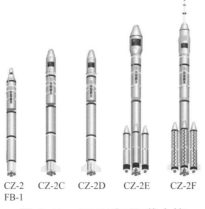

CZ-2　　CZ-2C　　CZ-2D　　CZ-2E　　CZ-2F
FB-1

图 2-11　CZ-2 系列运载火箭

CZ-3 系列运载火箭（图 2-12）包括 CZ-3、CZ-3A、CZ-3B 和 CZ-3C 等四种型号。目前 CZ-3 已经退役，有时也将其余的三种火箭称为 CZ-3A 系列运载火箭。CZ-3A 系列运载火箭均为三级火箭，其中 CZ-3B 和 CZ-3C 分别带 4 个和 2 个助推，最大芯级直径 3.35m，同步轨道运载能力达 5 ~ 6t。火箭一、二级采用四氧化二氮和偏二甲肼常规推进剂，三级用氢氧低温推进剂。

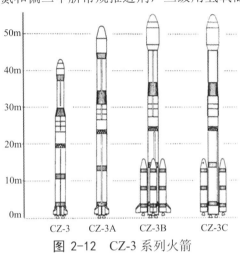

图 2-12　CZ-3 系列火箭

CZ-4 系列运载火箭（图 2-13）以 CZ-3 为基础研制，一级的两个推进剂贮箱各加长 4m，级间杆系加长至 4m，同时研制了大直径的卫星整流罩。新研第三级火箭由仪器舱、共底贮箱、发动机短舱等箭体结构组成。三级发动机由两台独立工作、可双向摇摆的单机通过发动机舱并联而成。全箭采用四氧化二氮和偏二甲肼常规推进剂。

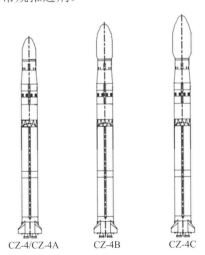

图 2-13　CZ-4 系列运载火箭

CZ-5运载火箭(图2-14)基本型采用两级半构型,芯一级采用5m直径模块,两台YF-77氢氧发动机;芯二级采用5m直径模块,两台YF-75D氢氧发动机;助推器采用4个3.35m直径模块,每个助推器配置两台YF-100液氧煤油发动机。CZ-5B在基本型基础上减少了二级。CZ-5运载火箭为大型运载火箭,是我国现役运载能力最大的火箭,近地轨道运载能力达到25t,地球同步转移轨道运载能力达到14t。

图 2-14　CZ-5 火箭

图 2-15　CZ-5B 火箭

CZ-6为三级运载火箭,芯级均采用单台发动机双向摇摆;一级采用在主发动机涡轮泵后引流的燃气滚控动力系统;二、三级共用一套辅助动力系统实现二级滚动控制、三级动力段滚动控制、滑行段姿态控制及星箭分离前调姿定向控制。CZ-6为小型运载火箭,其700km太阳同步轨道(SSO)运载能力1t。

图 2-16　CZ-6 火箭

CZ-7 运载火箭（图 2-17）总长 53.1m，助推器直径 2.25m，安装一台 YF-100 发动机；芯一级直径 3.35m，并联安装两台 YF-100 发动机；芯二级直径 3.35m，并联安装 4 台 YF-115 发动机；在海南文昌发射场发射货运飞船的运载能力不小于 13.5t。

图 2-17　CZ-7 运载火箭

CZ-11 为四级固体运载火箭，是"长征"系列火箭中唯一固体火箭，全长 20.8m，700km SSO 运载能力 350kg，低轨运载能力 700kg。

图 2-18　CZ-11 运载火箭

8 美国主要运载火箭

美国现役的运载火箭型号主要包括"德尔它"、"宇宙神"、"猎鹰"、"安塔瑞斯"、"飞马座"、"金牛座"、"米诺陶"等，以下着重介绍"德尔它"4系列、"宇宙神"5系列和"猎鹰"9系列，还有已退役的著名登月火箭"土星"5号[7]。

"德尔它"4（Delta 4）系列有5种构型，分别为"德尔它"4中型（"德尔它"4M）、3种"德尔它"4中型改进型（"德尔它"4M+）和"德尔它"4H，其最大构型"德尔它"4H的近地轨道（LEO）运载能力28.8t，地球同步转移轨道（GTO）运载能力14.2t。"德尔它"4系列使用通用芯一级（CBC），直径5.08m，配备RS-68氢氧发动机，全箭液氢/液氧推进剂，通过捆绑固体助推器或芯一级并联方式提高运载能力。

图2-19　"德尔它"4H火箭

"宇宙神"5（Atlas 5）系列火箭有多个构型，包括"宇宙神"5的400系列、500系列以及重型运载火箭（HLV），其最大LEO运载能力19t，GTO运载能力13t。"宇宙神"5系列以公用芯级助推器（CCB）为基础作为一子级，采用液氧煤油发动机RD-180，改进的"半人马座"上面级、卫星支架以及有效载荷整流罩等[7]。

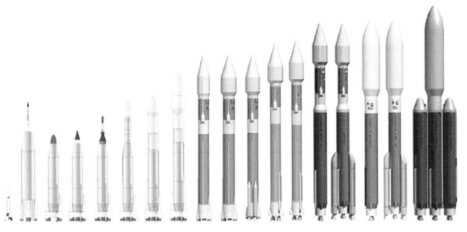

图 2-20 "宇宙神"系列火箭

"猎鹰"（Falcon）系列火箭是美国航天探测技术公司（SpaceX）研制和生产的液体运载火箭系列，主要包括"猎鹰"1、"猎鹰"5、"猎鹰"9和"猎鹰"重型四种型号，现役主要包括"猎鹰"9和"猎鹰"重型两个型号。"猎鹰"9是两级液体运载火箭，采用液氧煤油作为推进剂，整流罩的直径5.2m。"猎鹰"9火箭的LEO运载能力达28t，GTO运载能力为12t。

图 2-21 "猎鹰"9火箭

"猎鹰"重型于2018年2月首飞成功，全长70m，起飞质量1421t，起飞推力2200t，LEO运载能力为63.8t，GTO运载能力为26.7t，地火转移轨道运载能力为16.8t。

图 2-22   "猎鹰"重型在 LC-39A 发射工位

"土星" 5 火箭（图 2-23）是美国"阿波罗"载人登月计划使用的重型运载火箭，1957 年开始研制，1967 年 11 月首飞成功。"土星" 5 火箭采用了串联式三级构型，总长 110.6m、起飞质量 2946t，起飞推力约 3400t，近地轨道运载能力达 120t。采用 5 台推力 6770kN 的液氧煤油发动机。"土星" 5 火箭共进行了 13 次发射，全部成功，"阿波罗"载人登月计划结束后退役。

图 2-23   "土星" 5 火箭

9 俄罗斯主要运载火箭

俄罗斯现役的运载火箭主要包括"质子"号M、"联盟"号FG/2、"安加拉"系列、"闪电"号M、"天顶"号系列、"宇宙"号等，以及由导弹改进而来的"隆声"号、"第聂伯"号、"飞行"号等。以下着重介绍"质子"号、"联盟"号和"安加拉"系列火箭，以及已退役的N1火箭[7]。

"质子"号运载火箭（图2-24）为俄罗斯20世纪70年代研制的火箭，包含二、三、四级3种型号，第一种为二级的SL-19，第二种为四级的SL-12，第三种为三级的SL-13。其中，SL-13全长57m，主要任务是发射卫星和探测器等，"质子"号LEO运载能力可达20.7t。

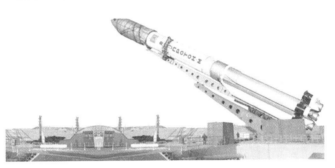

图 2-24 "质子"号运载火箭

"联盟"号系列火箭（图2-25）由芯级火箭和4台锥形助推火箭捆绑而成，全箭49.5m，芯级最大直径10.3m，芯级配一套RD-108发动机，各助推火箭配一套RD-107发动机，使用液氧煤油推进剂[7]。

联盟号　　联盟号　　联盟号U/　　联盟号2/
（载货）　（载人）　弗雷盖特　　弗雷盖特
　　　　　　　　　（商用）　　（商用）

图 2-25 "联盟"号系列火箭

"安加拉"（Angara）系列运载火箭（图2-26）是由俄罗斯赫鲁尼切夫国家航天研究与生产中心于1994年8月开始研制的新一代火箭。目前，"安加拉"系列运载火箭包括"安加拉"1、"安加拉"2、"安加拉"A3、"安加拉"A5等型号，最大LEO运载能力24.5t，GTO运载能力7.5t。2014年6月28日，"安加拉"火箭在俄罗斯普列谢茨克发射中心实现了首次成功发射。其未来规划型谱中，还有"安加拉"A7火箭。

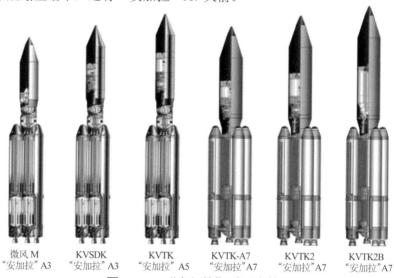

| 微风 M | KVSDK | KVTK | KVTK-A7 | KVTK2 | KVTK2B |
| "安加拉"A3 | "安加拉"A3 | "安加拉"A5 | "安加拉"A7 | "安加拉"A7 | "安加拉"A7 |

图 2-26 "安加拉"系列火箭

N-1火箭（图2-27）是苏联为实现载人登月而研制的重型运载火箭，由苏联科罗廖夫设计局于1962年开始设计，1969—1972年的4次飞行试验全部以失败告终。N-1火箭采用了串联式五级构型方案，总长约105m，起飞质量约2825t，起飞推力约4626t，LEO运载能力约130t，整个N-1火箭呈锥形，一子级最大直径达到了17米。一子级采用30台推力1500kN的NK-33液氧煤油发动机。N-1火箭起飞推力超过了"土星"5火箭，但运载能力却比"土星"5火箭低了不少。在美国率先实现了人类的首次载人登月后，苏联终止了N-1火箭的研制并取消了载人登月计划。

图 2-27 N-1 火箭

10 欧洲航天局主要运载火箭

"阿里安"（Ariane，又称"阿里亚娜"）系列是西欧所属 11 国于 1973 年联合研制的大型液体运载火箭系列。1975 年欧洲航天局成立，"阿里安"火箭转至欧洲航天局管理。截至 2018 年，"阿里安"系列运载火箭已发展出"阿里安"1～5 共五种型号，主要用于商业发射，向地球同步轨道发射各类应用卫星 [7]。

"阿里安"5 系列运载火箭（图 2-28）于 1988 年 1 月开始研制，一子级采用氢氧推进剂，周围捆绑了 2 枚大型固体助推器，二子级采用可储存双组元推进系统。"阿里安"5 系列运载火箭主要包括"阿里安"5 基本型（"阿里安"5G）、"阿里安"5G+、"阿里安"5GS、"阿里安"5E（包括"阿里安"5ECA、"阿里安"5ES 和"阿里安"5ECB）共六种型号，最大 LEO 运载能力 21t，GTO 运载能力 10.5t。

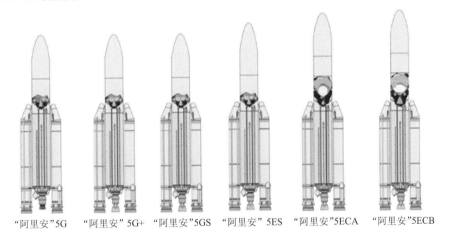

"阿里安"5G	"阿里安"5G+	"阿里安"5GS	"阿里安"5ES	"阿里安"5ECA	"阿里安"5ECB

图 2-28　"阿里安"5 系列运载火箭

11 日本主要运载火箭

日本的运载火箭包括 K、L、M、J、N、H 等 6 个系列 12 种型号，现役型号主要为 H-2 系列火箭的 H-2A 和 H-2B 两型火箭 [7]。

H-2A 系列运载火箭（图 2-29，图 2-30）是由 JAXA 领导、三菱重工牵头研发和制造的型运载火箭，包含 H2-A202、H2-A2022、H2-A2024 和 H2-A204 四种型号。H-2A 系列运载火箭 LEO 运载能力为 10t，SSO 运载能力为 4.4t，GTO 运载能力为 3.7～5.7t。H-2B 火箭全长 56m，起飞质量为 551t，起飞推力为 8362kN，其 LEO 运载能力为 16.5t，GEO 运载能力为 8t。

图 2-29　H-2A 火箭

图 2-30　H-2B 火箭

12　印度主要运载火箭

印度运载火箭包括 SLV-3 系列、ASLV 系列、PSLV 系列和 GSLV 系列运载火箭。其中，PSLV 系列、GSLV 系列是印度现役主力运载火箭。GSLV-MK3 型火箭（图 2-31）采用两级结构，全长为 42.4m，起飞质量为 630t，起飞推力为 7350kN，GTO 运载能力 4t[7]。

图 2-31　GSLV-MK3 火箭

13　运载火箭研制的一般程序

运载火箭研制通常分为方案设计、初样设计、试样试验和定型设计四个阶段，如图 2-32 所示：方案设计阶段主要根据指标要求，论证、比较、筛选出总体和分系统方案，并对分系统进行模样设计和原理性试验；初样设计阶段把理论上的方案变成样机，分系统进行初次设计、生产以及单机和分系统试验，并进行总体匹配试验，为试样设计提供依据；试样试验阶段对初样设计和生产进行修改后，提供进行飞行试验检验的产品，对运载火箭及其性能进行全面鉴定；定型设计阶段，开展鉴定和验收试验，根据飞行试验和各种鉴定结果，全面评定火箭的性能指标，固化各种技术状态，为量产及服务客户提供稳定的飞行产品[4]。

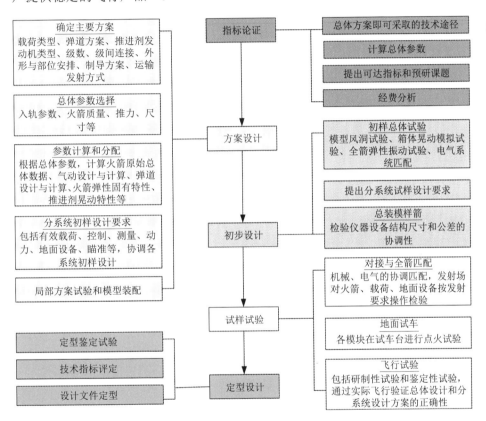

图 2-32　火箭研制阶段划分

运载火箭总体方案设计的一般程序：有效载荷方案。火箭总体方案设计时首先考虑覆盖的有效载荷需求范围，包括不同轨道、不同质量、载荷的转动惯量等特性、最大轮廓尺寸、电接口与机械接口、分离时姿态要求和精度要求等。推进剂选择液体还是固体，火箭选择单级还是多级，捆绑还是串联等等，这些因素之间互有影响，同时需考虑经济效益和可扩展性。火箭级数及发动机性能等决定了弹道方案。箭体结构系统需要确定整流罩形式（冯·卡门、带倒锥结构）、助推器结构（斜头锥、多支点）、贮箱形式（悬挂、承力、共底）、级间段、尾舱等；动力系统需确定发动机及主要性能参数，发动机同时决定了推进剂的选择；控制系统需确定姿控、制导、线路综合方案；测量系统确定遥测、外测、安控方案；其他系统，如推进剂利用方案，逃逸分离方案，发射支持方案等；部位结构安排，仪器、线缆、管路安排布局，确保合理紧凑，保证良好的工作环境（包括热环境、电磁环境、振动环境等）。

2006 年 10 月，我国的航天白皮书指出未来五年航天的发展目标与主要任务之一是："研制新一代无毒、无污染、高性能、低成本和大推力的运载火箭，最终实现 LEO 运载能力达到 25t，GTO 运载能力达到 14t；全面完成 120t 级推力的液氧 / 煤油发动机和 50t 级推力的氢氧发动机的研制工作"。按照该发展战略，科研人员完成了 CZ-5 火箭总体方案论证、关键技术攻关和立项准备工作，以适应多倾角、高、中、低多轨道以及多种航天器的发射。

运载能力、轨道等总体指标确定后，进行运载火箭总体方案设计。运载火箭总体设计的目的是设计满足总体性能要求的技术途径以及选择合理的参数。火箭各分系统的技术综合，是总体到分系统，又从分系统到总体不断循环迭代的过程，最后到达运载能力、经济性、可靠性等方面的最优。

我国航天是在一穷二白的基础上发展起来的，起步之初，集全国之力开展航天产品研制，过程中各相关方荣誉共享、风险共担，代表国家的用户方全程参与论证、设计、研制及测试发射，没有定型产品一说，最终都处于研制的第三阶段——试样阶段。各种研发的火箭都是打一发进一步，都带有遥测及外弹道测量系统，用于获取各系统、各单机的工作状态。在导弹研制领域，这种用于研发带遥测系统的导弹称为遥测弹。我国运载火箭试样阶段飞行产品继承了这种称谓，也称为遥测弹，代号用 Yn 表示第 n 发飞行产品。CZ-5 首飞火箭代号 Y1，简称为 CZ-5 遥一火箭。

第 2 节 总体结构

箭体结构的主要功能是维持火箭的外形，承受火箭在地面停放、起吊、运输、发射操作和飞行等各种使用工况的载荷，装载推进剂，实现火箭操作使用过程中的各种功能要求，将有效载荷、动力系统、电气系统等分系统连接成一个整体，是其他系统仪器设备的主要安装平台，是运载火箭的主体。

箭体结构主要包括整流罩、芯级结构、级间段和助推结构。以"阿里安"5运载火箭为例，为一级半结构，主要包括整流罩、上面级、仪器舱、芯一级和两个固体助推，如图 2-33 所示。

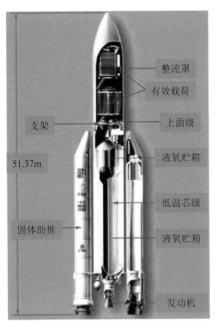

整流罩

有效载荷

支架

上面级

液氧贮箱

51.37m

低温芯级

固体助推

液氧贮箱

发动机

图 2-33   "阿里安" 5 火箭结构

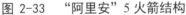

运载火箭总体布局结构考虑因素包括：有利于发挥火箭各组分的功能；保证火箭质心与压心之间有必要的距离，并使其在整个飞行过程中变化较小，从而利于飞行控制；合理安排控制系统及其电子设备，使其处于良好的工作环境，不宜靠近低温贮箱等低温环境，不宜靠近发动机等大振动噪声环境等；结构尽量安排紧凑，受力合理，减少火箭的质量和长度。

扩展阅读

逃逸塔：载人的火箭设置逃逸塔，在火箭的最顶端，它的任务是在火箭起飞前后一段时间段内，万一火箭发生故障，顶端的火箭推进器可以拽着轨道舱和返回舱与火箭分离，并降落在安全地带，帮助飞船上的航天员脱离险境。

一般而言，火箭箭体结构设计分三个部分：火箭级数与串并联结构设计；贮箱结构方案和发动机推力传递方案设计；仪器舱、箱间段、整流罩等方案设计。

火箭设计初期主要采用欧拉刚体动力学分析方法，认为火箭为细长刚体，在主动飞行段考虑轴向不同分布的气动载荷，此外还有空气动力学及结构力学等。随着认识的深入，总体设计中开始考虑箭体的弹性部分，采用传递矩阵法获得结构弹性特性。提供星箭动力学耦合分析，预示卫星的动力学环境，是火箭提供的发射服务之一，作为卫星选择运载的条件之一。采用基于"达朗贝尔"原理的经典截面算法可以获得静载荷，随着火箭复杂度提高，倾向于采用结构动力学 / 有限元法计算箭体载荷。

扩展阅读

有限元法：是随计算机应用而迅速发展的数值分析方法，基本方法是将结构（连续体）离散为有限数目的相互连接的单元，这些单元组成网络，当单元足够多，网络足够密集时，可无限逼近整个结构的特性，如力学特性。

1 单级火箭和多级火箭

根据齐奥尔科夫斯基公式：

$$V_k = - V_r \ln \frac{m_0}{m_k} = - I_{spv} \ln \frac{m_0}{m_k}$$

以末速度 V 最大为目标，方法有两个，选择比冲更大的发动机或降低结构系数。假设选择氢氧推进剂发动机，其理想比冲为 4000m/s。按照具体的设计水平和工业制造水平，假设结构系数 $\frac{m_k}{m_0} = \mu = 0.2$，可以得到单级火箭的末速度，即

$$V_k = I_{spv} \ln \frac{m_0}{m_k} = 4000 \times \ln 5 = 6400 \text{m/s}$$

可以看出，V_k 尚未达到第一宇宙速度。齐奥尔科夫斯基根据当时的工业制造水平，计算出单级火箭可达末速上限约为 7km/s，因此他提出了多级火箭的概念。将贡献完推力的下一级箭体扔掉，减小质量进行上一级飞行，可通过多次加速，得到更高的末速度。多级火箭理想速度公式：

$$V = \sum_{i=1}^{n} I_{spvi} \ln \frac{m_{0i}}{m_{ki}}$$

式中：I_{spvi} 为第 i 级火箭的发动机比冲；m_{0i} 为第 i 级的点火质量；m_{ki} 为第 i 级关机时的剩余质量（停火质量）；n 为火箭的级数。

假设火箭各级采用比冲一致发动机，结构一致的模块，即假设各级的比冲均为 I_{spv}，结构系数均为 σ，火箭整体的载荷比为 E（有效载荷与火箭总质量的比，反映火箭的运载效率），则

$$V = n I_{spv} \ln \frac{1}{\sigma (1 - E^{\frac{1}{n}}) + E^{\frac{1}{n}}}$$

由此可得级数、结构系数、比冲、载荷比和最终速度的关系曲线图，如图 2-34 和图 2-35 所示。

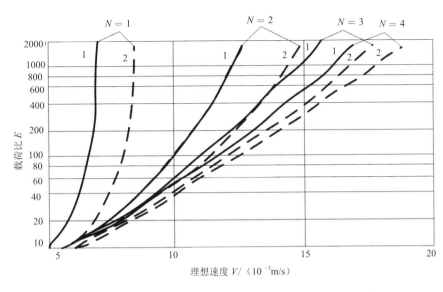

图 2-34　级数、结构系数、载荷比和理想速度的关系

（$I_{spv} = 3000\mathrm{m/s}$，曲线 1 为 $\sigma = 0.1$，曲线 2 为 $\sigma = 0.06$）

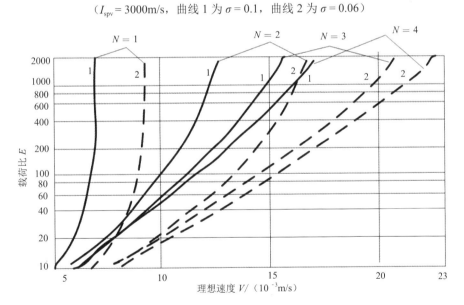

图 2-35　级数、比冲、载荷比和理想速度的关系

（$\sigma = 0.1$。曲线 1 为 $I_{spv} = 3000\mathrm{m/s}$，曲线 2 为 $I_{spv} = 4000\mathrm{m/s}$）

可以看出，降低结构质量系数（减少除推进剂外的结构质量）、增加火箭的级数、降低载荷比、提高发动机比冲均可以提高理想速度，但是提高的幅度逐渐减小。

多级火箭可以获得更高的速度，但增加分级对提速的作用越来越小，且多级火箭设计、工艺、操作难度增大，整体可靠性下降；综合各种因素，目前世界各国液体运载火箭大多为二级或三级火箭。

理论上火箭级数选择的步骤为：按有效载荷轨道要求，计算需要的理想速度；按有效载荷质量和理想速度估算火箭起飞质量或载荷比；确定选用的推进剂后计算出真空比冲；按经验统计数据估算出各子级的结构系数；计算分析出火箭级数。

2 串联火箭和并联火箭

多级火箭包括串联、并联和串并联结合三种形式。并联火箭的优点是火箭的长度短，长细比小，模块组合，研制简化，所有发动机均地面点火，可靠性高。但是由于径向尺寸大，火箭的气动阻力大，推力偏心大，级间分离干扰大，控制力矩要求高，连接结构复杂，起飞质量大。

串联式火箭的优点是总体结构更加高效，利于减轻结构质量，级间分离的干扰较小，纵向分离比横向分离干扰小，整体启动外形更好，阻力小，装配、运输、发射更容易。但是，各模块需要独立研制，周期长，长细比较大，弯曲刚度差，对飞行中的弹性振动不利，部分发动机需要空中点火，可靠性相对降低，同时箭体高度增加了发射设备和勤务操作难度。

综合考虑各类因素，各国火箭以串并联混合形式，或捆绑式火箭居多。我国 CZ-7 和 CZ-5 火箭均采用串并联结合的结构形式。各国运载火箭捆绑助推结构形式多种多样，数量也不同，有两枚、四枚、六枚不等；如 CZ-3C 有 2 枚助推、CZ-5 火箭是 4 枚助推，航天史中，也有奇数枚助推的运载火箭，如"德尔它"3 系列有 9 枚助推的构型（成功率 33%，2 年就退役了），"宇宙神"系列有 3 枚助推和 5 枚助推的型号；航天飞机的助推在空间上也不是严格意义的对称；理论上，只要空间布置和控制系统能力允许，采用几枚助推火箭都是可以的。

3 长细比

长细比指运载火箭箭体总长与箭体直径的比值，是运载火箭总体设计过程中需要重点考虑的参数之一，即

$$\lambda = \frac{L}{d}$$

如果长细比过大，飞行过程中火箭有像筷子一样被阻力"掰断"的风险。长细比大也是多级串联型火箭的一个主要缺点，在设计之初要充分考虑，控制长细比不要过大。

火箭长细比的选择考虑因素包括：有利于部位安排和仪器安装，特别是发动机安装，加大直径；减小飞行阻力的损失，减小直径；有利于姿态控制，加大直径，箭体频率增加，利于弹性稳定性。同时减小箭体刚性、弹性、晃动之间的交连；长细比适中，有利于减轻结构质量；若长细比过大，地面操作起吊、起竖载荷增加，不利于运输，不利于火箭制造生产；大直径火箭又会对火箭的运输、发射支持设备、厂房、吊装工艺等均提出更高要求等。一般单级液体火箭长细比工程建议值为 8.5 ～ 11，二级取 10 ～ 14，三级以上液体火箭可适当加大。

助推直径不要超过芯级是各国的共识，否则会带来火箭传力形式复杂、捆绑分离结构设计难等问题。我国一般采用已有的成熟火箭作为助推，如 CZ-3B 火箭采用 CZ-1 火箭作为助推。但也存在通用芯级设置的火箭，即芯级和助推的直径相同，如美国的"德尔它"4H 和"猎鹰"重型火箭。

我国铁路的轨距是 1.435m，来自英国铁路标准，而英国铁路的标准来自战马车辙的宽度，即两匹马的臀宽。我国早期建设的三个航天发射场均为铁路运输方式将火箭运往发射场，受铁路运输车厢的限制，将最大车厢宽度减去安全余量，可采用的最大直径为 3.35m。基于继承性原则，一般新研火箭尽量立足现有厂房、工装和设备能力，如我国 CZ-3A 系列火箭、CZ-2F 火箭和 CZ-7 火箭芯级和助推直径都是 3.35m 和 2.25m，而 CZ-6 火箭芯级一级为 3.35m，二级和三级为 2.25m，CZ-4 火箭芯级直径为 3.35m，CZ-5 火箭芯级和助推的直接为 5m 和 3.35m，芯级与助推的直径比与 CZ-7 火箭基本一致，即 3.35/2.25 ≈ 5/3.35。

第 2 章　运载火箭结构和动力

4 整流罩

整流罩位于火箭顶部，是有效载荷的运输舱，主要作用是保护有效载荷，同时保持火箭良好的气动外形。一般整流罩由高强度、轻质、耐高温且无线电透波性强的材料制成，采用半硬壳铝合金铆接结构、铝合金蜂窝夹层结构和复合材料夹层结构。

整流罩的外形尺寸是根据火箭的气动特性要求和装载航天器所需的空间尺寸设计的。火箭升空前，整流罩在地面保护航天器，保证航天器对温度、湿度、洁净度的要求。火箭升空穿过大气层时，整流罩可以使航天器免受气动力和气动热流影响。运载火箭飞出大气层后，航天器不再需要整流罩保护，因此整流罩被抛开，以减少结构质量。

整流罩结构（图 2-36）一般包括端头帽、前锥段、前柱段、后柱段，其具体形式多种多样。大多采用尖头锥段，利于减小空气阻力，在尖头顶端设计钝头端头帽，利于降低尖端气流加热效应。例如，我国的 CZ-3A 系列火箭的整流罩，设计小端头帽，端头帽后采用 15° 的锥段，并在筒段后设置倒锥段。倒锥段的设计是为提高整流罩的有效空间，倒锥后沿与芯级连接，其直径受芯级直径限制。

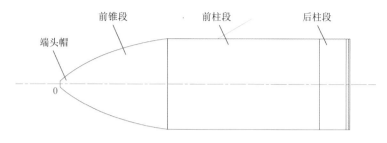

图 2-36　典型整流罩结构

扩展阅读

　　小整流罩和长排整流罩：火箭上的凸起对火箭气动外形的影响较大，因此箭体上安装的固体小火箭或是外壁天线等设备，一般设置小整流罩；长排整流罩是火箭外壁统一的电缆或管路通道，特别对于低温火箭，需要穿过箭体部段的线路和气路等不能从贮箱中穿过，沿箭体外壁布置时一般需要设置长排整流罩。小整流罩和长排整流罩的主要作用相同：一是维持火箭的气动外形；二是保护相应的仪器设备、线路管路。对于长排整流罩，由于质量较大，因此设计时应考虑对称设计，管路和线路也尽量对称分布，以减少火箭质心的横移和气动力偏移。

5　冯·卡门整流罩

　　冯·卡门整流罩是指采用曲线外形曲面锥段的整流罩，整流罩没有倒锥段，分离时与航天器干涉的可能性更小，并且具有较好的空气动力学特性，是较好的整流罩类型，如图 2-37 所示。

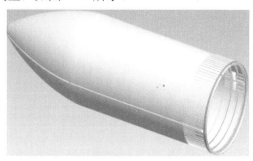

图 2-37　典型冯·卡门整流罩结构

冯·卡门曲线由下式确定：

$$r = R \cdot \sqrt{\frac{\Phi - 0.5\sin(2\Phi)}{\pi}}$$

其中，$\Phi = \arccos(1 - \dfrac{2x}{L})$，$R$、$L$ 由柱段直径和整流罩高度确定，如图 2-38 所示。

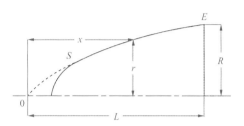

图 2-38　冯·卡门段曲线示意图

冯·卡门曲面外形又称为原始卵形，这样形式的整流罩可有效减小气动阻力，减小轴向压力，维持良好的气动外形，有效减小了脉动压力等气动力干扰，保持环境的完整性。火箭飞行中，空气流过冯·卡门外形整流罩时不会在两侧形成涡街，肩部脉动小，从而能有效减少空气动力干扰。

扩展阅读

卡门涡街：流体力学概念，在二维流场中，放置一非流线型流体，称为阻流体，又称钝体，在钝体流动方向后部产生流体振动，形成两排交替生成的漩涡，称为卡门涡街，简称涡街，如图 2-39 所示。

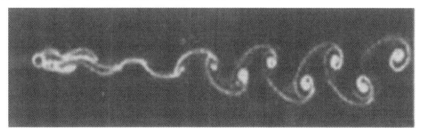

图 2-39　流体仿真卡门涡街示意

6 仪器舱

仪器舱（图 2-40）是安装火箭控制系统和测量系统单机仪器的主要部位，一般设在火箭末子级靠近整流罩部位。运载火箭控制、动力、测量系统单机最佳的安装部位就是芯级火箭的头部，远离发动机，高频振动和噪声的影响小，并且可以充分利用运载火箭贮箱顶部的空间，有利于整个箭体紧凑布局。

图 2-40   "土星"5 火箭的仪器舱

仪器舱设计因素包括：保持末子级与卫星整流罩之间的结构连续性，保持火箭整体的气动力学形式，因此仪器舱一般与末子级直径相同；提供卫星、整流罩的安装和分离面；安装控制系统、测量系统的核心单机，包括箭载计算机、平台和惯组等惯性测量装置、安全自毁系统装置、测量系统数据综合设备重要核心，同时考虑减振、对称性；为满足地面测试过程中仪器安装和必要的测试工作要求，通常仪器舱要开设若干操作口；为满足需地面瞄准火箭射前瞄准的需求，设置瞄准窗，部分低温火箭瞄准窗玻璃还有加温要求。

仪器舱大量使用蜂窝结构作为仪器的安装板，并结合扇形结构、曲杆等构件，设有多种减振结构，结构设计上十分复杂，材料包含铝合金、钢、橡胶、弹性阻尼材料等。仪器舱的上部与转接框连接，下部一般与贮箱的叉形环连接。转接框分别与航天器的支架和整流罩连接，如图 2-41 所示。

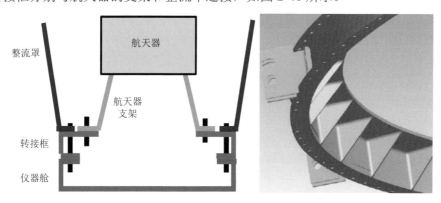

图 2-41   仪器舱连接关系转接框

目前，有效载荷支架目前通常使用碳/环氧复合材料作为主承力结构，这种结构比普通的铝合金结构减重约 30%。有效载荷支架结构为截锥型壳体，前端面是火箭与有效载荷的分离面，后端框通过螺栓与仪器舱连接，如图 2-42 所示。

图 2-42 典型有效载荷支架结构

7 贮箱结构

多数运载火箭的推进剂贮箱为实圆柱形结构，结构包括上底（前底）、前短壳、柱段、后短壳和下底（后底），如图 2-43 所示。为了尽量减小火箭的结构质量，贮箱被制造得十分"轻薄"，有些地方甚至只有几毫米，按照米级的直径计算，运载火箭的贮箱比鸡蛋壳还要薄。

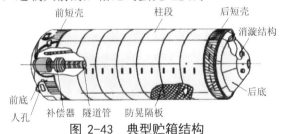

图 2-43 典型贮箱结构

锥底贮箱，即采用圆锥台作为贮箱的后底，锥形薄壳承受轴向力的能力比椭球形高得多，可以直接连接发动机。我国 CZ-1 火箭采用锥底结构贮箱，俄罗斯"安加拉"A5/KVRB 火箭的 KVRB 上面级采用圆锥下底安装主发动机和两个用于稳定的小发动机，如图 2-44 所示。

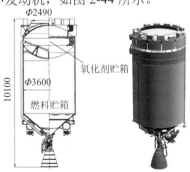

图 2-44 KVRB 上面级

球形贮箱，其特点是球壳各处应力相同，适用于高压和中压贮箱，常用于卫星、上面级等航天器结构。较为特殊的是，苏联的 N-1 火箭大量使用球形贮箱，如图 2-45 所示。

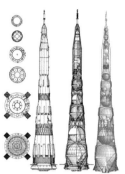

图 2-45　N1 火箭的球形贮箱

8 前底和后底

贮箱的前底和后底主要有两种形式：一是瓜瓣拼接形，瓜瓣形式一般包括顶盖，若干瓜瓣和连接前后短壳的叉形环，如图 2-46 所示；另一类是整体旋压成形的箱底结构，如"德尔它"4 火箭的箱底，整体旋压成形是目前较为先进的技术工艺，如图 2-47 所示。

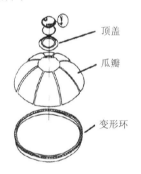

图 2-46　瓜瓣形前后箱底结构

图 2-47　"德尔它"4 火箭整体旋压成形箱底

前底通常布置贮箱压力控制阀门、管路，用于气枕压力控制，包括增压、排气、紧急放气等。为了避免增压气体进入贮箱时，造成液体受高压气体冲击飞溅，设置增压消能器，通过气体分流，尽量减少增压气体对推进剂液面的影响。

后底形状的选择受到结构质量、箱体溶解、箭体长度、空间开敞性和加工工艺性等因素的限制，可选择分球形和椭球形等。后底连接推进剂输送管路部分，设置消漩防塌装置。贮箱里的推进剂向下流进发动机管路时，由于地球自转的影响，会产生漩涡效应；漩涡越变越大，使得液面越变越高，超过一定临界值时，周围液体会塌陷；一旦产生漩涡或液面塌陷，气体会进入推进剂，最终造成发动机涡轮气蚀甚至损坏。消漩防塌装置通过增加隔板或球冠等方式，抑制推进剂漩涡的产生，如图 2-48 所示。

图 2-48　加隔板结构的防漩防塌装置空心球冠防漩防塌装置

漩涡抑制装置对于减少不可用推进剂，提高运载能力有十分重要的作用。运载火箭的规模越大，其贮箱和输送管的直径就越大，更加不利于推进剂出流。为尽量减少推进剂不可用量，大型运载火箭的消漩防塌装置通常比小型火箭复杂，并且需要开展多轮次的验证试验。

贮箱人孔：我国的长征系列运载火箭上，几乎每一个贮箱都有一个位于中间的大圆孔，俗称"人孔"，"人孔"就是方便工人进出贮箱的孔，如图 2-49 所示。"人孔"多位于贮箱前底，也有些贮箱结构特殊，比如 CZ-2F 系列火箭的助推氧箱，贮箱前底是锥形的，"人孔"就只能安排在贮箱后底上了。

图 2-49　贮箱人孔

9 贮箱的前后短壳

贮箱直接与转接部段连接的部段是前后短壳，其受力比较集中，因此采用铣切网络加筋结构强化结构强度，这种方法也应用在火箭箱间段和级间段等部位。网络结构有多种形式，包括正交网络、斜置正交网络、三角形网络等，如图 2-50 所示。有时，通过力学分析计算，会对受力更为集中的部分增多加筋结构。

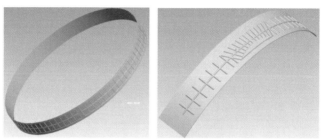

图 2-50 前后短壳壁板网络结构

为了避免贮箱前后底与前后短壳连接时出现开裂问题，使用叉形过渡环结构实现箱底、短壳和柱段的连接，改善了产品制造工艺性，提高了产品可靠性，如图 2-51 所示。

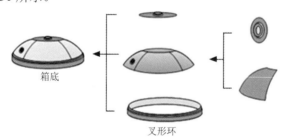

图 2-51 叉形过渡环与贮箱箱底结构

叉形过渡环上端分别与短壳和瓜瓣圆环焊接连接，下端与箱筒段焊接连接，如图 2-52 所示。

图 2-52 叉形过渡环

10 贮箱的柱段

柱段是贮箱的主体，也是运载火箭最大的结构部件，负责推进剂承载，承受纵向载荷和横向载荷。贮箱柱段在保持结构强度的同时，重要的是减小结构质量，因此都做得比较薄。我国新一代运载火箭采用大直径薄壳结构，贮箱最薄处只有2mm左右，如果与等比例的鸡蛋相比，厚度仅为鸡蛋壳的5%左右。

运载火箭的贮箱属于压力容器，抗断裂和气密性是其关键指标，同时要做到超薄，工艺难度大。贮箱的制造工艺，体现了一个国家的工业制造水平。我国新一代运载火箭主体贮箱结构使用2219铝合金，采用搅拌摩擦焊焊接方式，与传统焊接方式相比，提高了焊接性能与产品可靠性，减少了由于焊接缺陷引发的产品质量问题。

11 合金材料

运载火箭应用较多的合金材料包括铝合金、镁合金、钛合金等。铝合金是应用最广泛的轻金属材料，具有密度低、易于加工铸造、良好的导热、导电性能和抗腐蚀性能好（表面可自然形成氧化膜）等特点，而且成本低。铝合金也有多种型号，如早期的2A14铝合金，目前使用较多的2219铝合金。2219铝合金焊接性能较好，通过改善焊接工艺性，减少焊接接头微裂纹等焊接缺陷引发的产品质量问题，提高焊接性能与产品可靠性。

未来铝合金的发展方向是铝锂合金，锂是世界上最轻的金属元素，把金属锂作为合金元素加到金属铝中，就形成了铝锂合金。添加金属锂以后，能够降低合金的密度，提高刚度，同时仍然保持较高的强度、较好的抗腐蚀性和抗疲劳性以及适合的延展性。由于这些特性，这种新型合金受到了航空航天业的广泛关注。据计算，假如选用铝锂合金取代传统铝合金制造波音飞机，能够减轻14.6%，燃料节约5.4%，飞机成本将下降2.1%，每架飞机每年的飞行费用将下降2.2%。因此，铝锂合金被认为是航空航天最理想的结构材料。

镁合金是目前轻金属材料中密度最低的，比强度高，比弹性模量大，其减震性能好，可承受大载荷冲击，有良好加工性能和导热导电性能。但同时也存在耐腐蚀性差、耐高温性能差等缺点，限制了其工业上的大量应用。

钛合金的强度极高，高温、低温性能均良好，可在－273～＋500℃范围内工作，对酸碱均有良好抗腐蚀性，是目前最好的抗腐蚀材料；热导率低，适于做隔热材料，热膨胀系数小，尺寸稳定性好。缺点是耐磨性差，不宜作运动件，制造工艺复杂，成本高。

12 复合材料

复合材料是由两种或两种以上单一材料使用物理或化学方法，人工合成的一种多相固体材料。航天领域常用的复合材料有纤维增强复合材料，包括碳纤维、凯芙拉（Kevlar）纤维、玻璃纤维、硼纤维等。

碳纤维材料是将聚丙烯腈、沥青等有机纤维在 1000~3000℃ 高温的惰性环境下，分解碳化而成的无机高分子纤维，其含碳量超过 90%。以聚丙烯腈基碳纤维的制备工艺流程为例，其工艺经过氧化、碳化、上浆及最终成形，如图 2-53 所示。

聚丙烯腈纤维 → 氧化 → 碳化 → 上浆 → 成形

图 2-53　聚丙烯腈基碳纤维的制备工艺流程

碳纤维的分子结构介于石墨与金刚石之间，是轴向排列的不完全石墨晶，各平行层原子排列不规则。表面呈黑色，力学性质优异。碳纤维密度为 $1.5 \sim 2\text{g/cm}^3$，大约为钢密度的 1/4、铝合金密度的 1/2；强度大，其强度比钢大 4～5 倍；热膨胀系数小，在温度极限变化下其尺寸不会发生太大的变化，导热率随温度升高而下降；摩擦系数小，润滑性好；导电性强，碳纤维类型不同其比电阻也不同；极限高温和低温下，性能不会发生太大变化，在几千摄氏度高温真空气氛下不会发生熔化，也不软化，在液氮温度下依旧保持其柔韧的性能；耐腐蚀性能好，通常对浓盐酸、磷酸、硫酸等呈惰性；与其他材料的相容性较好，又具备纺织纤维材料的柔软、可编制性。碳纤维在航空航天、医用、建筑等各行各业应用广泛，如图 2-54 所示。

图 2-54　碳纤维制品（依次为碳纤维、碳毡、碳板）

凯芙拉纤维是最早研制成功的超高强度纤维，它的外表呈金黄色并有光泽，为美国杜邦公司于 20 世纪 60 年代末研制成功，商品名为 Kevlar。凯芙拉纤维具有高强度、高模量、耐高温、低密度等优异性能，广泛应用于兵器、造船、医疗器械和体育用品等领域，如图 2-55 所示。

图 2-55　凯芙拉纤维制品

Kevlar 纤维可制成轻质的防弹、防刺人体防护服和防弹片、防爆装甲车辆，这是它最负盛名的用途。利用它的轻巧品质制成手套，可使手的动作灵活自如，同时防止割伤。此外，Kevlar 纤维还可用于汽车轮胎，使汽车行驶更加平稳安静；用以增强管道，为深海石油和天然气勘探服务；用以改善蜂窝结构，为新一代飞机提供足够强度；用以制造防火被褥，可满足严格要求；用以增强空间飞行器用的耐久泡沫塑料，大大提高其抗拉伸强度和抗压缩强度；用以增强建筑结构，可防止房屋受到飓风和龙卷风的危害。

13　运载火箭焊接工艺

一块块铝板，一根根铝条，经过焊接连在一起，形成火箭的主体结构。运载火箭焊接工艺主要包括 TIG 焊、等离子焊、电子束焊、搅拌摩擦焊等。

TIG 焊又称为非熔化极惰性气体钨极保护焊，这种焊接方式以钨极和焊件金属间的电弧为热源，以氩气为保护气体，氩气从焊枪连续喷出，在电弧周围形成保护层，防止空气对钨极及熔池的影响，通过熔化添加焊丝，达到焊接效果，如图 2-56 所示。焊炬中的钨极作为负极，焊接时钨极不熔化，可以维持长时间恒定焊弧。TIG 焊加填丝的方式常用于压力容器的打底焊接，原因是 TIG 焊接的气密性较好，能降低压力容器焊接时焊缝的气孔。TIG 焊的热源为直流电弧，工作电压为 10 ～ 95V，但电流可达 600A，惰性保护气体一般为氩气。法国"阿里安"5 贮箱即采用变极性 TIG 焊。

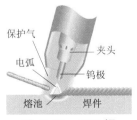

图 2-56　TIG 焊

等离子焊是在钨极氩弧焊基础上发展起来的一种焊接方法，等离子弧是通过对穿过喷嘴小孔的电弧进行压缩而产生的，高温等离子从小孔中以很快的速度喷出至工件，工件表面和填充金属迅速熔化，形成熔池，如图2-57所示。经压缩的电弧能量密度更集中，温度更高。等离子焊焊接速度高于TIG焊，焊缝截面形状较窄，深宽比大，热影响区小，焊接变形小。美国航天飞机外贮箱采用铝合金变极性等离子焊。

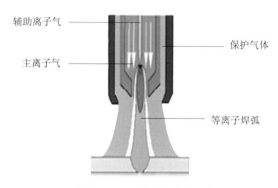

辅助离子气

保护气体

主离子气

等离子焊弧

图 2-57　等离子焊示意

搅拌摩擦焊（FSW），是利用工件端面相互运动、摩擦，使端部达到热塑性状态，迅速顶锻，完成焊接的方法，如图2-58所示。搅拌摩擦焊焊接处力学性能优异、单面一次焊透、应力低、几乎无形变、工艺简单可靠、无弧光，尤其适用于高强度、难以熔焊的铝合金焊接。同时，搅拌摩擦焊易与数控机床结合，可以完成复杂曲线焊缝的高效焊接，非常适合于贮箱纵缝和箱底复杂结构焊缝的焊接。采用搅拌摩擦焊替代传统的熔焊，可以减少焊接缺陷，提高焊缝可靠性。我国的CZ-5火箭贮箱和美国的SLS火箭贮箱采用搅拌摩擦焊，如图2-59和图2-60所示。

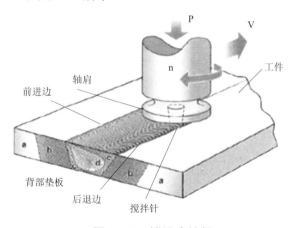

P

V

n

工件

轴肩

前进边

背部垫板

后退边

搅拌针

图 2-58　搅拌摩擦焊

图 2-59　我国首个推进剂贮箱搅拌摩擦焊设备

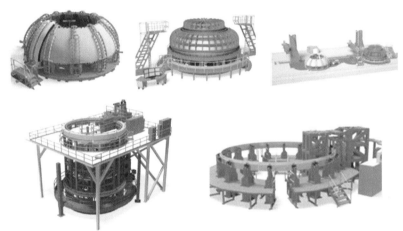

图 2-60　美国 SLS 火箭搅拌摩擦焊设备

　　当然，在目前的技术条件下，部分大部段和零部件的加工处理仍靠人工，需要大量时间，如我国及世界其他国家大尺寸贮箱的人工手动焊接等，因此产能成为计划安排的制约因素。美国 SLS 火箭芯级 8.4m 直径贮箱的内部焊接如图 2-61 所示。

图 2-61　美国 SLS 火箭芯级 8.4m 直径贮箱的内部焊接

14 防晃隔板

火箭飞行过程中除了受到气动力、推力外，内部还受到推进剂晃动载荷的影响，飞行过程中贮箱中的推进剂晃动对箭体产生的载荷称为晃动载荷。各型号火箭的贮箱柱段均采取多种防晃措施，如设计各类隔板、挡板结构。一般将贮箱的边框与防晃隔板结合设计，如图2-62所示。

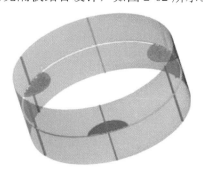

图 2-62　防晃隔板

15 绝热层

低温推进剂贮箱的绝热系统是贮箱设计的一个重要部分，目的是使推进剂和环境之间的热量的传导减至最小，保持推进剂的蒸发量在容许范围内，以满足发动机系统正常工作的要求。低温停放时，贮箱是否带绝热层差别是很大的，如图2-63所示。

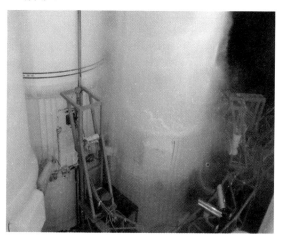

图 2-63　右侧为不带绝热层的助推器

运载火箭大型低温贮箱的绝热基本都采用泡沫塑料外绝热的形式。目前，国际上采用泡沫塑料外绝热主要有两种方式——喷涂聚氨酯泡沫塑料方式和泡沫塑料预制件粘贴方式。我国 CZ-3 系列运载火箭低温贮箱采用以喷涂聚氨酯泡沫塑料为主体的多层缠绕密封式外绝热方式，绝热结构由缓冲层、绝热层和防护层组成，如图 2-64 所示。这种绝热结构具有结构质量小，绝热效果好以及安全可靠性高等特点，但其主体绝热材料——聚氨酯泡沫塑料，在生产中使用的 CFC-11 发泡剂对环境有害。我国新一代运载火箭选用环保的绝热材料——以 HCFC-141b 为发泡剂的新型泡沫材料。虽然粘贴方式在泡沫塑料质量的稳定性、泡沫塑料性能、生产周期的稳定性等方面优于喷涂方式，但是喷涂方式在原材料供货可靠性、粘贴质量的保证、整个绝热结构的重量、生产成本和研制难度等方面，有比较明显的优势，因此目前多数火箭型号采用自动喷涂方式进行绝热结构的施工。

推进剂

► 缓冲层
► 绝热层
► 防护层

图 2-64　典型绝热层三层结构

扩展阅读

　　绝热层吸湿：绝热层材料吸收空气中水汽的过程称为吸湿。吸湿导致绝热层增重，一定程度上会影响火箭的运载能力。

　　气动加热：指火箭和空气之间的摩擦生热效应。火箭表面与空气摩擦，紧靠箭体表面的空气动能转变为热能，使箭体温度升高。为保护火箭，需要对气动加热严重的部分进行防热设计，如使用耐高温合金材料、陶瓷材料、防热材料或隔热材料等。

16 承力贮箱与不承力贮箱

　　早期贮箱不承受箭体运动的纵向和横向载荷，称为不承力贮箱。这种贮箱的壳体并不是箭体的壳体，而是悬挂在火箭的壳体上，如 V-2 火箭的贮箱。不承力贮箱结构不利于减小结构质量，因此逐渐被淘汰了。

　　现役火箭多使用承力式贮箱，即火箭的贮箱壳体要同时承担火箭壳体的作用，传递火箭受力载荷，平衡内外压差。承力式贮箱的设计思路是"内压平衡轴压"，运载火箭在飞行过程中，过载与风载荷作用于火箭轴向，箭体在轴向受压。承力式贮箱箱体通过提高内压，可部分平衡火箭的轴向受力，即"内压平衡轴压",如图 2-65 所示。

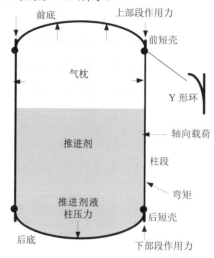

图 2-65 贮箱受力情况

贮箱中气枕压力和推进剂液柱压力称为内压,贮箱的箱底承受内压,贮箱的柱段承受轴压、弯矩和内压,前后短壳承受贮箱相邻部段的作用力,即火箭的轴向载荷,工程上近似认为轴向载荷与火箭的直径平方成正比。柱段、前后底和前后短壳由叉形环焊接起来,叉形环过渡结构连接受力不同的三个部段,且其结构小焊接难度大,因此叉形环焊缝是贮箱结构设计需要重点关注的薄弱环节。

贮箱结构的地面强度试验过程中,一般使用水做填充模拟介质,但氢氧箱情况不同,氢密度低,设水的密度为 1,液氢的相对密度仅为 0.07,按飞行中受 5g 过载计算,实际受力为 $0.07 \times 5g = 0.35g$,尚小于水的密度,因此氢箱地面不能使用水作为填充物做试验,否则会导致结构设计质量偏大,目前一般采用空心球作为填充物。而液氧的情况刚好相反,其相对密度约为 1.1,飞行中受力 $1.1 \times 5g = 5.5g$,大于水的密度,需采用充水并增压的方式进行模拟。

17 悬挂贮箱和共底贮箱

按照结构形式的不同,贮箱可以分为独立贮箱、悬挂贮箱和共底贮箱等。目前,主流火箭大多采用独立贮箱结构,即每个贮箱是单独的圆柱体结构,贮箱之间留有一定空间,称为箱间段。

悬挂贮箱,即通过悬挂支架,将下面的贮箱悬挂在上面的贮箱上。CZ-5火箭二级的液氢加注体积比液氧大很多,若采用 5m 直径氧箱,则其贮箱柱段过短，前后底过大，不利于减重。因此，设计了 3.35m 的液氧贮箱，通过钛合金的支架，悬挂在氢箱下面。悬挂贮箱在助推和一级飞行段受拉，无法起到承力贮箱内压平衡轴压的作用。

共底贮箱，上贮箱的下底作为下贮箱的上底使用的贮箱形式，如图 2-66 所示。从火箭结构的减重和长细比控制角度，共底贮箱都是一种结构效率高的理想布局。我国 CZ-4 系列火箭的三级采用共底结构，其共底贮箱分别贮存四氧化二氮和偏二甲肼推进剂，属于常温推进剂，两者温差要求控制在 5℃ 内，温度相互影响较小，共底设计较为容易。CZ-3A 系列火箭的三子级是液氢 / 液氧贮箱的共底结构，隔热温差 70K，温度相互影响大，共底贮箱上、下面板间采用玻璃钢蜂窝夹心结构，以满足载荷强度的要求。其蜂窝结构射前需要进行抽真空操作，因此发射场需配备相关设备，射前流程比较复杂。

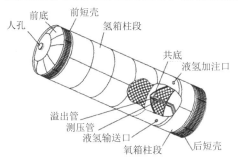

图 2-66　典型氢氧共底贮箱结构

国外的运载火箭型号中，"土星" 5 的二级、"阿里安" 系列的三级等均采用氢氧的共底贮箱结构。液氧和煤油推进剂的温差达 200K，其共底的大温差要求使得结构设计和实现的难度更大。我国某型火箭采用了液氧－煤油共底贮箱，其共底贮箱采用上下铝合金面板，中间采用泡沫夹心，制造过程采用真空辅助树脂灌注吸胶浸润技术，提高金属面板泡沫夹层共底质量，成形即为真空状态，发射场不需增加设备，射前也不需要进行额外操作，是较好的新型共底贮箱，如图 2-67 所示。

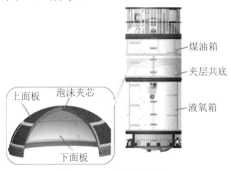

图 2-67　共底贮箱

18 火箭舱段

除整流罩、仪器舱外，运载火箭的舱段还包括箱间段、级间段、尾段、过渡段等，主要用于安装箭上仪器，连接贮箱，保持火箭的外形，同时也是火箭的主要承力结构。

火箭在起飞到入轨过程中，大气压力迅速下降，为防止由于内外压差引起火箭结构破坏，火箭的各舱段都开有排气孔。

针对不同的应用场合火箭有多个分离面：设计分离面，即火箭飞行过程中实际发生分离动作的分离面，包括纵向分离和横向分离，纵向分离包括星箭分离、级间分离等，横向分离包括横抛的整流罩分离面、助推分离面等；工艺分离面是为了制造和装配方便而设计的分离面，在箭体总装时多用转接框结构保护分离面，因此工艺分离面尽量减少为宜；运输分离面是应分级运输要求使用的分离面，一般不单独设置，可以直接使用设计分离面或工艺分离面作为运输分离面。

19 箱间段

每级火箭推进剂贮箱之间的部段称为箱间段，是重要的承力部段，多采用半硬壳式薄壁结构。火箭下面级或助推结构中，箱间段和头锥处，一般为电气系统仪器、气瓶安装部位，因此需要考虑仪器操作舱口设置。箱间段一般通过加梁和桁条，增加结构强度，如图 2-68 所示。

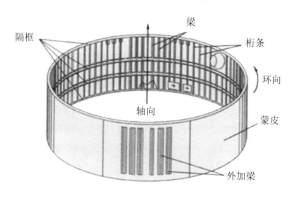

图 2-68　箱间段典型结构

扩展阅读

硬壳结构：由隔框和蒙皮组成，蒙皮厚度较大，称为硬壳。其结构简单，制造方便，但质量大，不易开舱口，只适用于直径小的箭体。

半硬壳结构：在蒙皮内测增加桁条与梁结构，加强承力性能，减轻了蒙皮承力作用，减小结构质量。此类结构可分为桁条式结构、梁式结构和网格式结构。

整体壁板结构：通过机械铣切、化学铣等工艺方式，把蒙皮和隔框、桁条做成一个整体的整体壁板结构。整体壁板式结构的优点是可以采用多种形式的加筋网络，并且结构强度强，质量小，对模具的精度要求高。此外，还有夹层结构和其他复合材料结构等（图 2-69）。

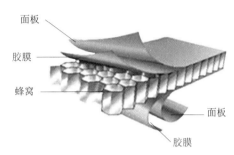

图 2-69　蜂窝夹层结构

20 级间段

火箭各级之间的部分称为级间段，其结构取决于分离方式。冷分离的级间段一般采用半硬壳式结构，与箱间段相似，但是增加了分离机构。热分离的级间段由于上一级发动机要点火，靠火焰推力使下一级分离，因此要设计火焰安全排出通道，常用排焰结构有杆系结构和排焰窗口，如图 2-70 所示。

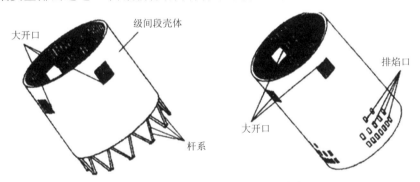

图 2-70　热分离级间段典型结构

21 尾段与防热裙

火箭尾端受力较为复杂，水平放置时受较小的自身重力；竖立状态，特别是加注后，受整个火箭加注推进剂后的重力和风载荷；飞行过程中，受力较小，但受到发动机工作时热流影响，要求其防热效果好。为了提高结构效率，一般采用横向壁框在蒙皮内，纵向桁条在蒙皮外的结构。

一级火箭在点火飞行过程中，发动机火焰对于火箭尾部加热效应明显，因此在火箭尾部布置同时具备防热且柔软的防热布，即防热裙（图2-71），用于隔离尾部火焰和热流，防止火焰上窜，热辐射冲击、烧毁发动机上部组件，同时可补偿摇摆变形。

防热裙工作环境热流大，因此防热裙采用低密度烧蚀材料和防热涂层技术。由于防热裙柔软性，导致安装后的形变不易确定，可能导致干涉，因此需要开展冷摆测试，确保其与发动机舱内的设备无干涉。

防热裙

图 2-71　防热裙

22　助推器头锥

为增加火箭推力，通常采用捆绑助推器的形式，助推器的类型一般分为液体火箭助推器和固体火箭助推器，其结构形式与芯级类似，区别是带有助推头锥结构。助推器头锥包括锥形头锥和斜头锥等形式。CZ-3甲系列火箭和CZ-7火箭等采用锥形头锥形式，CZ-5火箭由于一级氢箱较长，超过了助推器两贮箱长度之和，因此采用斜头锥形式，前支点至于斜头锥处。

锥形头锥由半球形端头和截锥壳两部分组成，端头下端设有对接框，后端框与助推氧箱的前短壳采用插接方式连接，如美国的"德尔它"4火箭，如图2-72所示。

图 2-72　"德尔它"4火箭的锥形头锥

斜头锥结构分为两段——端头和斜锥段，斜锥段包括倾斜的锥段和竖立的柱段两部分，锥段和柱段以椭圆框连接。端头与锥形头锥相同，如欧洲航天局的"阿里安"5火箭，如图2-73所示。

图 2-73 "阿里安"5火箭的斜头锥

23 尾翼

早期火箭一般设置尾翼，其作用包括降低压心，提高稳定性，避免火箭出现大幅度的摆动和滚动，从而降低对控制力的要求，如图2-74所示。没有尾翼火箭可能出现摇摆或滚动，为了纠正摆动和滚动偏差，会造成不必要的控制力损失。尾翼翼面承受法向力，在尾翼根部承受弯矩。其设计应满足以下要求：具有良好空气动力参数；具有足够的强度和刚度，尽量减小质量；结构简单，易于运输安装。

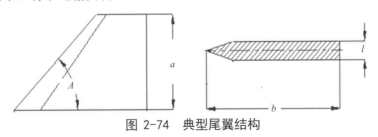

图 2-74 典型尾翼结构

世界主要航天国家现役火箭型号多不再设置尾翼，采用通过姿态控制系统可靠性的提高和算法的优化等方法，提高火箭的稳定性，从而避免安装质量较大的尾翼，带来箭体结构的增重。

24 结构的偏差和补偿

由于运载火箭制造精度、材料刚度、振动、变形、温度、磨损和回弹等多种因素影响，存在多种结构偏差，箭体结构设计时需要考虑偏差的补偿机制。

1）部段的偏差

部段的偏差包括部段错位、扭转和轴线的折斜等，如图 2-75 所示。部段的长度、圆度、连接孔的位置度等都会造成这些偏差，在设计时会考虑其偏差范围，给出合理的容许值。在控制系统设计时，将充分考虑这些偏差，作为控制方程的补偿量，对偏差进行调整。发射场的垂直度调整项目，就是为了补偿折斜偏移而设置的测试项目。

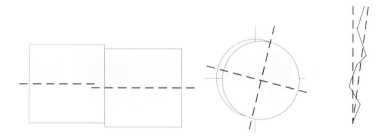

图 2-75　错移、扭转和折斜

2）管路和线缆偏差

电气系统通过适当设计电缆长度，并依据电缆本身柔性，补偿长度偏差。动力系统的管路，一般采用波纹管、补偿器等进行偏差补偿，其补偿量包括温度变形、箱底下沉量、舱段变形、发动机机架变形和制造误差等。

25 火工品

火工品是装有火药或者炸药，受预定外界激励后产生燃烧或者爆炸，以引燃火药，引爆炸药或做机械功的一次性使用的元器件和装置的总称，也称为火工装置。运载火箭在点火飞行过程中，发动机启动，级间分离，整流罩分离，助推分离以及异常情况下安全自毁等，都会用到火工品。大型运载火箭上一般有几百个火工品，它们小巧，结构简单，可靠性高。

火工品按其功能分类，可分为发动机火工品、分离火工品和推进剂管理的固体小火箭等。发动机火工品中，包括用于推力室点燃推进剂的电点火器，驱动涡轮开始做功的火药启动器；分离火工品主要包括用于级间解锁的爆炸螺栓以及导爆索，正反侧推小火箭等，还包括各类导爆索、爆炸螺栓、隔板点火器、电点火器、电起爆器和非电传爆装置等，种类多样。

火工品总体上发展趋势是大能力、小体积、引爆功率小（如非电传爆装置）。目前，一般火工品引爆需要几安的电流，可以想象，助推分离等关键时刻，箭上电池的电流输出是很大的，可能达到几十或上百安。因此火箭将电器设备用的电池和火工品分开，避免这个时候的电压波动影响箭上单机的正常工作[8]。

26 爆炸螺栓

爆炸螺栓是一类技术成熟、应用广泛的点式分离装置，其连接状态时配合普通螺母使用，保证可靠连接；分离时，内部装药将螺栓炸为两个部分，从而实现分离动作。

爆炸螺栓根据结构和分离方式分为剪切销式和削弱槽式两大类。剪切销式爆炸螺栓由螺栓杆、连接销、装药和螺栓本体组成，如图2-76所示。螺栓杆通过连接销与螺栓本体连接，本体内装药，爆炸后的冲击波和气体压力推动螺栓杆运动，将连接销切断，使螺栓杆与螺栓本体分离。不同的应用场合和应力要求下，也可以设计多个连接销。

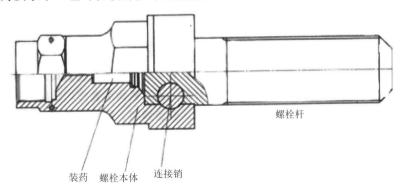

螺栓杆

装药　螺栓本体　连接销

图 2-76　剪切销式爆炸螺栓

剪切销式爆炸螺栓产生的冲击比较大，常常带有污染物，对周围的设备造成污染，因此不适合在对冲击力敏感和洁净度要求较高的装置中使用。但其结构简单，便于安装，应用十分广泛。

削弱槽式爆炸螺栓由螺栓体和内装药组成，输入端连接电起爆器，螺栓杆上特制削弱槽，如图2-77所示。输入端的电起爆器工作后，内装药引爆，爆炸产生的高压气体和冲击波作用在螺栓杆上，削弱槽处应力超过材料强度极限，断裂，从而实现被连接物分离。

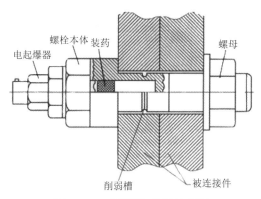

图 2-77　削弱槽式爆炸螺栓

　　与剪切式爆炸螺栓相比，削弱槽式容易构成具有密封结构的无污染爆炸螺栓，因此在常应用在对污染比较敏感的分离过程，如整流罩的分离等。

27　导爆索

　　导爆索是一类典型的线性火工装置，包括分离壳体、保护罩、导爆索和连接紧固件等结构，如图 2-78 所示。工作时导爆索内装炸药引爆，产生爆轰波和爆炸气体压力，使分离壳体沿削弱的部位断裂，从而使紧固件分离。

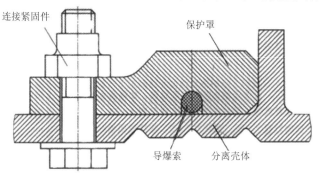

图 2-78　导爆索分离装置

　　与点式分离装置相比，导爆索分离装置这类线性分离装置的承载能力更强，应用于部段连接等部位。导爆索分离装置分离可靠性高，安装工艺性好，分离冲击大，在各型运载火箭部段分离中应用较为广泛。

第 3 节　动力系统

　　运载火箭的飞行动力来自动力系统。动力系统由发动机系统、增压输送系统以及相应的测试设备组成。运载火箭总体设计时，通常需要先选择合适的发动机及推进剂种类。运载火箭发动机研制费用高，样本少，研制周期长，需要在火箭型号研制之前进行研制，我国现役的 120t 液氧煤油发动机早在 20 世纪 90 年代初就开始研发，经过 20 多年，使用该型发动机的火箭才完成首飞。

1 火箭发动机

火箭发动机是一种利用冲量原理，自带推进剂，不依赖外界空气的喷气发动机。目前，大部分火箭发动机都是内燃机，由推力室、涡轮泵、燃气发生器（或预燃室）、火药启动器（或其他点火装置）和各种阀门、调节器、管路等组成。多数发动机工作不靠大气层中的氧气，因为高度越高，空气越稀薄，氧气含量不足，利用率低。

扩展阅读

冲压发动机：充分利用空气中的氧，减少自带氧化剂的火箭发动机，称为冲压发动机。这种发动机在大气层内充分利用空气中的氧，在大气层外利用自带氧化剂进行燃烧，这样分段用氧，尽量减少自带氧的量。

从能量来源的角度，可以把发动机分为化学能发动机、电能发动机、核能发动机、太阳能发动机等。目前，各国火箭发动机大多属于化学能发动机。根据推进剂特性，还可以分为固体火箭发动机和液体火箭发动机。

2 固体火箭发动机

固体火箭发动机为使用固体推进剂的化学火箭发动机。固体推进剂有聚氨酯、聚丁二烯、端羟基聚丁二烯、硝酸酯增塑聚醚等。固体火箭发动机由药柱、燃烧室、喷管组件和点火装置等组成，如图 2-79 所示。药柱是由推进剂与少量添加剂制成的中空圆柱体（中空部分为燃烧面，其横截面形状有圆形、星形等）。药柱置于发动机壳体中。

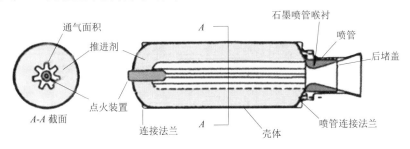

图 2-79　典型固体火箭发动机结构

固体火箭发动机与液体火箭发动机相比较,具有结构简单,推进剂密度大,推进剂可以储存在燃烧室中常备待用和操纵方便可靠等优点,其维护简单,测试流程简单,射前程序少。对庞大的火箭发射系统而言,零件数量相对更少的固体动力系统,在可靠性方面具有先天优势。由于固体推进剂是由生产单位预先装填进发动机内的,固体火箭运至发射场后,测试完成后即可实施发射;而液体火箭则是把"空壳子"运到发射场,在发射前数天内进行燃料加注,还要进行一系列测试,这无疑大大延长了发射准备周期。一旦加注过程中出现意外,不仅会错过发射窗口,还可能引发安全事故。此外,固体推进剂化学性能更稳定,对发动机壳体几乎没有腐蚀性,因此,固体火箭发动机更能够满足长期贮存、应急发射的需要。同时,固体火箭推进剂能量密度高,在运载能力相同的前提下火箭可以做得更小、更轻,提高了运输灵活性。

固体火箭的缺点是比冲较小,热流大,过载较大,加速度大导致推力不易控制,重复启动困难,从而不利于载人飞行。另外,固体火箭还有贮箱等材料性能要求高、药柱浇筑、加工难等缺点,使得研发中困难较大,影响了其广泛应用。美国的航天飞机(图 2-80)和新一代重型 SLS 火箭(图 2-81),欧洲航天局的"阿里安"5 火箭,日本的 H-2 系列火箭等,均采用了固体助推器,我国 CZ-11、"快舟"系列都大量使用固体发动机。2013 年 9 月 25 日,我国首枚固体机动小型运载火箭"快舟"发射成功,标志着我国航天领域固体发动机大规模应用的开始。

图 2-80　航天飞机

图 2-81　SLS 重型运载火箭效果图

3　液体火箭发动机

现役火箭多数采用液体发动机，其优点是可重复使用，现阶段成本相对低，性能调节相对容易，控制精度高。自第一台实用型液体火箭发动机 V-2 开始，液体火箭发动机技术经历了三个阶段。

以军事战略需求的发展阶段。这一阶段运载火箭发动机多由导弹发展而来，使用煤油、酒精和偏二甲肼、四氧化而氮等推进剂，如美国"宇宙神"系列火箭的 MA-3，MA-5 发动机；苏联的 RD-107，RD-108，RD-253 发动机；中国"长征"系列火箭的 YF-20 发动机等。

以大型运载火箭为背景的液氧液氢和无毒推进剂发动机发展阶段。如美国的 F-1，日本的 LE-7，欧洲的 HM-60，俄罗斯的 RD-0120 等氢氧发动机。中国 YF-73，YF-75 液氧液氢上面级发动机。俄罗斯同时还发展了先进的高压补燃液氧煤油发动机 RD-170 等，其富氧发生器技术对火箭发动机的发展有重要的影响。

以可重复使用的天地往返运输系统为需求的液体火箭发动机发展阶段。如美国航天飞机的 SSME 发动机、SpaceX 公司的梅林发动机等。

经过不断发展，液体火箭发动机技术有了很大提高。液体火箭发动机按其涡轮工质供应方式有三种基本的动力循环，即开式的燃气发生器循环，闭式的膨胀循环和分级燃烧循环。开式的燃气发生器循环系统简单，但对推力室压力有一定的限制，一般不宜超过 10MPa，而分级燃烧循环室压可以达到 25MPa，因此容易做到更大推力。而推力室热流几乎与室压成比例增长，因此推力室压力的提高与其承热能力密切相关。

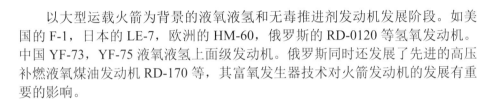

扩展阅读

固液混合发动机：燃烧室内设置固体燃料，液体推进剂组分进入燃烧室，使固液组分接触燃烧。这样可以实现固体火箭的多次启动及推力调节等功能

4　俄罗斯液体火箭发动机

俄罗斯航天发展过程中，始终坚持以液氧煤油发动机为主、常规推进剂和氢氧发动机为辅的航天运载动力工业体系。俄罗斯的液氧煤油发生器循环发动机和补燃循环发动机技术水平领先于世界各国，并且研制型号较多，其中发生器循环发动机包括"联盟"号火箭的 RD-107 和 RD-108 等发动机，液氧煤油补燃循环发动机包括 RD-170/180/191 系列、RD-120、RD-58、RD-

0124、NK-33/43 等。

RD-170 是俄罗斯研制的目前世界最大推力的液体火箭发动机，使用煤油和液氧，单台推力约 800t，采用四燃烧室，四喷管设计，曾用于"能源"号运载火箭和"天顶"号运载火箭第一级，如图 2-82 所示。用于"天顶"号时，发动机可双向摆动，命名为 RD-171。

图 2-82　RD-170 发动机

RD-170 的衍生型号 RD-180 火箭发动机，其海平面比冲为 3050m/s，其推力可达 400t，这相当于把 RD-170 一分为二，双燃料室，双喷嘴，如图 2-83 所示。

图 2-83　RD-180 发动机

受"环保斗士"科罗廖夫影响，俄罗斯的有毒推进剂发动机型号较少，但水平依然较高，包括"质子"号火箭的 RD-253 和 RD-0210 等型号发动机等。另外，俄罗斯液氧液氢补燃循环的发动机水平较高，处于世界航天强国第二梯队，主要型号为 RD-56、RD-57、RD-0120 和 RD-0146 等。俄罗斯历史上甚至研制了包括 RD-701/704 在内的三组元发动机。

5 美国液体火箭发动机

美国 20 世纪 70 年代之前的动力体系与苏联相似，以液氧煤油发动机为主。典型的是"土星"5 使用的推力 680t 的 F-1 液氧煤油发动机，如图 2-84 所示。F-1 发动机海平面比冲为 263s（即喷速度为 2.58km/s），是美国的一款煤油液氧发动机，用于"土星"5 运载火箭的第一级，采用燃气发生器循环，曾服务于"阿波罗"登月计划。

图 2-84　F-1 发动机与沃冯·布劳恩

进入 70 至 90 年代，美国以液氧液氢发动机加固体助推器为主，其中氢氧发动机的代表是 RS-68 发动机。RS-68 发动机是"德尔它"系列的主力发动机，最大推力 319t 左右，生产厂家为美国洛克达因公司，采用燃气发生器循环，其改进型号 RS-68A 的海平面比冲为 359s，真空中比冲为 412s（4.04km/s），作为"德尔它"4 重型火箭的主发动机使用，如图 2-85 所示。

图 2-85　RS-68 火箭发动机

航天飞机采用 SSME 氢氧发动机加固体助推器的方式。SSME 发动机又称 RS-24 发动机，是采用高压补燃循环的氢氧发动机，发动机室压高达 20.5MPa，可大范围调节推力（67% ～ 109%）和混合比，设计飞行次数为 55 次（实际上由于高压涡轮泵磨损，寿命远未达到 55 次的目标）。SSME 发动机的主要特点是可重复使用，可靠性高，同时价格昂贵，如图 2-86 所示。

图 2-86　SSME 发动机

90 年代以来，因航天飞机成本高，苏联解体后，美国开始引进俄罗斯液氧煤油发动机及其技术，开始研制和使用液氧煤油发动机。2000 年，研究 RS-76、RS-84 等液氧煤油发动机。2006 年以来，SpaceX 公司以 Merlin 1D 液氧煤油发动机（图 2-87）为动力研制"猎鹰"系列火箭。

图 2-87　Merlin 1D 发动机

6 我国的液体火箭发动机

我国液体运载火箭发动机主要包括传统的常规有毒推进剂液体火箭发动机，以及现役主流的液氧煤油和氢氧发动机。常规推进剂发动机，采用四氧化二氮、偏二甲肼作为推进剂，主要包括 YF-20 系列发动机，有 YF-21、YF-21C（图 2-88）、YF-24、YF-24E 等多个型号，用于 CZ-2、CZ-3A 系列火箭芯一级和芯二级。

图 2-88　YF-21C 发动机

液氧煤油发动机，主要包括两个型号：YF-100 发动机（图 2-89），用于 CZ-5 火箭的助推器和 CZ-7 火箭的芯一级、助推器，该型号比冲与最先进的俄罗斯 RD-170、RD-180 相当；YF-115 发动机，用于 CZ-7 火箭的芯二级。

图 2-89　YF-100 发动机

氢氧发动机，主要包括三个型号：YF-75 发动机（图 2-90），用于 CZ-3A 系列火箭三子级；YF-75D 发动机为 YF-75 发动机全新替代产品，采用了更为先进的膨胀循环技术，用于 CZ-5 系列火箭芯二级，该型号推力与国际主流上面级氢氧发动机相当，比冲略低；YF-77 发动机，用于 CZ-5 系列火箭芯一级。

图 2-90　YF-77 发动机

7 新概念发动机

　　化学火箭利用的是化学反应的分子能，采用推进剂燃烧的形式提供推力，能够支撑未来重型运载火箭的发射任务已经接近其能力的极限。要寻求更高的比冲和更大的推力，必须发展其他技术类型的发动机，目前主流的发展趋势包括电火箭发动机和热核火箭发动机（主要为核裂变发动机）等。

　　电火箭发动机是利用电能加速工质，形成高速射流而产生推力的火箭发动机。电能由飞行器提供，一般由太阳能、核能、化学能经转换装置得到。工质有氢、氮、氩、汞、氨等气体。按加速工质的方式不同，电火箭发动机包括电热火箭发动机、静电火箭发动机和电磁火箭发动机三种类型。电热火箭发动机利用电能加热（电阻加热或电弧加热）工质（氢、胺、肼等），使其气化；经喷管膨胀加速后，由喷口排出而产生推力。静电火箭发动机的工质（汞、铯、氢等）从贮箱输入电离室被电离成离子，然后在电极的静电场作用下加速成高速离子流而产生推力。电磁火箭发动机是利用电磁场加速被电离工质而产生射流，形成推力。电火箭发动机具有极高的比冲（7000 ~ 25000m/s）、极长的寿命（可重复起动上万次，累计工作可达上万小时），但是在目前技术条件下，其产生的推力较小，仅用于航天器等推力需求较小的场合。

　　扩展阅读

　　霍尔效应：1897 年，霍尔在研究载流导体在磁场中受力时发现，均匀磁场中放入一块板状金属导体，当电流垂直与磁场 B 方向流过导体时，在垂直与电流和磁场方向导体的两次会产生一个横向电场，这种现象称为霍尔效应。

霍尔推力器：又称霍尔效应推力器，是离子推力器的一种。霍尔推力器一般被认为是具有中等比冲（1600s）的空间推进技术。霍尔推力器自20世纪60年代以来在理论和试验研究上取得了很大进步。在推力器中推进剂被电场加速。霍尔推力器将电子约束在磁场中，并利用电子电离推进剂，加速离子产生推力，并中和羽流中的离子。霍尔推力器可使用多种推进剂，最常用的是氙。其他推进剂包括氪、氩、铋、碘、镁和锌。

核裂变发动机，在火箭上安装一个裂变反应堆，利用裂变反应堆提供热量喷射气体，从而产生推动力的发动机，也称热核发动机。核火箭发动机用核燃料作为能源，用液氢、液氦、液氨等作为工质。核火箭发动机由装在推力室中的核反应堆、冷却喷管、工质输送系统和控制系统等组成。在核反应堆中，核能转变成热能以加热工质，被加热的工质经喷管膨胀加速后，以 6500 ~ 11000m/s 的速度从喷口排出而产生推力。核火箭发动机的比冲高（2500 ~ 10000m/s），寿命长，但技术复杂，只适用于长期工作的航天器。这种发动机由于核辐射防护、排气污染、反应堆控制以及高效热能交换器的设计等问题未能解决，至今未能广泛使用。

8 液体推进剂的选择

液体火箭发动机推进剂一般包括氧化剂和燃烧剂两种，称为双组元推进剂。液体火箭将氧化剂和燃烧剂分别装在两个贮箱中，而固体火箭是将氧化剂和燃烧剂按一定比例配置，浇注固化在发动机内。

扩展阅读

组元：推进剂的种类称为组元，单组元就是使用单一物质或几种物质的混合物作为推进剂，如 DT-3、无水肼、硝酸肼等，就属于单组元推进剂，在一定条件下通过自身分解或燃烧形成高温高压气体喷出并提供推力，双组元就是氧化剂和燃烧剂组合的推进剂，如氢氧、液氧煤油均属于双组元液体推进剂。也有三组元液体推进剂发动机，俄罗斯工程师向液氧煤油燃料中添加了有限数量的液氢，成功实现了三种组分的同时稳定燃烧，研制了 RD-191 三组元发动机。RD-191 发动机是其 RD-170/180 发动机家族的改进型，它的用途广泛，可以用作火箭第一级也可用作第二级。

推进剂的理化性质大有区别，因此也分为低温推进剂和常规推进剂，或是无毒推进剂和有毒推进剂。使用有毒推进剂的发动机一般也简称为"毒发"，如偏二甲肼和四氧化二氮组合。由于这类发动机本身及燃烧产物均具有一定毒性，因此若发生爆炸等事故，毒气扩散影响较大，故全球范围内已逐步减少使用"毒发"。苏联著名火箭设计师科罗廖夫很早就极力反对使用"毒发"，人称"环保斗士"。美国从1970年开始禁止本土生产偏二甲肼,欧洲航天局"阿里安"早期型号火箭使用的偏二甲肼也一直从俄罗斯进口。

扩展阅读

低温推进剂:在标准大气压力下沸点低于200K的推进剂,如液氢、液氧等。

推进剂一般占火箭起飞质量的85%～90%,所以推进剂的选择是火箭总体设计的主要工作之一。推进剂选择的影响因素很多,主要包括:比冲尽量高,根据齐奥尔科夫斯基公式,这样可以获得更高的末速度;推进剂密度尽量高,使同样体积的火箭贮箱能装更多的推进剂,密度比冲高;本身腐蚀性、毒性、温度、易燃易爆等特性尽量优选,如我国CZ-5运载火箭全箭使用液氢、液氧、煤油推进剂,就具备了环保无毒无污染的特性,低温和易燃易爆则需要测发设备和箭体设计上予以考量和处理;价格尽量低廉,目前低温推进剂,特别是液氢,价格较高,大幅提高了火箭的发射成本。

目前,液体火箭发动机各国较为看好的是液氧甲烷发动机,其优点包括:液氧甲烷组合是所有烃类燃料中最不容易结焦的(煤油结焦温度为833℃,甲烷分子中只有1个碳原子,本身无碳链,因此高温下难以裂解,因此甲烷为1223℃;品质再好的煤油,也会在1195℃下结焦,因此目前所有液氧煤油发动机燃气发生器最高温度在1195℃以下,燃气发生器的效率因此控制在80%以下,若用甲烷,效率可达95%以上),并且最不容易积碳,甲烷黏度小(为煤油的32%),冷却性能远高于煤油,且雾化效果好,利于快速燃烧和持续稳定燃烧,液氧甲烷发动机理论比冲为3900m/s(煤油发动机的为3770m/s),同时密度比冲比氢氧发动机大,适于作底部发动机。另外,若考虑载人登陆火星等深空探测任务,由于在火星上甲烷相对易于制取,航天器不必携带返回所需的推进剂,而是在火星上制取足够的推进剂后返回,从而降低了登陆火星的载荷质量,因此较为利于工程的实施。美国蓝色起源公司的BE-4液氧甲烷发动机如图2-91所示。

图 2-91   美国蓝色起源公司的 BE-4 液氧甲烷发动机

9 火箭发动机结构

火箭发动机通常由发动机支架、摇摆补偿元件、推力室、涡轮泵和其他支持部件组成，如图 2-92 所示。

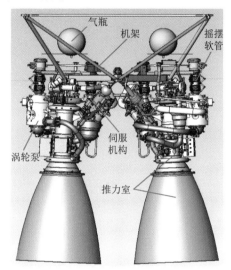

图 2-92　典型发动机结构

摇摆补偿元件包括常平座、摇摆软管及泄出、增压、气控、吹除等金属软管。常平座是使发动机能围绕其转轴摆动的承力机构，按摇摆方式可分为单摆常平座和双摆常平座两种，使发动机能够单向或双向摇摆，进行推力矢量控制。常平座的技术难点主要为轴承面固体润滑技术和耐蚀性能，如图 2-93 所示。

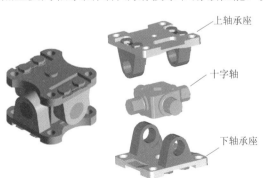

图 2-93　十字轴常平座（双向）

摇摆软管是实现发动机摆动，并保证推进剂输送效率的重要结构，如图 2-94 所示。摇摆软管主要难点为波纹管高压下的摆动疲劳寿命、多层管坯接头的焊接、高度真空绝热技术。

图 2-94　发动机摇摆软管

　　根据发动机摇摆部件位置的差异，可以分为泵前摇摆发动机和泵后摇摆发动机两类。泵前摇摆的摇摆软管在低压推进剂入口管路上，其优点是摇摆软管压力低，易于研制，不足是发动机质心偏离推力曲线，存在偏心问题，发动机摇摆尺寸和摇摆力矩大，发动机质量较大，需要较大伺服机构。同时，采用泵前摇摆的发动机摇摆质量及转动惯量大，其发动机—伺服机构回路易产生低频振动，频率在 10Hz 以下，设计上通过常平座—机架一体化设计，改进支点刚度等措施，尽量减小低频振动。泵后摇摆的摇摆软管设置在涡轮泵出口管路上，只需摇摆推力室及其附件，可以有效减小发动机尺寸、质量和摇摆力矩，便于解决偏心问题。但泵后摇摆需要设计高温高压燃气摇摆软管和高压推进剂摇摆软管，研制难度大。泵后摇摆是发动机设计趋势，特别对于大推力发动机，优势明显。R-170/180/191 和 RS-68 发动机均采用泵后摇摆方案。

　　发动机的支持部件包括发动机气瓶、各类阀门、传感器、电缆、连接器和各组件的管路、卡箍、小支架等。

扩展阅读

　　喉部堵盖：液体火箭发动机在贮存、运输过程中，为了防止灰尘、潮气、杂物进入内腔，在某些情况下需要充气保护，因此火箭发动机所有对外接口均需密封，其中推力室喉部采用的密封部件，称为喉部堵盖。

10　发动机支架

　　发动机支架是发动机固定及传力结构，它承受轴向推力和发动机摇摆产生的横向载荷，同时承受发动机点火、关机过中的冲击和振动。

　　常见的发动机支撑结构有贮箱锥底支撑、筒段支撑以及杆式机架三种：在推力不太大的情况下，可以将贮箱设计成锥底，推进剂导管直接连于锥底，发动机推力通过锥底传递，如 CZ-1 火箭就采用锥底结构支撑发动机，这种方式结构紧凑，质量特性好且空间利用率高，但它只能在小推力下应用，大推力下导管和贮箱底质量猛增，结构效率不高；当发动机尺寸远小于火箭直径时，一般采用圆柱筒段，这样可以承受发动机各种载荷，也能方便地固定动力系统附件，虽然这种方式的结构效率不高，但在许多上面级火箭上仍然使用；大部分火箭采用杆系机架，通常由高强度金属管材、型材焊接而成的空间静不定杆系，具有空间开敞，传递大推力时结构效率高的特点，如图 2-95 所示。

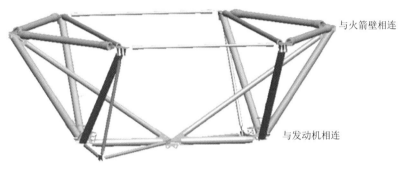

与火箭壁相连

与发动机相连

图 2-95　发动机支架

火箭起飞过程中，发动机支架因推力造成轴向变形，会对火箭产生滚转力矩，影响零秒连接器的安全脱落。对于越大直径大推力的火箭，这种影响越大。

11　推力室

推力室是推进剂在其内燃烧并发生能量转换的装置，是产生推力的地方，其特点是：工作环境恶劣，燃烧温度高，燃烧室压力高，高热流密度；燃烧反应复杂，易发生不稳定燃烧；相对而言，煤油的烃链较长，燃烧反应远比氢氧燃烧要复杂，在高流速下极易发生不稳定燃烧；燃料的分解效应复杂，如煤油会发生化学分解和结焦现象，可能使推力室的冷却性能急剧下降，导致推力室烧毁。

> **扩展阅读**
>
> 结焦现象：烃类（包含煤油）推进剂为混合物，包含多种烷烃、芳烃及苯等多环结构，在高温下大分子结构会发生裂解，裂解产物的聚合、缩合等二次反应形成粉尘尘积在流道表面的现象称为结焦。

推力室一般包括喷注器（包括整流栅、隔板、声腔等）、燃烧室、喷管三部分，如图 2-96 所示。其中喷注器一般称为推力室的头部，燃烧室、喷管称为身部。

第 2 章　运载火箭结构和动力

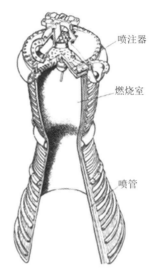

图 2-96　典型发动机推力室接结构

喷注器的功能是将一定流量和比例的推进剂分别经过喷嘴按指定混合比均匀地喷入燃烧室并雾化、混合，确保推进剂稳定燃烧，如图 2-97 所示。

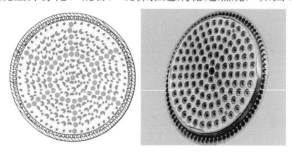

图 2-97　典型喷注器示意

隔板广泛用于抑制液体火箭发动机的燃烧不稳定性。隔板把推进剂的混合、雾化和燃烧过程分隔在若干区域内，改变燃烧室的燃气声振特性，如图 2-98 所示。

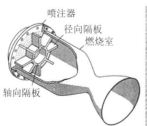

图 2-98　径向隔板与隔板喷嘴

高频不稳定燃烧：燃烧过程和燃烧室声学振荡相耦合，频率为1000Hz以上，其危害主要是造成喷注器及燃烧室烧毁，组件破坏。

低频不稳定燃烧：燃烧过程和推进剂供应系统内的流动过程相耦合，频率为200Hz以下，其危害主要是恶化性能，降低比冲，加剧振动，结构破坏。防止不稳定燃烧的措施：提高喷注器压降，增加流体惯性，减少燃烧室容积或在管路中设置蓄压器。

12 燃烧室及其冷却

燃烧室是推进剂雾化、混合、燃烧的腔道，要有合适的容积，使推进剂在其中停留足够的时间，以确保完全的混合和燃烧，燃烧室一般为圆筒状；发动机燃烧室内压力可达20～30MPa，温度可达3000～4000℃，这就需要火箭发动机使用耐高温材料的同时，采取一些冷却的措施。提高推力室压力，是提高发动机性能的重要手段。因此，高压冷却技术是发动机推力室设计的技术难点。

再生冷却，是推进剂在进入燃烧室燃烧之前，先流过燃烧室和喷管周围的冷却通道，对喷管和推力室进行换热降温，再返回燃烧室进行喷入燃烧的冷却方式，如图2-99所示。这种方式不仅达到了冷却的效果，而且可以有效利用这部分热量，实现了热量再利用，热量损失小；缺点是冷却通道结构复杂，制造难度大。

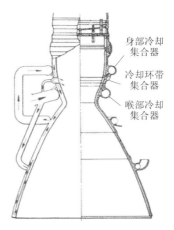

身部冷却集合器

冷却环带集合器

喉部冷却集合器

图 2-99　再生冷却

辐射冷却，就是使用耐高温的金属制造推力室壁，热量以辐射的形式向四周扩散。辐射冷却的优点是结构简单，推力室壁薄，质量小；缺点是对环境影响大，成本高，热量的损失大。一般应用在小型发动机或大型发动机的喷管延长段。

薄膜冷却，利用特殊措施喷入推进剂或冷气，在室壁形成一层液体或蒸汽膜，用于隔离燃气，如图 2-100 所示。一般用燃料做冷却剂，通过喷注器周边的小孔喷入，一般薄膜流量不超过总流量的 5%。优点是可长时间工作；缺点是发动机性能略有降低。

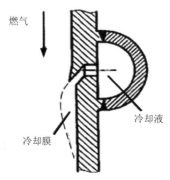

图 2-100　薄膜冷却

热沉冷却，利用材料的热容性，在工作期间，在壁温上升到破坏程度之前，热量被足够重的室壁吸收。优点是成本低，热损失小；缺点是尺寸大，质量大。

烧蚀冷却，使用烧蚀材料，材料表面逐渐吸热而烧蚀分解，形成绝热的多孔碳，使气体放出，在多孔碳表面形成富燃的保护边界层。优点是成本低，热损失小，对环境影响小；缺点是尺寸大，较重，工作时间短，某些固体火箭的喉部采用这种冷却方式。

YF-100 发动机的喉部冷却夹套采用薄膜冷却方式，其燃烧室内壁采用再生冷却通道结构，属于组合冷却方式。

扩展阅读

发动机特征长度：指燃烧室容积 / 喉部面积。

13　发动机推力

喷管的作用是把燃烧气体的热能有效的转变为排出气体的动能，从而获得推力。发动机推力计算的基本假设是推力室为轴对称，室内的燃气为一维定常流，不计燃气重力。

如图 2-101 所示，根据动量守恒，可得发动机推力公式：

$$F = qu_e + (p_e - p_0) A$$

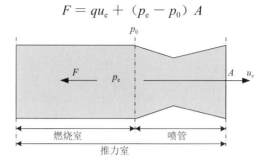

图 2-101　发动机推力示意图

式中：q 为推进剂秒耗量（kg/s）；u_e 为喷气流相对发动机的速度，p_e 为发动机喷口截面处的气压；p_0 为外界气压（外界压力为 0 时，称为真空推力，可见真空推力大于海平面推力）；A 为喷口截面积。也就是推力主要包括喷出物的冲量和压差，分别称为动推力和压力推力，其中动推力占推力的 90% 以上，压力推力占推力的 10% 以下，因此增加燃气喷出的速度，也就是发动机喷管出口速度时提升推力的主要措施。由于外界大气压 p 随高度的升高有所降低，因此（$p_e - p_0$）A 项，即压力推力有所升高。

扩展阅读

底部附加推力：指发动机工作时，随飞行高度的增加，外流压力急剧下降，喷流不断膨胀，一部分气流返回底部形成回流，使底部压力和热流增加，形成的附加推力。

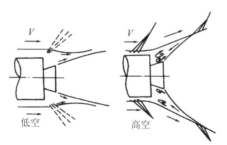

图 2-102　单喷管底部流动示意（低空和高空）

14 拉瓦尔喷管

为了使发动机喷管出口燃气速度尽量增大，设计上一般要求喷管的截面积减少到一个最小值，然后再增大，这类喷管称为拉瓦尔喷管，其特点是由一个收敛段和一个扩张段组成，喷管最小面积处称为喉部。拉瓦尔喷管的发明：1883 年，瑞典工程师拉瓦尔（1845—1913）在他发明的汽轮机中，首先使用了一种先收缩后扩张，可以产生超声速气流的管道，称为拉瓦尔喷管。拉瓦尔喷管广泛应用于超声速风洞、喷气发动机、汽轮机、火箭推进机器等需要超声速气流的设备中。

提升燃气喷流速度是增加推力的重要手段。拉瓦尔喷管的独到之处是在收敛段使燃气在喉部喷管处达到临界压力，在收敛段燃气截面积小处流速增大，直至达到声速，马赫数为 1，而在扩张段可以进一步将燃气加速，即实现了燃气的持续加速过程[9,10]，如图 2-103 所示。

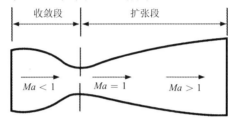

图 2-103　拉瓦尔喷管

扩展阅读

马赫数（Ma）：指物体在当前介质中的速度与声速之比，$Ma = v/a$。

喷管收敛段，将燃气速度通过收敛提升到声速，流体截面积减小而速度增加。增加到声速后会出现壅塞现象。壅塞是流体达到一定速度或临界流量时，速度不再增加的现象。对于气流而言，通过缩短管径，只能达到声速，就壅塞了。因为声速是弹性压力波在气体中的传播速度，气流达到声速后，截面后的任何障碍和扰动都不可能穿过声速流位置对上游流动产生影响，因此气流的速度也就无法超过声速。即使对其后进行抽真空，也不能提升这个速度。这说明了两个问题：一是通过简单的一直缩小截面积的方法提升速度，不适合产生超声速气流；二是拉瓦尔喷管收敛段设计不必太纠结，因为对于火箭高压燃气来说，很容易就达到声速了。

在喷管的扩张段，喷管面积扩张，使得气体的压强得到快速释放，好像弹簧被压到底，再突然释放一样，气体内部的压力都迅速转化为速度。拉瓦尔喷管的扩张段设计就需要考虑如何更好释放气体的势能，分为锥形和钟形扩张段两种；锥形扩张段，一般角度为 10°～15°，适合小推力，小面积比；一般大推力发动机喷管均选用钟形，采用类似抛物线形或其他曲线形状。

拉瓦尔喷管实现了流速增大器的作用，在其收缩部，流体满足随着横截面积减小而加速的规律，逐步加速，在喉部达到声速，而在扩张段，反常识的"随着横截面积增大而加速"，进一步使流体的速度超过声速，甚至数倍于声速，因此也称为"跨声速喷管"。

喷管的冷却同样十分重要，其主要方法类似于燃烧室的冷却，主流的喷管多采用排放冷却或再生冷却。

声速喷嘴：又称临界流喷嘴，主要用于流量系统最大流量的限制。流体流经声速喷嘴时，当流体处于亚声速，喷嘴喉部的流速将随上下游的压力差（喷嘴入口压力与出口压力差）的增大而增大。当上、下游的压力差增加到一定值时，声速喷嘴喉部流速达到最大流速——当地声速，即达到临界流。此时，如果入口压力不变，再减小出口压力流速将保持不变，此时的喷嘴称为声速喷嘴。

15 喷管面积膨胀比

拉瓦尔喷管喉部面积与喷管出口面积之比称为发动机喷管面积膨胀比（或称为扩张比、喷管面积比），即

$$\varepsilon = \frac{A}{A_0}$$

式中：A_0 为发动机喉部喷管面积；A 为发动机出口截面积；ε 为发动机设计的重要参数之一，反映了喷管制造的工艺水平。理论分析表明，发动机喉部与出口的面积比、马赫数、压力比之间的关系如图 2-104 所示。

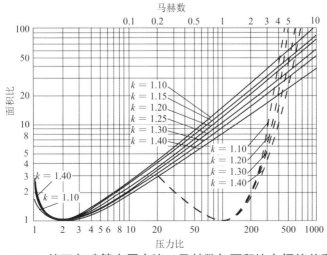

图 2-104　拉瓦尔喷管中压力比、马赫数与面积比之间的关系

其中，k 为热容比，与气体分子有关，k 值小的气体其储能量较高，因而发动机性能也较好。由图 2-104 可见在超声速段面积比、马赫数、压力比均正相关，提高面积比可以提升速度比，即提高发动机喷口燃气速度，从而提高推力。但当 ε 过大（超过 500）时，其对马赫数的提升效果十分有限，相反将带来喷管质量大幅增大的问题，因此也不是面积比越大越好。

喷管出口压力大于外界压力称为过压膨胀，喷管出口压力小于外界压力称为欠压膨胀。过压或欠压都会造成一定的推力损失。理论上，喷管出口压力等于外界压力时，称为最佳膨胀，推力 F 达到最大值。

16 总冲和比冲

火箭发动机工作全程产生的冲量称为总冲，即

$$I_t = F \cdot t$$

式中：I_t 为总冲；F 为平均推力；t 为工作总时间。

发动机单位质量流量的推进剂产生的冲量，称为比冲。比冲就是 1kg 推进剂能产生的推力，也就是推进剂产生推力的效率，是发动机的重要参数，反映了推进系统燃烧效率。

$$I_{sp} = \frac{F}{q} = \frac{I_t}{M_p}$$

式中：I_{sp} 为比冲；M_p 为推进剂的总质量。

影响比冲的因素很多，如推进剂类型、发动机具体的结构设计等，同一发动机真空比冲较大。常用推进剂的理论比冲见表 2-1。

表 2-1　常用推进剂的理论比冲

R ＼ Y	液氧	液氟	四氧化二氮	红烟硝酸	五氟化氯	二氟化氧
液氢	3910	4110	3420	—	3430	4010
肼	3130	3640	2920	2830	3120	3450
一甲基肼	3110	3450	2890	2700	3040	3510
偏二甲肼	3100	3440	2860	2770	2980	3510
煤油	3000	3180	2760	2680	—	3410
甲烷	3110	3440	2830	—	2930	3470
注：$p/p_e = 68$ 时的理论值，单位 m/s						

比冲越大，发动机的能源利用能力越好，但不一定推力越大，例如目前比冲较高的氢氧发动机，如欧洲航天局研制的上面级发动机 VINCI，比冲接近 4700m/s，而一些离子推进器比冲则高达 10 万 m/s，但发动机推力远小于液体火箭发动机。

"秒"比冲：单位质量流量的推进剂产生的推力称为"秒"比冲，其单位为"秒"。如某款发动机的"秒"比冲是365s，则其比冲约为3650m/s，即"秒"比冲乘以10（或者更精确的9.8）。

17 密度比冲

密度比冲是指推进剂密度与其比冲的乘积，表示单位体积推进剂在单位时间内的推力，也称体积比冲，即

$$I_V = V I_{\mathrm{sp}}$$

密度比冲描述的是产生推力的效率。氢氧发动机和液氧煤油发动机比，虽然一般氢氧发动机的比冲大，但是液氧煤油发动机的密度比冲大，就是液氧煤油发动机扔同样重的东西速度更快，因而产生推力的速度更快。

火箭飞行的初始阶段，考虑的是尽快飞出卡门线，因此宜选择密度比冲大的推进剂组合发动机，有的火箭甚至采用固体火箭。火箭冲出卡门线后的飞行，直至飞行的末段，考虑的是达到入轨的速度等轨道要素，因此宜采用比冲较大的发动机。二级以上的运载火箭发动机大多选用氢氧发动机是各国运载火箭研制的趋势。

考虑到推进剂密度与箭体结构体积的关系，虽然氢氧的比冲大，但是密度低，同样体积的火箭，装氢氧推进剂的质量显然不如液氧煤油大。从结构质量的角度，选择密度小的推进剂是不合适的。现行较为公认的设计原则是，助推发动机和基础级发动机选用密度比冲大的发动机较为合适，推力大，分离较早，有利于快速冲出卡门线，减少空气阻力作用时间。而二级以上，或称上面级发动机选用比冲大的发动机，如氢氧发动机，有利于提高入轨末速度。

18 挤压循环和泵压循环

对于液体动力系统，在工作中需要源源不断地供应推进剂，因此在选择完推进剂后，还需对其输送系统进行设计。推进剂输送系统的作用就是将贮箱里的推进剂有效稳定地输送到推力室，包括贮箱结构、增压部分、推进剂输送管路、承力部分等。推进剂源源不断从贮箱进入火箭发动机燃烧室的过程称为循环，历史上火箭有两种主要循环——挤压循环和泵压循环。

挤压循环是推进剂受高压气体挤压，进入燃烧室的火箭发动机动力循环形式，如图2-105所示。优点是没有结构复杂的涡轮机、泵和输送管道，因

第 2 章 运载火箭结构和动力

此使用挤压循环可以大幅降低发动机成本和复杂度；缺点是产生的压力不够高，因而发动机效率不高。

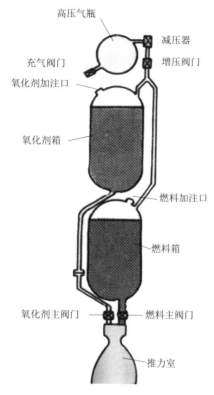

图 2-105　挤压循环示意

德国早期的 A2 火箭就使用了挤压循环技术，飞行中用气瓶内高压氮气挤压贮箱气枕，使推进剂持续进入燃烧室燃烧产生推力；当代一些上面级火箭、姿控发动机以及航天器用发动机采用挤压式推进剂供应，如"阿波罗"飞船的服务舱发动机、登月舱发动机及其姿态控制发动机等。

挤压式加注的主要缺点，就是单位时间进入燃烧室的推进剂不会太多，因为这样增压气体量需要很多，导致贮存气体的容器过大、过重，并且推进剂贮箱的厚度也要增加，导致结构质量大幅度增加。

19　涡轮泵

泵压循环，是采用涡轮泵增大单位时间内进入燃烧室的推进剂量的循环方式。现役多数液体运载火箭采用泵压循环的方式。泵压循环的核心部件就是涡轮泵，由一个涡轮和一个或多个泵组成的部件，用于提高流动推进剂的压力和流速，如图 2-106 所示。涡轮泵是一种高精度的旋转机械，承受很大的温度梯度和压力变化。涡轮泵通常紧靠推力室布置，是发动机舱噪声和振动的主要来源。涡轮泵可以分为齿轮式传动（早期使用）和同轴式直接转动，同轴式又分为单涡轮单泵和单涡轮多级泵等种类。

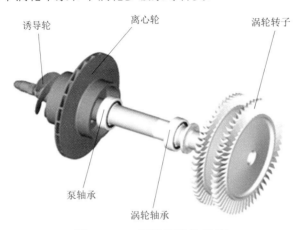

诱导轮　　离心轮　　涡轮转子

泵轴承　　涡轮轴承

图 2-106　涡轮泵结构示意

涡轮泵主要包括涡轮和泵两个部分：涡轮由涡轮泵转子、轴承、密封件组成，涡轮泵转子高速旋转，产生机械能，轴承用于支撑转子；泵由轴承、诱导轮、叶轮（离心轮）、密封件组成，轴承用于支撑叶轮，诱导轮用于提高叶轮入口压力，防止叶轮气蚀，叶轮高速旋转，产生高速高压的推进剂，进入发动机燃烧室，如图 2-107 所示。

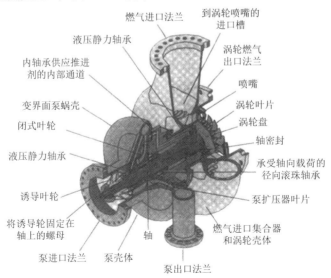

燃气进口法兰　　到涡轮喷嘴的进口槽
液压静力轴承　　涡轮燃气出口法兰
内轴承供应推进剂的内部通道　　喷嘴
变界面泵蜗壳　　涡轮叶片
闭式叶轮　　涡轮盘
液压静力轴承　　轴密封
诱导叶轮　　承受轴向载荷的径向滚珠轴承
将诱导轮固定在轴上的螺母　　泵扩压器叶片
泵进口法兰　　轴　　燃气进口集合器和涡轮壳体
泵壳体　　泵出口法兰

图 2-107　典型涡轮泵立体结构

燃气从进口法兰进入，在涡轮喷嘴内膨胀加速，吹动涡轮叶片，气流切向能传递给叶片，燃气做功后排出。涡轮通过与泵连接的轴驱动泵。推进剂经诱导轮进入泵，压力稍有增加（约为总升压的 5% ~ 10%），这一压力刚够推进剂保持无气蚀状态进入主泵叶轮，主叶轮提供大部分流动动能，将其转化为液体静压力。

　　涡轮泵是发动机的主要组件，属于高速旋转组件，并且同时承受高温气体、低温液体、高压介质的作用，其可靠性对发动机至关重要，发动机的故障约有一半为涡轮泵故障。涡轮泵被称为火箭发动机的"心脏"，对材料选择、动力设计、制造工艺等均有较高要求，集中体现了先进工业设计和制造水平。典型氢涡轮泵平面结构示意如图 2-108 所示。如果燃烧剂与氧化剂密度比较接近，如液氧和煤油，可以将两种泵安置在同一个轴上，使用同一涡轮驱动。早在 20 世纪 60 年末 70 年代初，苏联著名的 NK-33 发动机就采用了这种设计。

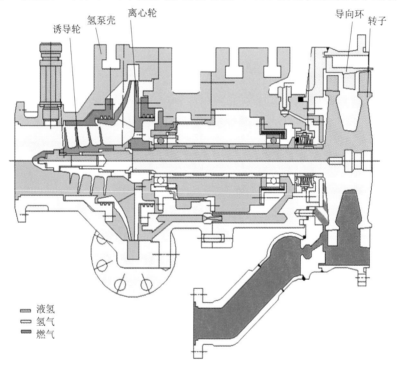

图 2-108　典型氢涡轮泵平面结构示意

20　气蚀

　　泵的性能受气蚀限制，离心泵设计必须避免气蚀的发生。液体静压力下降至低于其饱和蒸汽压时，将迅速汽化，所生成的蒸汽泡在随液体从入口向外周流动中，又因压力迅速增大而急剧冷凝，会使液体以很大的速度从周围冲向气泡中心，产生频率很高、瞬时压力很大的冲击，这种现象称为气蚀现象。气蚀会造成涡轮泵稳定性下降甚至失速，并对涡轮叶片造成损坏，如图2-109所示。

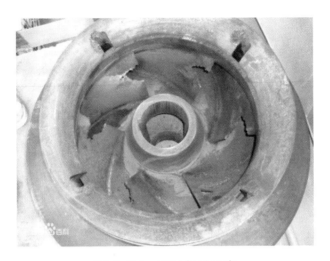

图 2-109　叶轮气蚀示意

扩展阅读

饱和蒸汽压：指密闭条件一定温度下，物质气液相平衡的压力。即此时，物质气态和液体间分子热运动达到平衡。例如，100℃条件下，水的饱和蒸汽压为 1atm。

抑制气蚀，应确保液体压力高于液体饱和蒸汽压。如烧水至沸腾，原因是沸腾温度的水，其饱和蒸汽压为当地大气压。因此，想让水不沸腾，就有两种方式：一是不加热，降低温度；二是增加压力。

涡轮泵气蚀最易发生在进口叶轮叶片前缘后方，因为这里经过泵抽吸绝压最低，压力低于液体当前温度下饱和蒸汽压时，则发生气蚀。如图2-110所示，推进剂不流动时，泵入口压力 H_r 等于贮箱的绝压与液柱压力之和，因此泵启动时，除去液体摩擦压力损失量和不得低于液体饱和蒸汽压的限制，在不考虑液体过载的情况下，泵无气蚀可用抽吸压力 H_s 表示为

$$H_s = H_r - H_v - H_f$$

式中：H_f 为摩擦损失，由液体物理性质和管径等因素确定；H_v 为饱和蒸汽压；H_r 为启动时泵入口压力。

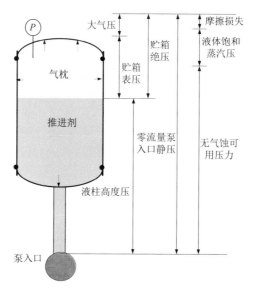

图 2-110　泵可用抽吸压力

根据这个公式，为尽量提高可用抽吸压力 H_s，可以采用的方法如下。

1）提高泵入口压力 H_r

为了提高泵入口压力，可给贮箱增压，提高气枕压力，但过高的气枕压力会增加箱压载荷，导致贮箱较重，并且需要较大的贮箱增压系统，如更重的气瓶以提高增压压力等。现役火箭普遍使用预压泵，或称增压泵，在推进剂进入涡轮泵前，先使用转速、功率较低的预压泵，为推进剂预压，以此提高泵入口压力。采用诱导轮，也能起到预压的作用，提高工作离心轮入口压力，从而抑制气蚀。

2）降低饱和蒸汽压 H_v

对于给定的液体推进剂，其温度越低，则饱和蒸汽压 H_v 越低，因此发动机启动前要进行充分的预冷工作，使管路及涡轮泵温度下降。

扩展阅读

绝压和表压：绝压是指气体的绝对压力，表压是指通过压力表测量得到的压力示数值。由于压力表通常是放在大气中测量，所以绝压比表压高一个当地大气压的数值，绝压一般通过压力传感器等测得。

气枕：运载火箭各贮箱推进剂加注后，推进剂液面以上气相空间称为贮箱气枕。气枕压力是指贮箱内气相空间的气体压力。贮箱制造完成后，能够加注的推进剂最大值，由最小气枕容积确定，超过这个值，气枕容积过小，气枕压力难于控制，是比较危险的。

21 燃气发生器循环

按照涡轮泵的能量来源不同，泵压循环又可分为燃气发生器循环、分级燃烧循环和膨胀循环等方式。典型发动机循环方式见表 2-2。

表 2-2 典型发动机循环方式

代号	国家/地区	推进剂	混合比	推力/kN	比冲/(m/s)	循环方式	运载器	研制时间
RD-107	苏联	液氧煤油	2.47	821	2520	发生器循环	"联盟"号	1954—1957
NK-33	苏联	液氧煤油	2.55	1512	2914	补燃循环	N-1 "金牛座"2	1959—1965
RD-170	苏联	液氧煤油	2.6	7295	3030	补燃循环	天顶/能源	1974—1985
RD-180	俄罗斯	液氧煤油	2.72	3826	3051	补燃循环	"宇宙神"5	1996—2002
RD-191	俄罗斯	液氧煤油	2.6	1960	3036	补燃循环	"安加拉"/"罗老"	1998—2009
RF-0120	苏联	氢氧	6.0	1863v	4467v	补燃循环	"能源"	1974—1985
H-1	美国	液氧煤油	2.23	912	2583	发生器循环	"土星"1B	1958—1961
F-1	美国	液氧煤油	2.27	6770	2597	发生器循环	"土星"5	1959—1966
RS-27	美国	液氧煤油	2.25	921	2583	发生器循环	"德尔它"	1971—1973
RS-84	美国	液氧煤油	2.7	4665	2952	补燃循环	—	2001 至今
RS-76	美国	液氧煤油	2.7	4003	3019	补燃循环	—	2001 至今
Merlin-1D	美国	液氧煤油	—	935v	3450v	发生器循环	"猎鹰"9	—
J-2	美国	氢氧	5.5	1023	4168	发生器循环	"土星"5	1960—1966
SSME	美国	氢氧	6.0	2090v	4464v	补燃循环	航天飞机	1972—1981
RS-68	美国	氢氧	6.0	3314	4022	发生器循环	"德尔它"4	1998—2002
Vulcain	欧洲	氢氧	5.3	1145	4246	发生器循环	"阿里安"5	1984—1996
LE-7A	日本	氢氧	6.3	1079	4326	补燃循环	H-2A/B	1995—2000
—	印度	液氧煤油	—	2000	—	补燃循环	登月火箭	2010 至今

注：v 表示真空值

燃气发生器循环是一种开式循环，是双组元液体推进剂火箭发动机动力循环的一种。一小部分推进剂在燃气发生器中燃烧，产生燃气推动发动机的涡轮泵，如图 2-111 所示。燃气循环的涡轮后废气直接排放，并不进入燃烧室，因此反压小，涡轮机的工作效率更高，提供给燃料的压力也更大。燃气循环的涡轮机寿命更长，更可靠，一些可重用运载器就使用这种动力循环方式。这种循环的主要缺点是存在效率的损失，由于要用一部分燃料驱动涡轮，废气直接排出，因此净效率低。

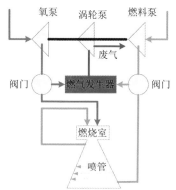

图 2-111　燃气发生器循环

扩展阅读

副系统：指为发动机涡轮泵提供能源的系统。

使用燃气发生器循环的发动机较多，包括美国 F-1 发动机、J-2 发动机、RS-68 发动机、法国火神发动机和我国的 YF-73 发动机、YF-75 发动机、YF-77 发动机等。

22　燃气发生器

燃气发生器是高温燃气产生场所，具有室压高、流量密度大的特点。燃气发生器结构一般简单紧凑，由头部、身部和清洗管嘴、测量管嘴等组成，如图 2-112 所示。推进剂在其内组织燃烧，提供驱动涡轮用的满足规定压力、温度要求的燃气。燃气发生器内燃气温度一般相对较低，约为 650 ～ 900℃。

部分发动机为解决液氧煤油发动机的燃气发生器积碳问题，采用富氧燃气发生器方式。通过燃烧特性研究和喷注器雾化设计，保证推进剂在富氧、高压、大流量条件下高效、稳定燃烧。

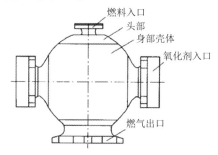

图 2-112　典型发动机燃气发生器

富氧燃气：氧化剂和燃烧剂在燃气发生器发生反应时，氧化剂的含量远大于燃烧剂含量，所以经过反应后的气体除生成气体外，还含有大量氧化剂，此气体称为富氧燃气。

23 分级燃烧循环

分级燃烧循环是一部分燃料在预燃室燃烧产生高温燃气推动发动机的涡轮和泵，燃气对涡轮泵做功后和推进剂一起注入发动机燃烧室二次燃烧的循环方式，如图 2-113 所示。因为全部推进剂都参与推力的产生，所以分级燃烧循环的推进剂利用率更高。分级燃烧含义较为广泛，包含全流量补燃循环、补燃循环和补氧循环等，其中补氧循环应用较少，应为富煤油燃气碳值较高，对推力室不利，所以常见的分级燃烧都是补燃循环。

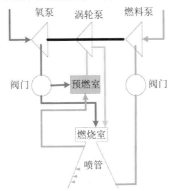

图 2-113　分级燃烧循环

分级燃烧循环的主要优点是所有燃气和热量都通过燃烧室排出，基本没有损失，因此这种循环也称为"闭式循环"。分级燃烧循环的另一个重要优点是能承受非常高的燃烧室压力，可以采用更大膨胀比的喷嘴，因此发动机性能更好。主要缺点是涡轮机的工作环境苛刻，需要添加许多额外的导管来输送高温燃气，还必须设计复杂的反馈控制系统，设计难度大。

开式循环：是指副系统的燃气推动涡轮做功后直接排出的发动机循环方式。

闭式循环：指副系统燃气推动涡轮后，100% 进入推力室参与燃烧，做功更完全，推进剂的利用率更高。

最初的分级燃烧循环发动机的概念由苏联阿列克谢·伊萨耶夫在 1949 年提出，并由苏联工程师格鲁什科设计制造，即著名的 NK-33 发动机，N-1 火箭的第一级就安装了 30 台这样的发动机。1963 年，另一台采用这种循环的发动机 RD-253 开始制造并于 1965 年安装在了"质子"火箭上。洛克希德·马丁公司向俄罗斯购买用于"宇宙神" 3 和"宇宙神" 5 的 RD-180 发动机也采用这种循环。CZ-7 和 CZ-5 火箭使用的 YF-100 发动机，其副系统的燃气为富氧燃气，在推动涡轮做功后，全部进入燃烧室，进一步与煤油完全燃烧，也是典型分级燃烧循环发动机。

全流量分级燃烧循环，氧化剂和燃料分别由各自的动力涡轮机供压，大部分进入各自预燃室，其余部分推进剂通过管道互相交换，分别燃烧驱动涡轮机。在这种设计下，涡轮机的工作温度更低，因而发动机的寿命得到延长，效率也更高，而且燃烧室的压力可以更大，支持更大的比冲。同时，氧化剂预燃室富氧燃烧，煤油预燃室富燃燃烧，对于密封性要求不高。但是全流量补燃循环方式需要两个预燃室，且富燃燃烧易积碳，技术方案较为复杂，目前应用也较少。

分级燃烧循环与高压补燃循环并不是等同的概念，分级燃烧不一定高压，只有大推力分级燃烧发动机才是高压的，几吨推力的分级燃烧发动机的燃烧压力还不到 10MPa。分级循环与闭式循环也不是等同的概念，闭式循环发动机未必是分级循环发动机。20 世纪 50 年代，英国开发的"伽马"火箭发动机采取的是一种闭式循环，但不是分级燃烧循环；其氧化剂过氧化氢先分解成氧气来驱动涡轮机，然后和煤油燃料一起进入燃烧室燃烧。

24 膨胀循环

膨胀循环发动机，是指没有燃气发生器，无副系统，靠推进剂汽化膨胀做功推动涡轮转动的发动机。膨胀循环方式利用率高，是低温发动机的发展趋势之一。在膨胀循环中，发动机启动的初始能量，由推力室冷却夹套的初始焓值提供，当液态燃料通过燃烧室壁里的冷却通道时，相变成气态；气态燃料产生的气压差推动涡轮泵转动，涡轮初步转动后，随着火箭发动机的点火启动，推力室夹套的换热量大大增加，实现能量连续供应，如图 2-114 所示。

扩展阅读

焓：热力学概念，定义 $H = U + pV$，其中 U 为物体的内能，p 为压力，V 为体积，是个为了工程研究从公式抽象出的热力学概念，确切物理含义是表示物体所有内能和势能的总和。在等压变化过程中，焓变等于系统通过热传导和膨胀向环境传递的能量。

膨胀循环大体上分为膨胀排放循环和闭式膨胀循环两种。膨胀排放循环也叫开放循环，只有一小部分推进剂用来驱动涡轮并排放，并没有注入燃烧室。由于废气直接排出，因此涡轮的压降较大，提高了涡轮泵的输出功率，但是牺牲了发动机推力及效率。闭式膨胀循环是一种完全的膨胀循环，其废气全部进入燃烧室做功。

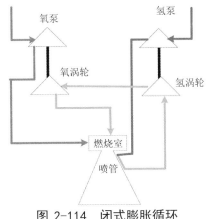

图 2-114　闭式膨胀循环

膨胀循环发动机是火箭上面级发动机最好的选择。其比冲、混合比与补燃循环相当，能量利用效率高，推力和混合比调节易实现，使用灵活。不需要燃气发生器副系统，结构简单，涡轮工质由低温气氢取代高温燃气，减轻涡轮的热应力，对涡轮机的损害较小，使得发动机可重用性提高；与此相比，燃气发生器循环或分级燃烧循环的发动机涡轮机都运行在高温下，工作环境恶劣。膨胀循环系统简单，可靠性高，固有容错率较高。在 RL-10 发动机开发期间，工程师担心燃料箱里的绝缘泡沫可能脱落从而引起发动机故障。他们故意放置松动的泡沫来测试这种情形，然而 RL-10 运行平稳，并未出现故障或性能损耗，因为膨胀循环所采用的燃料管道通常比较粗，对这种意外情况有较强的适应性。

先进运载火箭上面级发动机采用氢氧膨胀循环是世界公认的发展方向。美国自 1958 年开始研制第一台氢氧发动机 RL10 时，就采用了膨胀循环，并在 40 多年里不断改进，衍生出不同用途的 RL10 系列发动机，其中 RL10B-2 推力达 11t，比冲达 4640m/s。在此基础上，美国研制了更先进的 RL60 发动机，其推力为 27t。欧洲已拥有成熟的燃气发生器循环上面级发动机 HM7 和 HM7B 等基础上，于 20 世纪开始研制推力为 18t 的膨胀循环发动机 VINCI。日本现拥有 LE-5 系列上面级发动机，第一台 LE-5 发动机选择了燃气发生器循环，后改进为膨胀循环 LE-5A/B。俄罗斯虽然一直青睐分级燃烧循环氢氧发动机，从 1999 年也开始投资研制膨胀循环 RD0146 发动机。我国 CZ-5 运载火箭二级使用的 YF-75D 是我国第一台膨胀循环发动机。

25 发动机性能的提升

综上所述，可以看出发动机比冲提升的三条主要途径——更强的推进剂、更好的循环方式和更好的喷管（更大的喷管面积比）。

1）更强的推进剂组合

目前，比冲最高的实用型液体推进剂组合是液氢/液氧，人类试验过的更强的推进剂还有很多：更强的燃料有金属铍、非金属硼、铝氢化物、硼氢化物等，更强的氧化剂有氟气、氟氧化物、氯氧化物等。这些燃料，在相似的燃烧压力、喷管面积比下可以将比冲提高到5000m/s以上。但由于剧毒、强腐蚀、价格高等原因，应用不广泛。目前，公认的最强化学推进剂组合是臭氧/金属铍/氟气三组元推进剂，三个组分都是剧毒，技术难度大。

2）更好的循环方式

一般认为从能量利用率的角度，膨胀循环优于分级燃烧循环优于燃气发生器循环。与燃气发生器循环相比，分级燃烧效率高、比冲大、污染小（毕竟属于闭式循环），是不争的事实。但其研制难度大，投资高，风险大，机构体积质量大，降低了提高效率带来的好处。以燃气发生器的"王者"F-1发动机与最强的分级燃烧发动机RD-170相比，后者的燃烧压力相当于前者的3倍，比冲也从2600m/s提高到3090m/s，而发动机推重比，却只从76提高到了78，极其有限。欧洲在论证"阿里安"火箭的HM-60发动机的方案时，经过计算发现，如果投资增加13%以内，使用分级燃烧循环就是划算的。但是，以当时的基础工艺、设备状况，采用分级燃烧将增加投资30%，于是毅然选择了燃气循环方案。

完全膨胀循环氢氧发动机比冲最高，但目前膨胀循环发动机推力低，无法作为第一级发动机使用。所以，目前燃气循环和分级燃烧循环发动机仍十分常见，且从经济效益上讲，还要优于膨胀循环发动机。

3）更大的喷管面积比

现在的火箭和导弹为了增大喷管面积比，都采用可伸缩的喷管。尽管如此，也很难将面积比提高到100以上，提高幅度有限。

除考虑比冲和推力外，发动机的研制越来越向更加经济、更加可靠、更加环保的方向发展，如"猎鹰"9火箭就采用了推力小、比冲低、燃气发生器循环，但相对可靠、推重比高、价格经济、环保的"梅林"发动机。

26 发动机混合比

混合比是个普适概念，各种学科都有，在运载火箭发动机领域，一般说的混合比是指在发动机工作的过程中，氧化剂消耗的质量和燃烧剂消耗的质量之比为（表 2-3）

$$K = \frac{m_y}{m_r}$$

K 决定了向火箭加注推进剂时，二者的质量比，进而决定了两者贮箱大小，又决定了火箭结构的主体参数。

表 2-3　典型推进剂组合的混合比

氧化剂	燃料	混合比
红烟硝酸	偏二甲肼	2.99
	肼	1.47
	混肼（50% 肼，50% 偏二甲肼）	2.20
	煤油 RP-1	4.80
	JP-x（油肼）	4.13
	92.5% 酒精	2.89
	一甲基肼	2.47
95% 过氧化氢	偏二甲肼	4.54
	肼	2.17
	混肼	3.35
	煤油 RP-1	7.35
四氧化二氮	偏二甲肼	2.95
	煤油 RP-1	4.04
	92.5% 酒精	2.59
三氟化氮	偏二甲肼	3.03
	煤油 RP-1	3.20
液氧	偏二甲肼	1.65
	肼	0.90
	混肼（50% 肼，50% 偏二甲肼）	1.30
	煤油 RP-1	2.00
	92.5% 酒精	1.73
	氨	1.30
	液氢	4.02
液氟	液氢	7.60
	肼	2.30
	氨	3.29

在发动机工作过程中，由于流量偏差可能造成某种推进剂剩余过多，成为无用的死重，因此需要调节混合比。调节混合比的系统我们称为推进剂利用系统。YF-100 发动机煤油一级泵后设置了燃料调节阀，实现混合比调节。混合比对发动机的性能有多方面的影响，混合比越高，燃烧室温度、喷管出口的温度越高；比冲在一定范围内会升高，到达最优混合比后比冲会有所下降。

秒耗量：单位时间推进剂消耗量，单位一般为 kg/s，反映了推进剂的消耗速度。推进剂利用系统通过秒耗量计算，得到推进剂当前下消耗的混合比，与理论值进行对比，从而决定如何调节。

27 推力控制系统

发动机推力控制包括大小和方向控制。目前，大多数运载火箭发动机以推力方向控制为主，通过伺服机构的伸缩控制，来改变喷管方向。

游机：在 4 台 CZ-7 火箭二级发动机中，2 台固定发动机，2 台发动机参与摆动，称为游动发动机，简称"游机"。

发动机冷摆和发动机热摆：发动机不带真实载荷工作状态摆动称为冷摆；发动机启动后，伺服机构的摇摆靠燃料进行驱动，推动发动机摇摆，这种方式称为热摆。

火箭发动机推力大小控制相对较难，变推力发动机在美国"阿波罗"登月计划中才首次出现。2013 年，"嫦娥"三号探测器使用的 7500N 变推力发动机是中国首台变推力发动机；它可实现推力从 1500N 到 7500N 大范围的连续变化，具有性能高，适应性强，燃烧稳定，结构简单，成本低廉等显著特点。CZ-7 运载火箭所使用的 YF-115 发动机推力大小的控制是通过推进剂流量进行的，可设置步进电机或其他节流设备，对火箭推力进行控制。

28 发动机点火

前面介绍了发动机的一些基本概念和工作原理，了解了典型的火箭发动机，下面就发动机点火启动、稳定运行和关机处置等内容进行说明。发动机点火按照点火原理一般分为火工品点火、点火剂点火和自燃点火。

火工品点火，即采用点火器对推进剂进行点火，由于火工品是一次性产品，因此要实现多次点火，需安装多个火工品。我国 CZ-5 火箭的 YF-77 和 YF-75D 发动机均使用火工品进行发动机点火，使用火工品作为初始能源，对推进剂进行点火。

点火剂点火，使用与一种推进剂组元相遇即自燃的化学药剂进行点火，如液氧煤油发动机的常用点火方式，由于液氧煤油相遇是不会燃烧的，而通常采用三乙基铝作为点火剂，因为三乙基铝遇氧自燃，可以作为有效的引燃物质。

自燃点火，即两种推进剂相遇即自燃，如偏二甲肼、四氧化二氮，因此不需要额外点火措施。

29 典型发动机的启动和关机

火箭发动机的启动过程，就是从点火开始至推力达到额定工况的过程。不同的发动机循环方式，其启动过程不同。

1）补燃循环液氧煤油发动机的启动和关机

通过挤压启动箱，将点火剂挤压至燃气发生器和推力室，然后氧主阀打开，依次打开氧主阀和发生器的燃料阀，打开氧主阀时点火剂燃烧，燃主阀补充燃烧剂后燃烧持续并产生持续燃气，驱动主涡轮带动涡轮泵做功，而后进入推力室；最后打开燃主阀，煤油进入推力室，与富氧燃气点燃，推力室点火，产生推力，如图 2-115 所示。发动机的启动过程十分关键，要求精细控制。

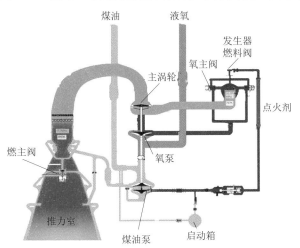

图 2-115　典型补燃循环发动机的启动

（1）启动控制。富氧循环发动机先进入预燃室的是液氧，之后以燃料进入预燃室为点火的标志。若燃料启动流量过低，则启动工况低，速度慢，发动机部分参数偏离设计值，若燃料启动流量过高，刚进入预燃室时燃气温度过高，可能烧蚀涡轮和燃气通路，预燃室压力上升过快，可能导致推进剂断流，造成结构破坏。

（2）双组元进入时间差。液氧先进入预燃室后，若煤油进入时间差小，会使预燃室温度过高，如果进入时间差过大，则可能造成液氧积存蒸发，预燃室压力突然升高，导致液氧波动甚至断流。

（3）初级工况与转级。初级工况的设置一般在起飞质量以下，即火箭不会起飞，也是牵制释放技术得以实现的关键。此时工况过低，可能造成预燃室和燃烧室参数不协调，涡轮不能保证有效剩余功率，启动可能发生振荡。如果工况上升过快，使得管路的流阻过大，则容易造成气蚀。一般采用流量控制阀，对燃料流量进行控制。待转级时机到了，再打开流量控制。

关机时，直接关闭燃气发生器的燃料阀，发生器工况迅速下降，主涡轮工况下降，推进剂压力降低，燃主阀和氧主阀在弹簧力作用下关闭，实现关机。

2）膨胀循环发动机的启动和关机

启动的初始能为 A 处的焓值。氢泵前阀开启，液氢经过氢泵，流至燃烧室壁冷却通道时，吸热汽化，变为氢气，体积膨胀，流速加快，驱动氢涡轮转动，带动氢泵，驱动氢涡轮做功后，再驱动氧涡轮，带动氧泵，最后经氢主阀流入燃烧室，在燃烧室内与氧在点火器作用下点火。燃烧室壁冷却通道加热，增加液氢汽化速率，同时氢泵转动加速液氢供给，进一步加速推力建立，如图 2-116 所示。

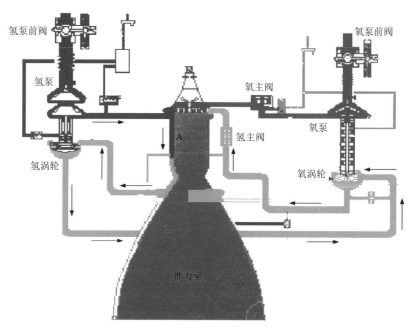

图 2-116　典型膨胀循环发动机的启动

关机时，先打开氢路泄出阀，减小关机压力峰值，再关闭氢主阀，切断涡轮能源，再对管路进行泄压，并对推力室进行高压吹除，减小后效冲量，即实现关机。

3）燃气发生器循环发动机的启动和关机

发动机启动时先进行推力室点火，使推力室内充满高温燃气；然后火药启动器点火，提供第一股能量，推动氢氧涡轮，带动氢氧泵，使液氢液氧进入发生器；最后用发生器点火器点火，产生高温燃气并持续燃烧，高温燃气驱动氢氧涡轮，后直接排出。氢氧涡轮高速旋转，将液氢液氧输送至推力室，遇到高温燃气燃烧，产生推力室推力，如图 2-117 所示。

关机动作为关闭燃气发生器的氧阀，同时打开发生器氧路的吹除，随后关闭发生器氢阀，此时发生器停止工作，发动机副系统停止工作，涡轮泵失去能源。再关闭氧主阀，对推力室进行高压吹除，减小后效冲量，最后关闭氢主阀，发动机关机完成。

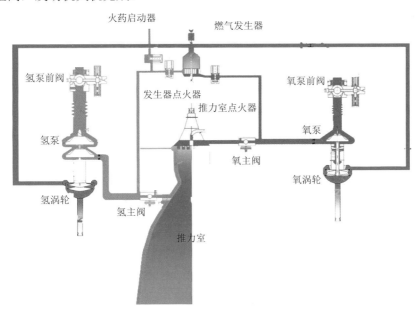

图 2-117 典型燃气发生器循环发动机的启动

30 POGO 振动

POGO 振动是运载火箭飞行过程中箭体结构与推进系统动力学特性耦合而产生的纵向不稳定振动的现象，因其振动形态与玩具"Pogo Stick"相似而得名，如图 2-118 所示。POGO 振动产生的物理过程是输送管路内推进剂的压力波动引起发动机推力脉动，导致箭体结构振动，进而加剧管路内压力波动，形成正反馈回路引起结构振动放大。

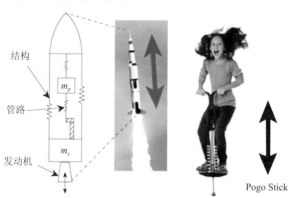

结构

m_p

管路

m_s

发动机

Pogo Stick

图 2-118　POGO 振动

POGO 振动严重时，有可能导致飞行试验的失败，若振动不很严重，虽对火箭结构不形成威胁，但对箭上仪器、设备以及航天员的生命安全都极为不利。人体对 15Hz 以下的振动比较敏感，在 4 ～ 8Hz 尤为突出，振幅 0.6g 时航天员有不舒适之感，振幅达到 2g 时航天员会休克。1968 年 4 月，美国"土星"5 火箭在发射升空过程中，由于出现了纵向耦合振动，导致结构失稳，火箭坠毁，"阿波罗"计划载人登月前的最后一次无人飞行试验以失败告终。我国载人火箭发生的 8Hz 振动，曾给航天员带来极大的痛苦，科研人员通过多次 POGO 振动抑制方案调整和飞行试验验证，最终采用变能量蓄压器抑制了 8Hz 的 POGO 振动。

POGO 振动及其抑制涉及推进理论、流体力学、固体力学、系统控制等多个学科，是复杂的动力学耦合问题，更是名副其实的世界性航天难题，各国针对 POGO 振动问题的研究从未间断。

31 蓄压器

蓄压器是用来抑制 POGO 振动的装置，通过改变火箭结构系统纵向不稳定低频振动频率，避免其振动与推进系统振动频率耦合。泵前装蓄压器能同时达到降频和降幅的目的，以降频为主。蓄压器设计方式主要有三种。

被动贮气式：我国火箭通常采用这种方式，"331"工程研制中也采用皮囊贮气式和注气式两种方式，最终选用了皮囊式蓄压器，新一代火箭沿用在飞火箭的设计思想，选择了膜盒贮气式蓄压器。

被动注气式：国外的火箭通常采用这种方式，"土星"5、航天飞机、"阿里安"等均选用注气式蓄压器。

主动抑制：其原理是建立 POGO 稳定模型，采集管路脉动量参数，根据算法控制推进剂管路上的动作器，向管路注入或抽取一定量的推进剂。航天飞机研制过程中曾考虑采用这种方式，但由于鲁棒性差，最终没用于飞行。

各国运载器常用的蓄压器类型见表 2-4。

表 2-4　各国运载器蓄压器类型

气体		国别	型号	描述	备注
隔离气腔	气囊	中国	CZ-2D、4B 等	皮囊式蓄压器	贮气
		美国	"大力神" 3 一级氧燃管路	皮囊式蓄压器	贮气
	膜盒	中国	CZ-2C、2F、3A、3B 等	金属膜盒式蓄压器	贮气
			CZ-5、CZ-7	双层整体套装波纹式蓄压器	贮气
		美国	"大力神" 3 一级氧管路	膜盒式蓄压器	贮气
自由表面		美国	"大力神" 2 一级氧管路	竖管柱形蓄压器	贮气
			"土星" 5 二级氧管路	环形蓄压器（无限位管）	注气非等容
			航天飞机	球形（有限位管，气体排入泵前管）	注气等容
		日本	H-2	环形蓄压器（无限位管）	注气非等容
		法国	"阿里安"	环形（有限位管，气体排入泵前管）	注气等容
		俄罗斯	"天顶号"	球形（有限位管，但气体排到外界）	注气等容

当前，国内火箭所使用的蓄压器均为金属膜盒贮气式。膜盒蓄压器抑制 POGO 振动的原理是缓冲液体的压力与压力脉动，做出形变反应，从而吸收减小压力脉动幅值，降低压力脉动的频率，如图 2-119 所示。

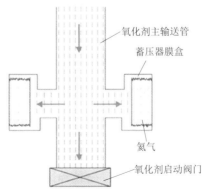

氧化剂主输送管
蓄压器膜盒
氦气
氧化剂启动阀门

图 2-119　定型膜盒蓄压器基本原理

通常蓄压器均设置在氧路上，且一般火箭的末级不设置蓄压器，而在其他级进行设置。新一代 CZ-5、CZ-6 和 CZ-7 运载火箭，POGO 振动抑制技术作为型号的重大关键技术，开展了大量的理论和试验研究，研制了高压低温金属膜盒式蓄压器，如图 2-120 所示。

图 2-120　金属膜盒蓄压器

膜盒的形状可以是圆盒，也可以是柱状、球形的，如美国"大力神"2 采用竖管柱形蓄压器，而航天飞机选用被动式球形蓄压器，如图 2-121 所示。

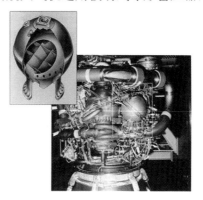

图 2-121　航天飞机球形蓄压器

32　增压输送系统

发动机系统和围绕保障发动机工作的增压输送系统是动力系统的两大核心系统，其中增压输送系统的主要功能是为发动机持续正常工作提供所需流量和压力的燃烧剂和氧化剂，由推进剂输送、贮箱增压、加泄排气、发动机预冷和供配气等子系统组成。

推进剂输送系统，通过贮箱、管路、阀门等将推进剂输送至发动机，以满足满足发动机工作对推进剂供应的需求。推进剂输送系统的贮箱同时也是箭体承力结构的重要组成部分，起到传递推力的作用。

贮箱增压系统，提供推进剂贮箱正常工作的压力：一方面，一定的贮箱压力有利于推进剂输送，满足流量要求，且避免发动机气蚀；另一方面，一定的贮箱压力有利于维持箭体形态，即维持内压，起到一定的"内压平衡轴压"的作用。

加泄排气系统，提供了推进剂加注和泄出的通路，包括箭上加注管路、加注活门、箭上排气管路、排气活门及相应的连接器，是推进剂和气体进出箭体的通路系统。加注和泄出是火箭正常点火飞行和应急处置的必要功能，而排气是箱压控制的一种应急手段。

发动机预冷系统，通过预冷，提供发动机正常启动的温度条件，事实上，低温推进剂过冷，主要是为了防止发动机入口的气蚀发生。

供配气系统，提供箭上吹除、气封、阀门控制、环境温度控制等所需要的气体。

33 推进剂输送系统管路及阀门

推进剂输送系统的主要部件是推进剂的贮箱、推进剂输送的管路和推进剂输送控制阀门组成。贮箱详见第 2 章第 2 节第 17 小节。推进剂的输送管路可分为大导管和小导管，大导管指推进剂的输送管、加注管、排气管。输送管路主要可分为侧壁传输方案和隧道管传输方案。侧壁传输方案就是上面贮箱的推进剂输送管路沿着下面贮箱的侧壁布置，位于贮箱外，绕过贮箱进入发动机。这样布置的箭体结构空间和质量效率较低，在早期火箭，或有足够运载能力余量的火箭设计中使用。

穿过贮箱结构的推进剂输送管路称为隧道管，这种结构空间和质量利用效率更高，因此目前大部分火箭均使用这种形式进行推进剂输送，如图 2-122所示。补偿器，是为了应对贮箱、发动机机架等在增压、过载等情况下发生变形，并且减小箭体振动、发动机关机等对导管的应力影响而设置的管路结构。小导管包括增补压管、测压管、控制管、吹除管、气封管等。

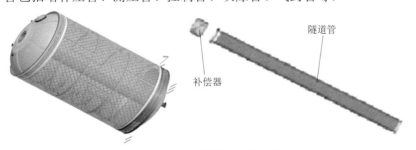

图 2-122　隧道管和补偿器

输送系统的阀门有加活阀、保护箱体用于压力控制的保险阀或安全阀、排气阀等。增补压系统使用的控制气路的增压控制电磁阀、测压单向阀等。

34 贮箱增压系统

液体运载火箭飞行过程中，推进剂迅速消耗，飞行时受引力、大气压、热交换等影响，使得贮箱内推进剂压力迅速下降，可能影响推进剂的正常供应。因此，需要进行贮箱的压力控制，或称增压控制。按照增压气体的来源，贮箱增压方式可以分为气瓶式增压、燃气增压和自生增压等。各国主流运载火箭增压方式见表 2-5。

表 2-5　各国主流运载火箭增压方式

运载器	部段	发动机	国别	推进剂	氧化剂箱增压方式	燃料箱增压方式
CZ-3A	三级	YF-75	中国	氢氧	冷氦加温	自生增压
CZ-5	一级	YF-77	中国	氢氧	自生增压	自生增压
	二级	YF-75D	中国	氢氧	冷氦增压	自生增压
H-2A	一级	LE-7A	日本	氢氧	自生增压	自生增压
	二级	LE-5B	日本	氢氧	冷氦加温	自生增压
"阿里安" 5	一级	Vulcain2	法国	氢氧	超临界氦加温	自生增压
	二级	HM-7B	法国	氢氧	冷氦增压	自生增压
"德尔它" 4	一级	RS-68	美国	氢氧	自生增压	自生增压
"宇宙神" 5	一级	RD-180	美国	液氧煤油	常温氦加温	冷氦增压
"天顶" 号	一级	RD-170	俄罗斯	液氧煤油	冷氦加温	冷氦增压
	二级	RD-120	俄罗斯	液氧煤油	冷氦加温	冷氦增压
"联盟" 2-1B	二级	RD-0124	俄罗斯	液氧煤油	冷氦加温	冷氦加温

按照控制方式，则可以分为开式增压和闭式增压两类：开式增压就是不采集贮箱的压力作为增压控制的基础信息，而根据理论设计持续对贮箱进行增压，如果超压，则可采取排气等手段保持压力平衡；闭式增压，就是采集贮箱压力作为负反馈控制的输入，将压力控制在一定的压力带内，压力小了就增，大了就关闭增压阀，停止增压。

在闭式增压系统中，箱压采集的传感器属于火箭的测量系统敏感元件，采集到箱压数据后传递给控制系统的箱压控制设备。根据箱压控制规律进行计算，并输出指令，控制增压阀门的开闭，从而达到控制箱压的作用，而系统的贮箱、气瓶等设备则属于动力系统。因此，增压控制的大循环反馈控制，是箭上多个系统互相配合完成的。

扩展阅读

测压管：贮箱有专门的测压口，可以通过测压管，连接压力表，实时进行箱压监测。在测量系统箭上压力传感器未加电，如水平停放状态，可以使用这种办法观察箱压。需要注意的是，测压口应在常温下连接测压管，低温贮箱加注低温推进剂后，不宜连接测压管。

35 气瓶增压

气瓶增压，顾名思义就是使用外置气瓶，使用高压气瓶内的气体为贮箱增压，如图 2-123 所示。这就要求气瓶稳定可靠，且增压气体不能溶于推进剂。如果是低温推进剂的增压气体，那么它的体积随温度的变化不能太大。气瓶增压要求增压气体与推进剂有较好的相容性，优点是使用范围广，较为灵活；缺点是要设置单独的气瓶和控制阀门等，系统复杂，增加质量，成本高。

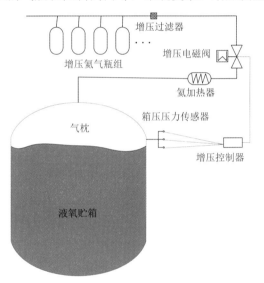

图 2-123　典型气瓶增压系统框图

氦气作为常压下极难液化的气体，被大多数运载火箭作为增压气体的理想选择，特别是液氢液氧低温推进剂。箭上气瓶数量多，体积总和大，带来的气瓶质量增重总量多，因此一般采用高压气瓶的方式进行存储，同时，也有降低温度的储存方式，都是希望在更小的瓶子里装更多的氦气。于是就提出了在液氢中浸泡保压氦气瓶的方式，即冷氦气瓶，采用冷氦气瓶增压的方式称为冷氦增压，如图 2-124 所示。冷氦增压系统一般需要进行加温设置，使得加温气体的温度与被加温贮箱气枕相近，同时通过加温提高增压的效率。CZ-5 火箭二级用于氧箱增压的氦气瓶就是浸泡在液氢里的。此外，我国的 CZ-3A 系列火箭、日本的 H2A/B 火箭、美国的 Ares I 火箭、"半人马座"上面级等均采用了相同的冷氦气瓶思路。也有将氦气瓶浸泡在液氧中的，例如，SpaceX 的 Falcon9 火箭二级 Merlin 发动机，俄罗斯"联盟"2-1B 上面级、"天顶"号火箭、"能源"号火箭，均使用了液氧浸泡氦气瓶的方式。

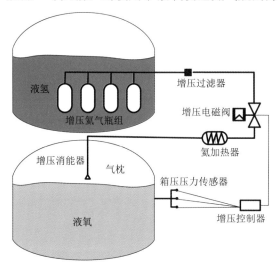

图 2-124　典型冷氦增压系统框图

冷氦气瓶由于高压，且置于低温推进剂贮箱中，其安全性要求更为严苛。2015 年 6 月 28 日，SpaceX 发射的 Falcon9 火箭升空 139s 后，突然放出大量白烟，随后失控解体。事后原因指向过载导致其冷氦气瓶支架断裂，气瓶撞击贮箱，气瓶气体泄漏造成贮箱超压。

36　箭上气瓶的种类

运载火箭动力系统箭上气瓶，按用途可分为增压气瓶、吹除气瓶、控制气瓶和隔离气瓶等。增压气瓶，即为贮箱增压使用的高压气瓶，气瓶的放气受增压电磁阀控制，在控制规律下对贮箱进行增压。增压用气体一般要求不能溶于推进剂，且不能在推进剂温度下有较大的体积变化，不然增压的效果就有限；当然，最基本的，还不能与推进剂发生反应。一般均使用氦气作为增压气体。

吹除气瓶，是对发动机管路和腔道进行吹除的高压气瓶，在发动机启动前提供良好的启动环境，发动机关机时，减少关机后效冲量。一般而言，氢系统使用氦气吹除，氧系统使用氮气吹除。

控制气瓶，即发动机的阀门使用的高压气瓶，控制系统发出信号，控制气瓶后电磁阀开闭，放出高压气体，高压气体推动动力的对应阀门动作，实现动力阀门的最终开闭。控制气要求压力高，作用快。一般使用氦气作为控制气，因为氦气分子量小，能够快速充满一定容积的空间并做功，作用时间短。

隔离气瓶，是为了防止两类推进剂，主要是其蒸汽相遇串腔，另外，在温度上进行隔离，避免相互影响，如 YF-77 发动机的隔离气瓶，用于隔离氧泵腔液氧与液氧涡轮燃气接触，以免发生爆炸。隔离气路设置作用是确保发动机安全，因此可靠性要求高。

气瓶按结构材料可分为金属气瓶和复合材料气瓶，其中复合材料气瓶还可以分为金属内衬复合气瓶和塑料内衬复合气瓶。金属气瓶由于早期高强度，因此在早期的应用中最为广泛，以钢瓶为主，随着材料制造工艺的进步，逐步转为现在的铝合金材料和钛合金材料等。目前，钛合金气瓶是发展的主要方向，其比强度、比刚度高，耐腐蚀性能好，成型和焊接工艺优良。

目前，复合气瓶主要以金属内衬符合气瓶为主，通常为双层结构，内衬为薄壁金属壳体支撑，外面缠绕复合材料，如图 2-125 所示。金属内衬主要作用是防止密封容器内的介质泄漏，并支撑气瓶结构，内衬端接头作为容器与外部的接口与外界连接；复合材料缠绕用以承受高压载荷，从而提高气瓶可贮存气体的压力。缠绕材料从早期的玻璃纤维、芳纶纤维，到目前的碳纤维，性能不断提高，承载能力不断加大。与全金属气瓶相比，复合材料气瓶质量小，刚度好，可设计性强，应用得越来越广泛。

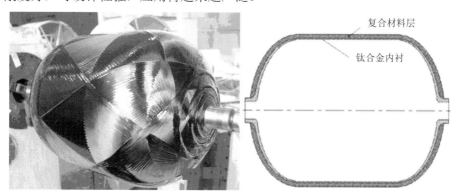

复合材料层

钛合金内衬

图 2-125　复合材料缠绕气瓶

37　自生增压

自生增压，是使用推进剂本身加热产生的气体进行增压，一般在发动机处设置增压所用的换热器，将推进剂换热蒸发为气体，输送会贮箱进行增压，如图 2-126 所示。自生增压的特点是系统简单，但由于采用推进剂作为增压介质，会损失一定的运载能力，且一般适用于密度小、沸点低、容易蒸发的推进剂，如液氢。我国 CZ-3A 系列、日本 H-2A、欧洲航天局"阿里安"5、美国"德尔它"4 等火箭的氢氧发动机氢箱均采用自生增压方式。

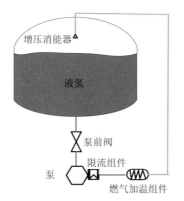

图 2-126　典型自生增压系统框图

　　燃气增压，是利用发动机燃烧产物作为增压介质的增压方式，由于不依赖于外置气瓶，也可算作一种自生增压，如图 2-127 所示。燃气增压通常在燃气发生器出口引出，通过降温器降温到合适温度，然后引入贮箱进行增压。燃气增压的系统简单，成本低，但其燃气与推进剂成分不同，因此只能对相容性较好的推进剂贮箱进行增压，而且要高度注意燃气中的杂质对发动机系统和箭上阀门系统的影响。比如氢氧发动机的燃气主要是水蒸气，在氢氧贮箱中凝固为固体，无法用于增压。

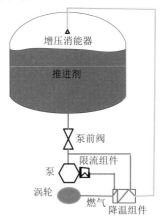

图 2-127　典型燃气增压系统框图

38　发动机预冷

　　发动机启动前，为满足发动机启动时推进剂和发动机部件的低温要求，需要对发动机进行预冷。预冷就是用低温推进剂流过发动机启动前的通路和阀门等部件，目的是防止低温推进剂流入发动机供应系统管路和腔道时受热汽化，造成推进剂汽液两相流入泵和推力室内，发生泵失速、推进剂流量和压力波动等不良后果。

根据预冷的时段，可以分为地面预冷和高空预冷。根据预冷的方法和原理，可以分为排放预冷、自然循环预冷、氦引射强迫预冷、循环泵强迫预冷等。主流运载火箭发动机预冷方式见表2-6。

表 2-6 主流运载火箭发动机预冷方式

国家 / 地区	发动机	预冷方式
俄罗斯	RD-0120	自然循环 + 氦引射 + 循环泵
	RD-120	自然循环
	RD-170	
	NK-33	
	NK-43	
美国	RL-10	地面冷氦 + 高空排放
	J-2	自然循环 + 氦引射 + 循环泵
	SSME	强制循环（加压排放）
欧洲	HM-7	地面冷氦 + 高空排放
	HM-60	
	VINCI	排放
日本	LE-5	排放
	LE-7	
中国	YF-73	排放
	YF-75	
	YF-75D	排放
	YF-77	自然循环 + 循环泵

排放预冷是将推进剂持续地向外排放，由此造成推进剂流动，从而达到降低温度目的的方法，如图2-128所示。这是一种主动排出推进剂的预冷方式，预冷效果较好，缺点是消耗了一定量的推进剂。排放可以在地面发射前进行排放，也可以在天空飞行中进行排放。如 CZ-3A 火箭三级发动机就采用地面排放和高空排放相结合的预冷方式。

图 2-128 排放预冷

39 自然循环预冷

自然循环预冷,是利用推进剂出口和预冷回流口的温度不同,密度不同,由此推动液体流动,进行预冷的一种方式,如图 2-129 所示。

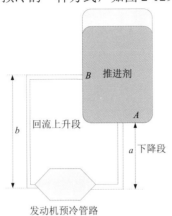

图 2-129 自然循环预冷

推进剂在 A 点处温度低,密度大,向下流动,经过下降段对发动机的预冷管路进行预冷,过程中吸收热量而升温,温度变高,密度减小,因此回流管中液体密度小,向上流动至 B 点。设置时,可以考虑回流上升段设计管路壁薄,从而增加换热率;并综合考虑预冷速率和 B 点回流推进剂(可能含气体)对贮箱内部的扰动。A 点与 B 点的高度差可以通过温度与速率的综合考虑进行选择。通过试验和计算,可以得到这样的结论,回流管出口 B 点即使在贮箱液面以上,自然循环预冷都可以实现,但 B 点在液面以下更利于预冷。回流管不采取绝热措施,同时加强下降段保温,对循环预冷是有利的。

耗液量是指在预冷过程中消耗掉的推进剂质量。对于排放式预冷,耗液量即预冷时间内排出的推进剂量;对于循环预冷,预冷过程中排放的推进剂仅限于气相, 因此耗液量即预冷过程中的推进剂汽化量。推进剂汽化的热源来自两个方面: 一是结构降温放出的热; 二是外界通过结构的漏热。

自然循环预冷效果受推进剂本身的物理性质和预冷回流管路设计影响,一般而言,自然循环预冷很难短时间达到预冷效果。因此要么设计长时间的自然循环预冷,要么结合氦引射等其他预冷方式,对自然循环预冷进行加强。

▸ **扩展阅读**

涌泉现象: 是指低温液体在连于大容积空间底部的长垂直输送管路中,由于漏热等原因受热汽化而产生气泡,气泡不断增多聚合,形成管路阻塞,并将液柱向上"排挤"出管路，而产生向大容积空间间歇性喷发的一种汽液两相流不稳定现象，也称间歇泉现象，如图 2-130 所示。

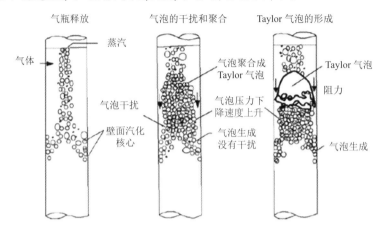

图 2-130　涌泉现象

40　氦引射强迫循环预冷

氦引射强迫循环预冷，是在推进剂预冷回路内引入高压氦气，通过氦气引流作用，带动推进剂流动，从而达到预冷效果的预冷方式，如图 2-131 所示。氦引射的基本过程可看成不同速度的两股平行射流相混合而引起的动量效应。

液氧适合使用氦引射强迫循环预冷，而液氢不适合，因为液氢液体黏滞性小，氦引流对液氢的带动作用有限，因此引射预冷的效果也就不明显。

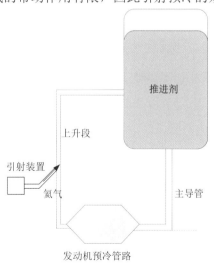

图 2-131　氦引射强迫循环预冷

使用氦气是因为在液氧的温度下氦气仍是气体，且稳定，几乎不溶于液氧，且喷射速度快，引射效果好。

引射：工作气体（一般是氦气）以很高的速度进入到引射器，由于射流的紊乱扩散作用而出现一个负压区，卷吸周围的气体，使其流速加快，从而带动液体流动，如图 2-132 所示。

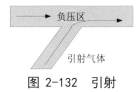

图 2-132　引射

41　循环泵强迫预冷

循环泵强迫预冷，就是使用泵压，强迫液体流动，达到加强预冷效果的目的，如图 2-133 所示。由于液氢黏滞度低，使用氦气引射的效果不佳，因此采用循环泵方式较好。循环泵可以采用电机驱动，或氢吹气动机驱动。循环泵预冷效果好，预冷时间短，但循环泵预冷过后会成为结构死重，增加结构质量，而且液氢的饱和蒸汽压力较低，容易气蚀，因此氢泵难度较大，工作可靠性相对较低。

图 2-133　循环泵强迫预冷

42　辅助动力系统

辅助动力系统，也称为姿控动力系统，主要功能是完成末修、分离前调姿和滑行段姿态控制、推进剂管理。末速修正，是指星箭分离前，火箭末级发动机关机后的箭体速度调整过程。运载火箭滑行段芯级发动机不工作，在这个状态下的姿态控制由辅助动力系统的姿控喷管实现，同时为了保证滑行结束后发动机点火前推进剂沉底的条件，使用沉底喷管实现推进剂的沉底管理。

辅助动力系统由姿控发动机、高压氦气瓶、囊式贮箱、阀门组件、电缆、遥测传感器、总装结构件等组成。姿控发动机设置姿态控制的俯仰、偏航通道和推进剂管理的沉底通道，其布置经过姿态控制系统计算确定，通常俯仰和偏航发动机分别布置在象限线上，滚动和沉底发动机布置距象限线有一定角度。

辅助动力系统的气瓶一般采用复合材料气瓶，其控制气体为高压氦气。辅助动力系统贮箱一般为囊式贮箱，这类贮箱加注前需要进行抽真空操作。

第 3 章

运载火箭飞行和控制

第 1 节 运载火箭的飞行

运载火箭飞行的基本原理是反作用原理，由发动机喷管高速喷出高温高压燃气，从而获得反作用推力，推力克服重力和空气阻力，运载火箭就起飞了。如图 3-1 所示，将火箭简化为质点，其受力简写为

$$F = M \times a = P - G - R - N$$

即运载火箭的受力主要为发动机推力 P、引力 G、气动力 R 和干扰力 N。

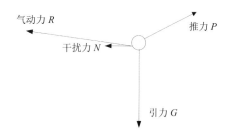

图 3-1　运载火箭飞行过程受力简化示意

实际工程应用时，火箭的受力并不能简化为质点进行计算，而是一般作为刚体或弹性体研究，各种力需要进行各方向的分解，且各种力的作用中心并不一致。运载火箭受力分析方法是将外力转化为某一部位的内力载荷，从而分析各部段受力，称为内力计算，或称为载荷计算。

扩展阅读

静载荷和动载荷：火箭箭体内部的轴向力、剪力、弯矩等受外力产生的载荷称为静载荷，发动机启动、关机、跨声速飞行时，推力短时间急剧变化、激波振荡等引起的振动、形变所造成的轴力、剪力、弯矩随时间的变化，称为动载荷。

1　重力

物体所受的地球万有引力等于重力和惯性离心力的矢量和，引力并不等于重力。运载火箭在飞行过程中，随着推进剂消耗和火箭各部段的分离，质量是变化的；另外，随着高度的增加，加速度随之变化，简化的重力模型为

$$mg = -\frac{mg_0}{(R + H)^2} R^2$$

式中：g_0 为地球表面处重力加速度；R 为地球半径；H 为火箭离地球表面高度。

$$m = m_0 - \int_0^t q\mathrm{d}t$$

式中：q 为推进剂的秒耗量。事实上，重力是地球引力的分量，地球引力可以通过引力位函数（即引力势能）对距离微分求得。对于任意形状和密度分布的星体，其外部点的引力位函数表示为

$$U = \frac{\mu}{r} \left[1 + \sum_{n=2}^{\infty} \sum_{m=0}^{n} \left(\frac{a_e}{r}\right)^n P_n^m (\sin\varphi_e) \ (A_{nm}\cos m\lambda + B_{nm}\sin m\lambda) \right]$$

式中：μ 为万有引力常数与地球总质量的乘积，$\mu = GM$，a_e 为地球参考椭球的平均半径；r 为地心矢径；φ_e 为地心纬度；λ 为经度；$P_n^m (\sin\varphi_e)$ 为勒让德函数；A_{nm} 和 B_{nm} 是与星体形状和密度有关的引力系数，可以通过大地测量和卫星运行数据进行反算。

特别地，在 $A_{nm} = B_{nm} = 0$ 时，即为理想的圆形低密度星体，其位函数为

$$U = \frac{\mu}{r} = \frac{GM}{r}$$

这时，引力位函数的各阶小量均完全忽略，但实际上地球不是完全的球体，密度也不均匀。

2 过载

除重力外，作用在导弹、火箭或航天器等飞行器上的所有外力的矢量和与飞行器质量之比称为过载，过载的方向与重力相反：纵向过载，过载矢量在箭体坐标系 x 轴上的投影；横向过载，过载矢量在箭体坐标系 y 轴上的投影；侧向过载，过载矢量在箭体坐标系 z 轴上的投影。

过载与该方向上质量力的比值称为过载系数。过载系数反映了飞行器在各种运动状态下，结构所承受的力与它放置在地面时因自身重量而导致的结构中所承受的力之比。它表明要使飞行器飞离地面，必须给予它大于自身重量的力，反映飞行器结构在计算时刻的承载能力。 轴向过载系数在发动机关机前一刻过载系数到达最大（因为此时发动机尚未关机，推力变化不大，而由于推进剂消耗，重量为本阶段最小）。横向过载与飞行马赫数、攻角及绕流扰动密切相关。

在火箭飞行过程中载荷方面需要关注轴向载荷、纵向载荷和抖动载荷最大的时刻，这时对火箭结构强度的考验最大：跨声障时，脉动压力引起的抖动载荷最大；飞行初期的最大动压段，横向载荷最大；助推器发动机关机时和芯级关机时纵向载荷最大。

结构强度：抵抗外力作用的能力，抵抗断裂、失稳、位移等不许可变形的能力。结构强度与结构形式、外力特性、应力状态、材料机构性能和工艺等因素相关。强度不够易断裂破损。

结构刚度：抵抗外力引起变形的能力。结构刚度与材料性质、几何形状、边界支持情况和外力作用形式相关。刚度不够易皱损、振动、形变。

3 火箭结构载荷设计

运载火箭结构设计时，需要综合考虑火箭在生产、制造、运输、测试和飞行过程中的各类载荷，使得箭体的结构部件强度和刚度满足不同场合的应力要求。

火箭在运输过程中，考虑部段的惯性载荷和振动载荷，在载荷集中部位加强，并增加支撑部位；火箭在地面操作过程中，根据水平或垂直的状态不同，需要在受力集中部位进行局部加强，竖立在发射平台上时主要考虑竖立载荷，考虑尾部支点的强度和抗扭力矩的能力；点火起飞阶段，火箭的纵向载荷短时间内迅速增大，考验尾部和其他部段的纵向载荷承受能力，因此不宜采用推重比过大的火箭设计方案；气动力载荷最大时，对箭体横向的影响较大，火箭存在抖动或解体的风险；在跨声障阶段，飞行速度接近声速，火箭表面的脉动压力激起火箭结构横向振动响应，称为抖振载荷，设计时需要重点考虑；助推器关机及分离，芯级关机分离时，发动机推力急剧下降产生载荷称为分离载荷，与分离部段和正、反推火箭的设计相关；贮箱内气枕压力造成的载荷称为内压载荷，是贮箱设计的重要输入。

一般地，结构设计载荷时，将理论分析的载荷极限值乘以安全系数，以确保安全余量满足要求。安全系数通常为 1.25 ～ 1.5。

4 控制力

发动机推力也称为控制力，发动机的推力受每秒燃料喷出质量、燃料喷出速度、喷管截面积等因素影响，即

$$F = qu + (p_e - p)A$$

式中：q 为推进剂秒耗量（kg/s）；u 为喷气流相对发动机的速度；p_e 为发动机喷口截面积的气压；p 为外界气压（外界压力为 0 时，称为真空推力）；A 为喷口截面积。其中，qu 也称为相对力，$(p_e - p)A$ 称为静推力。

火箭的控制力矩一般通过喷管的摆动实现。不同的喷管布局和摆动方式，控制力矩也会有所不同，分析表明，X 形布局比十字形布局要好一些。

5 气动力

将空气作用力沿火箭的速度系坐标轴展开，X 负向称为阻力，Y 向称为升力，Z 向称为侧向力，如图 3-2 所示。

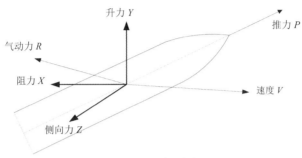

图 3-2　气动力

根据伯努利方程，空气动压 $q = \dfrac{1}{2}\rho V^2$，因此各向气动力可表示为 $F = qS$，因此气动力大小与动压头和火箭特征面积成正比，即

$$\begin{cases} X = -\,C_x qS \\ Y = C_y qS \\ Z = C_z qS \end{cases}$$

式中：$q = \dfrac{1}{2}\rho V^2$ 为动压头，也称为速度头，ρ 为空气密度；S 为火箭特征截面积，也称最大截面积，是火箭沿作用力方向的最大截面积；C 为无量纲系数，三个方向分别称为阻力系数、升力系数和侧向力系数。

扩展阅读

压心：气动力作用线与火箭轴线的交点。

6 气体伯努利方程

在研究空气动力学时，假设空气流动为连续不断地流过粗细不同的管路，如图 3-3 所示，则同一时间内流过任一截面的空气质量相等，即 $m_1 = m_2$，设管路截面积为 A，气流速度为 V，空气密度为 ρ，则 $\rho VA = C$，为常量，对于低速流动的空气，认为密度 ρ 不变，则 $VA = C$。

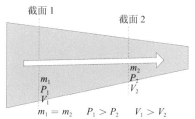

图 3-3　不同截面气流参数关系

　　这说明低速流动的气体,截面积大的地方流速低,截面积小的地方流速高。更进一步地,1738 年,瑞士科学家伯努利首先推导出变截面积管路内流体的速度和压力的关系:

$$p_0 = p + \frac{1}{2}\rho V^2 = C$$

式中:p_0 为气体总压;$\frac{1}{2}\rho V^2$ 为流动气体的动压;p 为流动气体的静压,即气体伯努利方程。

　　对于液体,其伯努利方程表达式为

$$C = h + \frac{p}{\rho g} + \frac{v^2}{2g}$$

式中:h 为流体截面的液位垂直高度;p 为截面处液体压力;v 为截面处液体流速;g 为重力速度。若存在机械做功或流阻损失,则有。

$$C_1 - C_2 = E + f$$

式中:E 为两截面间机械能做功;f 为流阻损失。

扩展阅读

　　丹尼尔·伯努利(Daniel Bernoulli,图 3-4),1700 年 2 月 8 日生于荷兰格罗宁根,是瑞士的数学家,物理学家,也是众多著名的数学家伯努利家族成员之一,流体力学之父。1782 年 3 月 17 日卒于瑞士。

图 3-4　丹尼尔·伯努利

雷诺数是惯性力和黏性力之比，即

$$Re = \frac{\rho v L}{\mu}$$

式中：ρ 为液体密度；v 为流场特征速度；L 为流场特征长度；μ 为动力黏性系数。雷诺数较小时，惯性力影响大于黏滞力影响，雷诺数较大时，黏滞力影响大于惯性力。雷诺数是无量纲数，是表征流体黏性的相似准则数，相同的雷诺数可以表征相似的流动规律，因此可以由缩比模型试验得到的数据模拟真实的流动规律。

7 升力的产生

大家都知道，飞机能在空气中飞行是由于机翼产生了升力，那么升力是如何产生的？一般来说，非对称流体上下表面气体流速不同，造成压强差，从而产生升力，如图 3-5 所示。这与足球运动员踢"电梯球"的原理是一样的；皮球在空中旋转过程中，气体相对皮球上下面的速度不同，因而产生压力差，使得皮球过顶下坠。

流管细流速快、压强低

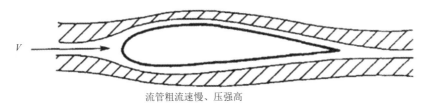

流管粗流速慢、压强高

图 3-5　升力产生原理

对于气动外形轴对称的运载火箭，气动系数可近似表示为

$$C_y = C_y^\alpha \cdot \alpha$$

式中：C_y^α 是升力系数对攻角的导数，上式说明升力系数是与攻角 α 成正比，这样升力 $Y = C_y^\alpha \cdot q \alpha S$。这就是我们讨论高空风时，将 $q\alpha$ 值作为一个重要条件的原因，在火箭外形和升力线斜率 C_y^α 一定的情况下，$q\alpha$ 值就决定了气动力的大小。

运载火箭随着高度、飞行速度的不同，气动力相关的参数变化率可达 $10\% \sim 50\%$；因此气动力的研究一直是各国航天领域的重点攻关项目，气动力相关的参数可以通过风洞试验部分标定。理论分析得知，气动载荷在流体截面积变大处较大，绕过流体时有所减小，气动载荷与马赫数密切相关。

激波和膨胀波：当火箭以超声速飞行时，火箭前方的空气来不及避让，被继续前进的火箭压缩，形成一个强烈压缩的空气突跃面，称为激波，如图 3-6 所示；膨胀波是超声速气流平行于物体表面流动时，物面突然出现向外的转折角时所产生的现象，如图 3-7 所示。在拐点处空间突然增大，气流发生膨胀，密度、温度、压力均降低，因而形成一个扇形气流参数连续变化扰动区，就是膨胀波。

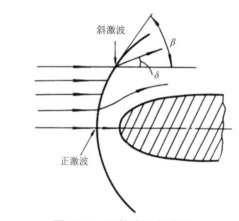

图 3-6　正激波和斜激波

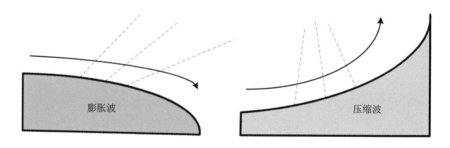

图 3-7　膨胀波和压缩波

8　干扰力

火箭飞行的干扰力主要包括风干扰、结构干扰和瞬时干扰等。风干扰分成平稳风、切变风和阵风三个部分。平稳风，也是一个对风的假设，就是风速风向不变的风场；切变风，是指风的方向和大小随着高度变化而变化；阵风，就是短时影响的风扰动。风干扰随高度、季节、气候影响不同而有很大差异，地面风、浅层风、高空风对运载火箭测试发射和飞行都有一定影响。

结构干扰的因素很多，包括火箭制造的误差、安装的误差、发动机推力的偏差、推力线横移等。另外在火箭内部，还存在伺服机构的摆动和箭体之间的耦合，发动机喷管与箭体的纵向耦合（POGO），推进剂晃动载荷等来自内部的干扰，分析起来难度更大。

瞬时干扰：指短时间作用的，如火箭部段分离产生的干扰、火箭起飞时的初始干扰等，都属于瞬时干扰。

9 箭体传力方式

捆绑火箭箭体传力方式有芯级支撑助推和助推支撑芯级两种方式，如图3-8所示。CZ-7运载火箭采用芯级支撑助推的承力方式，芯级通过下支点传力，支撑4个助推，其芯级尾段的结构强度需加强，助推器的尾段强度也需要加强，因此部段要增重。火箭飞行过程中为助推推动芯级，竖立时为芯级挂助推，飞行时与测试时的传力路径不一致，使得下支点受力复杂。

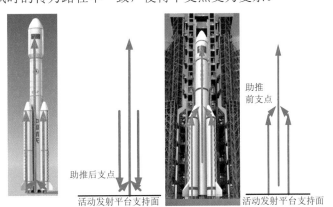

图 3-8　芯级支撑助推和助推支撑芯级

一般而言，助推支撑芯级的方式与飞行过程中箭体受力传递路线一致，因为通常地面起飞初期阶段，助推器提供的推力更大。其好处是助推尾段结构为支撑箭体而增加的结构质量，在助推飞行段结束后即可抛掉，利于飞行减重；而芯级支撑助推方式，由于结构增重在芯一级，无法在助推飞行结束后抛掉。当然，可以考虑将助推和一级的飞行时间设置得较为接近，甚至同时关机，这与火箭的结构和弹道设计相关。

扩展阅读

静定结构：约束条件与解算方程数量相当，刚好能完全确定状态。如2支点结构的助推，2个支点可以完全确定助推的受力状态。

超静定结构：约束条件多于解算方程数量，在静定结构中增加约束。如3支点以上结构的助推，多支点属于超静定结构。

研究表明，助推火箭与芯级之间飞行过程中的干扰力非常大，在一定距离内，距离越大，干扰力越大。且安装在助推上的尾翼与箭体之间的干扰力作用也远大于安装在芯级的尾翼。同时，距离越大，连接机构承受的纵向力矩越大，就要求结构质量越大，但距离越小，非弹性运动的安全间隙不足，也可能产生危险。因此，总体设计时，需结合理论计算及试验模拟，确定助推与芯级的距离。

10 推重比

推重比，即各级推力与重力之比，为 $N = \dfrac{P}{mg}$，其中 P 为各级推力。特别地，称起飞推力和起飞重力之比为起飞推重比。推重比选择因素包括：推重比越大，火箭加速性能越好，轴向过载大，主动段缩短，程序转弯角速度增加，火箭攻角及横向过载系数都增加，飞行载荷增加，从而需要增加结构质量。从这个角度讲，选用密度比冲高的发动机会带来结构的增加，因此推重比的选择应综合考虑冲出卡门线的时间和结构的承受能力。稠密大气中速度加大，阻力增大，从而加剧了加速度的损失；加速度大，速度增加快，控制力也需要增加；加速度大，起飞漂移量减小，火焰对发射场烧蚀程度减小。综合各类因素，多级火箭推重比推荐范围为1.2 ～ 1.6。

箭体尾部发动机总推力难以简单计算得到火箭的起飞推力。因为发动机有一定安装角度，也就是发动机并不是竖直安装的，与火箭的轴线呈一定的角度，而起飞推力是矢量叠加的结果，有一定角度，那么垂直方向上就会"损失"。

扩展阅读

起飞质量：运载火箭起飞时刻的质量称为起飞质量，包括起飞时推进剂质量、箭体质量和航天器质量。箭体加注后质量一般大于起飞质量，这是由于加注完成后至起飞时间推进剂有蒸发消耗和发动机点火消耗。

11 火箭飞行的常见坐标系

发惯系，是以发射点为坐标原点的惯性系，是静止系，不随火箭飞行和地球转动变化，是在火箭起飞时刻就确定的坐标系。其 X 轴在发射点水平面内指向射向，Y 轴向上，Z 轴符合右手系标准，如图3-9所示。

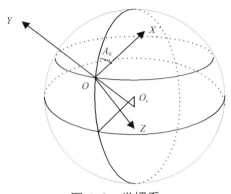

图 3-9　发惯系

扩展阅读

惯性系：符合牛顿第一定律的参考系为惯性系，即参考系中的不受力物体，会保持相对静止或匀速直线运动状态。

右手坐标系：伸开右手，拇指与其余四指相垂直，其余四指指向 X 轴正向，然后向 Y 轴正向弯曲，若此时拇指指向 Z 轴正向，则称此坐标系为右手系。

箭体系，是以箭体质心为坐标原点的坐标系，其 X_1 轴指向箭体头部，Y_1 轴在箭体法向对称面（射面）内，向上为正，Z_1 轴符合右手坐标系标准，如图 3-10 所示。箭体系是与箭体固连的动坐标系。

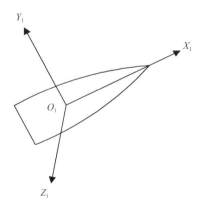

图 3-10　箭体系

发射系，是以火箭起飞时的发射点为坐标原点，随坐标原点地球自转运动的坐标系，其 X 轴在发射点水平面内指向射向，Y 轴垂直向上，Z 轴符合右手系标准，如图 3-11 所示。发射系是与地球固连的动坐标系。

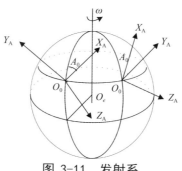

图 3-11　发射系

速度系，是以火箭速度矢量方向建立的坐标系，其原点 O 为火箭质心，OX_2 轴与火箭的速度矢量 V 重合，OY_2 轴位于箭体纵向对称面内，与 OX_2 轴垂直，向上为正，OZ_2 轴按右手系确定，如图 3-12 所示。速度系是与火箭速度矢量固连的动坐标系。

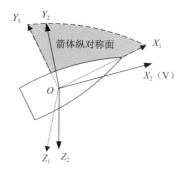

图 3-12　速度系

半速度系，原点 O 为火箭质心，OX_3 轴与火箭的速度矢量 V 重合（与速度系 OX_2 轴完全重合），OY_3 轴位于包含速度矢量 V 的铅垂平面内（区别于箭体纵对称面），垂直 OX_3 轴，向上为正，OZ_3 轴按右手系确定，如图 3-13 所示。

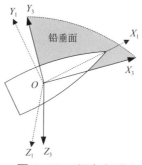

图 3-13　半速度系

地心赤道系，坐标原点在地心。O_eZ_e 轴同地球自转轴重合，O_eX_e 轴在赤道平面内指向格林尼治零子午线，O_eY_e 轴垂直于 O_eX_e 轴和 O_eZ_e 轴并成右手笛卡儿坐标系。地心赤道坐标系是与地球固连的动坐标系。

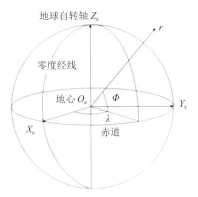

图 3-14 地心赤道系

每种坐标系都有其实用意义。由于不同场合使用不同坐标系，如制导系统火箭发射原点坐标系建立时使用的是发惯系，但姿控系统分析时常用到箭体系，因此就需要对坐标系进行变换，即由发惯系向箭体系变换。

$$\begin{vmatrix} X \\ Y \\ Z \end{vmatrix} = |A| \cdot \begin{vmatrix} x_1 \\ y_1 \\ z_1 \end{vmatrix} \quad 其中，\quad A = \begin{bmatrix} a_{11} & a_{12} & a_{13} \\ a_{21} & a_{22} & a_{23} \\ a_{31} & a_{32} & a_{22} \end{bmatrix}$$

式中：A 称为转换矩阵，用欧拉角表示为

$$A = \begin{bmatrix} \cos\varphi\cos\psi & -\sin\varphi\cos\gamma + \cos\varphi\sin\psi\sin\gamma & \sin\varphi\sin\gamma + \cos\varphi\sin\psi\cos\gamma \\ \sin\varphi\cos\psi & \cos\varphi\cos\gamma + \sin\varphi\sin\psi\sin\gamma & -\cos\varphi\sin\gamma + \sin\varphi\sin\psi\cos\gamma \\ -\sin\psi & \cos\psi\sin\gamma & \cos\psi\cos\gamma \end{bmatrix}$$

扩展阅读

地心天球坐标系（J2000 坐标系）：原点为地球质心，基本平面（XOY 平面）为历元世界时 2000 年 1 月 1 日中午 12 点的平赤道面，X 轴指向该历元的平春分点。此坐标系为惯性坐标系。

参考椭球：把地球假设为一个理想旋转椭球体的模型，称为参考椭球。根据实际需要和参数目标不同，参考椭球可以有多种。如美国常用的 WGS-72 参考椭球，长半轴 6378135m，扁率 1:298.26；我国常用 DX-1 系，其地球赤道半径 6378140m，扁率 1:298.3。

天球：以空间任一点为中心，以任意长为半径（或把半径看作数学上的无穷大）作成的圆球称为天球。天体在天球上的投影，即天球的中心和天体的连线与天球相交之点，称为天体在天球上的位置。黄道是太阳周年视运动轨迹在天球上的投影。太阳沿黄道从天赤道以南向北通过天赤道的那一点，称为春分点。

12 姿态角

火箭的俯仰、偏航、滚动姿态角，是描述火箭飞行姿态的角度量。火箭箭体系的 OX_1、OY_1、OZ_1 轴分别称为滚动轴、偏航轴和俯仰轴。广义上，火箭绕俯仰、偏航、滚动轴的角度称为姿态角。为了表述火箭在惯性空间的姿态方位，工程上以箭体系和发惯系的关系，定义姿态角，将箭体系 $OX_1Y_1Z_1$ 相对于发惯系 $OXYZ$ 的方位角称为火箭姿态角，也称姿态欧拉角。

定义 OX_1 与 XOZ 面（水平面）的夹角为俯仰角 φ，或描述为 OX_1 在 XOY 平面（射面）的投影与 OX 的夹角，投影在 OX 轴上方为正；OX_1 与 XOY 面（射面）的夹角为偏航角 ψ，左为正；箭体绕 OX_1 轴转过的角度为滚动角 γ，从箭体尾部看向头部时，顺时针为正，或描述为箭体 OY_1 轴与包含箭体纵轴 OX_1 的铅垂面之间的夹角，从箭体尾部看向头部时，右侧为正，如图 3-15 所示。

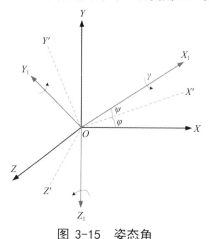

图 3-15　姿态角

13 攻角和侧滑角

表示箭体与大气相对运动关系的角度是攻角和侧滑角，因此以速度系与箭体系之间的关系定义。攻角 α 是火箭速度在主对称面投影与火箭纵轴的夹角，或描述为速度矢量 V 在纵向对称平面上的投影与 OX_1 的夹角，上方为正。侧滑角 β 是速度轴与弹体主对称面 X_1OY_1 的夹角，右方为正。

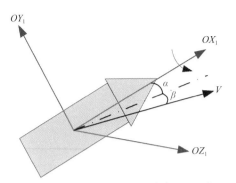

图 3-16　侧滑角 β 和攻角 α 示意

攻角越大，火箭受到的风侧向力越大，火箭飞行阻力越大，且存在弯折的风险。头迎着风飞，攻角小，阻力小，箭体结构更加安全。

14　典型地球同步轨道的发射轨道

火箭地面起飞后，各级发动机逐级连续工作，直至进入预定轨道，这种发射轨道设计方式称为直接入轨，或连续推力入轨。直接入轨全程都是主动段，靠推力的矢量控制完成入轨，较为适用于低轨道航天器发射。然而对于地球同步轨道等高轨道卫星，或是更远距离的深空探测器等航天器任务，直接入轨并不是最省能量的发射方式，常采用过渡轨道入轨，较为复杂的任务甚至需要多个过渡轨道，从而大幅降低能量消耗。

典型的 GEO 卫星发射通常需要采用多次变轨，如图 3-17 所示。我国 CZ-3A 和 CZ-5 火箭发射受到近地点幅角要求，需要停泊轨道。CZ-5 运载火箭飞行过程分为助推飞行段、一级飞行段、二级一次飞行段、滑行段、二级二次飞行段和末速修正段等 6 个子阶段。其飞行的过程是：火箭从发射点起飞，经过助推飞行段、一级飞行段、二级一次飞行段，在 K_1 点进入停泊轨道，在停泊轨道上为滑行段，滑行至 K_2 点，火箭二级二次点火，将火箭加速至预定速度后，在 K_3 点火箭与卫星分离。

因此，发射至 K_1，对应助推飞行段、一级飞行段、二级一次飞行段；K_1 至 K_2，对应滑行段；K_2 至 K_3 对应二级二次飞行段和末速修正段。所以我们一直说的是火箭将卫星送入地球同步转移轨道（GTO），而不是地球同步轨道（GEO）。

K_3 点分离之后，卫星进入地球同步转移轨道，运行至 K_4，卫星自主进行变轨，至 K_5 点完成变轨至地球同步轨道。采用上面级后，K_3 至 K_5 飞行由上面级来完成。

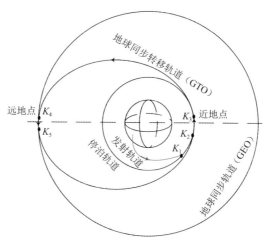

图 3-17　典型 GEO 卫星发射轨道

15 上升段

火箭第一次连续动力飞行段将火箭送入停泊轨道，称为上升段。上升段并不是指火箭的一级飞行段，而是指火箭的第一段连续动力的飞行段。对于 CZ-7 火箭发射近地轨道卫星这样的任务而言，CZ-7 火箭飞行的全程都是上升段，中间没有关机滑行，大推力直接入轨。对于 CZ-5 火箭而言，其助推飞行段、一级飞行段、二级一次飞行段加在一起，称为第一动力飞行段，即 K_1 点为 CZ-5 火箭二级一次关机点。对于 CZ-3A 系列三级火箭而言，K_1 点则表示三级一次关机点。

在上升段内，火箭的主要目标是进入停泊轨道，从能量最省的角度看，那么下面级尽量采用耗尽关机方式为宜，即用尽能量。对于 CZ-5 火箭而言，助推关机和一级关机的理想方式都是耗尽。但由于弹道设计时不但要考虑能量因素，还要考虑安全等因素，因此弹道设计上也会考虑射程关机，如控制射程使残骸不落到其他国家区域或是人口众多区域等。

扩展阅读

主动段：是指导弹或者运载火箭推进系统工作的飞行阶段，也称为动力飞行段。通常指导弹或火箭从发动机点火起飞直至关机的飞行轨迹，有时也指导弹起飞到头、体分离为止的飞行轨迹或运载火箭起飞到星箭分离或入轨前的飞行轨迹。

被动段：是指导弹或者运载火箭推进系统不工作的飞行段，比如再入大气层的阶段。

16 滑行段

滑行段，即停泊轨道段。理论研究表明，运载火箭在大气层外空间增加滑行段比没有滑行段更能节省推进剂。在停泊轨道上，火箭自由滑行。实际上，停泊轨道并非必须要用的轨道，其主要作用是保证转移轨道的入轨点 K_3 的纬度满足要求，使近地点幅角约为 $0°$，且长轴在赤道上。这也是 CZ-5 火箭和 CZ-3A 系列火箭发射高轨卫星末级要二次点火的原因。可以看出，这样的轨道设计给发动机提出了更高的要求，即高空二次点火要求。

停泊轨道的高度取决于转移轨道的近地点高度，一般在 100km 以上或更高，这时大气密度几乎可以看成真空。火箭一直靠惯性在引力作用下自由飞行（仿若扔出去的标枪），直到与目标轨道相切或相交位置，再一次点火加速，进入目标轨道。停泊轨道有多种选择，可以是圆轨道、椭圆轨道或者亚轨道。在实际应用中，一般采用椭圆轨道作为停泊轨道。CZ-5 和 CZ-3A 系列火箭进入停泊轨道的条件一般选为速度，即采用速度关机进入停泊轨道。

扩展阅读

亚轨道：椭圆轨道的一种，为非卫星轨道，其近地点为负值（也就是会撞到地球上……）。但是由于其能量要求较低，对于一些上面级推重比小的火箭，也可选择亚轨道作为转移轨道。

17 霍曼转移

1925 年，德国工程师奥尔特·霍曼博士推导出在两条倾角相同、高度相异的圆形轨道间转移卫星的最小能量方法，称为霍曼转移。霍曼转移充分利用了引力产生的能量进行转移，因而能做到能量消耗最小，因此也称为最佳转移，如图 3-18 所示。例如，地球同步转移轨道是从停泊轨道至同步轨道的一类椭圆形中间轨道，其特点是近地点与停泊轨道相切，远地点与同步轨道相切，就是一种霍曼转移轨道。

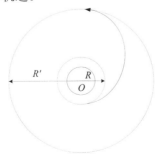

图 3-18　霍曼转移

霍曼转移涉及两次水平加力机动。在圆形轨道中运动的物体受到正向水平推力时，开始从较低的轨道转移到较大的椭圆形轨道，加力点是这个椭圆的近地点。然后顺着该椭圆轨道，物体开始向远地点运动，当到达远地点时，开始了第二次加力仍为正向水平推力，使得轨道转移到远地点高度上的圆形轨道。同样，高轨道到低轨道转移也是这样，只不过这时物体是从远地点向近地点运动，经历的是两次减速运动。

虽然霍曼转移所用到的能量最小，但它是以牺牲时间为代价的。要实现更快的转移需要更多的能量，消耗的推进剂增多。在实际的飞行中，采用霍曼转移还是快速转移实现轨道转移是由任务决定的。如果执行救援任务，需要争取时间，那么采用霍曼转移就不合适了。

18 垂直发射

火箭垂直发射有利于更快冲出卡门线，迅速穿过稠密大气层，减少空气阻力造成的飞行速度损失。同时，现代大型火箭多是液体的，对于液体火箭，垂直状态更便于加注定量控制，出现故障也方便泄出。与倾斜发射相比，垂直发射更利于惯性测量器件确定火箭发射的初始方位，利于瞄准。火箭垂直发射有利于简化发射场发射支持设备，并且利于射前对火箭360°的全方位操作。如果水平放置或倾斜放置，则需要更大的发射平台，且火箭起飞时火焰是侧向的，不如垂直状态使用导流槽好控制。

但垂直发射，受重力作用，飞行速度损失很大，所以火箭在离开发射塔和避雷塔高度后就需开始转弯，提高速度增大的效率，并且有利于减小攻角。从1944年德国发射 V-2 火箭开始，至今世界各国发射运载火箭都采用垂直发射。

19 射向

射向，即运载火箭发射的方向。运载火箭的飞行是在射面中进行的，即运载火箭飞行过程中，一般在箭体"左右"方向上没有横向移动，是在垂直于发射点平面的一个射面内飞行的。站在发射点，面向正北，抬起右手指向正北，由北向东转过任务火箭射向角度，这时手指的方向就是射向。要使火箭在射面中飞行，需要将箭体坐标系的 X_1OY_1 面保持在射面内。一般而言，也是箭体 I - III 象限线的方位。

运载火箭的射向，发射点的纬度与运载火箭任务轨道的倾角满足确定的函数关系，因此不同倾角轨道的任务，射向是不同的。我国的运载火箭一般飞行时以III象限朝上，I象限朝下。I - III象限线在射面内,火箭在射面内飞行。

射面即火箭飞行的平面，火箭在起飞滚转朝向射向飞行后，除受摄动影响外，无偏航控制，即火箭在"竖直"的一个面的飞行，如图 3-19 所示。

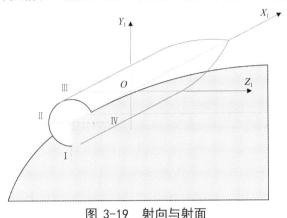

图 3-19　射向与射面

向东发射时，火箭起飞时自带地球的自转线速度，称为牵连线速度。当发射点在赤道时初速度最大，达到 465m/s，随着发射点纬度增加初速度逐步减小。多数航天器轨道运行有较大的东向速度分量，因此适于东向发射，而且纬度越低，牵连线速度越大，运载能力越大。少数极轨卫星，向东的初速度没有用处，则不需要向东发射。

20　起飞

起飞是指运载火箭离开发射平台的时间点。运载火箭点火后，发动机建立推力需要一定时间，当发动机推力超过自身重力时，火箭离开发射平台。起飞是运载火箭飞行的时间零点，其信号对于箭上各系统和地面测控等系统具有重要意义。起飞触点触发的无源信号分别向箭上和地面传递。箭上传递至控制系统，作为飞行控制时间基准，并由控制系统转发给测量、上面级或卫星等系统。地面起飞信号由发射场通信系统采集，并提供给测控系统，作为测控跟踪的时间基准。由于采集路径不同，因此箭地起飞的时间也略有差异，一般差异在毫秒量级。

在我国运载火箭型号中，一般以起飞托盘或压板提供不带电触点信号，向箭上和地面提供起飞信号。

如图 3-20 所示，火箭起飞（或拔起飞压板）时，起飞触点接通，K_1 和 K_2 继电器带电，使 K_1、K_2 开关闭合，开关闭合的结果是保持住继电器的带电状态，即为自保持。并通过 K_1、K_2 开关闭合，将起飞信号给到控制系统箭机、综合控制器和测量系统等需要起飞信号的系统和单机。

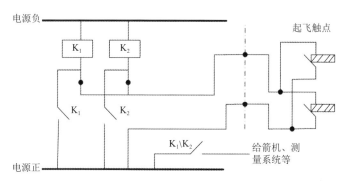

图 3-20　典型起飞信号电路

由于起飞信号至关重要，因此既不能漏发也不能误发。通常，火箭起飞触点设计采用并串联形式，如图 3-21 所示，如图 1、2 和 3、4 触点为火箭箭体尾部对位起飞触点，1、2 同侧，3、4 同侧，1、2 与 3、4 为对侧，同侧并联，对侧串联，这样设置是为了保证同侧有冗余，不漏发，同时对侧至少有一对触点同时发出，确保不因倾斜晃动等原因误发起飞信号。

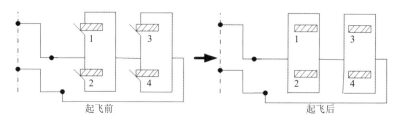

图 3-21　典型起飞触点设置

顶杆将起飞触点顶开，使用起飞压板将其压住，保持顶杆的顶开状态，起飞触点无法闭合。拔下起飞压板时，顶杆由于弹簧作用弹出，起飞触点闭合，其后电路形成回路，即发出起飞信号。在测试时，采用手动拔起飞压板的方式发出起飞信号。火箭正式点火发射的过程中，起飞触点是靠起飞托盘压着的，作用于起飞压板一样，火箭点火后推力达到额定值，火箭升起过程中自然将起飞触点接通。

扩展阅读

带电触点和不带电触点：触点回路自带供电装置，称为带电触点。B 系统给 A 系统供电，并进行控制，对于 A 系统单机而言，1、2 即为带电触点。不带电触点，即仅闭合回路，无供电装置的触点。A 系统自带电源供电，设备供电开关由 B 系统控制，B 系统仅闭合回路，为不带电触点，也称无源触点，如图 3-22 所示。

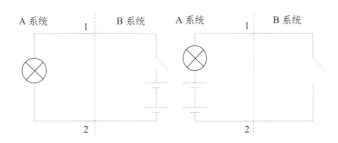

图 3-22　带电触点与不带电触点

21　起飞漂移量

火箭起飞的初期需要注意的是不要碰到脐带塔、勤务塔和避雷塔等设施，保持垂直出塔，出塔后及时起飞滚转，以找对飞行方向（射向），然后及时进行程序转弯。

火箭垂直起飞过程中受各种干扰而引起的横向漂移距离称为起飞漂移量。对于 CZ-5 火箭而言，火箭垂直起飞后不能横向碰撞的位置包括脐带塔、固定勤务塔和避雷塔，因此在相应高度的起飞漂移量应确保在安全距离之内。需要注意的是，火箭上不同位置的起飞漂移量是不同的，通常有

横向漂移＝质心横向移动＋绕质心角运动引起的横移

因此，火箭的头部和尾部的起飞漂移量最大，特别需要关注尾部，由于有各系统脱拔的电缆及其支架、活动发射平台的箭体支撑臂等，若尾部起飞漂移量过大，可能发生干涉和磕碰。

影响起飞漂移量的因素很多，主要有结构干扰、风干扰、发动机零位、姿态初值和机架变形等，其他因素如地球自转、浅层风、起飞前一时刻的箭体晃动等，都会对起飞漂移量产生一定影响。根据计算结果分析，影响起飞漂移量的最大因素是结构干扰，而结构干扰中影响最大的是质心横移、推力线偏斜、助推器发动机推力不同步等因素。

另外由于存在绕心运动，所以若火箭起飞时存在俯仰角或偏航角控制，起飞漂移量变化会很大，因此为了保证火箭垂直起飞离开固定塔和避雷塔的范围，必须要保证火箭垂直起飞段俯仰角和偏航角为零。控制或火箭垂直起飞的方式有很多，如设置专门的调零系统，或采用液压锁等装置。

22　哥氏力

科里奥利力，简称哥氏力，也称为地转偏向力，是转动参考系内运动的

质点的惯性力。以圆盘角运动系为例，如图 3-23 所示，圆盘静止时，在圆盘上由 A 点以速度 V 沿半径方向抛出小球，经过一段时间到达 B 点，有 $\Delta t = (OA - OB)/V$。若圆盘一直以角速度 ω 沿逆时针方向运动，同样以速度 V 沿半径方向抛出小球，则小球会到达 B 前方的点 B'。这是因为在圆盘系中速度 V 沿半径方向，AB 保持静止，而在惯性系中看，A 还具有初始的线速度 V_1。而相对于 B 点的初始线速度 V_2 而言，$V_1 > V_2$，因此小球会到达 B 点前方。

在惯性系下看待小球的运动，走的依然是直线，但并非沿半径方向，而是抛出速度 V 和初始线速度 V_1 的合速度。而在圆盘旋转系的角度，原本认为小球会沿径向到达 B，因为圆盘上的观察者认为 A 抛出的球方向是径向的，但实际到达了 B'，根据牛顿运动定律，认为小球受到的垂直径向力的作用，即为哥氏力。

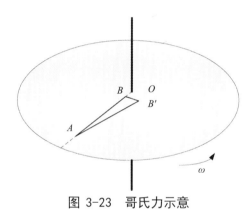

图 3-23　哥氏力示意

在圆盘匀速转动情况下，小球的运动分解为径向和切向运动，径向运动从 A 到 B 的时间为 $\Delta t = \dfrac{(OA - OB)}{V}$，切向运动中，从 B 到 B' 有

$$BB' = (V_1 - V_2)\Delta t = (OA - OB)\omega\Delta t = V\omega\Delta t^2$$

假设哥氏力 $F_c = ma$，则有 $BB' = \dfrac{1}{2}a\Delta t^2$，比较得 $a = 2V\omega$，$F_c = 2mV\omega$。

哥氏力是惯性虚拟力，是为了修正旋转系和惯性系的不同而引入的力。由于哥氏力而产生的现象很多。地理学的柏而定律，即北半球的河水右岸比较陡峭，而南半球则相反，这是因为在哥氏力作用下，北半球河水对右岸冲刷较大。大气环流和气旋（台风）的形成，均与哥氏力有关。第一次世界大战期间，德军用 113km 射程的大炮轰击巴黎，发现炮弹总是向右偏离目标，也是哥氏力造成的。在运载火箭的飞行分析过程中，若以与地球固连的坐标系建立飞行动态方程，则必须考虑哥氏力。若在惯性坐标系中建立方程，则不需要考虑哥氏力。

23 起飞滚转

运载火箭起飞后通过滚动控制调整飞行方向至射向，称为起飞滚转。起飞滚转是由于运载火箭起飞后飞行方向与射向不一致而采取的调整手段。如某运载火箭在发射区停放时，方位是Ⅲ - Ⅰ象限线朝东南方向，即如果按停放时方位起飞，并且不滚转，那么射向为135°，如图3-24所示。

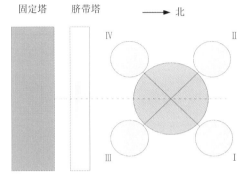

图 3-24　射向135°的火箭在发射平台上停放方位

由于不同任务射向要求不同，135°显然不满足多种任务的需求，因此需要进行起飞滚转，在起飞后对箭体进行沿箭体纵轴的滚动，使火箭Ⅲ - Ⅰ象限线对准射向。如射向是90°的任务，则火箭需要起飞滚转的角度是 - 45°。

如果起飞后马上进行滚转，则可能影响到火箭的起飞漂移量，而且提前滚转发动机喷焰可能对固定塔造成损害。因此不能起飞就滚转。同时，若飞行速度过大，滚转的能量消耗就大，因此一般在火箭飞出塔区后就进行滚转。

起飞滚转属于运载火箭滚动控制，因此只需要对滚动程序角进行合理设计，即可以达到起飞滚转的目的。火箭飞出塔区后，滚动程序角按照预定的规律逐渐减小，在姿控系统作用下，火箭跟随滚动程序角而变化。当滚动程序角为零时，火箭的滚动姿态角也接近于零，将箭体 y_1 轴控回射面。此时，箭体坐标系和发射惯性坐标系的指向关系一致。

24 程序转弯

运载火箭按预先设定弹道飞行，起飞后满足垂直方向无障碍物和射向要求后，火箭轴向由竖直状态向水平方向偏转称为程序转弯。程序转弯主要受以下因素影响：尽量减小高空风攻角，减小高空风对箭体的横向载荷，因此程序转弯越早越好；尽量减少转弯所需消耗能量，由于火箭起飞后一直处于加速运动状态，速度不断增大，速度越大时转弯所需消耗能量越大，因此程序转弯越早越好。

所以，一般在起飞滚转后立即执行程序转弯动作。控制系统通过俯仰程序角的控制实现火箭的转弯动作。

扩展阅读

声障：飞行器速度接近空气中声音速度时，会出现阻力剧增，气流紊乱的现象称为声障。人们曾以为声速是飞机速度不可逾越的障碍，因此称为声障。火箭在跨声障飞行时，火箭横截面急剧变化的部位，如收缩段、锥形头等，会出现气流分离，激波振荡和激波边界层干扰而产生压力脉动，引起火箭抖振和严重的噪声环境，其中激波—边界层干扰最为严重。火箭包括其他超声速飞机等高速飞行器，跨声障是对结构的严峻考验，如图 3-25 所示。对于运载火箭来说，大头火箭（整流罩直径大于芯级）更需要注重应对这些不良影响。

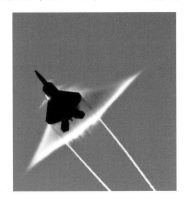

图 3-25　跨声障

热障：飞行器在稠密大气中超声速飞行时，受激波与机体间高温压缩气体的加热和机体表面与空气强烈摩擦的影响，飞行器蒙皮温度会随马赫数的提高而急剧上升，这种现象称为气动加热，这会使飞行器结构材料性能下降，并产行热应力，如形变等，使结构强度和刚度下降，对飞行器进一步提升速度造成技术障碍，因此称为"热障"。一般把马赫数 2.5 作为热障的界线。

25 高空风补偿

由于高空风风速大，因此运载火箭飞行时风攻角与风速的矢量积大，对火箭箭体横向载荷大，不利于火箭飞行。因此，需要采取减少风攻角的措施，称为高空风补偿或大风区减载。根据风载荷公式：

$$Ma = C_n q \times \alpha \times S_m \times L$$

式中：C_n 为法向力系数导数；$q = \dfrac{1}{2}\rho V^2$ 为空气动压头；α 为风攻角；S_m 为空

气动力特征面积；L 为空气动力作用点到质心的距离，及压心到质心距离。可知高空风攻角载荷与 $q\alpha$ 值正相关，同样，高空风侧滑角载荷与 $q\beta$ 值正相关，由于火箭保持在射面内飞行，因此 $q\beta$ 值一般较小，所以一般关注 $q\alpha$ 值。

高空风补偿，是通过攻角控制，尽可能使火箭纵轴指向火箭相对地球大气运动速度方向，使火箭纵轴与火箭相对地球大气运动速度方向之间的夹角（气流攻角）减小，从而减少大风区的风载荷，其原理与我们遇到大风时将伞迎向风倾斜是一个道理，如图 3-26 所示。

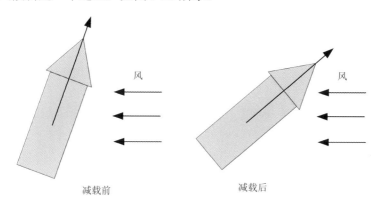

图 3-26　攻角控制原理

高空风补偿分为被动减载和主动减载两种。被动减载，就是依赖风场预报情况，设计相应的程序弹道，即补偿弹道。在射前就采用补偿弹道，火箭飞行时按补偿弹道飞行。适用于风场较为稳定的情况，不需要增加箭上设备，不影响姿态稳定，但被动减载灵活性不强。被动减载一般手段是预置附加攻角：

$$\alpha_W = - \arctan\left(\frac{W\sin\theta}{V - W\cos\theta}\right)$$

式中：V 为火箭飞行速度；W 为高空风速。根据高空风场模型及预报结果，综合选择 W，就可以获得预置攻角，从而修正弹道攻角。

26　主动减载

主动减载，就是在飞行过程中，利用捷联加速度测量装置和惯组获得视加速度信息，进行加速度信息冗余，通过对加速度信息的校正处理实现卸载控制。实时测量火箭所受载荷大小，通过反馈拉低攻角来减小载荷，适应性更强。当火箭在大风区飞行时，q 较大，通过控制合成攻角，可以有效减小作用在箭体上的气动载荷，从而达到卸载的目的；当火箭飞出稠密大气层后，气动力矩的作用迅速下降，即可切除卸载控制。相对而言，主动减载更为灵活。主动减载的方法与实现形式有多种。

1）攻角估算

通过惯组信息和火箭的总体参数，进行攻角的估算。

$$W = \frac{F_a}{m}\alpha + \frac{F}{m}\delta\varphi$$

式中：W 为火箭质心视加速度；F_a 为火箭气动力相关作用力；F 为发动机推力；α 为包含风的总攻角；$\delta\varphi$ 为发动机摆角；m 为实时箭体质量。通过估算攻角 α，进一步估算攻角的变化率 α_w。这种方法的缺点在于估算时会不断引入积分误差等方法误差。

2）过载控制

通过对火箭横法向过载的控制，可以直接起到减少攻角的同等效果。采用过载直接进行减载控制的方案是主动减载技术中较早采用也相对可靠的方案，但受系统稳定性的影响，减载的效果为12%左右，很难进一步提高。

3）自抗扰技术

自抗扰技术是将风干扰视为扰动，不依赖精确模型的一种主动减载技术。若其他扰动不可忽略，则这种技术的减风载荷效果有限。

目前，弹道修正的被动减载控制是较为成熟的高空风补偿手段，但其作用更多的是为了提高飞行可靠性，只有实时主动的减载技术得到成功应用，才能将减载效果转化为运载能力的提高。

扩展阅读

双向风补偿：指对横向和纵向风均进行补偿。纵向风补偿是在对火箭射面内的纵向风进行补偿，对于垂直于射面的横风就没有效果。$q\alpha$ 是纵横向的矢量和，如果主要风为横风，纵向风补偿效果就很差。若火箭射面内，横向风与纵向风相当；若只对射面内的纵向风进行补偿，就不能有效降低火箭飞行中受到的风载荷，这就需要双向风补偿，即在纵向风补偿的同时，对横向风也进行补偿。

27 助推分离

运载火箭的助推工作结束后，成了结构死重，因此需要尽快抛离。助推器分离系统包括助推器连接解锁装置和分离装置。助推器分离一般采用横向分离方式，由于助推器质量较大，分离能源使用推力稍大的侧推火箭。

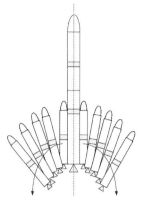

图 3-27　助推分离示意

国内外助推器大都采用两套捆绑装置分别与芯级相连，限制助推的六个自由度，形成静定结构，CZ-3A、"阿里安" 5、"德尔它" 4H、CZ-5 都是采用这种结构；而"质子"号、CZ-7 中间再增加捆绑，形成超静定结构，提高了火箭的固有频率，解决了芯级小振、助推大振的问题，但也带来了结构复杂、质量增加、分离可靠性下降等缺点。

助推与芯级捆绑一般设计成承载轴向载荷结构和承载横向载荷结构，前者是主要承载结构，传递助推的推力。根据轴向承载机构在助推前后端位置，又分为前支点传力和后支点传力。承载横向载荷结构主要传递剪力、扭转力和径向力，一般采用连杆式连接解锁装置，如图 3-28 所示。

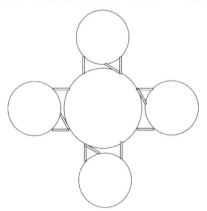

图 3-28　横向载荷捆绑连杆结构

助推连接装置中设有爆炸装置，确保助推与芯级断开可靠，同时使用固体小火箭作为助推分离能源，确保分离时火箭不会发生碰撞。典型火箭助推分离过程：先执行发动机关机动作，之后延时一定时间，进行助推分离侧推火箭点火，提供分离力，短暂延时后火工品将捆绑机构解锁，完成助推分离。

28 整流罩分离方式

火箭出了稠密大气之后，整流罩的作用已完成，需要抛离。早期整流罩的分离采用整体过顶式分离方式，也称前向式分离。分离时将整流罩向前推，像揭锅盖一样，直到卫星完全脱离。目前，整流罩都采用剥离式分离的蚌式结构，分离时整流罩沿纵向分成两半，在弹簧、火药弹射筒或冷气射流等作用迅速分开，脱离卫星和火箭，也称为旋转分离，需要详细分析整流罩的刚体运动轨迹，确保分离过程星、箭、罩不会碰撞。整流罩分离过程有平推分离和旋转分离两种方式，我国运载火箭大多采用旋转分离方式。

旋转分离，采用横向分离和纵向分离解锁装置，有两个主要过程：一是整流罩与箭体的分离 —— 横向分离；二是两半罩之间的分离 —— 纵向分离。先由横向分离解锁，很快纵向两个半罩分离解锁，压缩弹簧释放弹力，使两个半罩绕底部的铰链旋转，旋转至一定角度时，借助火箭飞行的速度使整流罩转动速度增大，进而分离，如图 3-29 所示。

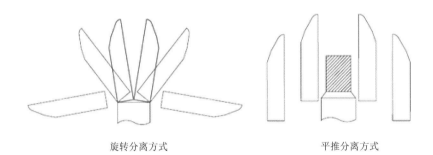

旋转分离方式   平推分离方式

图 3-29　旋转分离和平推分离

平推分离，导爆索点火后产生的燃气通过内外衰减管进到软胶囊，体积膨胀的胶囊切断铆钉，将半罩以一定速度推开，如图 3-29 所示。"德尔它"、"阿里安"、日本的 H-2 系列火箭均采用这种分离方式。这种方式的优点是，分离过程中爆炸燃气始终封闭在气囊内，不会对有效载荷产生污染，因此也称为无污染侧向平推分离。

29 整流罩解锁装置和分离能源

整流罩分离过程应尽量减少对罩内航天器的污染，因此整流罩解锁装置和分离能源，都需要尽量考虑减少污染。连接解锁装置主要有三种：一是爆炸螺栓的方式；二是膨胀管＋削弱槽的解锁方式（图 3-30）；三是膨胀管＋

凹口螺栓装置。爆炸螺栓方式比较简单，但容易引入污染，目前整流罩分离主要连接解锁装置为后面两种。

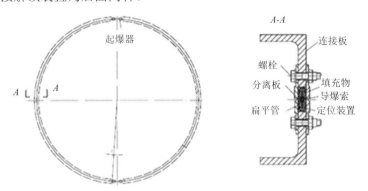

图 3-30　膨胀管＋削弱槽的解锁方式

对于膨胀管＋削弱槽装置，起爆器将异型导爆索起爆后，扁平导爆索组件产生的爆轰能量促使扁平管膨胀、扩管但不破裂，再沿着削弱槽拉断连接结构，使上、下壳体横向间解锁；爆炸产生的气体和碎片被封闭在扁平膨胀管内、不会污染卫星和火箭上的仪器。而膨胀管＋凹口螺栓解锁装置，在膨胀管扩展后，拉断螺栓，使得两个结构在凹口处分离，如图3-31所示。

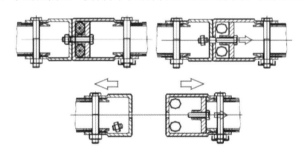

图 3-31　膨胀管＋凹口螺栓解锁导爆索

整流罩横向和纵向解锁后分离成两瓣，需要一定的分离力，产生一定的速度使得两瓣与火箭分离。分离的能源可以为弹簧、冷气装置或导爆索。

30　级间分离

在多级火箭飞行中，级间分离是一个重要事件和过程，分离时不能过早也不能过迟，因此必须有高可靠性；级间分离虽然很短，但有激烈复杂的冲击载荷，分离过程又有激波现象和扰动现象，使得分离过程有可能造成上下级碰撞，因此，火箭总体设计时需重点予以关注。常见的级间分离方式分为热分离和冷分离两种。

热分离是指下面级发动机推力尚未消失，上面级发动机就点火，建立推力后解锁级间连接装置，上面级继续飞行，下面级在上面级发动机冲刷以及气动阻力作用下减速，到达分离目的；热分离无须专门分离冲量，分离速度大，分离姿态干扰小以及推进剂不用管理，但也有级间段需设计排烟孔、增大上面级喷管到下级火箭贮箱上底的距离、级间段加长、结构质量增大的缺点。同时，上一级发动机在未分离前就点火，推进剂消耗上并不合算。

冷分离是在下面级推力失去后上面级推力建立前，解锁连接装置，靠正反推火箭使其分离。其优点是级间短、结构质量小，分离冲击小；缺点是需专门进行推进剂管理，系统复杂，需要大分离冲量，且上面级失控时间长，分离干扰大。因此，需要使用固体小火箭等分离能源。

级间连接解锁装置一般用爆炸螺栓或导爆索，相比点式爆炸螺栓，导爆索的线性分离技术可以降低分离过程中的冲击，提高分离可靠性。

31 正推反推侧推火箭

运载火箭级间分离、助推、载荷分离过程中，为了防止分离后碰撞，同时产生较大的分离力，多采用固体小火箭作为分离过程的正推、反推和侧推火箭，如图 3-32 所示。

正推火箭，顾名思义就是把东西（火箭）往速度的正方向推的小火箭，如一、二级分离时二级的固体小火箭。反推火箭，就是往速度反方向推，如一、二级分离时装在一级的小火箭。侧推火箭，就是向侧向推，如助推分离时的小火箭。

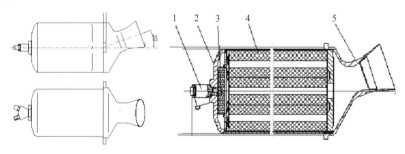

图 3-32　典型固体小火箭结构

1—连接管座；2—壳体组件；3—点火药盒；4—药柱；5—喷管组件。

正推有什么作用呢？比如一、二级间分离的时候，正推首先确保一级不要和二级追尾，我国火箭级间分离设计一般都是冷分离，就是分离的时候上面一级是没有点火的，也就有一段时间没有动力，可能被下一级追上，在上一级设置正推火箭,下一级设置反推火箭,避免追尾的出现。正推还有另外一个重要作用,那就是使推进剂沉底,由于上一级火箭没有点火的时候相当于是惯性飞行的,推进剂处于失重状态,不利于推进剂沉到贮箱底,填满发动机管路,使火箭发动机不能平稳启动,所以一般正推火箭要设计的工作时间稍长一些,保证平安分离的同时,使推进剂沉底。

侧推火箭用于完成助推侧向分离,对于侧推火箭需要注意的是安装角度,侧向分离是可以,但是不要喷到芯级上。除了侧推火箭安装角度考虑外,一般在芯级相应部段也要加强绝热涂覆。

扩展阅读

沉底:沉底就是推进剂保持在火箭贮箱的底部,这样有利于发动机推进剂的输送。液体火箭推进剂的贮箱装满推进剂,在火箭几乎平飞的时候,推进剂是不能保证保持在火箭的底部的,如果在火箭飞行方向上一直保持有一定的加速度,则可使液体推进剂靠近贮箱底部。

32 残骸落区

火箭的助推器、芯一级和整流罩分离和抛罩后,由于末速度未达到第一宇宙速度,因此会落回地球。落回的区域范围称为残骸落区,火箭末级由于随航天器入轨,因此无残骸落区。图 3-33 所示为俄罗斯东方发射场典型射向和一级落区示意图。

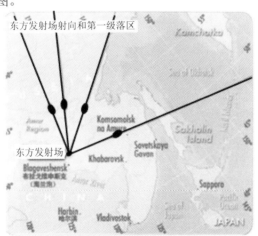

图 3-33　东方发射场典型射向和一级落区示意图

残骸落区一般受火箭的发射点、射向、残骸分离点的位置、速度等因素影响,在我国内陆的发射场,部分残骸落区就在我国陆地境内,需要对落区进行人员疏散，避免误伤，因此弹道设计时需选择落点，这样会损失些运载能力。沿海发射场在这一点上有天然的优势，因为东向的大部分射向，落区设计都可以落到海上，少了人员疏散的要求，可选择的射向也就更多。

33 有效载荷分离

卫星发射时，卫星与运载火箭依靠星箭对接组件连接在一起，星箭对接组件由卫星底部的对接框、连接与分离机构和运载火箭上的对接框组成。

星箭连接与分离机构可以细分为连接释放装置和分离装置。在航天技术发展初期，大多采用爆炸螺栓，其结构简单，作用力清晰，易于分析和设计；但随着爆炸螺栓数量的增加，分离的可靠性下降（可靠性模型是串行的），且其爆炸时的冲击和污染对卫星是有害的。

目前流行使用包带分离结构。包带式连接与分离机构用若干个夹块将卫星和火箭的对接框夹住，再用两段（或以上）的包带沿周向将夹块箍住，各段包带由爆炸螺栓周向连接。在地面运输和发射飞行时，由夹块和包带承受连接载荷；需要分离时，爆炸螺栓起爆，断开包带的周向连接，夹块箍紧力消失，夹块松开，卫星和火箭间端框不再连接，星箭分离。这种连接方式只要有一个爆炸螺栓起爆，即可松开包带，分离可靠性相当高，如图3-34、图3-35所示。

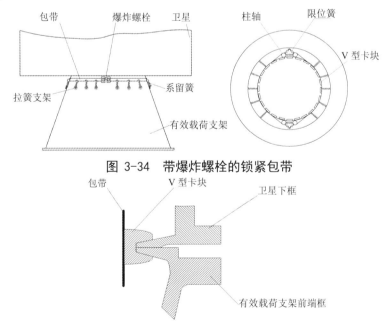

图 3-34　带爆炸螺栓的锁紧包带

图 3-35　包带 V 形卡块连接

目前，大部分运载火箭使用包带、爆炸螺栓、分离弹簧、固体小火箭的组合方式，完成星箭连接与分离。

扩展阅读

钝化：星箭分离后，末级火箭还剩余一定的推进剂，对末级箭体的安全在轨运行有潜在的威胁。为确保末级火箭安全在轨运行不发生解体事件，不产生碎片污染轨道，有必要对星箭分离后的末级箭体进行钝化处理。钝化操作一般包括适时打开阀门，排空推进剂和高压气体，并采用放电的手段耗尽电池能量等。

第 2 节 控制系统

由于运载火箭飞行速度极快，依靠人工难以对其飞行轨迹和姿态进行控制，只能依赖自动控制原理飞行。从某种程度而言，运载火箭从诞生之日起，在飞行中就已经摆脱了人力限制，具备一定的机器智慧。控制系统是火箭的"大脑"，其主要任务是控制运载火箭将有效载荷送入预定轨道，确保入轨的精度满足要求，分目标任务包括：

（1）控制火箭垂直起飞安全出塔，全方位发射时，完成起飞旋转定向控制。

（2）按预定程序控制火箭俯仰程序转弯或横向变轨飞行。

（3）测算火箭运动状态参数，根据预定飞行弹道和入轨精度要求对火箭进行横向或法向控制，控制火箭靠近预定弹道飞行，在各级飞行达到期望最佳终端条件时，关闭发动机。

（4）测量火箭姿态运动参数，控制火箭姿态稳定。

（5）当火箭姿态失稳时，按要求发出安全自毁控制信号。

（6）按预定飞行程序，发出各种时序控制指令，完成火箭发动机点火、助推分离、级间分离、抛整流罩、有效载荷分离等功能。

（7）按照预定的增压规律，控制火箭贮箱压力，按照利用规律，控制推进剂混合比等附加控制功能。

控制系统在火箭飞行过程中，通过实时敏感测量各类信息并综合处理计算，输出控制信号实现姿态的稳定与制导控制。

1 反馈

控制系统的精髓是"反馈"，通过实时获取火箭飞行反馈的加速度和角速度信息，箭载计算机进行计算和处理，并与理论弹道进行对比，根据偏差量，输出控制指令信号给火工品、电磁阀、伺服机构等执行机构，执行结构的动作控制着火箭的姿态稳定和分离等相关动作，动作的结果是火箭飞行下一个周期的反馈信息，如图 3-36 所示。这样的一个负反馈控制环，在足够的控制频率下能够确保火箭飞行姿态稳定，制导满足精度[11,12]。

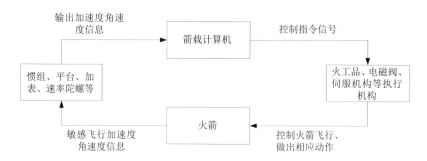

图 3-36 控制系统简易框图

反馈控制原理：在控制系统中，控制装置对被控制对象施加的控制作用，取自被控量的反馈信息，用来不断修正被控量与输入量之间的偏差，从而实现对被控对象进行控制的任务，称为反馈控制，也称闭环控制，如图 3-37 所示。

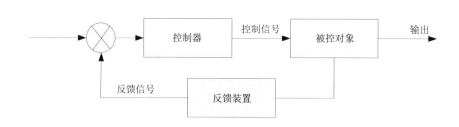

图 3-37 反馈控制原理

根据香农定理，采样频率至少比输入信号频率高 1 倍，才可以实现精确控制。一般大型火箭系统的截止频率低，采样控制周期可以大一些，如取20ms；战术导弹、机动弹头的截止频率高，需要采样控制周期小，减小控制延时，如控制周期取 5ms。当然，计算能力和传输速率足够，那么控制频率可以选择更高一些。如果将测量系统、外界环境等因素补充完整，控制系统反馈环路的具体框图如图 3-38 所示。

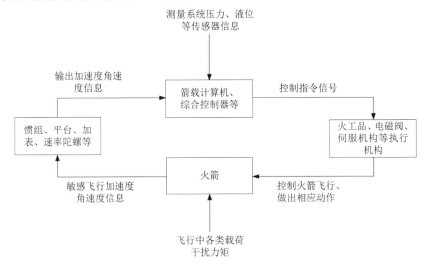

图 3-38　加入干扰力和测量系统输入的控制系统简易框图

扩展阅读

自动控制理论：自动控制指应用仪器装置代替人对仪器设备进行控制，使之达到预期状态或性能指标。

经典控制理论：以传递函数作为数学工具，采用频域的分析方法，主要适用于线性定常系统，对于多输入多输出系统适应性下降，对于非线性、时变系统基本无能为力。

现代控制理论：在现代计算机技术基础上，采用时域分析方法，包括最优控制理论、多变量线性系统理论、最优估计与系统辨识理论等，从理论上解决了系统的可控性、可观测性、稳定性和复杂系统的控制问题。其缺点是对于越来越复杂的系统，模型复杂程度加剧。

第三代控制理论：指不依赖数学建模的控制系统，而采用逻辑推理、启发式知识、专家系统等解决难题，属于人工智能和自动控制的交叉学科，包括神经网络、模糊控制等。

2 控制系统组成

我们先从单机组成上直观认识一下控制系统的组成，一般而言，运载火箭的控制系统主要由箭载计算机、惯性测量装置、中间装置、电池、配电器、电阻盒、伺服机构等组成，有的还配置一些辅助仪器，如图 3-39 所示。

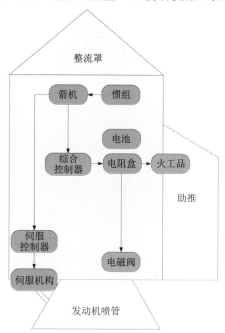

图 3-39　控制系统主要单机组成

惯性测量装置包括平台、惯组、速率陀螺和横法向加表等，主要负责敏感火箭飞行各方向上的加速度和角速度（其实直接敏感的是这些量的增量信息），把它们发给箭机，告诉箭机目前火箭的飞行信息；箭机，是控制系统的核心控制单机。获得角速度、加速度信息后，进行关机、导引和姿控计算，根据飞行程序的设计，实时发出控制指令；控制指令发至中间装置，对于CZ-7 和 CZ-5 火箭，这些中间装置指综合控制器和伺服控制器。综合控制器接到指令后，控制火工品和电磁阀动作，有时经过计算也进行压力控制或利用系统的流量调节控制。伺服控制器接到指令后则控制伺服机构摆动，进而推动喷管，控制火箭按预定轨道飞行；电池及相应配电器负责给箭上单机供电。

运载火箭控制系统的发展，主要围绕着箭机和惯性器件这两个核心单机展开。早期箭机发送指令，主要靠模拟量信号，输出电流、电压，控制相关部件动作，由于箭机本身不是输出装置，其输出功率无法保证，因此会增加如功率放大器等中间装置。随着技术的发展，越来越多地采用数字信号进行控制，如 CZ-7 和 CZ-5 火箭，均采用了 1553B 总线系统，箭机的控制指令以总线数据字的形式传递。这样即提高了效率，而且避免了模拟信号线缆传输易受干扰的问题。惯性器件的发展，从早期的平台系统，到目前使用的激光惯组、光纤惯组，都是受加速度和角速度测量的新技术影响，器件向着更高精度，更高可靠性，更轻便的方向发展。

对于多级火箭，控制系统一般都采用分级布置的方案，希望控制单机尽量靠近被控器件，这样输出路径短，输出损耗小。如某些火工品工作电流大，线缆长了，输出压降较大。但控制系统的箭机、平台惯组等一般布置在仪器舱，一方面是由于控制核心在各级飞行中都需要工作，因此需要布置在最上面一级；另一方面是由于仪器舱电子设备的工作环境相对较好，没有发动机工作、级间分离等的影响。这样一来，早期的控制系统一直面临如何将箭机与靠近执行机构的中间装置相连的问题，采用总线制后，大大简化了箭上连接，所有单机只须和箭机相连即可。

3 控制系统的系统划分

从系统上划分，箭上控制系统一般由制导系统、姿态控制系统、供配电系统、时序控制系统等组成：制导系统是将火箭当作质点，研究其飞行轨迹的，即为控制和导航；姿态控制系统，将火箭当作刚体或弹性体，研究其飞行姿态，控制火箭绕各轴的箭体姿态角；供配电系统负责给箭上单机供电；时序控制系统是控制运载火箭各类火工品和电磁阀工作的系统，包括控制系统的中间装置、电阻盒以及火工品和电磁阀的控制电路。

有些型号运载火箭，控制系统还负责增压控制和利用控制。增压控制，就是控制系统通过对火箭贮箱压力的分析计算，控制电磁阀动作，进而控制箱压在压力控制带内。利用控制，就是控制系统通过实时推进剂的液位参数，计算两种推进剂的消耗速度，通过与理论的混合比进行比较，控制利用阀门开闭，进而控制推进剂的流速，达到使推进剂尽量同时消耗完的目的，否则另一种还剩很多，成了死重而影响火箭的运载能力。

4 系统级冗余设计

冗余设计就是在系统中加入额外的硬件资源和算法，当系统中某一装置出现故障时，可通过冗余的部件和算法对故障进行检测和重构，达到运用冗余设计吸收故障或隔离故障的目的，以保证系统正常运行，提高系统的可靠性。

控制系统主要的冗余技术包括：（1）箭机CPU冗余，所有指令经过冗余计算机判读后输出；（2）制导系统冗余设计，多套惯组冗余输入；单惯组中也可以多表冗余；（3）姿控系统可采用速率陀螺信号与惯组的角速率信号冗余设计方式；（4）使用总线后，控制系统可采用高可靠的双冗余或三冗余（图

3-40）总线设计，各关键功能单机（箭机、惯性器件、中间装置等）采用冗余站点方式挂在系统数据总线上；（5）飞行控制系统关键控制线路采用冗余设计，采用双点双线（或多点多线）连接并跨接；（6）伺服机构中伺服阀和反馈电位计采用冗余设计。

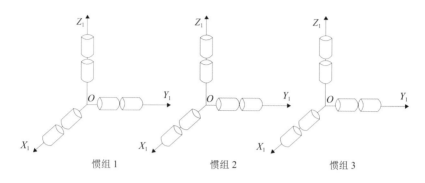

图 3-40　三惯组冗余

冗余方式包括主备双冗余、三冗余等。如综合控制器三冗余，三冗余输出控制时串，三冗余设置确保在 1 度故障模式下，系统仍可以正常工作，如图 3-41 所示。

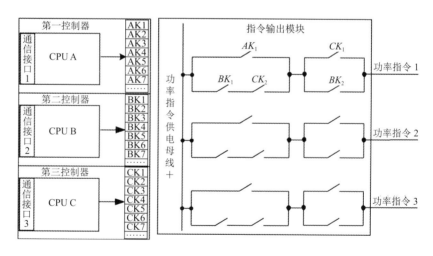

图 3-41　三冗余控制原理

可靠度是随时间以及失效率变化的函数，以机电设备和大型复杂系统服从的指数分布为例，选择比较的冗余系统有单机系统、并联系统、三取二表决系统、串、并联系统和并、串联系统。以 λt 为横坐标，可靠度为纵坐标，绘制的可靠度变化曲线如图 3-42 所示。

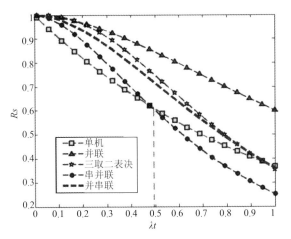

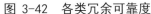

图 3-42　各类冗余可靠度

5　箭载计算机

箭载计算机，是控制系统的大脑，也是整个火箭的中枢，如果你见过它的配置，也许你不以为然，因为一般箭机的配置不高，或许比不上你的 PC，甚至比不过手机。实际上，控制系统的箭机设计是实用主义的，只要能流畅运行飞行程序就可以了，另一方面最重要的是可靠性，箭机可靠性一般是靠器件等级和冗余度实现，因此也许箭机配置不高，但是绝对不便宜。

箭机的硬件组成一般由 CPU 板、其他电路板、电源板、底板和盒体组成。其中 CPU 板和其他电路板负责运行程序、与外系统接口关系等，电源板将箭上电池一次电源进行转换，变成 CPU 板和其他电路板可使用的二次电压，底板是固定各类板卡的，通过固定与隔振装置，布置在盒体内。

火箭地面测试过程中，箭机中运行测试程序，飞行的过程中，箭机中运行飞行软件，二者是严格区分的。飞行软件在射前程序中上传至箭机，是控制系统射前的重要工作。箭机在飞行过程中的主要功能是通过实时获取惯性测量装置的测量数据，计算得到火箭飞行的速度、位移、姿态角等信息，并根据制导算法，计算输出控制信息，输出给中间装置，以全面控制运载火箭的飞行过程。

高可靠性运载火箭的箭机多采用冗余设计，如三冗余设计，采用三个主处理器，三个主处理器独立工作，不分主次，所有开关量输入采用三取二表决方式，做到三机同时录入。所有工作过程数据输入输出均为三冗余，经过三取二后参与计算或输出。

6 制导系统

运载火箭的飞行可以分为质心运动和绕质心运动，制导系统研究质心运动，姿态控制系统研究绕质心运动。

制导，即对火箭的导航控制，控制火箭的质点运动，关注它的质心运动轨迹，也就是位移和速度，位移和速度可以通过加速度积分计算得到。制导，就是"控制"和"导引"，这里所说的"控制"，是指制导系统对火箭程序角和关机量的控制；"导引"，就是对火箭施加横向或法向的力，使火箭回到理论弹道上来。简单理解，制导系统就是在不断地计算两个方程，一个是制导关机方程；另一个是导引方程。典型制导系统原理框图如图 3-43 所示。

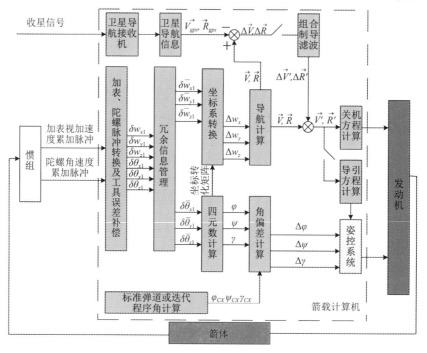

图 3-43　典型制导系统框图

惯性器件敏感角速度增量、加速度增量，以脉冲形式发送给箭机，箭机将脉冲信号根据脉冲当量转换为增量值，并对惯组信息进行工具误差补偿计算，计算得到的角速度增量和加速度增量进行冗余管理后，进行四元数计算和导航计算。惯性导航计算的结果与卫星导航的对比，经过组合导航算法，计入关机方程和导引方程计算。关机方程控制关机指令的发出，符合设计指标时，就发出关机指令。导引计算的横法向导引信号输入姿控系统，与角偏差计算一起作为姿控系统的输入，决定对发动机的摆角控制。角偏差计算有两种方式：一是与标准弹道进行程序角对比；二是与迭代程序角对比，分别对应摄动制导和迭代制导方式。发动机摆动或关机，直接作用于火箭箭体，而箭体的运动被惯性器件敏感到，完成闭环控制。以下将逐一说明制导系统具体的工作原理和系统框图中的技术细节。

7 摄动制导

制导系统的主要制导方式包括摄动制导和迭代制导两种。摄动制导的基本思想是基于小偏差小扰动情况下的摄动泰勒展开，摄动，就是扰动的意思，因此也称为增量制导，如图 3-44 所示。摄动制导需要在发射前确定一条标准弹道，在飞行过程中，制导系统根据设计的制导参数和导引规律，控制导弹在标准弹道附近飞行，满足关机特征量时发出关机信号。

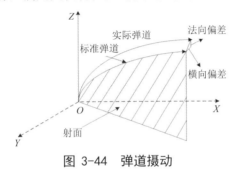

图 3-44　弹道摄动

扩展阅读

弹道倾角和弹道偏角：惯性系与半速度系之间的关系定义弹道倾角和弹道偏角。弹道倾角 θ 是箭体速度矢量 V 与水平面 XOZ 之间的夹角。弹道偏角 σ 是箭体速度矢量 V 与铅垂面 XOY 之间的夹角，如图 3-45 所示。

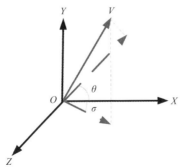

图 3-45　弹道倾角和弹道偏角

摄动制导就是设计一条标准弹道，火箭飞行过程实时和标准弹道比对，如果出现偏差就纠正一下，没有偏差就继续飞。因此，采用摄动制导要求飞行弹道与实际弹道偏差不大。在制导原理框图中，角偏差计算时，选择与标准弹道程序角进行比对，即为摄动制导。

8 摄动制导关机控制

摄动制导关机控制的目标函数是速度、位置和时间，要在关机时刻同时保证 7 个参数（V_x，V_y，V_z，x，y，z，t）都等于预定值是困难的。只要在实际弹道上找出一个合适的关机点，这个关机点的 7 个运动参数组合值可以与标准关机点的 7 个标准运动参数组合值相等，即使飞行弹道不同，也可以使射程满足要求。

假设被动段，即关机后的干扰为零，则火箭射程偏差可以展开为关机点参数偏差的泰勒级数。

$$\Delta L = \frac{\partial L}{\partial \boldsymbol{v}^{\mathrm{T}}} \Delta \boldsymbol{v} + \frac{\partial L}{\partial \boldsymbol{p}^{\mathrm{T}}} \Delta \boldsymbol{p} + \frac{\partial L}{\partial t} \Delta t + \Delta L^{(R)}$$

式中

$$\frac{\partial L}{\partial \boldsymbol{v}^{\mathrm{T}}} = \left(\frac{\partial L}{\partial v_x} \ \frac{\partial L}{\partial v_y} \ \frac{\partial L}{\partial v_z} \right) \Bigg|_{t = \bar{t}_k}, \quad \frac{\partial L}{\partial \boldsymbol{p}^{\mathrm{T}}} = \left(\frac{\partial L}{\partial x} \ \frac{\partial L}{\partial y} \ \frac{\partial L}{\partial z} \right) \Bigg|_{t = \bar{t}_k}$$

$$\Delta \boldsymbol{v} = \begin{bmatrix} v_x(t_k) - \bar{v}_x(\bar{t}_k) \\ v_y(t_k) - \bar{v}_y(\bar{t}_k) \\ v_z(t_k) - \bar{v}_z(\bar{t}_k) \end{bmatrix}, \Delta \boldsymbol{p} = \begin{bmatrix} x(t_k) - \bar{x}(\bar{t}_k) \\ y(t_k) - \bar{y}(\bar{t}_k) \\ z(t_k) - \bar{z}(\bar{t}_k) \end{bmatrix}, \Delta t = t_k - \bar{t}_k$$

式中：$\Delta L^{(R)}$ 为泰勒级数的高次项；"‾"表示标准弹道的参数；$\bar{t}_k$ 为标准弹道关机时间；t_k 为实际关机时间。忽略高次项，取保证射程偏差为零作为关机条件，即

$$\Delta L = K(t_k) - \bar{K}(\bar{t}_k)$$
$$= \frac{\partial L}{\partial v^{\mathrm{T}}} \left[v(t_k) - \bar{v}(\bar{t}_k) \right] + \frac{\partial L}{\partial p^{\mathrm{T}}} \left[p(t_k) - \bar{p}(\bar{t}_k) \right] + \frac{\partial L}{\partial t} \left[t_k - \bar{t}_k \right] = 0$$

式中：$\frac{\partial L}{\partial v}$、$\frac{\partial L}{\partial p}$、$\frac{\partial L}{\partial t}$ 均预先算出并存储到箭上计算机，当箭上计算机进行导航计算时，v、p 为实际弹道速度和位置，可实时求出；$\bar{v}$ 是 $\bar{p}$ 标准弹道参数，当 $\Delta L = 0$ 时关机。

扩展阅读

泰勒展开：泰勒展开是将一个在 $x = x_0$ 处具有 n 阶导数的函数 $f(x)$ 利用关于 $x - x_0$ 的 n 次多项式来逼近函数的方法。若函数 $f(x)$ 在包含 x_0 的某个闭

区间 $[a, b]$ 上具有 n 阶导数，且在开区间 (a, b) 上具有 $(n+1)$ 阶导数，则对闭区间 $[a, b]$ 上任意一点 x，有

$$f(x) = \frac{f(x_0)}{0!} + \frac{f'(x_0)}{1!}(x - x_0) + \frac{f''(x_0)}{2!}(x - x_0)^2 + \cdots + \frac{f^{(n)}(x_0)}{n!}(x - x_0)^n + R_n(x)$$

摄动制导不需要飞行过程中将实际状态量与标准状态量作实时比较，只需在关机点附近求取状态量并计算关机特征量。将实际的关机特征量与装定的关机量进行实时比较，当实际关机特征量与装定的标准关机特征量相等或小于某一个允许值时，则发出关闭发动机指令。

9 迭代制导

迭代制导是典型的显示制导。显示制导是将制导的目标表示为火箭运动参数的显示函数的制导方法。摄动制导是将目标函数在关机点附近进行泰勒展开，而显示制导将目标函数直接表示为运动参数（V、a、t）的函数。

根据最优控制原理，把火箭的质心运动方程转换成状态方程描述火箭的运动，以火箭的瞬时状态为初值、目标点状态为终端约束、推力方向为控制矢量，由瞬时点至目标点的燃料消耗量最少为最优性能指标，提出的一个非线性时变系统的最优控制问题，就是迭代制导，如图 3-46 所示。迭代制导是以当前状态和入轨状态作为边界条件，解速度和关机时间的方程。

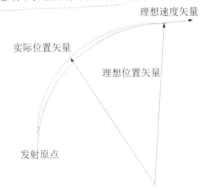

图 3-46　迭代制导

对于运载火箭而言，最直接的目标，就是用最少的燃料将最大的有效质量送入预定轨道。在发动机等性能指标确定的情况下，认为火箭的质量变化为常值，因此这个最终目标简化为最短时间飞到预定位置。由火箭当前状态和入轨时刻的状态为边界条件，以火箭的飞行姿态角为控制量，求解该最优控制问题，可以得到飞行过程中姿态角的控制指令。即迭代制导。

以均匀重力场真空环境火箭的迭代制导为例，其运动方程为

$$\begin{bmatrix} \ddot{X} \\ \ddot{Y} \\ \ddot{Z} \end{bmatrix} = \frac{F}{m} \begin{bmatrix} \cos\varphi\cos\psi \\ \sin\varphi\cos\psi \\ -\sin\psi \end{bmatrix} + \begin{bmatrix} g_x \\ g_y \\ g_z \end{bmatrix}$$

$\ddot{X}$、$\ddot{Y}$、$\ddot{Z}$ 为火箭位置矢量二阶导数，即加速度。给定的目标点位置矢量 (X, Y, Z) 和速度矢量 $(\dot{X}, \dot{Y}, \dot{Z})$，作为方程终端约束条件，以程序角 φ 和 ψ 为控制变量。以推进剂最省为目标的最优控制原理，解得 φ 和 ψ 的显示控制表达式。

这样解得的 φ 和 ψ 的控制表达式不受标准弹道的影响，但实时计算量大，需要运输能力强大的箭载计算机。早期火箭箭载计算机运载能力有限，一般采用摄动制导方式。

10 复合制导

迭代制导的优点是方法误差对干扰不敏感，不需要复杂的射前准备计算，飞行不依赖标准弹道，适应性强。缺点是箭上实时计算复杂，对箭机要求较高。摄动制导的优点是计算简单，箭机能力要求不高。缺点是对大干扰（如发动机推力偏差等）误差较大，过分依赖标准弹道，并且发射前的准备工作复杂。

由于摄动制导与迭代制导各有优缺点，因此大部分型号火箭会在不同阶段采取不同制导方式，称为复合制导。

11 程序角设计

不论摄动制导还是迭代制导，程序角计算都是必要的。程序角，指满足理论弹道设计的飞行过程中火箭的姿态角。程序角设计应以入轨条件为最主要目标，除此之外还应考虑的主要因素包括：子级落区；俯仰角程序应是时间的连续函数；在稠密大气层内飞行时，要求以接近零的攻角飞行，以减少气动载荷和气动干扰；要求降低最大速度头和减少穿越稠密大气层的时间；整流罩抛罩时的气动热流要满足技术要求；级间分离段的飞行条件应能确保可靠的分离，要求级间分离时有一定的高度及小的攻角；尽可能减少动力段的能量损失和提高制导精度；飞行测量的视角以及入轨姿态要求等方面的限制。

扩展阅读

程序角偏差：程序角是火箭沿理论弹道飞行的角度控制，而实际的角度可能与程序角有差异，称为程序角偏差。程序角偏差是控制系统负反馈控制的基本输入量。

偏航程序角设计：运载火箭全程保持在射面内飞行，因此全程偏航程序角为0°。偏航程序角主要用于实现星箭分离时卫星轨道倾角的控制，在航天器入轨时，为了满足卫星轨道倾角要求，运载火箭进行变轨飞行，如图3-47所示。

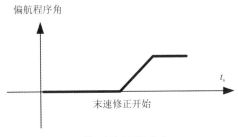

图 3-47　典型偏航程序角

滚动程序角设计：由于多数情况射向与火箭起飞方位不同，因此运载火箭需要起飞滚转，起飞滚转完成后，火箭在射面内飞行，滚转程序角不需要调整，如图3-48所示。因此火箭全程滚转程序角的设计即垂直起飞段保持初始滚转姿态角，在起飞滚转时间内，将滚转姿态角由初始值变为0°。

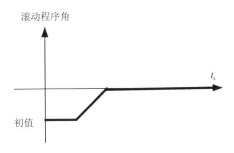

图 3-48　典型滚动程序角

俯仰程序角设计：俯仰程序角设计是运载火箭程序角设计的主要内容，火箭起飞时速度矢量是垂直于地表的，而载荷入轨时一般速度方向要转变90°。考虑到地球曲率，转变比90°还要大一些。俯仰程序角设计考虑的主要因素包括：垂直发射，保障安全飞离发射场；俯仰角应在飞行全程连续变化，不连续的角度变化对控制不利；在稠密大气层内飞行时，尽量减少攻角飞行；尽量减少在稠密大气层的飞行时间；级间分离时小攻角；主动段飞行能量最小，如图3-49所示。

按程序角设计控制将火箭的飞行分为大气飞行段和真空飞行段。大气飞行段又分为垂直段、亚声速段、转弯段和关机分离段。垂直段是为保证火箭垂直起飞，其飞行时间 t_1 一般取决于火箭的推重比 P，工程上近似有

$$t_1 = \sqrt{\frac{40}{P-1}}$$

亚声速段指垂直段结束，到 $Ma = 0.7 \sim 0.8$ 时，在亚声速段内火箭开始程序转弯，此段以负攻角飞行。程序转弯段，火箭跨声障，以接近零攻角飞行穿越大气层，以减小气动载荷。关机分离段，以目标轨道要素为条件，调整程序角。

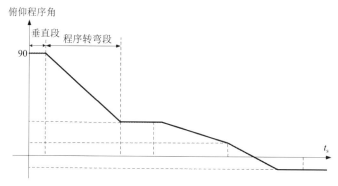

图 3-49　典型俯仰程序角设计

12　惯性制导

摄动制导和迭代制导说的是方法论，或者说是制导律。在具体的实现方式上，按制导系统的物理特性（指令传输方式和所用能源）制导方式分为惯性、无线电、红外、激光、雷达、波束、电视、光纤、卫星、星光、图形匹配制导等。目前，大多数运载火箭主要采用的制导方式是惯性制导。

惯性制导是利用陀螺仪和加速度表组成的惯性测量装置测量火箭的运动参数，控制其按预定路线飞行的一种制导方式。惯性器件敏感制导系统的输入量，即箭体的加速度增量和角速度增量。根据惯性测量仪表的安装方式，分为平台式惯性制导和捷联式惯性制导两种。

平台式惯性制导是将加速度表装在惯性平台上，利用陀螺仪使平台保持稳定，不管火箭飞行时姿态发生多大变化，平台相对于惯性参考坐标系的方向始终保持不变，即敏感的始终是惯性系的加速度、角速度，可以直接用于导航计算，导航计算量较少，因此，航天领域初期箭载计算机计算能力不强时，平台式惯性制导的优势是很明显的，如图 3-50 所示。由于火箭飞行加速度大、振动多，力热环境复杂，一般而言，机械装置可靠性普遍低于电子器件。同时由于制造成本与激光惯组等相比缺乏优势，逐渐被激光惯组和光纤惯组所取代。

图 3-50　三框架轴陀螺稳定平台

　　捷联式惯性制导是将惯性仪表直接安装在弹体上，省去了维持器件位置稳定的惯性平台，因此捷联式制导系统体积较小，重量较轻，可靠性也较高。但捷联系统敏感到的加速度、角速度是箭体系的参量，所测得的运动参数必须经过计算机进行坐标变换和计算，变换至惯性系才能用于制导，因此计算量较大。随着激光陀螺的精度满足运载火箭任务需要，其没有转动部件，工作可靠性和稳定性高的特点日益显现，因此广泛替代惯性平台，目前主要使用的运载火箭惯性测量装置。

扩展阅读

　　捷联：就是捆绑的意思。捷联式惯性制导，就是把惯性仪表直接固连在载体上进行导航的惯性导航系统。

　　最初惯性器件采用动调陀螺和石英加表等靠惯性力测量角速度和加速度的装置作为基本测量单元，目前，已使用激光或光纤陀螺代替了动调陀螺的功能，已谈不上是"惯性"陀螺。未来将实现激光或光线的加速度测量装置，甚至发展出新型的微型角速度和加速度测量装置，如手机中的陀螺仪，随着精度和可靠性的提升，都可能应用在航天领域。

扩展阅读

　　MEMS 传感器：即微机电系统，是微电子技术基础上发展起来的研究领域，包含很多学科种类，其中也包括微加速度传感器和微机械陀螺，如手机中使用的陀螺仪，体积小，功率小，具有很广泛的应用前景。

13 速率陀螺

陀螺是用来测量运载火箭飞行过程中角速度的测量工具。最初陀螺的定义是绕自身对称轴高速旋转的物体，这类物体有两个基本特性，即定轴性和进动性。陀螺旋转时，如果其支撑面倾斜，陀螺的旋转轴方向仍会保持不变，是其定轴性；如果陀螺转轴初始方向偏离重力方向一个角度，则陀螺会在一个以重力方向为轴线的圆锥面上运动，而不会像不旋转的刚体那样"倒下"，即陀螺的进动性，如图 3-51 所示。

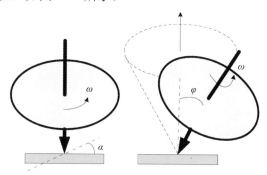

图 3-51　陀螺的定轴性和进动性

利用陀螺的进动性就可以测量系统的角度变化：高速旋转的陀螺系统，当敏感到垂直轴向的角度变化时，由于进动性，将输出恢复力矩；使用力矩器测得该力矩，即可换算为角度变化量，即角速率。典型机械陀螺原理如图 3-52 所示。

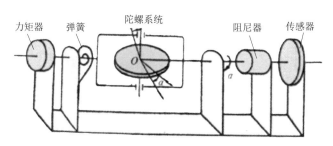

图 3-52　典型机械陀螺原理

高速旋转的陀螺轴承安装在框架环上时，由于自转轴具有定轴性，因而使自转轴与基座的运动无关，即基座运动而自转轴不动。这样基座与自转轴之间（通过框架轴的转动）在一个方向上构成一个自由度，这种装置称为单自由度陀螺仪。如果在框架环外面再套一层框架环（前者称为内环，后者称为外环），且轴互相垂直，则构成一个二自由度的陀螺仪。对单自由度陀螺，当基座因某种干扰随箭体出现偏离预定姿态，产生俯仰、偏航或滚转的某一方向的运动时，因该方向陀螺自转轴保持方向不变，将使机座相对于框架环旋转一定的角度。控制系统根据框架环的旋转角度，就能测出响应姿态轴的角速率变化。

14 激光速率陀螺

随着技术的不断进步，激光陀螺与光线陀螺逐步替代了机械陀螺。CZ-7和 CZ-5 火箭所使用的速率陀螺有激光陀螺和光纤陀螺两种。激光陀螺采用高纯度空腔结构，常见结构包括三角形和正方形腔道结构，高纯度激光在长度在几十厘米量级的石英腔道内正反双向传播，通过压电陶瓷调节腔长，通过光敏感器件将萨格奈克（Sagnac）效应干涉光谱敏感出，并结算角速率变化，如图 3-53 所示。

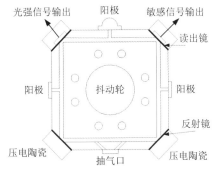
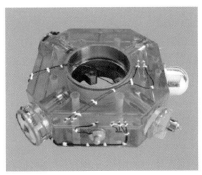

图 3-53　激光陀螺

激光陀螺从原理上要求激光有较高的纯度，因此激光发生器的电压较高，而箭上供电一般为 28V 统一供电，因此激光惯组内部二次电源将电压抬高供给激光陀螺高压电路。激光惯组使用的激光陀螺是二频机抖式陀螺。在没有偏频的情况下，激光陀螺存在一定的死区，称为锁区。为消除陀螺锁区的影响，就要使陀螺抖动。陀螺抖动电路就是实现这一功能的电路。陀螺稳频电路的功能是通过控制激光陀螺仪的腔长控制压电陶瓷产生微小位移，来补偿因温度变化等原因所引起的激光陀螺仪的腔长变化，使激光陀螺仪腔内的光强稳定在极大值处。

15 萨格奈克效应

激光陀螺和光纤陀螺的原理都是 Sagnac 效应，这种效应是 1913 年由法国科学家 Sagnac 发现的一种光传输效应。将同一光源发出的一束光，分解为两束，沿环路两个方向传播，循行一周后会合，会产生干涉，当环路平面内有旋转角速度时，干涉的条纹会发生变化，即 Sagnac 效应，如图 3-54 所示。

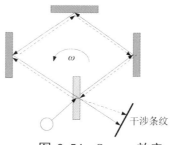

图 3-54 Sagnac 效应

光环路静止时，两束光在 S 点汇合，行程一样；在有转动时，汇合处顺时针和逆时针的光路行程不同，因此汇合时相位也有差异，干涉条纹会不同。通过对条纹的解析，即可解出转动的对应角速度。

Sagnac 效应是激光陀螺和光纤陀螺的基本工作原理，不同于动调陀螺是靠陀螺的进动性敏感角速度变化，激光陀螺和光纤陀螺是靠光传播的特殊性质敏感角速度的变化。从这一点上说，激光陀螺和光纤陀螺已经不是传统意义上的陀螺了，但它们还是用来测量角速度的，因此还习惯性地称作陀螺。

16 光纤速率陀螺

光纤陀螺的基本原理同为 Sagnac 效应，所不同的是，激光陀螺光路较短，是依靠高纯度光源在特定介质中光波长变化的精细控制测量角速度的，而光纤惯组是通过加长光的传输路径，提高角速度测量精度的。从工艺上，一个强调了石英腔本体的制造精度，一个强调了光纤拔丝工艺。光纤陀螺按原理分为干涉式光纤陀螺、谐振式光纤陀螺和布里渊式光纤陀螺。

干涉型光纤陀螺工作时，光源放出的光经过耦合器，通过 Y 波导分光进入光纤环进行顺时针和逆时针传输，传输结束之后再分别从耦合器的右端下、上两端进入耦合器，并从其左端的下路出口输出到探测器，探测器进行检测干涉光，干涉光包含了由于 Sagnac 效应而产生的相移，即可计算出旋转角速度，如图 3-55 所示。实际使用的光纤陀螺，其光纤环光纤总长度超过 1km。

图 3-55 干涉式光纤陀螺

谐振式光纤陀螺由一个谐振腔、4 个耦合器和两个探测器组成，原理类似于激光陀螺，即采用光纤环作为谐振腔，陀螺以一定角度转动时，环形谐振腔的谐振频率由于 Sagnac 效应而发生变化，顺时针和逆时针光的谐振频率变化相反，外加激光锁定两谐振频率，通过测量频差获得转动角速度，如图 3-56 所示。其敏感度与谐振腔的精细度相关，避免了激光谐振腔制作的高难度，通过光路缠绕提高分辨率。同时与干涉式光纤陀螺相比，光纤长度短，高相干光源波长稳定，检测精度高，动态范围大。

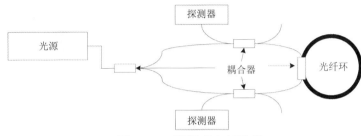

图 3-56　谐振式光纤陀螺

布里渊式光纤陀螺利用高功率光在光纤中激发布里渊散射光而构成光纤陀螺，在光线环中传输的光，强度达到一定程度就会产生受激布里渊散射，散射光频率受 Sagnac 效应影响，随光纤环的旋转角速度发生变化，如图 3-57 所示。检测两束光的频差，可以得到旋转角速度。布里渊式光纤陀螺结构简单，成本低，光器件少，线性度好，动态范围大，检测精度高。但其光纤谐振腔受温度影响大，工程实现难度大。目前，运载火箭和各类工程应用上主要是干涉式光纤陀螺。

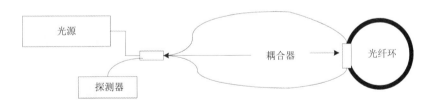

图 3-57　布里渊式光纤陀螺

扩展阅读

布里渊散射：光散射的一种，指入射光波场与介质内弹性声波场相互作用产生的散射。其特点是散射光频率与入射光不同，而且散射光频移大小与散射角及介质声波场特性有关。受激布里渊散射是通过激光技术，增加介质中入射光的能量密度，提高散射信号强度的方式，克服了自发布里渊散射信号微弱，不易检测的问题。

与惯组里的速率陀螺相比，安装在助推上的速率陀螺更远离火箭的轴线，因此受到弹性振动影响和扰动更多，工作环境更恶劣，同时，测量值更能真实反应火箭的弹性振动和结构上的受力情况，对姿态控制系统和飞行中载荷的分析也更有用处。

17　加速度计

加速度计也称加表，顾名思义，就是用来测量加速度的装置，目前我国运载火箭普遍使用石英加速度计，不论是激光惯组、光纤惯组还是平台，它们使用的加速度计都是石英加速度计，典型结构如图 3-58 所示。

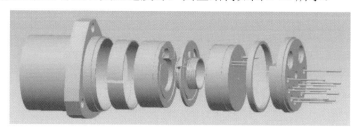

图 3-58　石英挠性摆式加速度计三维结构分解图

石英加速度计的原理是石英挠性摆片受到加速度作用产生偏移，位移差造成金属间的电容差，由差动电容传感器输出电流，将电流换算成加速度的。

如图 3-59 所示，上、下为传感器的金属体，中间为石英摆片（辅金属片），摆片移动，金属间的距离发生变化，因此金属间电容值发生变化，即产生差动电流。在平衡状态下，$F_b = F_a$，由牛顿惯性定律 $F_a = ma$，恒定磁场内线圈流过电流而产生电磁力公式为 $F_b = BiL$，则

$$a = \frac{BiL}{m}$$

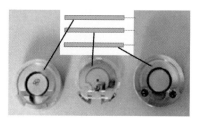

图 3-59　石英加速度计结构与电容对应示意

式中：B 为恒定磁场的磁感应强度；L 为力矩线圈的总长度；m 为摆动部分质量；i 为差动电容检测器输出电流。差动电容检测器输出电流 i 与电容量 C_1 和 C_2 之差成正比，与加在电容器极板两端的电压变化率成正比，即

$$i = (C_1 - C_2)\frac{du}{dt}$$

综上所述，输入加速度 a 大小与输出电流 i、磁感应强度 B、力矩线圈总长度 L 的大小成正比，与摆动部分质量 m 成反比，电流方向取决于加速度的输入方向。石英加速度计的工艺难度在于石英摆片，需要采用特殊加工工艺将石英加工成所需的摆片。加速度测量装置未来的发展趋势是使用激光原理的加速度计，或使用微机电传感器，不再使用挠性组件，可以显著提高器件的可靠性。

扩展阅读

视加速度：在制导系统，一般谈论的加速度是指视加速度，视加速度是指相对观测者的加速度。以火箭为例，假设人坐在火箭上，主观感受到的加速度即为视加速度，但是由于人和火箭一样均受重力作用，所以这个加速度是没有计算重力加速度的。也就是真实加速度＝视加速度＋重力加速度。惯性器件的输出加速度是按视加速度设计的，即修正——减去了重力加速度。

18 激光惯组与光纤惯组

采用激光陀螺的惯性测量组合称为激光惯组，采用光线陀螺的惯性测量组合则称为光纤惯组。惯组作用是敏感火箭沿箭体坐标系三个方向的加速度（视加速度）和角速度，传给箭机计算，作为箭上姿控和制导系统的输入量。

激光惯组内部组成主要分为惯性仪表、配套电缆和计算机板三个部分。惯性仪表部分每个激光惯组内装有 3 个（或多个）速率陀螺、加速度计，分别敏感三个方向的角速度和加速度。惯组通常布置在仪器舱，根据系统需要，可设置多惯组冗余。如果需要配合外部瞄准设备进行初始方位的标定，则可在惯组上安装瞄准棱镜，如图 3-60 所示。

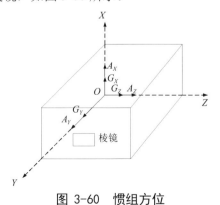

图 3-60　惯组方位

扩展阅读

惯组加温：惯组的部分电路和器件，如加速度计和内部的 I/F 转换电路等需要在一定的温度下才能稳定工作，因此在惯组稳定工作前，需要给惯组加温，以确保其输出的准确性。

I/F 电路：即电流与频率的转换电路。根据加速度计的原理，其基本输出是电流 i，而惯组要输出表示加速度增量的脉冲数 n，即频率，因此采用转换电路，将电流进行采样和转换输出。

19 组合导航

组合导航，是指在惯性制导的基础上，加入北斗（图 3-61）、GPS 等导航系统的实时修正，提高制导精度的一种综合制导的方法。惯性器件的误差具有继承和累加性的特点，初始的误差一直会带到最后，系统是无法发现自己的误差的，如惯性测量仪器（修正后的）安装误差，还有零位漂移等，这些误差都会随着每次输出不停地叠加到整个系统中。而北斗、GPS 等导航系统可以实时提供位置、速度信息，前一时刻的数据对后一时刻数据不产生影响，没有累积误差。作为制导系统积分计算结果的修正量，引入系统，可以提高制导精度。但卫星导航也存在数据更新慢、不易提供姿态信息、容易失锁丢信号的缺点，因此目前还并不能作为独立的导航方式。

图 3-61　北斗标志

卫星导航系统的定位原理是通过接收机与卫星之间的距离，采用三维坐标公式，解出观测点的位置 (X, Y, Z)，考虑接收机时钟和卫星时钟的误差，还需要解算钟差 Δt。采用 4 颗卫星即可形成 4 个方程式，求解位置和钟差。若卫星数在 4 颗以上，则可形成多个 4 个一组的方程组，通过算法挑选误差最小的一组。

全球导航卫星系统（Global Navigation Satellite System，GNSS）泛指所有的卫星导航系统，包括全球的、区域的和增强的，如美国的 GPS、俄罗斯的 Glonass、欧洲的 Galileo、中国的北斗卫星导航系统（图 3-62），以及相关的增强系统，如美国的 WAAS（广域增强系统）、欧洲的 EGNOS（欧洲静地导航重叠系统）和日本的 MSAS（多功能运输卫星增强系统）等，还涵盖在建和以后要建设的其他卫星导航系统。国际 GNSS 系统是个多系统、多层面、多模式的复杂组合系统。

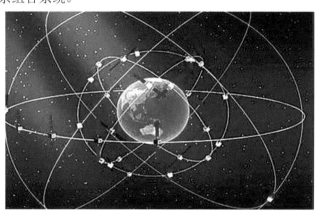

图 3-62　北斗二代导航星座图

20　四元数法

四元数，是数学家哈密尔顿于 1843 年提出的数学概念，其基本概念是由一个实数单位和 3 个虚数单位组成的超复数（1，i，j，k），定义四元数 Q 为 $Q = q_0 + q_1i + q_2j + q_3k$。这个概念类似数学家玩的数学游戏，推演一下这类数满足那些运算律，有什么有趣的性质。然而数学的魅力就在于超越时代和其他学科的先见性，哈密尔顿时代没有运载火箭，他也不是航天专家，但他的四元数，如今在航天领域得到了广泛的应用，原因是四元数法是描述"旋转"的一种非常好的数学方法。给定单位长度 (x, y, z) 的旋转轴，和旋转角度，则可以用四元数 $Q = (\cos\frac{\theta}{2}, (xi, yj, zk)\sin\frac{\theta}{2}) = \cos\frac{\theta}{2}, xsin\frac{\theta}{2}i, ysin\frac{\theta}{2}j, zsin\frac{\theta}{2}k$ 表示这样一个旋转，在运算中，四元数的加法、乘法、求逆、共轭都相对容易实现，且都有对应的旋转意义，如旋转相加即可表示为四元数相加。

运载火箭的飞行过程中，经常会用到两个坐标系的旋转变换。一般地，设有两个笛卡儿坐标系 S_a 和 S_b，其中 S_b 是 S_a 绕某一个轴 OR 旋转过 α 角所得，

设 OR 轴与原坐标系 S_a 的单个坐标轴 XYZ 夹角分别为 β_1、β_2、β_3。则有

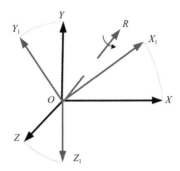

图 3-63　坐标系旋转变换

$$\begin{cases} q_0 = \cos\dfrac{\alpha}{2} \\[2mm] q_1 = -\cos\beta_1 \sin\dfrac{\alpha}{2} \\[2mm] q_2 = -\cos\beta_2 \sin\dfrac{\alpha}{2} \\[2mm] q_3 = -\cos\beta_3 \sin\dfrac{\alpha}{2} \end{cases}$$

此时四元数 $Q = q_0 + q_1\mathrm{i} + q_2\mathrm{j} + q_3\mathrm{k}$ 就表示坐标系 S_a 到 S_b 的旋转变换。通过四元数的计算，可以方便地完成两个坐标系的旋转变换。

数学上描述旋转的方法有多种，常见的除了四元数法，还有欧拉旋转法、矩阵法等。欧拉旋转法：将物体绕坐标系的三个轴旋转的角度称为欧拉角，将一个旋转分解为三个坐标轴的旋转按一定顺序连续执行的结果，求解旋转结果的方法称为欧拉旋转法。$Ox_0y_0z_0$ 从 (x_0, y_0, z_0) 出发，绕 Ox_0 轴旋转 φ 至 $O\alpha\beta\gamma$，再绕 $O\beta$ 转过 θ 角至 $O\alpha'\beta'\gamma'$，绕 $O\gamma'$ 转过 ψ 至 $Oxyz$，这样一个顺序的欧拉旋转表示为

$$\begin{bmatrix} x \\ y \\ z \end{bmatrix} = \boldsymbol{B} \begin{bmatrix} x_0 \\ y_0 \\ z_0 \end{bmatrix}$$

其中

$$\boldsymbol{B} = \begin{bmatrix} \cos\theta\cos\psi & \sin\varphi\sin\theta\cos\psi + \cos\varphi\sin\psi & -\cos\varphi\cos\psi\sin\theta + \sin\varphi\sin\psi \\ -\cos\theta\sin\psi & -\sin\varphi\sin\theta\sin\psi + \cos\varphi\cos\psi & \cos\varphi\sin\theta\sin\psi + \sin\varphi\cos\psi \\ \sin\theta & -\sin\varphi\cos\theta & \cos\varphi\cos\theta \end{bmatrix}$$

矩阵法：使用 4×4 的矩阵标识绕任意轴旋转，该矩阵称为旋转变换阵。相比较而言，欧拉旋转容易理解，形象直观，它将一个动作分解成按指定顺序（注意是指定的顺序，顺序不同，结果不同）的按单一轴旋转，缺点是计算量比四元数大，不同顺序会出现不同结果，另外欧拉旋转存在万向节锁现象。

万向节锁现象：使用欧拉旋转时，绕第二个轴旋转角度为 ±90° 时会出现一个轴固定，旋转仅能在"平面"内进行的现象，称为万向节锁现象。

矩阵法的优点是旋转轴可以是任意的向量，不必是坐标轴，也不必是单位矢量，缺点是一个旋转使用 16 个量表示，计算量大。相比较矩阵法、欧拉旋转法，四元数法计算量小，并且可以避免万向锁等优点，因此得到广泛的应用。

21 导航计算

对于 GNSS，由 GPS 或北斗等定位系统直接给出火箭的速度和位置信息；对于惯性导航而言，其导航计算指根据牛顿定律，通过加速度积分计算出速度和位置量。根据牛顿定律，火箭在惯性系中的质心运动方程为

$$m\frac{\mathrm{d}^2 S}{\mathrm{d}t^2} = m\frac{\mathrm{d}V}{\mathrm{d}t} = ma = F$$

式中：S 为位移；V 为速度；a 为加速度；t 为时间。则有

$$\begin{cases} a = \dfrac{\mathrm{d}V}{\mathrm{d}t} = \dfrac{\mathrm{d}^2 S}{\mathrm{d}t^2} \\ V = V_0 + \displaystyle\int_0^t a\mathrm{d}t \\ S = S_0 + \displaystyle\int_0^t V\mathrm{d}t = S_0 + V_0 t + \int_0^t \int_0^t a\mathrm{d}t^2 \end{cases}$$

箭机计算时，根据控制系统采样周期将方程离散化处理（离散化之后，通过多周期累加即达到积分的目的）。

$$t_i = t_{i-1} + \tau$$

其中，τ 为采样周期，则速度公式为

$$V_{ai} = V_{ai-1} + \Delta W_{ai} + \frac{1}{2}(g_{ai} + g_{ai-1})\tau$$

式中：$a = x,\ y,\ z$ 分别为各方向上的量；i 表示当前周期参数；$i-1$ 表示上一周期参数；ΔW_{ai} 为本周期内视加速度增量，来自惯性器件敏感输出。位置计算公式为

$$S_i = S_{i-1} + \frac{1}{2}(V_{ai} + V_{ai-1})\tau \approx S_{i-1} + \left[V_{ai-1} + \frac{1}{2}(\Delta W_{ai} + g_{ai-1}\tau) \right]\tau$$

其中，重力加速度为

$$g_{ai} = -\frac{f_M}{r^3}(a + R_{0a}) - J_2\frac{f_M}{r^2}\left(\frac{R_a}{r}\right)^2 \left[(1 - 5\sin^2\varphi_{dx})\frac{a + R_{0a}}{r} + 2\sin\varphi_{dx}C_a \right]$$

式中：C_a 为与发射方位角和大地纬度相关的发射点诸元；φ_{dx} 为发射点的地心纬度，即

$$\sin\varphi_{dx} = \frac{Z}{r}$$

其中

$$Z = C_x(x + R_{0x}) + C_y(y + R_{0y}) + C_z(z + R_{0z})$$

$$r = \sqrt{(x + R_{0x})^2 + (y + R_{0y})^2 + (z + R_{0z})^2}$$

用到的地球物理常数包括：地球引力常数 $f_M = 3.986005 \times 10^{14} \text{m}^3/\text{s}^2$；地球赤道半径 $R_{0a} = 6378140\text{m}$；地球扁率 $a_e = 0.003352813$；引力势二次项带谐系数 $J_2 = J = 0.001623945$；地球平均半径 $R_a = 6371004\text{m}$。通过导航计算得到火箭的实时速度和位置信息，为制导系统关机及导引控制提供依据。

22 关机方式

关机控制是运载火箭制导控制的主要方式之一，对于捆绑多级火箭，其助推及下面级火箭任务完成后，为减少结构质量需关机抛掉，火箭末级将有效载荷输入预定轨道后执行关机，航天器与火箭分离。不同的制导控制目标，导致制导关机方式不同。

射程关机，以射程作为制导关机目标，通过导航计算，当火箭实时计算射程达到预定值时发出关机指令。在弹道设计上射程关机与运载火箭残骸落区需要避开的争议区域和人口密集区域等相关。

速度关机，以速度作为制导关机目标，火箭获得一定的飞行速度后，发出关机指令。如进入停泊轨道的关机方式，即为速度关机。

半长轴关机，当航天器入轨点的半长轴达到要求值时发出关机指令，是航天器制导的最终轨道参数要求的制导方式。

相对定时关机，以火箭某子级发动机关机时刻为零点进行计时，时间到达设定关机值时，发出关机指令。

耗尽关机，当任一贮箱内推进剂达到耗尽关机传感器液位时发出关机指令。耗尽关机作为制导关机设计时，是想尽量将模块的推进剂用"尽"，通常助推器设计使用耗尽关机，以减少无用推进剂量。

为确保关机的可靠性，设计上采用了允许关机和备保关机设计。允许关机，指在一定时间范围内才允许执行关机指令。在允许关机范围外，即使误发关

机指令，也不会执行。比如刚起飞 10s，即使控制系统发出了关机信号，火箭也不会关机的。备保关机是制导关机方式由于各种原因没有发出，则采用备保关机方式。常用的备保关机方式包括定时关机、耗尽关机、小过载关机等。

定时关机，制导关机未发出时，达到一定时间即发出关机指令。如助推和芯一级关机时间理论上较为靠近时，助推耗尽关机未发出，则在芯一级关机时一同关机，以一级关机时间为定时关机备保方式。

小过载关机，当火箭加速度降到某一设定值时发出关机指令，小过载，即加速度小，意味着发动机推力不足，自己要关机了。

23 关机方程

关机方程是根据目标、火箭运动信息和制导指标建立的关闭发动机的方程，以控制射程和落点精度。不同关机方式，其关机方程不同。

速度关机，用速度作为关机控制量的关机方式。一般使用预计速度偏差作为控制泛函，

$$\Delta K = V(t) - V(t_k)，当 \Delta K \geqslant 0 时，进行关机$$

其中，$V(t) = \sqrt{V_x(t)^2 + V_y(t)^2 + V_z(t)^2}$，$V(t_k)$ 为装订值。

射程关机，用射程作为控制量的关机方式，使用预计射程偏差作为控制泛函，一般仅将控制量在关机点附近做泰勒展开。

$$\Delta K = \sum_{j=1}^{7} k_j^L \xi_j(t_n) - \bar{K}(t_k)，当 \Delta K \geqslant 0 时，进行关机$$

其中，$\bar{K}(t_k)$ 为装订值；K_j^L 为控制系统选择的关机常数；ξ_j 为导航参数，是速度、位置和时间的函数。

半长轴关机，以卫星轨道参数半长轴作为关机特征量，用预计半长轴偏差作为控制关机的控制泛函，通常选择标准弹道半长轴作为装订量。

$$\Delta K = \alpha(t) - \alpha(t_k)，当 \Delta K \geqslant 0 时，进行关机$$

式中：$\alpha(t_k)$ 为关机装订量，$\alpha = \dfrac{r}{2 - \gamma}$，其中 $\gamma = \dfrac{rv^2}{fm}$。

末修关机，末速修正采用速度增量作为控制量进行关机。半长轴关机后，航天器的入轨速度角度并未达到要求，因此采用惯性系中三个坐标轴的速度增量作为控制量，进行末速修正。通过姿控喷管，控制火箭和航天器组合体姿态，达到入轨速度角度要求时，进行关机控制，其关机量 $J = k_x V_{gx} + k_y V_{gy} + k_z V_{gz}$，$J = 0$ 时，执行末修发动机关机。V_{gx}、V_{gy}、V_{gz} 为待增速度在惯性坐标

系中的分量，k_x、k_y、k_z 为加权系数。

24 导引控制

导引控制分为横向导引和法向导引两种，如图 3-64 所示。火箭在干扰力作用下可能偏离射面，为保证制导点偏差尽量小，采用横向导引的方式，将火箭保持在射面内飞行。以横向偏差 ΔH 作为控制函数，称为横向导引控制。

以目标点确定的射程制导而言，其策略是过程中通过横向导引保证火箭在射面内飞行，这样的好处是在末端制导时，仅考虑法向变量偏差即可；另外，这样可以有效减少火箭的偏航机动，提高运载能力。

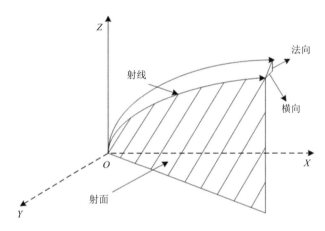

图 3-64　横向导引和法向导引

即使通过横向导引，使火箭回归射面，但在射面内飞行时，火箭也可能因速度张角不同而偏离标准弹道，因此需要采用法向导引信号，以弹道倾角偏差 $\Delta\theta$ 作为控制函数，使整个飞行过程中 $\Delta\theta$ 趋于 0。

在摄动制导方程计算时，泰勒展开的高次项忽略不计，其前提是火箭沿标准弹道飞行，摄动制导导引的作用就是在火箭受干扰时将火箭拉回标准弹道。横向导引的目的是将火箭控制在射面内；法向导引的目的是将火箭控制在射线上。这样，关机控制函数在关机点附近，满足小扰动假设，才能够进行线性展开。

由于在级间分离期间，分离产生的干扰较大，而且姿态控制系统处于换级状态，控制力矩较小，因此要选择合适的起、止导引时间。火箭飞行时，当受到大干扰的作用时，法向导引、横向导引信号会变得很大，导致姿态偏差角增大；为保证姿态稳定，要对导引信号进行限幅控制。根据各级发动机的特性，所提供的控制力、控制力矩对各级导引信号的限幅控制采取不同的限幅值。

早期运载火箭导引控制只在末级段加入，这样设计尽量简化了导引的设置，同时承认飞行前期的横法向偏差，只是在射程、速度等指标上予以控制，靠末级飞行段的导引将前期的偏差修正回来。

25 工具误差

运载火箭入轨精度误差主要来源为制导误差、干扰误差和非制导误差，其中制导误差包括工具误差和方法误差两个部分。

工具误差，指采用某种测量工具，工具本身的精度造成的误差。工具误差来源于仪器设备的设计和制造过程，表现为基准误差、速度和位置测量误差等。工具误差认识得充分，可以通过适当的补偿予以修正。运载火箭制导系统的主要仪器包括陀螺仪和加速度计，陀螺仪和加速度计的工具误差主要有零漂、安装误差等。

零漂，即零位漂移，由于各类干扰力矩造成的输出变化，一般对成品的惯性器件零漂是有严格技术指标要求的。零漂的特点是随着时间的增加，干扰力矩不断释放，其漂移可能持续变化。因此，惯性器件的误差标定是有有效期的。以陀螺为例，陀螺漂移包括常值分量（或称系统性误差）和随机分量，是与过载无关的漂移——主要由轴承的摩擦，导电丝的扭力矩等引起；是与过载一次方成正比的漂移——陀螺质心与几何中心不重合所引起；是与过载二次方成正比的漂移——陀螺仪的不等刚性而产生的漂移等。

安装误差，就是安装过程中，由于操作、器件配合尺寸等各类原因，安装轴与理想位置存在偏差。通过对陀螺仪的零漂和安装误差的认识和分析，建立激光陀螺的误差模型如下：

$$\Delta N_{gx} \cdot K_{gx} = D_{0x} + D_{xx} \cdot W_x + D_{xy} \cdot W_y + D_{xz} \cdot W_z$$

$$\Delta N_{gy} \cdot K_{gy} = D_{0y} + D_{yx} \cdot W_x + D_{yy} \cdot W_y + D_{yz} \cdot W_z$$

$$\Delta N_{gz} \cdot K_{gz} = D_{0z} + D_{zx} \cdot W_x + D_{zy} \cdot W_y + D_{zz} \cdot W_z$$

式中：ΔN_{gx}、ΔN_{gy}、ΔN_{gz} 为各轴单位时间输出脉冲数；K_{gx}、K_{gy}、K_{gz} 为陀螺仪脉冲当量；D_{0x}、D_{0y}、D_{0z} 为陀螺仪零次项漂移系数；W_x、W_y、W_z 为陀螺仪输出；D_{xx}、D_{yy}、D_{zz} 为陀螺仪一次项系数，表示陀螺仪的安装误差。

同样地，加速度计的数学模型如下：

$$\frac{N_{ax}}{K_{ax}} = K_{0x} + E_{xx}\dot{W}_x + E_{xy}\dot{W}_y + E_{xz}\dot{W}_z + K_{2x}\dot{W}_x^2$$

$$\frac{N_{ay}}{K_{ay}} = K_{0y} + E_{yx}\dot{W}_x + E_{yy}\dot{W}_y + E_{yz}\dot{W}_z + K_{2y}\dot{W}_y^2$$

$$\frac{N_{az}}{K_{az}} = K_{0z} + E_{zx}\dot{W}_x + E_{zy}\dot{W}_y + E_{zz}\dot{W}_z + K_{2z}\dot{W}_z^2$$

式中：N_{ax}、N_{ay}、N_{az} 为各轴单位时间输出的脉冲数；K_{ax}、K_{ay}、K_{az} 为加表脉冲当量；K_{0x}、K_{0y}、K_{0z} 为各轴零次项漂移系数；E_{xx}、E_{yy}、E_{zz} 为加速度计一次项系数；$\dot{W}_x$、$\dot{W}_y$、$\dot{W}_z$ 为加速度计输出值；E_{xy}、E_{xz}、E_{yx}、E_{yz}、E_{zx}、E_{zy} 为加速度计安装误差；K_{2x}、K_{2y}、K_{2z} 为与加速度二次项相关的系数。

通过单元测试，可以对这些误差模型的各项系数进行标定，提供制导系统进行工具误差补偿计算，从而有效地减小惯性器件的工具误差（注意，这些系数的标定是有有效期的）。

26 方法误差

方法误差，也称为原理误差，由于采用某种技术方案而导致的误差，一般方法误差比工具误差小。制导系统的方法误差包括制导方法的不完善，制导律计算时方程的简化、线性化、舍高阶项等，制导计算的误差包括以下几种。

量化误差：计算机采用数字量进行计算，但加速度、姿态角等信号都是连续模拟量，要将模拟信号变成数字量。将离散的数字量代替连续的模拟量，可能会产生量化误差。

舍入误差：计算机计算位数有一定限制，超过位数的数据均丢失或进位，带来舍入误差。

近似计算公式舍入误差：指近似计算公式舍掉的高阶小量带来的误差。

根据工具误差和方法误差的分析，可以得到提高制导精度的主要措施包括：提高惯性敏感元器件的精度，改善仪表工作环境，如振动环境，温度和压力环境；提高仪表设计、制造和装配水平；采用误差分离技术，进行实时或事前补偿，事前补偿，将各误差系数对入轨精度的影响计算出来；采用修正关机装订量或修正射击方位角来完成，实时补偿，根据箭上实际测量的环境，计算出误差系数的环境函数，并加以修正量；选择最佳弹道程序以减小工具误差；选择惯性器件的最优定向；选择先进的制导方案；增加末修级以减小后效冲量的误差；应用冗余技术提高精度。

27 干扰误差

干扰误差种类繁多,其产生的因素包括作用在运载火箭上的各种干扰,如质心横移、推力线偏斜、起飞质量偏差、发动机参数偏差、大气参数、风偏差、弹道方程中一些地球物理参数的误差等。各类干扰可以通过工程试验和算法改进不断的优化进行修正,如开展发动机校准试车、垂调测试等。

28 非制导误差

非制导误差主要包括发动机后效冲量误差和初始条件误差。后效冲量误差,指停火点质量偏差和发动机后效冲量偏差造成的误差。后效冲量是指发动机关机指令下达后,发动机并不是立即关机,而是有一个关机的过程,在推力从额定推力降到 0 的过程中,对火箭产生的冲量称为后效冲量,如图 3-65 所示。

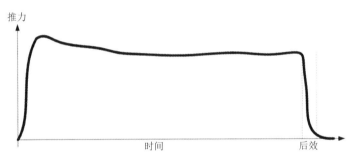

图 3-65 典型发动机推力曲线及后效

后效冲量由下式计算:

$$I_c = \int_{tb}^{tm} F(t) \, dt$$

后效冲量误差,对于低轨道航天器后效误差影响运行周期可达 5 ~ 6s。对于高轨道同步卫星,最后一级运载火箭的后效误差可产生过渡轨道半长轴偏差 40km 以上。为了减小后效冲量误差,一般可以采用分级关机的方法,如4 台发动机,先关闭 2 台,再关闭 2 台,这样可以减小不受控时段的后效冲量。另外,采用末速修正是减小后效冲量最有效的方法,CZ-5 及 CZ-3 火箭均采取末速修正方案,即末级关机后,采用姿控发动机对火箭末速进行微调,使得入轨精度满足制导要求。

初始条件误差,是指起飞时间和起飞点位置的误差。初始参数包括火箭在惯性空间的速度、位置和发射时间等 7 个参数。发射时若当地的经、纬度误差为 30″,那么,将引起约 1km 初始位置的误差和约 0.1m/s 的初始速度的误差。固定发射方式,因发射点的经、纬度可测得相当准确,故初始位置误差很小。修正初始对准误差的办法就是调平和瞄准。运载火箭以发射台上的起飞触点信号为准，制导系统开始进行导航计算。起飞触点信号时延（一般为 100 ～ 200ms）也将影响入轨精度。

29 姿态控制系统

制导系统研究火箭的质心运动。而姿态控制系统，简称姿控系统，用于控制火箭的绕心运动、弹性振动以及晃动。其主要作用是保证运载火箭稳定飞行姿态。对于刚体绕心运动，飞行过程中遇到外干扰因素的扰动力矩时，其姿态就会发生改变，产生三个方向的姿态角偏差，如图 3-66 所示。

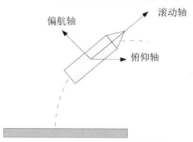

图 3-66　姿态控制

火箭姿态的影响因素主要包括：①发动机的安装零位及推力大小；②高空风的影响；③液体推进剂在贮箱内的晃动；④火箭在飞行过程中的弹性变形及振动；⑤火箭质心的变动；⑥级间分离的影响等。

火箭飞行过程中对姿态控制的要求主要包括：垂直起飞段，火箭飞行姿态稳定，横向偏移小；火箭在稠密大气层中飞行时，要求载荷攻角不大于火箭强度设计允许的最大载荷攻角；火箭飞行过程中，操纵机构摆角应小于最大允许摆角；对于液体火箭，贮箱内液体晃动幅值应小于最大允许值；保证有效载荷、箭体分离时刻的姿态和姿态角速率精度；为保证级间分离的可靠性以及有利于上面级的起控稳定性，限制各级关机时刻的姿态偏差、姿态角速率偏差；限制最大姿态角偏差，以保证安全自毁系统的工作可靠性；对于大型火箭，保证存在纵向耦合振动（POGO）情况下正常飞行。

由于运载火箭结构上具有绕轴对称性，在角运动范围较小的条件下，按照线性化方法认为三个轴的角运动是相对独立的，三个轴之间的交连可以忽略，进而将姿态控制分俯仰、偏航和滚动三个通道进行控制，各通道的组成基本相同。姿态控制信号控制火箭的飞行姿态，使其实际的飞行俯仰角与程序飞行所需的程序俯仰角之间的差接近于零，保持火箭沿着预定的轨道飞行；使火箭的飞行偏航角在 0° 左右摆动，保持火箭在预定的轨道平面内飞行；控制火箭的滚转角，使其值也接近于 0°，从而保证火箭的稳定飞行。

通过刚体运动分析，可以得到刚体姿态运动方程，以俯仰姿态运动方程为例。

$$
\begin{cases}
\Delta\dot{\theta} = c_1\Delta\alpha + c_2\Delta\theta + c_3\delta_\varphi + \dot{c}_1\alpha_w + F_{byc} \\
\Delta\ddot{\varphi} + b_1\Delta\dot{\varphi} + b_2\Delta\alpha + b_3\delta_\varphi = -b_2\alpha_w + M_{bz} \\
\Delta\theta = \Delta\varphi - \Delta\alpha
\end{cases}
$$

式中：θ 为弹道倾角；φ 为俯仰角；α 为攻角；b、c 为与箭体质量、速度、气动力、特征截面积、转动惯量等因素相关的控制系数；F_{byc}、M_{bz} 为气动干扰和结构干扰相关的干扰力和力矩；α_w 为考虑晃动等干扰因素的附加攻角。将方程中的 $\Delta\alpha$ 消去，可得以 $\Delta\theta$、$\Delta\varphi$、$\Delta\dot{\varphi}$ 为变量，δ_φ 为控制变量的方程。

$$
\begin{bmatrix} \Delta\dot{\theta} \\ \Delta\dot{\varphi} \\ \Delta\ddot{\varphi} \end{bmatrix} =
\begin{bmatrix} c_2-c_1 & c_1 & 0 \\ 0 & 0 & 1 \\ b_2 & -b_2 & -b_1 \end{bmatrix}
\begin{bmatrix} \Delta\theta \\ \Delta\varphi \\ \Delta\dot{\varphi} \end{bmatrix} +
\begin{bmatrix} c_3 \\ 0 \\ -b_3 \end{bmatrix}\delta_\varphi +
\begin{bmatrix} \dot{c}_1 \\ 0 \\ -b_2 \end{bmatrix}\alpha_w +
\begin{bmatrix} F_{byc} \\ 0 \\ M_{bz} \end{bmatrix}
$$

令

$$
A = \begin{bmatrix} c_2-c_1 & c_1 & 0 \\ 0 & 0 & 1 \\ b_2 & -b_2 & -b_1 \end{bmatrix}, \quad
B = \begin{bmatrix} c_3 \\ 0 \\ -b_3 \end{bmatrix}, \quad
C = \begin{bmatrix} \dot{c}_1 \\ 0 \\ -b_2 \end{bmatrix}, \quad
F = \begin{bmatrix} F_{byc} \\ 0 \\ M_{bz} \end{bmatrix}
$$

取变量 $X = \begin{bmatrix} \Delta\theta \\ \Delta\varphi \\ \Delta\dot{\varphi} \end{bmatrix}$ 得箭体俯仰通道的状态方程为

$$
\dot{X} = AX + B\delta_\varphi + C\alpha_w + F
$$

其中，A、B、C、F 为随时间变化的系数，标准弹道确定后，可以计算得到这些系数。由于运载火箭姿态绕心运动的变化快于系数的变化，因此在工程上，将 A、B、C、F 视为姿态角偏差变化暂态过程中的不变量，即所谓的固化系数法。

这样 $\dot{X} = AX + B\delta_\varphi + C\alpha_w + F$ 变为常微分方程，可以通过拉普拉斯变换取得系统的传递系数。通过分析系统的特征方程，定性分析系统稳定性。经分析，可以得到的结论包括：无控箭体不能稳定飞行，因为在姿态角有偏差时，箭体在重力作用下，其姿态单调发散；对于姿态角偏差进行反馈，其对姿态运动的稳定作用有限。在考虑执行机构（如伺服机构）惯性的情况下，应考虑对角速率进行反馈控制，因此俯仰姿态反馈控制方案的控制方程为

$$
\delta_\varphi = a_0\Delta\varphi + a_1\Delta\dot{\varphi}
$$

对于偏航及滚动通道处理方式类似。根据姿态控制方程，姿态控制系统的输入包括姿态角偏差和姿态角速率，输出为喷管的摆角 δ_φ。姿态控制首先要引入角度控制，保证火箭始终处于稳定的飞行状态，保证静稳定性；同时需要引入角速度控制，增加姿态角运动的阻尼，实现姿态角超前控制，保证火箭动态稳定飞行（动稳定性），如图 3-67 所示。

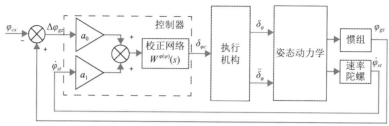

图 3-67　俯仰通道姿态控制原理示意

　　姿态控制系统由敏感器件、控制装置与被控对象（飞行器）构成的闭环。姿态角偏差和姿态角速率信息分别由惯组和速率陀螺提供。同时，姿控系统接收来自制导系统的导引控制量，导引控制量与姿态控制量共同作用，实现飞行程序角的跟踪，达到对导弹质心运动轨迹的控制作用。因此，箭机最终输出给伺服机构的指令是综合了制导系统和姿控系统的控制量，也就是同时满足姿态控制也满足导引要求。图 3-68 是典型的姿态控制系统。

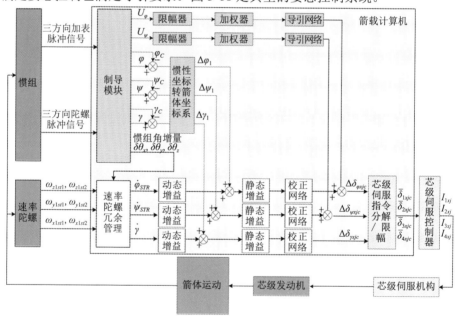

图 3-68　典型姿态控制系统框图

　　惯组敏感箭体姿态角增量信息，速率陀螺敏感箭体姿态角速率信息；姿态角偏差和姿态角速率信息输入后进行冗余管理、动态增益、静态增益和校正网络处理，与来自制导系统的导引控制信息综合，统一输出至伺服机构；输出伺服机构的控制指令，控制伺服机构伸缩动作，控制发动机喷管，从而控制箭体运动；箭体运动信息被惯性器件敏感，反馈给姿控系统，形成闭环控制。

30 静稳定性

玩飞镖的时候，质心靠前的飞镖，投射容易，飞行平稳，质心靠后的飞镖，投出去就容易翻跟头。同理，飞行器在飞行的过程中，质心靠前，利于飞行的姿态稳定，不会翻转。

在火箭结构的总体设计过程中，最理想的状态是使质心位于压心之前，并且在飞行过程中尽量保持两者的位置关系变化小，从而保持火箭的静稳定性，如图 3-69 所示。在理想状态下，当火箭出现攻角和侧滑角时，由于压心在后，阵风干扰力矩 M 会使火箭转动，其趋势是消除攻角和侧滑角的，因此火箭是稳定的。稳定性是火箭不加控制情况下的一种空气动力特性。

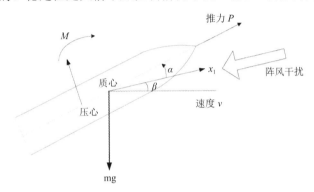

图 3-69　理想状态火箭质心和压心的关系

但是，实际工程应用过程中，一般大型火箭由于结构质量的分布特点，质心一般在压心后面（因为发动机等占结构质量大部分的部件在火箭尾段），因此是静不稳定的。设计时，引入静稳定裕度的概念来量化这个稳定性的大小：

$$\eta = \left(\frac{x_p}{L} - \frac{x_g}{L}\right) \times 100\%$$

式中：x_p 为压心距火箭理论尖点的距离；x_g 为质心距火箭理论尖点的距离；L 为火箭的总长度。η 越大，对保持火箭飞行的稳定性就越有利，火箭保持飞行方向的"惯性"越大，当然，这样火箭的操纵性也就变差了，不容易拐弯了，因此希望 η 在一定的范围内。

在运载火箭箭体结构设计和推进剂加注后总体质心考量时，会尽量考虑质心上移和压心后移。液氧的密度大于煤油和液氢，因此放在上部利于质心提高。从总体设计上看，加装尾翼可使火箭压心后移，但尾翼的质量将同时导致质心后移。需要注意的是，压心并非一直不变，x_p 随着速度、高度的变化而变化，相对地，火箭的质心随着推进剂的消耗、部段分离、抛罩等也是变化的。由于大型火箭总体是静不稳定的，因此需要控制力矩，使之稳定。

恢复力矩：火箭飞行中受微小扰动时，产生的消除偏离、恢复初始平衡状态的空气动力力矩。

31 弹性稳定性

火箭是一个弹性运动体，弹性体的火箭有自己的固有振动频率，在外力作用下，沿纵轴产生横向变形和扭转振动。由于箭体头部为有效载荷，尾部为大推力发动机，因此火箭如负重偏大，会产生弯曲。

如图 3-70 所示，在外力作用下，线弯成 *ABC* 形，再弯成 *abc* 状，如此往复。沿 *ABC* 弧线做切线，得到火箭振型的斜率。这种弯曲变形，会使惯性器件测量值包含由振动产生的虚假的姿态角信号，系统仍按总的姿态角信号进行控制，弹性振动产生的信号会使火箭振动加剧，严重时甚至箭体折断。

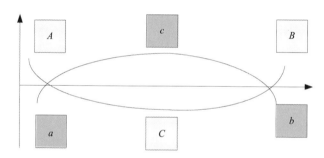

图 3-70　弹性振动示意

弹性振动的频率较高，工程上认为其不影响质心运动，因此在制导系统忽略其影响。但姿控系统必须考虑弹性振动的影响。抑制弹性振动的方法包括优化敏感器件安装位置和采用校正网络。

将平台式或捷联式惯性测量组合安装在弹性振型的波腹附近，可以减小弹性振动对姿态控制信号的影响。由于平台式或捷联式惯性测量组合体积和质量的限制，不能任意摆放，尤其是多级火箭，它们是各级共用设备，只能放在火箭最上面级位置。速率陀螺体积小，质量小，原则上可以放在火箭的任意位置，既可以保证得到火箭刚体超前控制的姿态角速度信号，又减小进入控制系统弹性振动信息。

校正网络对平台式或捷联式惯性测量组合与速率陀螺输出的信号输出的信号求和后整形得到控制信号。由于弹性振动的频率高于刚体运动的频率，校正网络对高频弹性信号进行衰减，即限制弹性振动的幅值，从而阻断其进入控制系统。如果弹性振动的频率与刚体运动频率接近，校正网络不能对弹性信号衰减，那就调整弹性振动控制信号相位。采用弹性相位超前控制，增加弹性运动的阻尼，保证弹性振动的稳定，称为弹性振动的相位稳定。

32 晃动稳定性

液体火箭与固体火箭相比，最大的特点是全箭很大一部分质量是液体。火箭姿态角变化较快时，贮箱内的液体构成一个弹簧质量系统对贮箱不断撞击。推进剂晃动产生的力和力矩作用在火箭箭体上，使火箭姿态角发生改变，进而引起火箭运动不稳定。

晃动运动与弹性运动的主要差别之一是晃动运动频率与刚体运动频率相近。晃动运动稳定最简单有效的方法是在贮箱内加防晃板。姿态控制系统也可以改变刚体控制频率，或增大校正网络超前控制信号控制，来保证晃动的稳定。

33 校正网络

运载火箭的姿态运动分为绝对姿态运动和相对姿态运动：绝对姿态运动，即箭体为刚体，刚体的绕轴运动；相对姿态运动包括箭体的弹性运动、推进剂的晃动等。姿控系统要同时对刚体姿态、弹性振动和晃动进行控制，设计具有足够稳定裕度的校正网络。

校正网络的主要作用有两个。一是微分作用，即对速率变化进行超前控制，这项作用与在姿控系统中加入速率陀螺反馈是一样的，是为了修正执行机构的惯性。举例说明，如当前的角速度偏差为 1°，那么仅将 1° 的偏差量传给执行结构去纠正是不行的，因为执行结构使喷管摆动 1° 后不会立即停止，而是由于惯性会"过量"，最坏的情况可能发生类似简谐振动的情况，不断地来回摆动。为了避免这种情况的出现，引入角速率控制，即将角度"未来"的变化量同时传给执行结构，称为超前控制。二是滤波作用，对干扰频率（高频的弹性振动）进行滤波，使干扰信号不会进入姿控网络。综上所述，校正网络是一个具有微分、滤波作用的高阶网络，如图 3-71 所示。

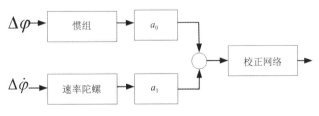

图 3-71　校正网络

姿态系统开环频率特性的低频段表征了闭环系统的稳态性能；中频段表征了闭环系统的动态性能；高频段表征了闭环系统的复杂性和滤波性能。因此，频域设计的实质，就是在系统中加入频率特性合适的校正网络，使其形成期望的开环频率特性。为了保证系统控制精度，低频段要有足够的幅值；为了保证系统具有适当的稳定裕度，中频段对数幅频穿越零分贝线的斜率应为每倍频程 6dB 左右。高频段应尽快减小幅值，以便滤掉不必要的高频附加运动和内外干扰。

34 姿态控制的执行机构

运载火箭的姿态控制执行机构一般有伺服机构、姿控发动机、空气舵、燃气舵等。广义上，伺服机构可以指任何伺服系统的执行机构，如雷达的转向伺服系统的执行机构等。控制系统的伺服机构，是运载火箭飞行的过程中调节发动机喷管角度的装置，如图 3-72 所示。发动机喷管以非常高的速度喷出高温燃气，因此控制喷管摆动的力非常大。

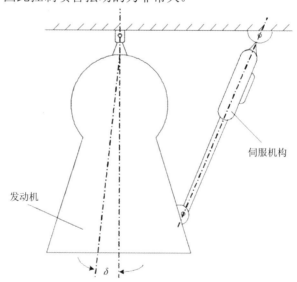

发动机

伺服机构

δ

图 3-72　伺服机构控制喷管

空气舵：活动的翅行翼面，利用相对气流运动产生控制力，控制能力较小，主要用于大气层内飞行段，如机动弹头、制导炸弹等。

燃气舵是一种将舵置于发动机喷气流中，利用舵相对发动机喷管射流偏转角，改变射流方向产生控制力的装置。燃气舵受发动机喷流烧蚀，在飞行中舵烧损不均匀，使控制力偏差变大。早期的运载型号，如图 3-73 所示，如苏联"宇宙"号 3M 运载火箭等型号上使用过燃气舵。

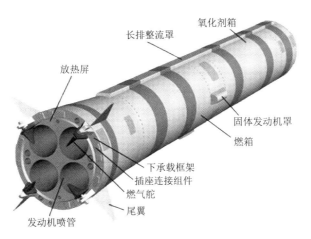

图 3-73 "宇宙"号 3M 运载火箭一级燃气舵

姿控发动机一般还分游动式和固定式两种：游动式，即通过转动喷嘴改变射流方向从而改变控制力的方向，如 A24 一级滚控为固体燃气喷管，可摆动 ±90°。固定式，即调节燃气流的开断时间改变冲量以产生不同大小控制力。

35 伺服机构

伺服机构是一类液压系统，以高压油驱动伸缩杆运动，伺服机构本身一端连接在牢固的发动机机架上，另一端连接在发动机喷管上，作动杆的伸缩就转化成了喷管的摆动运动，如图 3-74 所示。

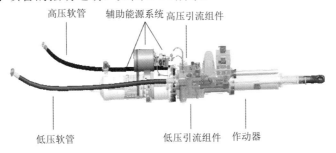

图 3-74 典型伺服机构示意图

伺服机构包括能源部分和作动部分两个组成部分。能源部分即将高压油或气体转变成伺服机构工作所需的能源，通过引流和涡轮泵等组件实现。作动部分是伺服机构伸缩工作的部分，将功率有效输出，通过伺服阀和作动筒进行输出。工作时，液压泵将油箱中的低压油变为高压油输送，高压油输送至伺服阀和作动器做功，做功后变为低压油返回油箱。典型伺服机构原理如图 3-75 所示。

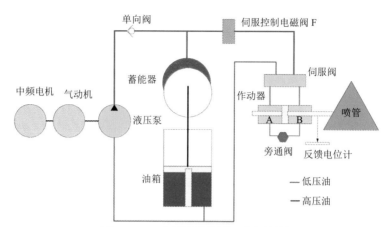

图 3-75　典型伺服机构原理简图

伺服机构的涡轮泵（液压泵）是除发动机涡轮泵外箭上功率最大的涡轮泵，它体积小，转速高，工作压力高。液压泵的能源可以为中频电机、高压氢气或高压煤油。在地面测试时，往往采用中频电机驱动。中频电机除了测试使用外，其作用还包括射前预启动伺服机构，确保火箭起飞时伺服机构不失控，给伺服机构的蓄能器充压，确保非地面启动的伺服机构可以提前启控。火箭飞行过程中一般采用气动机（氢气）或引入高压煤油的方式，CZ-5 火箭二级伺服机构就采用氢气气动机，氢气来源于发动机系统。CZ-5 火箭的一级和助推则采用液氧煤油发动机煤油泵后引出的高压煤油，用于驱动液压泵。一个伺服机构只能控制发动机喷管在一个方向上做线运动，可以使用两个伺服机构同时控制一个发动机喷管，实现合成运动。

伺服控制器是伺服系统的智能单机，属于控制系统的一类中间装置，用于配合箭机控制伺服机构，弥补箭机控制信号输出功率的不足。伺服控制器从总线接收来自箭机发出的动作指令，实时对伺服作动器反馈信号等进行综合校正运算，经功率放大，输出控制伺服阀的电流，驱动作动器的活塞产生轴向位移从而驱动负载动作。

飞行过程中，伺服机构输出功率随控制要求在零至满功率之间大幅变化。当输出小功率时，涡轮泵输出的大部分液压能转化为热能，使液压系统迅速升温，有的可在几十秒内升温至 200℃ 以上，超出液压系统所能承受的温度极限。因此高功率伺服机构需要设置冷却结构，同时对伺服机构连续工作时间有严格的要求。

36 姿控喷管

姿控喷管，也称为辅助动力系统喷管。姿控喷管的工作受控制系统指令控制，对于姿控系统来说，主要功能是完成滑行段和末速调姿段的火箭姿态控制。

姿控喷管的方向是固定的，工作也是以喷出单组元推进剂的形式，因此其控制不像伺服机构一样是连续的反馈控制，而是采取脉冲指令控制的形式。姿控喷管的布置一般按俯仰、偏航、滚动通道分组布置。需要调整俯仰时，便只有俯仰喷管工作。典型姿控喷管布局如图 3-76 所示。

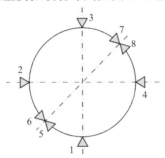

图 3-76 典型姿控喷管布局

1、3 —俯仰控制；2、4 —偏航控制；5 ～ 8 —滚动控制。

37 制导极性

控制系统极性是指控制系统的信号、参数相对于参考基准所规定的正、负。以参数的正负符号表示伺服机构运动方向、姿控喷管的开启和关闭等。制导系统极性规定的参考基准是发射惯性坐标系。位置、速度、视加速度的方向分别与惯性坐标系 $OXYZ$ 的 OX、OY、OZ 轴正方向一致时，规定为正，反之规定为负，如图 3-77 所示。

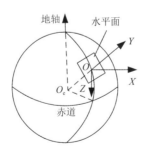

图 3-77 发射惯性坐标系极性

程序角的极性参考姿态角，转动方向与正俯仰角的转动方向一致时，规定为正俯仰程序角，反之为负。规定火箭起飞时（垂直状态）程序角（俯仰）为 90°。转动方向与正偏航角的转动方向一致时，规定为正偏航程序角，反之为负。规定火箭起飞时（垂直状态）程序角（偏航）为 0°。转动方向与正滚动角的转动方向一致时，规定为正滚动程序角，反之为负。

38 姿控极性

姿态控制系统极性规定的参考基准是箭体坐标系 $OX_1Y_1Z_1$，包括箭体姿态角极性，箭体姿态角速度极性，捷联式加速度极性，从敏感器件到伺服机构 / 姿控喷管输出整个通路的极性等。

箭体绕 OZ_1 轴旋转运动产生的角度为俯仰角，绕 OY_1 旋转运动产生的角度为偏航角，箭体绕 OX_1 轴旋转运动产生的角度为滚动角。姿态角极性规定：绕箭体坐标系按右手定则旋转运动产生的姿态角为正，如图 3-78 所示。

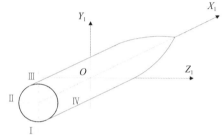

图 3-78　姿态系统极性示意图火箭飞行姿态

火箭飞行时，Ⅲ象限朝上、Ⅰ象限朝下。因此，从火箭尾部看向飞行方向，则有抬头为正俯仰，向左为正偏航，逆时针为正滚动。姿态角具体定义使用箭相对惯性空间的姿态，用欧拉角 φ、ψ、γ 表示，如图 3-79 所示。

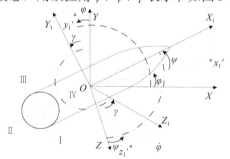

图 3-79　火箭飞行极性

火箭纵轴 OX_1 在 XOY 平面上的投影与 OX 轴的夹角，为俯仰角 φ，投影量在 OX 轴上方为正，反之为负；俯仰角速度矢量与 OZ_1 轴方向一致时为正，反之为负；

火箭纵轴 OX_1 与 XOY 平面的夹角，为偏航角 ψ，OX_1 在 XOY 平面的左方为正，反之为负；偏航角速度矢量与 OY_1 轴方向一致时为正，反之为负；

火箭横轴 OZ_1 与 OZ、OX_1 两轴构成平面之间的夹角，称为滚动角 γ，滚动角速度矢量与 OX_1 轴方向一致时为正，反之为负。

39 单机极性

惯组安装后，其坐标系定义为 $OX_sY_sZ_s$。在惯组内的速率陀螺和加速度计，若为正交安装（也有斜置安装的），其测量轴正向为箭头所指方向。G_x、G_y、G_z 为三个激光（光纤）陀螺仪，A_x、A_y、A_z 为三个石英加速度计，如图 3-80 所示。

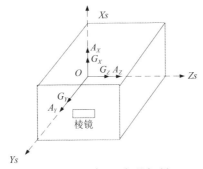

图 3-80　惯组安装极性

除惯组内的速率陀螺外，安装在箭体上的速率陀螺，极性规定的参考基准为箭体坐标系，按右手法则确定极性。测量箭体 X_1、Y_1、Z_1 轴角速度的速率陀螺敏感轴应当分别与箭体 X_1、Y_1、Z_1 轴平行，且极性一致。

以某型火箭为例，其芯级俯仰偏航速率陀螺分别安装在象限线上。芯级俯仰速率陀螺安装在火箭的第 II 象限线上，敏感轴正方向为由 II 象限 → IV 象限，指向箭体 $+Z_1$；芯级偏航速率陀螺安装在火箭的第 I 象限线上，敏感轴正方向为由 I 象限 → III 象限，指向箭体 $+Y_1$。滚动速率陀螺安装在距象限一定角度位置，敏感轴指向箭体坐标系的 OX_1 轴，如图 3-81 所示。

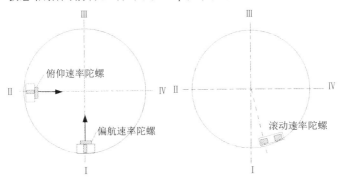

图 3-81　速率陀螺安装极性

加速度计安装位置与芯级俯仰、偏航速率陀螺位置一致，横向加速度计安装在 I 象限线，敏感轴方向沿切线方向指向IV象限线；法向加速度计安装在 II 象限线，敏感轴方向沿切线方向指向III象限线，如图 3-82 所示。

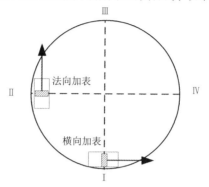

图 3-82　加速度计安装极性

发动机安装要使其摆动产生的作用力矩都是与姿态控制的俯仰、偏航、滚动相对应，消除俯仰姿态角正偏差的摆角为 $+\delta_\varphi$，消除俯仰姿态角负偏差的摆角为 $-\delta_\varphi$；规定消除偏航姿态角正偏差的摆角为 $+\delta_\psi$，消除偏航姿态角负偏差的摆角为 $-\delta_\psi$；规定消除滚动姿态角正偏差的摆角为 $+\delta_\gamma$，消除滚动姿态角负偏差的摆角为 $-\delta_\gamma$。伺服机构的伸缩对应了喷管的摆动，不同的伺服机构安装布局，其极性规定不同。以一般的双发动机喷管布局与伺服机构的关系为例，X 形布局控制力优于十字布局，因此双喷管是斜置的。

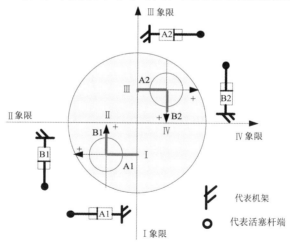

图 3-83　伺服机构伸缩极性

以某双机并联发动机布局伺服机构伸缩极性为例，如图 3-83 所示，俯仰、偏航、滚动极性规定如下：

$+ \delta_{\varphi}$：发动机喷口向Ⅰ，消除 $+ \Delta\varphi$；

$- \delta_{\varphi}$：发动机喷口向Ⅲ，消除 $- \Delta\varphi$；

$+ \delta_{\psi}$：发动机喷口向Ⅳ，消除 $+ \Delta\psi$；

$- \delta_{\psi}$：发动机喷口向Ⅱ，消除 $- \Delta\psi$；

$+ \delta_{\gamma}$：发动机喷口切向运动，从尾部看呈顺时针转动，消除 $+ \Delta\gamma$；

$- \delta_{\gamma}$：发动机喷口切向运动，从尾部看呈逆时针转动，消除 $- \Delta\gamma$；

因此，可以得到伺服机构伸缩所对应的极性，如表 3-1 所列。

表 3-1　某伺服系统伺服机构伸缩所对应极性表

通道	偏差极性	摆角极性	伺服动作器			
			A_1	B_1	A_2	B_2
俯仰	$+ \Delta\varphi$	$+ \delta_{\varphi}$	－	↑	－	↓
	$- \Delta\varphi$	$- \delta_{\varphi}$	－	↓	－	↑
偏航	$+ \Delta\psi$	$+ \delta_{\psi}$	↓	－	↑	－
	$- \Delta\psi$	$- \delta_{\psi}$	↑	－	↓	－
滚动	$+ \Delta\gamma$	$+ \delta_{\gamma}$	↑	↑	↑	↑
	$- \Delta\gamma$	$- \delta_{\gamma}$	↓	↑	↓	↑

表 3-1 中伺服机构伸长为↑，缩短为↓，系统上通过安装设置，使伺服机构伸长时输出信号为正，收缩时为负。

40　大喷管布局

运载火箭总体设计时，需要确定发动机的安装位置以及喷管的布局，喷管布局影响控制力的大小和方向。较为普遍的四喷管布局类型是十字形布局和 X 形布局，如图 3-84 所示。十字布局，喷管，分布在象限线上，火箭飞行过程中，Ⅰ象限线指向地面，Ⅲ象限线向上；X 形布局，发动机喷管布置在象限线之间。

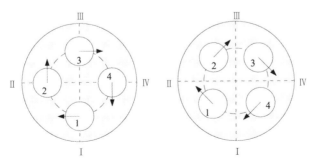

图 3-84　大喷管十字和 X 形布局

X 形布局与十字安装效果不同，设单台发动机推力为 P_c，则总推力 $P = 4P_c$，当发动机摆角分别为 δ_1、δ_2、δ_3、δ_4 时，十字布局发动机产生的控制力简化式为

$$
\begin{cases}
X = 0 \\
Y = \dfrac{P}{2} \cdot \dfrac{\delta_4 - \delta_2}{2} \\
Z = -\dfrac{P}{2} \cdot \dfrac{\delta_3 - \delta_1}{2}
\end{cases}
$$

而 X 形布局发动机产生的控制力简化式为

$$
\begin{cases}
X = 0 \\
Y = \dfrac{\sqrt{2}\,P}{2} \cdot \dfrac{\delta_4 - \delta_2}{2} \\
Z = -\dfrac{\sqrt{2}\,P}{2} \cdot \dfrac{\delta_3 - \delta_1}{2}
\end{cases}
$$

在同等发动机推力和摆角情况下，除阻力和滚动力矩外，X 形布局可使其他控制力和控制力矩均可增大 $\sqrt{2}$ 倍，增大了控制力矩。因此，一般火箭设计时优先考虑采用 X 形布局。

当运载火箭尾部含有多个喷管时，其布局形式多样，具体形式根据运载火箭尾部喷管布置空间限制和控制系统的计算优化结果确定。图 3-85 所示为美国"猎鹰"重型运载火箭尾部喷管布局示意图。该火箭为并联通用芯级结构，每个模块含 9 个发动机喷管。

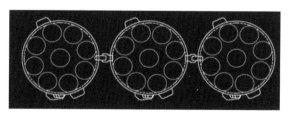

图 3-85　"猎鹰"重型火箭尾部喷管布局

41　助推芯级联合摇摆控制

若火箭的质量、转动惯量、干扰力矩较大，仅采用芯级发动机摆动的方式控制力不足，则需要助推级发动机与芯级发动机联合摇摆，提高控制能力。我国的 CZ-5 和 CZ-7 火箭均采用助推芯级联合摇摆控制技术。

助推参与摇摆，需要分析助推弹性振动的频率和相位是否传递到芯级，增加了姿态控制系统设计难度。根据芯级和助推发动机最大摆角的关系确定

摆角固定比例。例如，某型火箭芯级发动机最大摆角设置为 10°，助推器最大摆角 20°，将芯级和助推的摆角关系固定为 1:2。由于助推发动机喷管远离火箭中轴线，因此助推发动机提供的控制力矩更大。在联合摆动控制时，要适当选取控制力矩的比例和控制角度的比例，进行合理控制。

42 时序控制

在运载火箭飞行过程中，除了由箭机实时输出指令给伺服机构，靠发动机喷管摆动控制飞行外，火箭上的火工品和电磁阀还要在规定的时间点精准地进行动作，控制这些动作的指令，统称为时序时串；严格意义上讲，时序是指箭机发出的指令，如关机指令，而时串是指中间装置发出的指令。时序系统的中间装置，是通过相应的功率电路将时串输出的装置。

计算机根据制导计算结果，发出各个飞行段的点火、关机指令等时序 TK 信号，综合控制器接收到计算机的 TK 信号后，以当前 TK 信号为计时基准，按照既定的时间顺序发出相应的时序控制指令，如图 3-86 所示。

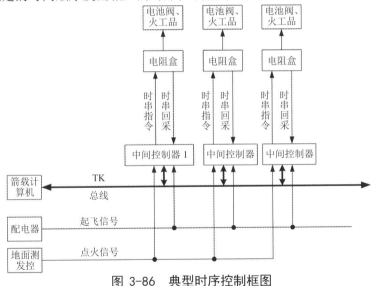

图 3-86　典型时序控制框图

43 绝对时间和浮动时间

绝对时间是以起飞时刻为零点的时间计数，也就是火箭从起飞开始，某一时刻的飞行时间。而浮动时间是指以某一个关机时间为标准的时间计数，比如芯一级关机后 10s，即一个浮动时间计数。一般而言，箭机计算关机量，以此发出 TK 指令，中间装置接收到 TK 后，开始发出后续时串指令，控制火工品、电磁阀工作，因此时串实际上都是以 TK 为基准的浮动时间计算的（点火时串和起飞时串除外）。如果 TK 出现偏差，则相关时串将全部出现相同偏差。因此，在控制系统分析时，由绝对时间决定的时序，如绝对定时关机等，以绝对时间作为判据，而大部分 TK 值与时串，都是以浮动时间作为判据的，如图 3-87 所示。

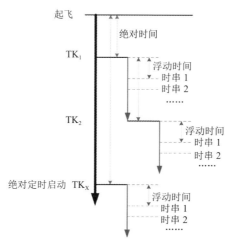

图 3-87　绝对时间和浮动时间示意

从表 3-2 中可以看出，A_1、A_2 以起飞为时间基础计算浮动时间，A_3、A_4、Ty_2 以 TK_1 为时间基准浮动计算时间，Ty_2 如表设置表示在 TK_1 后 200s 允许发出 TK_2 指令，而 TK_2 的理论时间是 700s，且 TK_2 不以 TK_1 浮动，是以实际关机量计算的。

由于火箭飞行一般由多个飞行段构成，每个飞行段的起止点制导策略不同，因此关机时间的相关因素较多，时间可能与理论值有较大偏差，而且火箭各级飞行段连续完成，其时间偏差可能积累，有时多达几秒。

表 3-2　典型时序时串表（部分）

序号	浮动时间 /s	累计时间 /s	指令代号	动作	指令名称
			QF		
1	0	0	A_1	↑	起飞
2	1	1	A_2	↓	
		400	TK_1		
3	0	400	A_3	↑	芯一级关机
4	0.4	400.4	A_4	↑	
5	200	600	Ty_2		
		700	TK_2		芯二级一次关机

44 箭上总线系统

箭上电气系统，包括控制、测量等系统采用总线连接智能单机，总揽数据信息传输和控制指令，是目前运载火箭发展的趋势。总线的优点是可以简化多台终端的连接；无总线情况下单机之间传递信息则需要两两相连，网络复杂，线路较长。设置了总线之后，箭上各单机之间信息传递不必两两连接，只需要各单机均与总线连接即可，如图 3-88 所示。

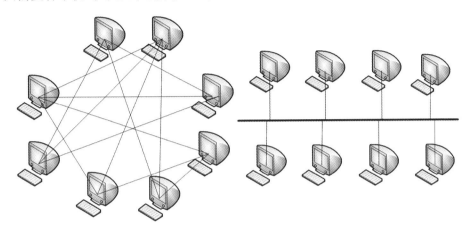

图 3-88　无总线状态和有总线状态

总线的发展经历了三个主要阶段。第一代总线：20 世纪五六十年代，大多是针对具体任务研制的专用系统，通用性较差。第二代总线：以计算机及自动测试技术为支撑，先后出现了 CAMAC、RS232C 总线技术以及适用于特定条件下的现场总线技术。其通用性较好，但受当时技术条件制约，总线性能及信息处理能力有限，总线设备相对复杂。第三代总线：以网络和现代信息技术为支撑，先后发展出了 VXI、PXI、1553B 等总线技术。其总线性能、信息处理能力得到较大提高，总线设备走向智能化和小型化。

美国的航天光纤数据总线（Spaceborne Fiber Optic Data Bus，SFODB）采用串行传输方式，SFODB 又称为 IEEE1393 标准。灵活支持200Mb/s～1Gb/s 数据传输，容错、高可靠性（误码率小于 10^{-13}）、低延时、长寿命（10a），体积小、重量轻、功耗低的"地球"1 号观测卫星。欧洲航天局的 Space Wire，全双工、串行、码率 400Mb/s，电缆最长为 10m，采用 LVDS 技术。美国国家极轨道卫星使用的 IEEE1394（火线），传输速率大于 800Mb/s，支持热插拔，自身带能源线，可抗衡电源故障，单总线可连接 63 个站点，支持等时和异步两种传输模式。U2，B1B 等轰炸机使用光纤进行通信，如图 3-90 所示。

图 3-89　笔记本电脑上的 1394 接口

图 3-90　U2 轰炸机

RS422 总线：RS422 定义了一种平衡通信接口，是典型的串行通信标准。数据信号采用差分传输方式。工作方式有全双工、半双工、单工三种方式。RS422 总线由 RS232 发展而来，支持全双工，传输速率为 10Mb/s，距离最大1919m，但速度降低至 100kb/s。

RS485 总线：RS485 是在 RS422 基础上发展出来的串行通信标准。数据信号采用差分传输方式。工作方式有半双工、单工两种方式。允许 32 个站点，RS-485 的电气性能与 RS-422 近似一样。

45　1553B 总线系统

我国新一代运载火箭采用的 1553B 箭上总线，全称为"飞机内部时分指令/响应式多路传输数据总线"。主要特点是"分布处理，集中控制，实时响应"，主要功能模块包括总线控制器 BC、远程终端 RT 和总线监视器 MT。箭上信息在各 RT 远程终端上处理，所有信息的传递控制均由 BC 总线控制器完成，并且实时对控制指令进行响应。

采用总线的好处有很多，集中管理简化了系统连接形式，使整个箭上控制系统连接更简洁。通过高传输速率，提供了系统响应速度，使得箭体的快速控制得以实现，并且大量的信息在总线内传递，取消了大量的电缆连接，减轻了箭上电缆网的重量，简化了箭地的连接。同时，1553B 总线协议自设了安全容错的机制，使得信息的传递更加可靠，而且具有广播模式，可以同时发指令给多个终端。1553B总线技术成熟，应用广泛，美国空军F16、B1轰炸机，中国歼11、167驱逐舰、"神舟"飞船等均有应用。

1553B总线的通信方式主要有三种，即BC-RT，RT-BC，RT-RT，无论哪种方式，都是由BC控制发起的，如图3-91所示。总线负载率应严格规定不能超过80%，否则，在异常条件下，比如出错处理或非周期数据突发处理等，会打破系统的处理机制，引起通信阻塞。为系统升级保留了足够的裕度，通常，总线负载率设计不超过50%～70%。

$$总线负载率 = \frac{总线上总信息量}{总线最大允许传输信息量} \times 100\%$$

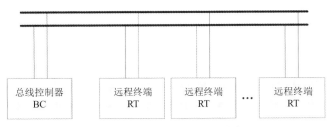

图 3-91　典型单总线系统

采用1553B总线通信模式，大大提高电气系统仪器设备的自测试水平，通过总线点名自检的方式，能够在最短时间内对箭上重要单机的工作状态进行检查，并反馈故障诊断结果。每次测试中能过获取遥测和总线等多来源测试数据，对于判断设备冗余部分的工作状态和发生故障后的快速定位提供了技术支撑。

目前，1553B总线尚能满足我国现役运载火箭使用，但其1Mb/s的通信速率可能无法适应后续更高速率箭上数据处理应用。一般认为光纤通信是较好的替代方案，因为在各行各业光纤应用广泛。目前，已有光纤FC-AE-1553标准，可以将传输速率提高2～3个数量级，并且可靠性高，实时性强，延迟低，成本低，抗电磁干扰，绝缘性能好，体积小，重量轻。

46　增压控制

运载火箭控制系统除了制导、姿控、时序控制外，一般还具有增压控制和推进剂利用控制的功能，以保证结构强度、推进剂供应和有效利用等。液体运载火箭飞行过程中，推进剂迅速消耗，飞行时受引力、大气压、热交换等影响，使得贮箱内推进剂压力迅速下降，可能影响推进剂的正常供应。因此，需要进行贮箱的压力控制，或称增压控制。

增压控制指标由动力系统、推进剂增压输送系统提出，根据贮箱气枕压力曲线设计，满足气枕压力的控制带范围要求。以下图为例，折线位置均为控制系统箱压控制点，全程保持箱压稳定在压力控制带内，如图 3-92 所示。

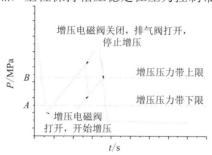

图 3-92　典型增压控制示意

控制系统参与闭式增压控制，贮箱的压力传感器将贮箱箱压信息传递给控制系统，由控制系统根据压力控制规律，输出指令控制具体的增压电磁阀的开闭，以达到控制箱压的目的。作为箭上飞行控制的重要部分，箱压控制是十分重要的，因此 CZ-7 和 CZ-5 等火箭闭式增压控制均采用系统级的三冗余策略。其增压控制方案包括了三冗余的箱压传感器，三冗余箱压控制装置，三取二输出判断，三冗余箱压控制电磁阀配置等。

47 供配电

主流现役运载火箭均采用分级供配电的方案，所谓分级供配电就是火箭各级的火工品和电磁阀使用相对独立的电池进行供电。智能仪器单机，由于供电电流小，消耗功率少，使用同一块位于仪器舱的电池就足够了。火工品电磁阀由于输出电流较大，瞬时功率高，可能会影响到其他电器的正常工作，因此与其他单机的电池是分开设置的。

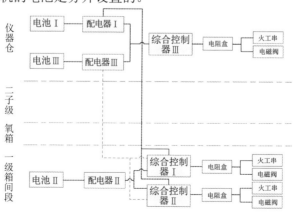

图 3-93　典型分级供配电方案

电池母线输出的母线电压，由配电器进行输出控制，在配电器内设置供电控制逻辑，根据供电逻辑对箭上单机进行分类供电控制。

48 电池

目前我国多数运载火箭型号所使用的电池为银锌蓄电池组，采用多个单体电池串联的方式，如图 3-94 所示。银锌电池具有比能量高，内阻小，放电功率大，放电电压平稳，电性能稳定，使用安全可靠以及技术成熟等特性。

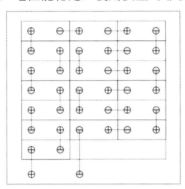

图 3-94　电池单体串联示意

电池正常工作稳定输出对单体的温度有一定要求，因此在电池内设置加温电阻，一般使用地面电源对电池进行加温，其内部电路控制逻辑是热敏电阻达到一定值就自动断加温电路供电，不需要手动控制，如图 3-95 所示。转电后，箭上电池工作，自身输出电能即产生热量，也就不需要加温了。

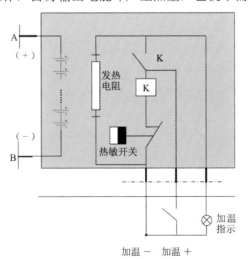

图 3-95　典型电池加温控制电路

一次电源: 一般将箭上各系统的电池单体直接输出的电能称为一次电源, 箭上使用电源一般为28V, 而将各单机内部电源变换电路输出的电能称为二次电源, 如惯组内部电源变换模块提供15V和5V的电源, 供特定供电需求的模块使用。

49 推进剂利用系统

双组元火箭的两种推进剂, 实际飞行过程由于流量比偏差, 可能会造成一种剩余过多, 就会成为死重, 影响火箭的运载能力。推进剂利用系统, 就是通过调节推进剂混合比, 达到两种推进剂同等消耗, 尽量减少剩余推进剂量, 以达到提高运载能力的目的, 如图3-96所示。

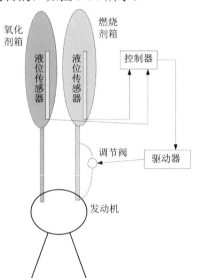

图 3-96　典型推进剂利用系统框图

推进剂利用系统的基本思路是使用液位传感器实时测量推进剂目前的量, 通过推进剂剩余控制调节阀门, 从而调节流量, 达到调节混合比的目的。

利用系统的控制规律如图3-97所示, 混合比B值在$-D$至D控制带内, 利用控制阀门一开一闭, 保持正常流速, 若混合比B值达到D, 再将阀门全开, 使控制的推进剂流量增大, 以减小B值, 在此状态下, B值达到$-D$时, 阀门状态转为一开一闭, 若B值达到$-D'$, 则控制阀门全闭, 以增大B值。D为调节控制值, 是预先根据工程计算确定的阈值, B是根据实时推进剂秒耗量计算的综合控制值。具体逻辑控制图如图3-98所示。

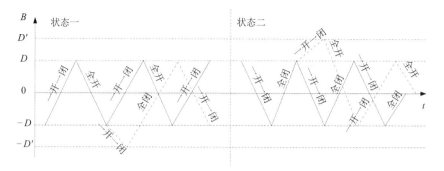

图 3-97　典型利用系统控制规律

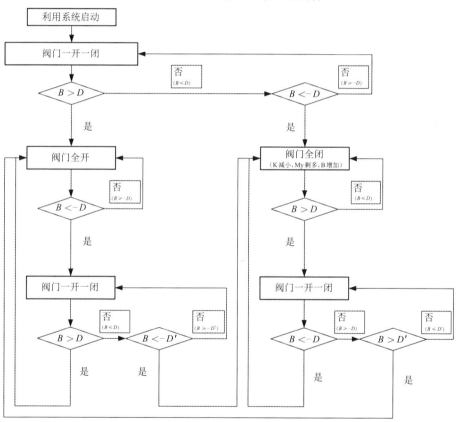

图 3-98　推进剂控制的一般逻辑

> **扩展阅读**

　　利用调节阀：发动机通过开、关动作改变推进剂流量的阀门，进而达到火箭飞行时推进剂组元按要求比例消耗，提高运载能力的目的。

50 其他单机

中间装置是配合箭机完成系统控制的仪器，箭机作为中枢，难以满足所有指令的输出功率需求。一般设置中间装置，负责执行箭机输出的信号指令，通过对指令进行放大输出至执行机构，其输出可以满足被输出目标所需功率。控制系统的执行机构包括伺服机构和火工品、电磁阀。

电阻盒是火工品、电磁阀输出回路的组合，在中间装置后，经过精确计算设计的输出回路，给指定的火工品和电磁阀输出额定功率的电量。

执行装置中，火工品包括发动机的火工品，用于使发动机点火，或关键阀门动作，分离火工品，用于使各级箭体、整流罩或有效载荷分离。电磁阀通过开闭动作，控制火箭动力系统工作。伺服机构通过伸缩来推拉控制喷管角度，以控制运载火箭飞行方向和姿态的功率输出装置。

51 电路图

包括控制系统在内，各电气系统均有其电路图，常见电路图的图例如图3-99 所示。

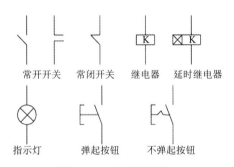

图 3-99　电路图例

根据开关动作和电流走向，判断电路的逻辑，以地面电源接通供电为例说明自保逻辑。

如图 3-100 所示，电源控制箱内按下"接通"按钮，此时电源内继电器 K 带电，使所有其控制的开关闭合，其中 K_1 开关闭合通过断电电路将继电器 K 自保，此时松开"接通"按钮（为弹起按钮，松手就弹起断开），继电器 K 仍持续带电。要断电，只能通过按"断开"按钮。K_2 闭合，使电源接通指示灯亮，在控制箱可以看到。K_3 闭合，则将电源母线电压向外输出，完成供电。需要注意的是，一般辅助电源为电源内部设置，与电源本身的正负母线是两个概念。通过继电器、开关、延时等控制，就可以实现多种复杂逻辑。

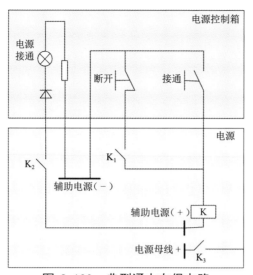

图 3-100　典型通电自保电路

扩展阅读

电磁继电器：功率可选范围较大，体积较大，单继电器控制路数较多，不同步控制，与数字电路兼容差，抗过流等性能好。

固态继电器：功率较小，体积较小，继电器控制1路，基本同步控制，与数字电路兼容好，抗过流等性能差，火箭箭上一般使用固态继电器，地面使用电磁继电器。

52 潜通路

潜通路，即潜在通路，是物质流、能量流、数据流或逻辑顺序流的非期望路径。潜通路不是电路失效的结果，而是无意中引入系统设计的一种潜伏条件。广义上电压击穿、分布电容等都属于潜通路范畴。控制系统潜通路指电缆网设计上的潜在通路。

以典型二级火箭转电、断电控制线路为例，一、二级配电器 1 和 2 分别具有转电控制和断电控制功能，设计电路时，其控制功能有正母线通路设置继电器和开关完成相关逻辑，负母线作为公共端同一引回地面。正常工作时电缆网电流流向如图 3-101 所示：转电时，地面"转电"指令接通 +B$_1$，使两个配电器的 K$_1$ 带电，完成转电动作；断电时，地面"断电"指令接通 +B$_1$，使配电器的断电继电器 KD$_1$、KS$_1$ 带电，将常闭开关 KD$_1$ 断开，完成断电动作；配电器 2 中设有"负母线受控"自保路，用于接通负母线。

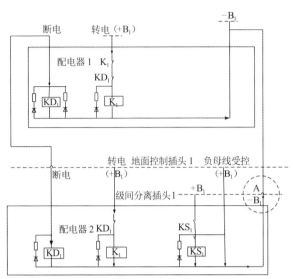

图 3-101　转电断电控制电路

　　在某种"巧合"的情况下，级间分离插头 1 分开，而地面控制插头仍保持连接，地面的"转电"和"负母线受控"指令仍保持输出，在配电器 2 中，原有电流回归负母线的通路在 A 点断开，此路不通；于是电流借由配电器负母线公共端，经过 B 点，分别流经配电器 1 和 2 的断电继电器，然后回到 -B_1 母线，形成潜通路回路。即地面断电指令没有发出的情况下，此潜通路可能造成配电器 1 和 2 断电（也有可能不会，因为正负母线间设计负载为一个继电器，串联带动两个或许不会导致开关动作），如图 3-102 所示。

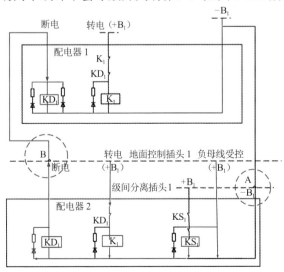

图 3-102　异常状态转电断电潜通路

系统连接条件、供电条件、信息传递等条件均正常的情况下，电路设计的准确性使得系统的工作供电、信息传递均正常。但在发生插头分离、部分断电的条件下，还在输出的某些电源可能找到系统潜在的通信路径，触发期望外的反应，因此潜通路是要避免的。如美国"红石"火箭第51次发射时，由于插头断开顺序问题，导致产生潜通路，使得火箭才刚起飞就异常关机，掉回发射台。

第 4 章

运载火箭测量和测控

在火箭研制、测试和飞行过程中，研究人员需要获得环境、电量、非电量、飞行速度、位置等数据，因此需要设计测量系统，并进行测控系统的地面布站。运载火箭与地面的信息通信，主要由两个系统完成，箭上为测量系统，地面为测控系统。

箭地信息通信的作用包括：获取地面试验及飞行试验数据，用于评定火箭整体及各部件性能，为火箭设计评价和改进提供依据；为故障分析提供原始数据；测定火箭飞行状态参数及环境参数，提供实时监控显示信息，掌握飞行试验情况并做出相应判决。

从任务内容划分，箭上测量和地面测控系统的子系统分为三类：一是遥测，指火箭内参数的测量及信息传输，即箭上设备的工作参数、箭体环境、压力、液位等；二是外弹道测量，即测量火箭的飞行位置和速度等弹道信息，对于箭上测量系统；三是火箭的安全自毁控制，箭上测量系统称为箭上安控，测控系统称为地面安控，如图 4-1 所示。

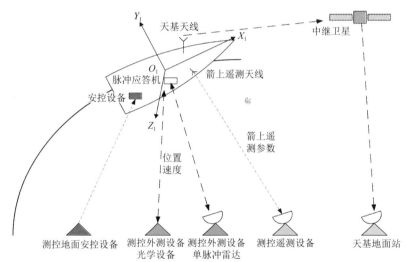

图 4-1　箭上测量和地面测控

第 1 节 遥测

遥测系统的功用是把运载火箭飞行中各系统的工作参数及环境参数测量下来，并送回地面。它包含三个基本过程，即数据采集、数据传输和数据记录：数据采集，靠箭上的传感器、变换器（信号调节器），提取第一手的测量信息；数据传输，通过射频无线的方式，经过箭上测量天线信道传输，到达测控的地面接收机；数据记录，数据处理设备将接收的数据进行处理与显示，如图4-2所示。

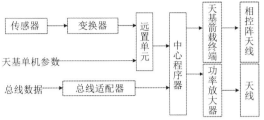

图 4-2 典型箭上遥测系统框图

1 运载火箭的测量参数

运载火箭是一个复杂庞大的系统，详细表征火箭各系统的工作状态，用到的测量参数多种多样。一般按物理特性将电压、电流、指令、计算机字、脉冲等参数称为电量参数，而将压力、温度、液位、过载、振动、噪声、转速、频率称为非电量参数。对于电量参数，一般又将电池电压、伺服机构电机电流等称为缓变量参数，以区分指令、脉冲信号等。

电量信号中设备缓变量参数直接采集传输至模拟量变换器，经过隔离和变换后，进入数据采编单元，将数据综合变化，按照一定的帧格式，形成一定码率的数据流，传给数据综合器，如图4-3所示。

图 4-3 缓变电量信号传输

外系统的异步串行信号，通过数字量变换器，输出给数据采编单元，然后传给数据综合器，如图4-4所示。

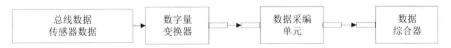

图 4-4 外系统异步串行数据传输

指令信号，通过指令变换器传给数据采编单元，之后传给数据综合器，如图 4-5 所示。

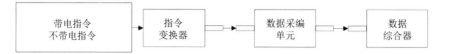

图 4-5 指令信号传输

非电量信号一般通过各自不同的传感器敏感测量，经变换器后处理为易于传输处理的电量信号，输入换流器，统一输入至数据采编单元，数据采编单元将数据综合变化，按照一定的帧格式，形成一定码率的数据流，传给数据综合器。数据综合器内进行综合、编帧、平行延时、信道编码、调整等一系列处理，形成射频信号进行输出，将信息传送出去，如图 4-6 所示。

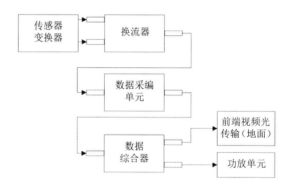

图 4-6 非电量信号传输

> **扩展阅读**

单工、全双工、半双工：单工通信模式是指在通信的双方，一方只发送，一方只接收，信息只能沿一个方向传输的通信方式，比如我们看电视、听广播，就是典型的单工通信方式。双工通信方式就是双方都可以发动信息给对方，如果可以同时相互发送，称为全双工，比如打电话；如果不能同时发送，即称为半双工，如对讲机。

串行和并行通信：串行通信只通过一条传输线交换数据，数据各位依次序进行传输；并行通信是指存在多条传输线，数据各位同时传输。

同步和异步通信：同步通信，是在通信双方建立同步时钟频率基础上进行的通信，通信过程双方不停地发送和接收同步信息，有严格的时间间隔限制。异步通信发送的信息时间间隔是任意的，接收端必须时刻做好接收的准备。

2 传感器

运载火箭的电量信号可以通过专用接口的线缆直接测得，非电量信号的测量，靠的是传感器。测量系统箭上传感器种类很多，一般所说的三大类传感器，是指液位传感器、压力传感器和温度传感器，当然，还有其他很多传感器，包括过载（加速度）、振动、热流、形变、位移等传感器，种类多，数量多。传感器分类见表4-1。

表 4-1 传感器分类

分类方法	传感器
工作机理	物理型、化学型、生物型
构成原理	结构型（利用物理学中场的定律构成，它包括动力场的运动定律、电磁场的电磁定律等）、物性型（利用物质定律构成，如虎克定律、欧姆定律等）
能量转换	能量控制型、能量转换型
物理原理	电参量式（包括电阻式、电感式、电容式，以及由此而派生出来的电触点式、差动变压器式等）、磁电式、压电式、光电式等
用途	位移式、压力式、振动式、温度式等

3 压力传感器

压力传感器主要用于测量贮箱的压力（气枕压力）、管路的压力、气瓶的压力、舱段的压力等。压力传感器有电位计式、薄膜应变式、电感式、压阻式等类型。

电位计式传感器是电阻式传感器的一类，是典型的机电转换元件，具有十分广泛的用途。一个电阻元件 R 与一个电刷 C 就组成了一个最简单的电位器。当传感器的弹性敏感器件波形膜片感受被测压力后，膜片产生弹性形变，形成位移，推动电刷移动，电位器的电阻按线性规律变化，则输出电压将正比于电刷的位移，即线性电位器。电位计式压力传感器主要用于测量发动机推力室压力与各种箱体、管路压力，如图4-7所示。

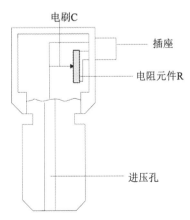

图 4-7 电位计式传感器原理图

压力传感器分层值：电位计式压力传感器，采用弹性敏感元件波形膜片，受到被测压力作用，弹性变形出现位移，位移转化为电位计上的百分比电压或电阻输出，进而折算出压力信息。

传感器所测参数的数据处理，转化为物理量的公式为

$$P = P_0 + (U_i/U_{100} \times 100 - U_{a0}\%)/K$$

式中：P 为被测压力（MPa）；U_i 为参数对应的分层值（十进制编码数）；U_{100} 为传输该参数的采编器中同校电平 100% 的分层值；K 为传感器的标准特性方程的平均斜率（%/MPa，查阅传感器的产品说明书得到或根据标准数据用最小二乘法求得）；$U_{a0}\%$ 为传感器的零位输出百分比（查阅传感器的产品说明书得到）；P_0 为飞行试验场的环境大气压（MPa，随飞行高度定）。其中，分层值 U_i 为变化量，即对应压力的电压量表示值。

薄膜应变式压力传感器，其测量原理是被测压力变化，弹性膜片相应发生微小形变，使得用溅射等工艺在薄膜应变电阻变化，导致惠斯通电桥失去平衡，从而输出相应的电压值，电压值经过变换器输出 0 ～ 5V 的电压，如图 4-8 所示。一般火箭的贮箱即使用此类压力传感器。

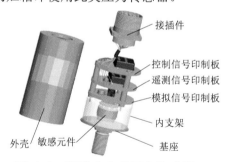

图 4-8　薄膜应变式压力传感器

脉动式压力传感器原理是利用压电效应测量脉动压力，主要由弹性膜片、压电晶体组成。当传感器受到脉动压力后，通过弹性膜片将该脉动压力施加给压电晶体，使之产生一个与压力成正比的电荷输出，将该电荷输出送到变换器对其放大，滤波到所需的模拟信号。脉动压力传感器和变换器配合使用，用来测量火箭启动活门前的脉动压力。

压电效应：有些电介质在一定方向上受到外力作用而变形时，其内部会

产生极化现象，在介质表面产生电荷，当去掉外力时，又重新回到不带电的状态；反之，若在电介质的极化方向上施加电场，则可以使它产生变形。这种现象称为压电效应。

压阻式压力传感器由敏感元件和变换器两部分组成。敏感元件是一个带有隔离膜片的压阻式敏感头。硅杯密封在充满硅油的腔体内，介质的压力作用于外部的柔性不锈钢隔离膜片上，再通过腔内硅油传递给内部的硅杯上，如图4-9所示。此结构长期稳定性好，零点漂移小。变换器由恒流源、放大器和调零、调灵敏度电路组成。压阻式压力传感器用于气体、液体绝对压力的测量。

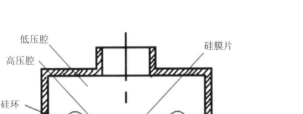

图 4-9　压阻式压力传感器

扩展阅读

压阻效应：单晶硅片等材料，压力变化时，表面应变电阻发生变化的现象称为压阻效应。实质是应力作用导致半导体能带变化，随着能谷的移动，使其电阻率发生了变化。

溅射薄膜式压力传感器由敏感元件和变换器两部分组成，其基本原理同为压阻效应，只是其敏感元件由溅射工艺制造而成。敏感元件用溅射工艺在平膜片形成一个由四个电阻组成的电桥，当介质压力注入压力腔中，压力作用于平膜片上，使其发生弹性形变，引起应变电阻发生变化，使电桥失去平衡，电桥输出电压与压力成正比。溅射薄膜式压力传感器用于测量发动机系统相关的压力参数。

扩展阅读

溅射工艺：指用高能粒子轰击固体表面，使固体表面的原子等粒子获得较大能量而逸出，从而达到材料加工的目的，如图4-10所示。主要分为溅射刻蚀和淀积薄膜两种用法。

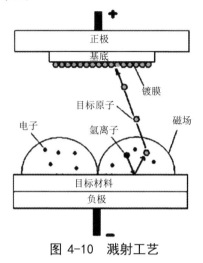

图 4-10 溅射工艺

4 温度传感器

温度传感器及变换器用于测量物体表面温度、（空气）温度、容器及管道介质（气体、液体）温度等，被测介质主要为空气、氢气、氧气、金属及非金属表面等。温度传感器的类型多样，主要包括热敏电阻温度传感器、铂电阻温度传感器和热电偶温度传感器等。

1）热敏电阻温度传感器

热敏电阻温度传感器，主要用于测量火箭内的温度，如箭体内壁温度及各种仪器内外表面温度等。热敏电阻温度传感器是基于热敏电阻随着被测介质温度的变化而发生急剧变化的特征来测量温度，在元器件上均采用了负温度系数的热敏电阻，电阻阻值与温度成指数关系：

$$R_t = R_0 \, \mathrm{e}^{\beta \, (1/t - 1/t_0)}$$

式中：R_t 为温度 t（K）时电阻；R_0 为温度 t_0（K）时电阻；β 为材料特性常数。热敏电阻的电阻值与温度成指数关系，因而具有很大的电阻温度系数，由于灵敏度高，适用于测量极小的温度变化。它具有形小、体轻、结构简单、响应快、测量线路较为简单、灵敏度高、阻值大等特点，在温度测量中应用十分广泛。它的主要缺点为非线性大，测量温区较窄。

2）铂电阻温度传感器

铂电阻温度传感器与变换器配合使用主要用于火箭及整流罩内壁温度、

火箭推进剂箱内气体温度的测量。铂电阻温度传感器采用金属铂电阻作为敏感元件，传感器用三线制与变换器相连，接入线性电桥。当传感器的电阻随被测温度变化时，电桥失去平衡，输入与电阻变化量成正比的电压信号。这个信号通过放大器放大，输出直流信号，如图4-11所示。传感器与变换器采用三线制是为了消除电缆电阻对测量的影响。铂是热电阻元件的主要材料，它有极稳定的物理和化学性质，电阻率高，电阻温度系数较大。中温范围（－259.34～630.76℃）的基准测温仪器就是铂电阻温度计。在温度的精密测量和控制系统中也广泛使用铂电阻。

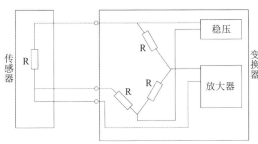

图 4-11   铂电阻温度传感器、变换器连接图

3）热电偶温度传感器

热电偶温度传感器和相关的变换器配合使用用于测量飞船整流罩外壁温度及发动机支架处空间温度等。将两种不同材料的导体组成闭合回路，如果两端节点的温度不同，则回路中将有一定大小的电动势产生，该现象称为热电效应，该电势称为热电势，如图4-12所示。热电势只与两种材料的性质及两端的温度有关，而与它们的直径和长度无关。

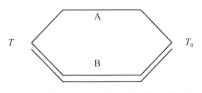

图 4-12   热电效应结构图

A、B 两种导体称为热电偶的电极。两个节点中，一个称为工作端或热端（温度为 T）；另一个称为参考端或冷端（温度为 T_0）。

热电偶温度传感器的核心是焊在一起的两种导体，当测量端与参考端温度不同时就会输出热电势，热电偶温度传感器就是利用这种热电效应测量温度的，热电偶变换器由放大电路和冷端补偿电路组成。放大电路的作用是将热电偶传感器的输出信号线性放大到所需的信号。热电偶材料一般为镍铬－镍硅。

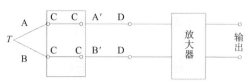

图 4-13　热电偶温度传感器、变换器工作原理图

A、B— 热电偶；A′、B′— 补偿导线；C— 铜接线柱；D— 铜导线。

薄膜热电偶是用真空蒸镀或溅射的方法将热电极材料沉积在绝缘衬底（云母或陶瓷）上而形成的，它有极高的响应速度，故可用来测量运载火箭发动机点火、原子能反应堆燃烧过程的瞬变温度。在运载火箭热防护系统中广泛使用的热流传感器也是以热电偶为敏感元件的。

5　液位传感器

液位传感器、变换器分布于全箭各部段贮箱，传感器用于贮箱液位参数的敏感。常用的液位传感器为电容式液位传感器，这类传感器具有多环同轴电容结构。由于被测介质气、液两相的介电常数不同，因此电容中进入液体（推进剂）后电容只会有所变化，敏感这种变化即可换算输出液位值，如图 4-14 所示。

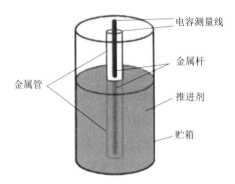

图 4-14　传感器原理图

液位传感器在被测介质气相中的电容量为

$$C_0 = 0.56 \frac{L\varepsilon_0}{\ln\frac{D}{d}}$$

式中：C_0 为液位传感器在气相中的电容值；L 为液位传感器内外环高度；D 为外环内径；d 为内环内径；ε_0 为被测介质气相介电常数，近似为 1。液位传感器在被测介质中的电容量为

$$C_L = 0.56 \frac{L\varepsilon_L}{\ln\frac{D}{d}}$$

式中：C_L 为被测液态介质的电容值；ε_L 为被测介质的液态介电常数。液位传感器在气、液两相的电容变化量为

$$\Delta C = C_L - C_0$$

为了增加液压传感器的电容变化量，以提高液压传感器的测量灵敏度，液压传感器采用多环同轴电容式结构。

液压传感器的电容接入变换器的变压器电桥（图 4-15），作为一个电容桥臂，另一电容桥臂在变换器内。加注时当液压传感器电容处于气相时，此时变压器电桥基本处于平衡状态，输出电压 V 很小，变换器中的继电器不工作，触点仍处于常开状态，无信号输出。当推进剂加注液位到达发信号点时，液压传感器的电容已与介质接触，液压传感器电容随着浸入介质的深度增加电容量也增加，电桥的输出电压 V 升高，并经交流放大器放大，AC/DC 变换，当其输出直流电压大于比较器比较电压时，比较器立即输出高电平，驱动器工作，继电器动作，常开触点吸合，发出加注液位信号。

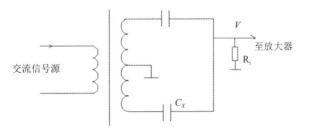

图 4-15　变压器电桥原理图

扩展阅读

AC/DC 变换：即交流 / 直流变换。AC，英文 Alternating Current 的缩写，交流；DC，英文 Direct Current 的缩写，直流。

把一组电触点在被测介质中按一定的规律排列，当被测物理量变化时，会引起接通或断开，从而给出阶跃变化的电信号。这类传感器在遥测系统中应用很广泛，统称为触点式传感器。

较为典型的是干簧管液位传感器。干簧管液位传感器是基于常开的干簧管触点，在一定的磁场作用下，以自动被闭合的原理工作的。每个测量点的干簧管放置在导管组件内，浮子装在导管上，浮子内装有磁钢，它随着液位的变化在导管上自由滑动。每当浮子随着液位变化到达干簧管测量点时，干簧管触点在浮子磁场作用下被吸合。随着液位的继续变化，浮子逐渐离开该干簧测点，磁场逐渐减弱，干簧管触点恢复至常开状态。干簧管触点分别接

在电阻分压器的电阻上，这样干簧测点每被吸合一次，分压器输出电压就跳变一次，输出一个方波信号，从方波的幅度即可判断液位，如图4-16所示。为区分每个测量点，每个测点的方波信号的电压幅值均不相同，呈现阶梯状。

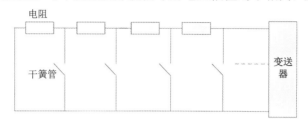

图 4-16 干簧管液位传感器原理示意

扩展阅读

霍尔液位传感器：利用漂浮在被测液面的浮子的位置判断液位高度，浮子内装有环形磁铁，磁铁产生沿不锈钢保护管轴向的稳定磁场，保护管内装有窄长条电路板，电路板上装有等间距霍尔片。浮子处于某一位置时，其内部磁铁触发同高度的霍尔片，输出电信号，进而判断高度，如图4-17所示。

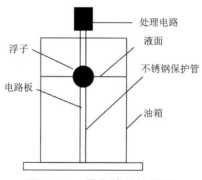

图 4-17 霍尔液位传感器

6 点式液位传感器与连续液位传感器

按液位传感器是否连续测量分为点式液位传感器、连续液位传感器两类。点式液位传感器，是指在贮箱的固定位置设置传感器，当液位到达相应位置时，输出液位到达信号，根据事先标定好的数值，确定当前贮箱内液体容积。例如，产生耗尽信号的耗尽关机传感器，其实质是点式液位传感器，当贮箱的推进剂液面低于传感器位置时，发出耗尽信号。

连续液位传感器，顾名思义，是指通过不断累积求和求得当前液位值的传感器。当然，在严格意义上并不是"连续"的，而是分成了若干小节，节节叠加，从而计算出当前液位高度，再根据高度反算容积。对于液面蒸发（沸腾）较为激烈的推进剂，如液氢，连续液位传感器的精度要稍差些。

7 振动传感器

振动传感器和变换器配合使用测量箭上各部段的振动环境。振动传感器是利用压电效应测量振动的装置。能产生显著压电效应的材料有两大类：一类是天然或人工制造的单晶体，如石英、酒石酸钾钠；另一类是经过极化处理的压电陶瓷，如钛酸钡、锆钛酸铅等。

振动传感器的核心包括压电材料和惯性质量块。当传感器受到一个交变的振动时，这个振动通过惯性质量将此信号送到振动传感器中对他进行放大，滤波就可得到所需的电信号。质量块对压电片施加的惯性力正比于被动加速度的测量。

振动变换器包括三部分，即电荷放大器、滤波器和输出级。电荷放大器起阻抗转换作用，滤波器筛选有用信号，输出级则可对信号幅度进行调整并作为振动信号（交流）加上直流偏压，如图4-18所示。

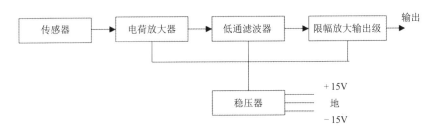

图 4-18　振动变换器工作原理框图

8 噪声传感器

噪声传感器用于测量火箭各部位的内外噪声。噪声传感器的核心是绷紧在膜片后面的后极板构成一个电容器，工作时电热板上加上极化电压。当声波作用在膜片上，使膜片产生位移，因而改变了电容量，产生电动势：

$$e = E_0 \frac{\Delta C}{C_0} = E_0 \frac{\Delta d}{d_0} \propto P$$

式中：E_0 极化电压；d_0 膜片与后极板的起始距离；Δd 为距离的变化量；P 为声压。噪声传感器后接配电器，将传感器的高输入阻抗变换成低阻抗输出，再将这个输出电压送至变换器，对它进行滤波放大到所需的幅度，变换器同时还要给传感器提供极化电压，使用时极化电压输出禁止短路，如图4-19所示。

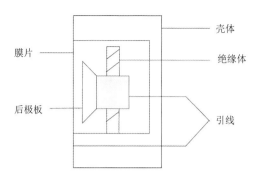

图 4-19　噪声传感器结构示意图

9　热流传感器

　　热流传感器主要是由热沉体以及康铜箔组成。当传感器处于有热流体的环境中时，热沉体上的敏感元件部件受热而温度升高，在敏感元件的温度分布是沿着敏感元件的径向分布的，在敏感元件的中心位置，其温度最高，沿着半径从圆心到圆周，温度逐渐降低。根据热力学原理，单位面积上通过敏感元件上的热流量与敏感元件的有效半径的平方成反比，与敏感元件的厚度成正比，与敏感元件和热沉体之间的温度差成正比，如图 4-20 所示。

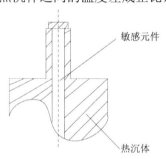

图 4-20　热流传感器热沉体与敏感元件结构示意图

　　扩展阅读

　　热沉：理想状态下指温度不随传入热量而变化的物体，应用时要么物体规模较大，如大气、大地等；要么是可以良好导热，又可良好散热的物体，称为热沉体，如工业上用于散热的金属部件。

　　康铜：含 40% 镍、1.5% 锰铜金属合金，其特点是电阻温度系数低，即温度每升高 1℃，电阻变化的百分数小，因此可以用于较宽范围的温度测量。

　　火箭飞行过程中各部段热流不同，且变化较大。某火箭不同部段的热流示意如图 4-21 所示。

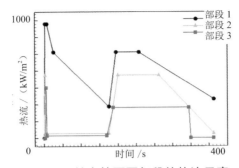

图 4-21　某火箭不同部段的热流示意

10　变换器

变换器是将输入信息变化为按一定输出要求信号的装置，可以将输入信息进行编码、变化为限值电流等规范输出，或是进行直流与交流、数字量与模拟量之间的转换。测量系统所指的变换器，一般指将传感器的输出，变换为可采集的电量的装置。将传感器和变换器称为"两器"。

火箭箭上测量系统一般包括数字量变换器、模拟量变换器和指令变换器等。数字量变换器的作用是将速率陀螺、加速度计、压力传感器、液位传感器的总线数据和脉冲参数进行接收处理，编排路序，输出至数据综合器的中间装置，如采编器。RS485 总线与数字量变换器的接口经过隔离，如图 4-22 所示。

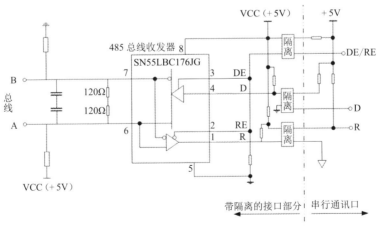

图 4-22　RS485 接口电路

模拟量变换器作用是将箭上各单机的模拟量进行隔离、变换的装置，一般指将一次电压、中频电机电压等信号隔离输出给采编单元，如图 4-23 所示。

指令变换器作用是测量箭上指令，并将所有指令综合为一定码率的数据流输出给数据采编单元的装置。箭上指令分为带电信号和不带电信号两类。带电信号为28V电压量。指令变换器通过光电隔离电路将其输出给采编单元。

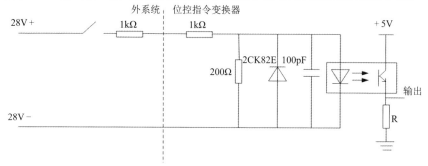

图 4-23　典型模拟量变换器隔离电路

不带电信号仅为触点闭合，我国火箭测量系统一般使用变换器 +15V 电源采集，并光电隔离输出，如图 4-24 所示。箭上测量系统通过传感器和变换器，采集了箭上各类参数信息，并且转换为易于编码和传输的数据流。

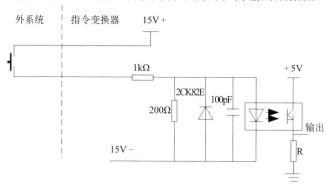

图 4-24　典型不带电信号隔离电路

11　测量系统中间装置及数据综合器

由传感器和变换器得来的数据流，经过中间装置的处理，传给数据综合器。中间装置一般是靠近测量位置的采编单元，或是远置单元。由于数据综合器只有一个且位置固定，因此为了照顾不同位置的测量数据流，使用中间装置对数据进行初步综合、采编。

采编单元用于采集多路模拟量遥测参数，接收外设设备的数字量数据，经综合、编帧后形成一定码率的数据流输出给数据综合器。

数据综合器类似于控制的箭机，也称为中心程序器，是测量系统箭上核心。

数据综合器对数据进行综合、编帧、平行延时、信道编码、调制后形成射频信号输出给功放单元。数据综合器采用模块化设计理念，包含的基本模块为数字量接口模块、电源模块、程序控制模块、平行延时模块及调制模块。

12 箭上天馈系统

箭上功放单元、功分器和天线组成的系统称为箭上天馈系统。功放单元，是将箭上射频信号进行放大输出的装置，主要起到功率放大器的作用。经过中心程序器处理的测量信息，由功放单元，经功分器输出给箭上天线，向外发送。功放单元测试，就是使用功率计测量功放单元放大后输出的功率，以确定其输出满足指标要求。

> **扩展阅读**
>
> dBm: 功率单位，是以 1mW 为基本单位的比值系统，定义
>
> $$PdBm = 30 + 10 \lg P$$
>
> 这样表示主要是为了方便，在这个定义里 1W = 30dBm，一般功率增加 1 倍则加 3dBm；功率减少 1/2 则减 3dBm；一般功率乘 10 倍则加 10dBm，功率减少到 1/10 则减 10dBm。
>
> dBw: 与 dBm 一样，定义 1W = 30dBm = 0dBw。
>
> 箭上天线的功率: 箭上无线开机时，在箭体周围的人员需要注意防辐射，一般而言，火箭箭上天线的辐射是几瓦到十几瓦量级的。
>
> 功率密度: 单位面积所接收的辐射功率称为功率密度（W/m^2），是辐射大小的一种度量单位。按照我国《电磁辐射防护规定》，不同功率微波对人体辐射的限值是不同的，30MHz 为 $0.4W/m^2$,30000MHz 为 $2W/m^2$。
>
> 比吸收率 SAR: 是指单位时间单位质量的物体吸收的电磁能量值（W/kg）。

13 箭上天线

箭上天线，是将箭上信号转换为一定辐射能量电磁波的装置。测量系统通过天线，将箭上信息传给地面测控设备。天线的种类与形式繁多，为了获得高增益，在通信、遥测、外测等设备中广泛采用反射面天线。反射面天线形式很多，如各种曲面发射面和多发射面系统。反射面采用导电性能良好的金属或在其他材料上敷以金属层制成。在航天遥测系统中主要采用抛物面天

线，此类天线由反射面和馈源两部分组成。

如图 4-25 所示，曲线 MO_1K 代表抛物线，它是抛物面在过轴 O_1F 的任意平面上的截线，F 是它的焦点，直线 $M'O'K'$ 是准线，O_1 是抛物面顶点。抛物面的特性之一是：通过其上任意一点 M 与焦点的连线 FM，同时作一条直线 MM' 平行于 O_1O''，则通过 M 点所作的抛物线的切线 MF 的夹角等于它与 MM' 的夹角。因此，抛物面为金属面时，从焦点 F 出发的任意方向入射的电磁波，经它反射后都将平行于 O_1F，使馈源相位中心与焦点 F 重合，那么，从馈源发出的球面电磁波经抛物面发射后便为平面波，形成平行波束。抛物线的另一个特性是：其上任意一点到焦点的距离与它到准线的距离相等。在抛物面口径上，任意直线 $M''O''K''$ 与 $M'O'K'$ 平行，则有

$$FM + MM'' = FK + KK'' = FO_1 + O_1O'' = f + Z_1$$

式中 :f 为抛物面的焦距；Z_1 为抛物面顶点 O_1 到口径中心 O'' 的距离。从焦点出发的各条电磁波射线经抛物面发射后到抛物面口径上的路径为一个常数。等相位面为垂直 O_1F 轴的平面，抛物面口径场为同相场，反射波为平行于 O_1F 轴的平面波。

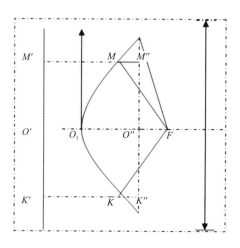

图 4-25　典型抛物面天线

扩展阅读

天线馈电线：指连接天线与收发信号机之间的电信号能量传输线，常用的馈电线有架空明线、同轴电缆、波导等。

天线馈源：馈源一般指抛物面天线焦点处设置的接收信号的喇叭形装置，其主要作用是将天线接收的电磁波收集起来，变化成电压输送，并且具有将

电磁波极化的功能。同一个抛物面天线，安装不同馈源可以用于接收不同频点、不同极化方式的信号。从广义上讲，有时也将馈源喇叭、高频头、馈线等系统统称为馈源。

14 天线的极化和增益

天线发出的电场矢量的瞬时取向称为极化，一般分为线极化、圆极化和椭圆极化三类，如图4-26所示。线极化又分为垂直极化和水平极化；圆极化又分为左旋极化和右旋极化。电磁波的电场矢量和磁场矢量，均在传播方向的同一平面内变化的，称为线极化；如果定义了水平面（如在地球环境应用时，将地表定义为水平面），那么电场 E 方向与水平方向平行的，称为水平极化；与水平方向垂直的，称为垂直极化。圆极化就是场强随时间在传播方向上做圆周运动的，即电场大小不变，其矢量末端的轨迹在垂直于传播方向平面上投影为圆形。根据螺旋方向的不同，分为左旋和右旋两种。

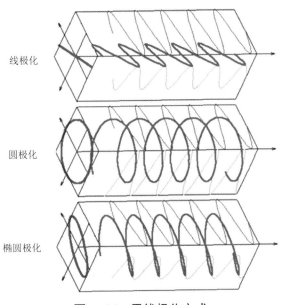

线极化

圆极化

椭圆极化

图 4-26　天线极化方式

需要注意的是，不同极化方式传播的电磁波一般需用不同接收装置，如左旋极化接收装置无法接收右旋极化的电磁波。

天线的增益表示了天线输出的能力大小，其定义是在输入功率相同条件下，实际天线与理想辐射单元在同一点产生的信号功率密度之比，它描述的是天线把输入功率集中辐射的程度大小。这也是天线存在的意义，即集中将功率辐射出去，不然全向无差别辐射，浪费大。

天线辐射属于电磁辐射，电磁波对人体的影响方式有两种，分别是电离辐射和热效应（也称非电离辐射）。电离辐射，指单个光子携带能量足够使物质电离的，光子携带能量与频率成正比，可见光的频率范围为 $380 \sim 790$ THz（1T=1000G）。有害的部分包括频率超过可见光的紫外线、X 光、r 射线，频率依次上升，危害依次增大，而目前人类通信使用的电磁波均远未达到可以对人体产生电离效应的量级。需要注意的是，电离辐射与功率无关，只与频率有关；热效应，就是物体吸收电磁波能量生热，与功率有关。从电离辐射和热效应角度，太阳光比许多微波设备危害更大。

15 天线方向角

箭上应答天线方向角 α 和 β 是定义在箭体坐标系上（$OX_1Y_1Z_1$）的，α 角是这样定义的：OC 为天线中心线，α 为 OC 在 Y_1OZ_1 平面的投影与 Y_1 轴的夹角。以 Y_1 轴为起始边，在 Y_1OZ_1 平面内沿逆时针方向量度（从 X_1 轴端向原点看）。α 取值范围为 $0° \sim 360°$。相应地，β 角是矢径 OC 与 OX_1 的夹角。β 取值范围为 $0° \sim 180°$，如图 4-27 所示。

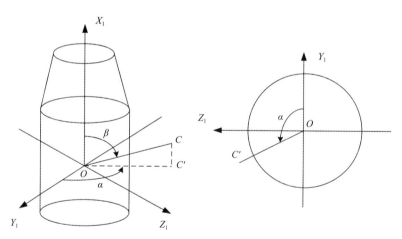

图 4-27　天线方向角

随着火箭飞行，α 和 β 角是变化的。一般需要避免大 β 角。一方面，大 β 角体现了设备追尾程度，设备追尾时由于尾焰中含有大量的电离物质，将导致信号达到近 12dB 的衰减；另一方面，从天线方向图可以看出，大 β 角时应答机天线变化比较剧烈，这容易导致目标跟踪困难或目标丢失。

地面测控雷达跟踪箭上设备，其仰角定义为 E，如图 4-28 所示。遥测设备的配置原则是充分覆盖被测弹道，有利于信号接收，避免火焰衰减，一般要求跟踪仰角 E 大于 5°。

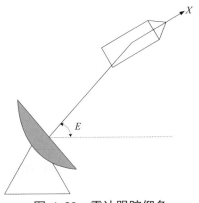

图 4-28　雷达跟踪仰角

16 天线方向图

天线的方向图也称辐射方向图或远场方向图，是形象地将天线辐射场强随方向变化图形化的标识方法，即天线在哪个方向上辐射强，强度在各方向上是如何衰减的。

天线方向图中主要的指标包括天线的主瓣宽度、旁瓣电平、前后比和方向系数，如图 4-29 所示。主瓣宽度，指天线方向图主瓣两个半功率点之间的宽度。主瓣宽度是衡量天线方向性的主要指标，宽度窄，方向性好，集中辐射功率的能力强，匹配难度就大一些。旁瓣电平，指离主瓣最近且电平最高的第一旁瓣的电平，一般以分贝为单位。前后比，指最大辐射方向电平与其相反方向电平的比值，以分贝为单位。方向系数，指在天线某距离处，天线最大辐射方向上的辐射功率流密度与同辐射功率的理想天线在同一距离的辐射功率流密度之比。

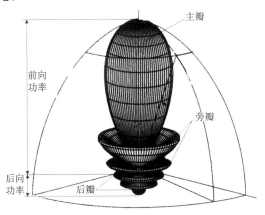

图 4-29　典型天线方向图

17　地面遥测系统

地面遥测系统是箭上天线发送的信息，通过空间无线传输，到达地面测控系统的遥测系统。在整个火箭飞行过程中，通过合理布局遥测站点，可以获得实时的火箭遥测参数。地面遥测站通常包括全功能遥测接收站和简易遥测接收站。

全功能遥测接收站主要由天伺馈分系统（含角度自引导部分）、信道分系统、基带分系统（含 FM 遥测接收解调部分、角跟踪接收解调部分）、检前记录分系统（宽带数字化检前记录）、外测分系统（支持 GPS/GLONASS/北斗）、标校电视分系统、监控分系统、通信分系统、时频终端、校验和自动化测试分系统、箭遥模拟器和辅助设备等组成。

简易遥测接收站主要由天伺馈分系统、信道分系统、基带分系统、外测分系统、监控分系统、通信分系统、时频终端、校验和自动化测试分系统以及辅助设备等组成。

18　地面天伺馈分系统

地面接收箭上信号的设备称为地面天伺馈分系统，主要包括抛物面天线、馈源、天线罩；伺服部分包括天线控制组合、天线驱动单元、轴角位置显示单元、微机监控、天线座等。

地面天伺馈分系统应能够自动搜索并捕获目标，以一定的跟踪精度连续跟踪目标，使目标始终处于天线主波束的中心线附近，从而以最大增益可靠地连续接收目标信号。地面天伺馈分系统是测控设备重要组成部分，要求地面天伺馈分系统测量精度高，作用距离长，适用能力强，自动化程度高，抗干扰性好。典型天伺馈分系统框图如图 4-30 所示。

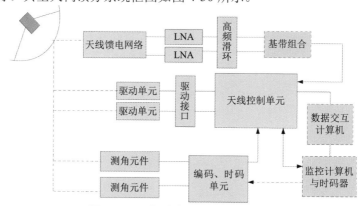

图 4-30　典型地面天伺馈分系统

自动跟踪的实现：天线对准目标后，方位（偏航）与俯仰差信号为0，当火箭偏离天线时，差信号检测到角度变化，该信号通过分析综合，作为输入信号输入伺服系统，伺服系统控制天线转向，从而达到跟踪目标的目的。

19 频段划分

按波长可将电磁波划分为超长波、长波、中波、短波等类型，标准电磁波分类及其基本用途见表4-2。

表 4-2　电磁波分类

波段	符号	波长	频率	应用
超长波（甚低频）	VLF	100000～10000m	3～30kHz	海上导航，海岸潜艇通信
长波（低频）	LF	10000～1000	30～300kHz	中距离通信，低下岩层通信，海上导航
中波（中频）	MF	1000～100m	300kHz～3MHz	广播，海上导航
短波（高频）	HF	100～10m	3～30MHz	远距离短波通信，短波广播
超短波（甚高频）	VHF	10～1m	30～300MHz	电视、雷达、导航、移动通信
分米波（特高频）	UHF	1～0.1m	300～3000MHz	电视、雷达、移动通信
厘米波（超高频）	SHF	10～1cm	3～30GHz	卫星通信，数字通信，波导通信
毫米波（极高频）	EHF	10～1mm	30～300GHz	卫星通信，雷达

波长在1m以内的电磁波称为微波，在微波范围内进一步细分如表4-3所列。

表 4-3　微波分类

P 波段，230～1000 MHz	L 波段，1000～2000 MHz
S 波段，2000～4000 MHz	C 波段，4000～8000 MHz
X 波段，8000～12500 MHz	Ku 波段，12.2～18GHz
K 波段，18～27 GHz	Ka 波段，27～40 GHz
V 波段，40～70 GHz	W 波段，75～110 GHz
D 波段，110～170 GHz	

电磁波频段是宝贵的资源，国际上由国际电信联盟（ITU）对频率的使用进行详细划分，其划分基本依据是各类电磁波的本身特性和各地区各行业的使用需求，并由此形成了多种多样的全球、分区域的电磁频谱使用规范。例如，电视接收频点为48.5～870MHz，对讲机一般使用 VHF 或 UHF 波段（150～174MHz，400～470MHz），GSM 手机频点一般在 900MHz、1800

MHz、1900 MHz 等，运载火箭和卫星通信的频点也是有严格规定的，如图 4-31 所示。

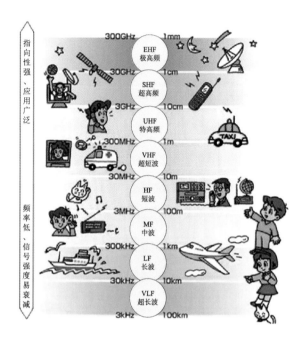

图 4-31　微波频段的典型应用

根据 GJB 21.1 的规定，2200～2300MHz（代号 Ub）优先用于无人飞行器、导弹、运载火箭、常规武器和空间研究业务的遥测。2290～2300MHz 优先用于深空探测任务，SHF 频段内的 3700～4200MHz 划为卫星固定业务频率。因此，运载火箭使用的频段一般在 2200～2300MHz 内，按照微波划分，属于 S 波段，当然，同频段内不同运载，采用的具体频点也会有所不同。

扩展阅读

射频：RF（Radio Frequency），原意为无线电频率，目前特指高频变化的电磁波，频率范围为 300kHz～300GHz 之间，也就是覆盖了微波的频率，较微波范围广。

USB，即统一 S 波段系统（Uniform S-Band）：指利用公共射频信道，将跟踪测轨、遥测和天地通信等功能合成一体的系统。其原理是将各种信息先分别调制在不同频率副载波上，然后共同调制到一个载波上发出，在接收端解调，用不同频段的滤波器，将各副载波分开，再次解调副载波信号，从而得到原始信号。

20 频点的选择

频点就是信号传输的具体频率，即其基带信号的频率，为固定数值。有时，也采用多点频冗余传输技术，即指通过多个点频传输同一内容，以降低误码率。

受到电离层中自由电子和离子吸附、空气中气体分子的吸收和散射等因素影响，无线电波在空间传播会衰减，因此使用微波（300MHz ～ 10GHz），大气损耗较小，适合穿越大气传播。同时选用高频率电波可减小火焰衰减的影响。

为提高测量精度，使用高频率测量是航天测控的发展趋势。目前，P、L、S、C、X 频段为常用的测控频段，具体选择哪一个频段，以地面接收机的信噪比高低作为选择测量频率的依据：全天候工作的测量设备，频率以 2 ～ 6GHz 为好；只在晴天工作的测量设备，工作频率在 6GHz 以上为好。高精度测量带的频率选择在 C 频段，上、下行频率间隔 400MHz 左右。当然，具体频段还受具体设备与跟踪目标要求的制约，也受国家无线电频率管理委员会和国际电联的规定的限制。

20 世纪 50 年代，美国通用动力公司对洲际导弹跟踪测量最佳频率进行了分析，得出的结论是 5GHz 较好，在实际应用中，提高了这一频率，如白沙靶场使用 X 频段，其主要出发点是提高测速分辨率，减小等离子体衰减，并减小弹上天线尺寸。

对于遥测的需求而言，越高的频率，越容易拥有高带宽，早期导弹及火箭箭上参数少时，尚可使用 P 频段载频，目前码率都达到兆比特每秒，遥测的频段也一般使用 S 频段了。对于遥控来说，码速率要求不高，使用 P 频段即可。

21 传输体制

运载火箭飞行过程中与地面通信采用无线信道的方式，通常以信号的调制方式区分其无线传输的体制。目前，在导弹和飞行器上使用的传输体制主要有 FM/FM、PAM/FM 和 PCM/FM 三种。

调制和解调是信号传输的基础概念。用一个信号去控制或改变另一个信号某些参数的过程称为调制，通俗讲是将两个信号 A 和 B 合成的过程。

需要调制的信号 A 称为信息信号（信源），信源 A 往往含有直流分量和频率较低的交流分量，难以较好地可靠传输；而用于调制信息信号的一般称为载波信号 B，载波信号 B 通常为高频，具有较好的传输性质，如传输衰减小、保密性能好等。用信号 B 做载波与信号 A 合成的过程就是调制，传输接收后，将有用信息从调制信号中解析出来，这个过程称为解调。解调使得接受系统可以获得信号 A 的信息。

模拟信号的调制方式根据控制特性的不同，分为调幅（AM）、调频（FM）和调相：调幅，即幅度调制，是用信息信号控制载波信号振幅的调制方法；调相，即相位调制，是用信息信号控制载波信号相位的调制方法；调频，即频率调制，是用信息信号控制载波信号频率的调制方法，如图 4-32 所示。

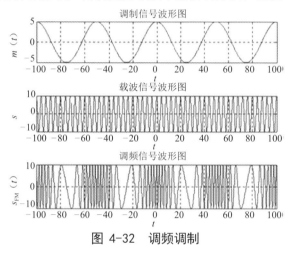

图 4-32　调频调制

脉冲信号的调制或编码方式有脉冲调幅（PAM）、脉冲调宽（PDM）、脉冲调位（PPM）、脉冲编码调制（PCM）和脉冲位置编码调制（PPCM）等。PCM 是应用最广泛的脉冲编码方式，其过程是将语音、图像等连续模拟信号，每隔一定时间进行取样，离散化，同时将取样值按分层单位四舍五入取整量化，并用二进制码表示脉冲幅值的编码。整个过程分为采样、量化和编码三步。以一般的正弦波模拟量为例，如图 4-33 所示，如下离散量化后，模拟信号转化为离散数字信号 9、11、12、13、14、15、14……

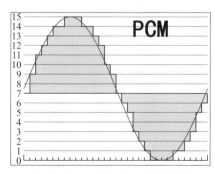

图 4-33　PCM 脉冲编码调制

一般而言，在量化前，进行滤波和波形编码，然后经过量化形成 PCM 样本，典型的系统框图如图 4-34 所示。

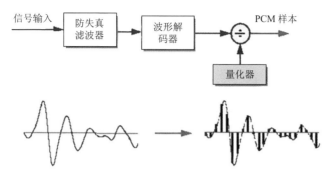

图 4-34　PCM 系统典型原理框图

前面以 PCM 调制为例说明了脉冲调制序列，这种脉冲调制序列调制到发射载波上的方式可以是频率调制、相位调制和幅度调制，从而形成 PCM/FM、PCM/PM、PCM/AM 等制式。PAM/FM，PAM 属于时分信号幅值调制。PAM/FM 系统元件少，结构简单，重量轻，可靠性高，成本低，但精度不够高，而且为模拟系统。PCM/FM，即视频采用脉冲编码，射频采用频率调节的遥测传输体制。这里，视频指信号传输的有线传输部分，射频指无线传输部分。PCM/FM 系统具有最高的精度，且具有遥测格式灵活，利于数据处理，可以和数字、大规模集成技术相适合，可以与计算机直连等优点。

箭上遥测系统先将各类参数变为 PCM 数据流，经过 TPC 信道编码和 FM 调制，向地面传输。地面分别进行解调、译码和 PCM 数据的解调，得到原有数据，其完成的信道框图如图 4-35 所示。通过箭上传感器采集的信息，经过变换器变换，变成易于编码和采集的数据流，再进行编码和调制，经过放大，由天线向地面传输。

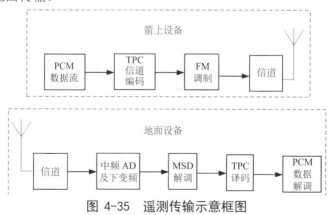

图 4-35　遥测传输示意框图

22 码速率

码速率是指每秒能够传输的二进制码元数目，用于反映传输数据所需要的通信信道带宽的大小。码速率越大所需要的通信带宽就越大，同时能够传送的数据量也越大，可以有更多的数据用来编码视频数据。码速率有时也是变化的，变码速率就是火箭各子级飞行段的传输码速率不同的传输技术。

码速率和信道带宽的关系可以奈奎斯特和香农定理描述。箭上码速率的需求受被测参数数量、最高频率和字长因素影响，而传输信道的码速率受信道带宽的限制。

23 奈奎斯特信道定理和香农信道定理

通信系统的信道容量限制，满足奈奎斯特定理和香农定理。通过信道的最高比特率，即传输数据的最快速度，称为信道容量。即日常生活中我们经常说的"带宽"，如千兆网等，其实描述的是信道容量。

扩展阅读

波特率：指信号每秒的电平变化次数（Hz）。比特率：指信号每秒传输的数据位数（b/s）。

奈奎斯特定理说明理想信道的最大容量值由信道带宽和信号电平个数决定，即

$$C_{\max} = 2B\log_2 L$$

式中：$C_{\max}$ 为信道的最大容量；B 为信道带宽；L 为信号电平的个数。其中，信道带宽指的是通过信道最高频率和最低频率的差（Hz）。有噪声信道需要用到香农信道定理，其内容为

$$C_{\max} = 2B\log_2 (1 + S/N) L$$

其中，S/N 是信道的信噪比。奈奎斯特定理说明需要求码间无干扰条件下信道的最大速率，这个速率的单位是波特率。

扩展阅读

误码率：衡量数据在规定时间内传输精确性的指标，为错误码占传输总码数的比例，简称 SER。

奈奎斯特采样定理：采样定理的内容是，对一个具有有限频谱并且最高

频率为 ω 的连续信号进行采样。当采样频率大于等于 2ω 时，采样信号能够无失真地恢复出原信号。以三角波的采样与恢复为例，如图 4-36 所示，可以看出，其波形变化周期内采样频率只需要大于 2ω，即可完全恢复原波形。

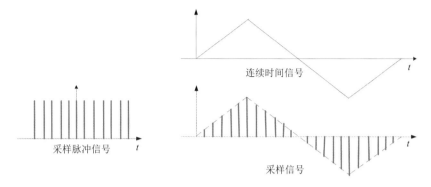

图 4-36　三角波采样与恢复

克劳德·艾尔伍德·香农：（1916 年 4 月 30 日—2001 年 2 月 24 日，图 4-37）美国数学家，信息论的创始人。

图 4-37　香农

第 2 节　外测

外测，即外弹道测量。外弹道测量系统的功用是利用地面的光学和无线电设备与装在运载火箭上的对应装置一起对飞行中的运载火箭进行跟踪，并测量其飞行速度和位置，如图 4-38 所示，用实时或事后判断火箭飞行情况预报航天器入轨时的轨道参数，也可用来作为鉴定制导系统的精度和故障分析的依据。

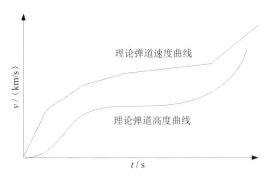

图 4-38 典型综合弹道速度曲线

通过箭上与地面通信测距，如使用脉冲相参应答机与地面单脉冲雷达协同工作，接收并转发地面站的脉冲问讯信号，完成运载火箭的测速、测距和定位。地面脉冲雷达信号由箭上脉冲应答机接收并回发，地面雷达通过发送和接收的时间计算火箭的位置和速度，使用应答机转发信号，可以提高回波信号，大大增加雷达的作用距离，如图 4-39 所示。

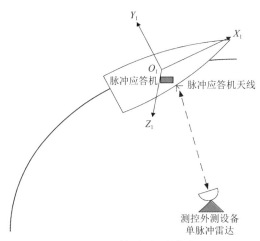

图 4-39 箭地外测链路

另外，也可以直接使用北斗、GPS 等卫星导航定位接收机进行外弹道测量。卫星导航具有全球覆盖、连续跟踪测量、定位和测速精度较高的特点，因此在陆地测控站点不覆盖，如海上区域等，使用卫星导航更为有利。

扩展阅读

内弹道和外弹道：内外弹道是从枪炮技术中引用而来的一个术语，一般将子弹在枪膛的运动称为内弹道，发射出枪膛外的运动称为外弹道，并分别成为内弹道学和外弹道学的研究内容。对于运载火箭而言，引入这两个概念后，内弹道研究的是发动机燃烧室内压强等随时间变化规律的学问，外弹道为火箭发射出去的飞行弹道。需要注意的是，对于运载火箭而言，并不是飞出去就没有内弹道研究了，由于火箭研究的内弹道是发动机推力室等部位的燃烧规律，因此，飞行过程中也是内弹道的研究范畴。一般将外弹道分为上升段（发动机起动阶段）、工作段（发动机工作阶段）和结束段（发动机关机阶段，也称后效段）。

结合我国航天测控网的未来发展趋势，新一代运载火箭测量系统外弹道测量采取卫星导航和地面雷达测量的综合测控模式，或称为"卫星导航定位＋地基外弹道测量模式"。地基测控采用单脉冲雷达测量与光学测量模式，卫星导航兼容 GPS、BD-2 和 GLONASS 三种体制。地面雷达测量采用单脉冲雷达测量与光学测量模式。

对于卫星导航，其箭上设备称为卫星定位接收机，主要进行电文解算和定位处理，将定位数据和原始数据通过遥测系统向地面传输。而与地面测控进行轨道测量任务的单机称为脉冲相参应答机。脉冲相参应答机与地面单脉冲雷达协同工作，接收并转发地面站的脉冲问讯信号，完成火箭的轨道测量。

1 运载火箭作为测控合作目标的特点

运载火箭属于高速运动物体，作为测控系统的合作目标具有以下特点：

（1）火箭飞行过程中会进行助推分离、一、二级分离、抛整流罩等动作，其信号闪烁起伏较大，在分离动作时信号都有较大的跳动，甚至可跳至零。

（2）火箭箭上天线和卫星、上面级等天线可能互相干扰。

（3）火焰衰减，发动机喷出的火焰是一种不均匀的等离子体，其电子浓度和碰撞频率都远高于电离层，火箭飞行过程中，火焰周围会形成比火箭大几倍的等离子区；这个等离子区会使信号衰减较大，相位发生起伏。液体发动机的火焰衰减小于固体发动机。

火焰衰减影响的大小主要与信号的频率、测量站的位置等因素相关，还取决于火焰的电子碰撞率、电子浓度等。频率为 ω 的无线电信号在喷焰中的衰减由下式计算：

$$\alpha = -\,0.46\,\frac{N\upsilon}{\omega^2 + \upsilon^2}\ (\mathrm{dB/cm})$$

其中：N 为电子浓度；υ 为电子碰撞平率。这说明，频率越高衰减越小。

2 箭上外测设备

箭上测量系统的外测设备是配合地面测控系统进行火箭外弹道测量的设备，主要分为应答机和信标机。应答机接收地面雷达信号，并进行反馈发射。信标机只发射信号，不接收信号，在火箭起飞后持续发出信标信号，引导地面雷达跟踪。目前，大多数火箭使用应答机作为箭上外测设备。不同的运载火箭，应答机的种类和数量不尽相同。

脉冲相参应答机是测量系统箭上配合地面脉冲雷达的设备，在确保性能稳定可靠的前提下，具有脉冲功放固态化、信号处理数字化，体现了整机体积小、重量轻、功耗低的特点。

脉冲相参应答机由接收机部分、发射机部分、终端控制部分和电源四大部分组成。接收机是一次变频超外差脉冲接收机；发射部分由上变频器、发射滤波器、脉冲功率放大器、调制器等组成；控制部分由视频放大器、控制信号形成电路、延迟电路和遥测电路组成。

脉冲相参应答机采用同一个本振源，上下变频，中频延迟转发体制，以保证接收地面询问信号和转发信号的相参性，即地面脉冲相参雷达发射信号被应答机接收后，经一次变频产生中频信号，经 A/D、存储、延迟、D/A 后再中频放大，经上变频恢复地面询问信号频率，经全固态脉冲功率放大器放大再转发给地面雷达，如图 4-40 所示。脉冲相参应答机与地面雷达配合，其关键参数指标包括接收频率和发射频率、接收灵敏度、接收信号动态范围、接收信号脉冲参数范围、转发脉冲功率、转发脉冲波形参数、整机延迟时间等。

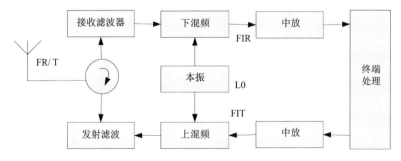

图 4-40　脉冲相参应答机的信息处理流程

连续波雷达应答机也称为干涉仪应答机，与地面连续波雷达协同工作。典型的连续波雷达有接收部分、控制环路、放大器、采样电路等组成，如图 4-41 所示。接收信号与本振信号混频，得到中频信号，中频信号中含有距离和速度信息。中频信号通过滤波、除杂，经过功率合成，送至发射天线。连续波应答机可以同时接收多路上行信号，也可以使用单路上行信号进行混频。

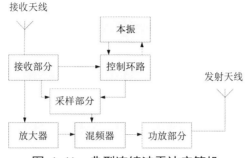

图 4-41 典型连续波雷达应答机

3 地面无线电外测系统

地面外测设备利用无线电波等对导弹或运载火箭、航天器进行跟踪测量以确定其弹道或轨道、目标特性等参数，主要包括光学测量、无线电外测和 GNSS 测量设备，如图 4-42 所示。

无线电外测系统基本原理是由地面发射机产生的无线电波，通过天线发向火箭、航天器，经由应答机接收并转发（也可由目标上的信标机直接发送无线电信号到地面），或被目标直接反射回地面，地面接收天线接收并经接收机处理，最终由终端机给出测量参数。

无线电外测系统具有全天候工作、测量精度高、距离远、能传送多种信息等优点。主要缺点是低仰角跟踪易受杂波干扰影响。使用操作复杂，维护费用大。无线电外测设备主要为雷达，包括脉冲雷达、连续波雷达、多普勒雷达等。另外，GNSS 测量系统也是外测的主要手段之一。

图 4-42 地面外测系统设备分类

4 外测体制

外测的体制是以测控基本方式方法划分的，一般与外测的基本原理和测量元素相关。例如，单台雷达，可以测量目标的斜距 R、方位角 A、俯仰角 E

三个元素，就组成 RAE 测量体制，这说明单站也可以完成火箭定位，如图 4-43 所示。但是，为了进一步确定位置、加速度参数，必须使用 6 个元素的测量体制。外测体制在大类上分为非基线制和基线制两种。

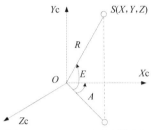

图 4-43　RAE 测量体制

1）非基线制

非基线制，即单站制，通过 R、A、E 及其微分量，得到 R'、A'、E'。地面测控的定位方法基于简单的立体几何学。空间一点 M 与测量点 O，根据几何关系有以下方程组：

$$\begin{cases} X = R \cos E \cos A \\ Y = R \sin E \\ Z = R \cos E \sin A \end{cases}$$

根据这一方程组，即可解出目标的位置信息。通过 2 个或 2 个以上的多台雷达交汇定位，可以有效提高定位精度，称为 nRAE 法。如采用 2 台雷达交会测量同一目标，如图 4-44 所示，则有

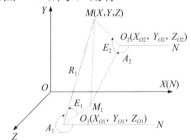

图 4-44　多台雷达交汇定位示意

$$\begin{cases} X_{O1} - X_{O2} = R_1 \cos E_1 \cos A_1 - R_2 \cos E_2 \cos A_2 \\ Y_{O1} - Y_{O2} = R_1 \sin E_1 - R_2 \sin E_2 \\ Z_{O1} - Z_{O2} = R_1 \cos E_1 \sin A_1 - R_2 \cos E_2 \sin A_2 \end{cases}$$

2）基线制

基线制，即采用主站和分站的方式，主站到分站之间距离精确测定，作为基线元素，因此这种测量方法称为基线制测量。根据基线的长短，

分为短基线（主从站间距离几十米到几千米）、中基线（主从站距离30～50km）、长基线（主从站距离几百至几千千米）三类。根据测量元素不同又分为干涉仪体制、nSS′体制和nRR′体制等。

扩展阅读

视距：中基线范围的确定基本是人类的视距范围，视距范围的计算近似公式为

$$R_L = 3.57\sqrt{R}\left(\sqrt{H_0} + \sqrt{H_r}\right)$$

式中：R 为等效地球半径系数，取 1.334；H_0 和 H_r 为主副站基线传输塔的高度（m）；R_L 可以通视的主副站基线长度（km）。

（1）干涉仪体制。采用无线电干涉仪，其基本原理是利用成对的天线，测量载波信号从火箭到两个天线的相位差，从而得到测量站到火箭连线与基线间的夹角。短基线的干涉仪体制，主要策略元素是 R、l、m、R'、l'、m'，其含义分别是主站到火箭的斜距、两个副站的方向余弦及其变化率。

如图 4-45 所示，D_1 和 D_2 为主站到副站的距离，r_1 和 r_2 分别为目标到主站和两个副站的距离差。其方向余弦定义为

$$L = r/D$$

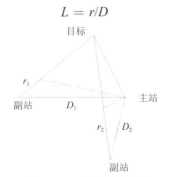

图 4-45　干涉仪体制

中基线干涉仪体制的测量元素是 R、r_1、r_2、R'、r_1'、r_2'，即目标到主站的斜距，目标到主站和两个副站的距离差及其变化率。总体而言，干涉仪体制基线越长，其精度越高，但长基线的主要问题是时间同步和频率的同步，因此需要设置高精度稳定的原子频标。

（2）nSS′体制。其测量元素为从主站到目标再到副站的距离和及其变化率。事实上可以用 S 解算出 r，因此其系统与干涉仪体制无本质区别。

（3）nRR′体制。nRR′体制是纯距离及距离变化率的体制，$n = 3$ 时，

即为3RR′体制。这种体制各站独立工作，布站较为灵活。总体而言，nRR′体制可以实现的测量精度最高，任务兼容能力强。但需要时统、通信设备量大，大地测量、电波修正工作量大，站点分散，管理不便。通过合理设置站数，调整测量元素的精度，可以在大范围内调整系统精度。nRR′体制适用于航区跟踪测量。

在通过增设台站、改造设备、调整布站等方法提高测控精度的潜力逐渐趋于饱和时，利用组合定位GNSS可以提高精度，且经济实惠。GNSS测量精度不随射向改变，是其主要优点之一。

5 雷达

雷达是无线电定向和测距（Radio Detection And Ranging）的英文缩写，即Radar。它是以定向辐射特定波形电磁能量并接收检测空域目标回波的方式工作，并通过回波信号特性提取出感兴趣的目标信息。

雷达是一种有源装置，其特点是有自己的发射机，而不像大多数光学和红外传感器那样依赖于外界的辐射。在任何气象条件下，测量雷达都能探测或远或近的小目标，并精确测量它们的距离，这是雷达与其他传感器相比具有的主要优势。

雷达的种类已经非常多，按载体雷达可分为陆基、机载、星载和舰载等；按应用可分为气象、搜索、跟踪、火控、预警、超视距等；按雷达波形则可分为连续波、脉冲雷达；雷达还可以按具体特征（如频点和天线类型等）来区分。雷达频段与适用领域对照表见表4-4。

表 4-4 雷达频段与适用领域对照表

频段	使用领域
HF	超视距雷达，可以实现很远的作用距离，具有低空间分辨力和精度
VHF 和 UHF	远程监视（200～500km），具有中等分辨力和精度，无气象效应
L 频段	远程监视，具有中等分辨力和适度气象效应
S 频段	中程监视（100～200km）和远程跟踪（50～150km），具有中等精度，在雪或暴雨情况下有严重的气象效应
C 频段	近程监视、远程跟踪和制导，具有高精度，在雪或中等雨情况下有更大气象效应
X 频段	明朗天气或小雨情况下的近程监视，明朗天气下高精度的远程跟踪，在雨条件下减为中程或近程（25～50km）
Ku 和 Ka 频段	近程跟踪和制导（10～25公里），专门用在天线尺寸很有限且不需要全天候工作时。更广泛应用于云雨层以上各高度的机载系统中
V 频段	当必须避免在较远距离上信号被截获时，很近距离跟踪（1～2km）
W 频段	很近距离跟踪和制导（2～5km）
更高毫米频段	很近距离跟踪和制导（小于2km）

6 雷达方程

雷达方程是描述影响雷达性能诸因素的唯一并且也是最有用的方式，它根据雷达特性给出雷达的作用距离。一种给出接收信号功率 P_r 的雷达方程为

$$P_r = \frac{P_t G_t}{4\pi R^2} \cdot \frac{\sigma}{4\pi R^2} \cdot A_e$$

式中：第一个因子 $\frac{P_t G_t}{4\pi R^2}$ 表示雷达在 R 处的功率密度，其中 P_t 为雷达辐射功率，G_t 为天线增益；第二个因子 $\frac{\sigma}{4\pi R^2}$ 中 $4\pi R^2$ 项表示电磁辐射在返回途径上随距离的发散程度，σ 是平方米表示的目标截面积；A_e 为有效接收孔径。

如果雷达的最大作用距离定义是当接收功率 P_r 等于接收机最小可检测信号功率 S_{imin} 时的雷达作用距离，则雷达方程可写为

$$R^4{}_{max} = \frac{P_t G_t \sigma A_e}{(4\pi)^2 S_{imin}}$$

当同一个天线兼作发射和接收时，发射增益 G_t 与有效接收孔径 A_e 的关系式为 $G_t = 4\pi A_e/\lambda^2$，式中 λ 表示雷达电磁能量的波长，则

$$R^4{}_{max} = \frac{P_t G_t^2 \sigma \lambda^2}{(4\pi)^3 S_{imin}}$$

上式中的最小可检测信号功率 S_{imin} 是个统计量，它必须用雷达检测概率和虚警概率来描述。粗略的说明是，为了在接收机检测判决点上信号能被可靠地检取，S_{imin} 必须大于噪声（通常为 $10 \sim 20$ dB）。上面给出的雷达方程可用于粗略计算雷达测距性能，但是由于过于简化，故不能得到实用的结果，估算的作用距离往往过于乐观。

最小可检测信号功率表示为可靠检测所需的信噪比与接收机噪声的乘积，即

$$S_{imin} = kT_s B \left(\frac{S}{N}\right)$$

系统噪声温度 T_s 是理想接收机噪声系数与基准温度（290°K，接近室温）的乘积。k 是波耳兹曼常数（1.38×10^{-23} J/K），B 为接收机带宽，S/N 为信噪比。

7 单脉冲雷达

使用矩形脉冲波形的雷达称为单脉冲雷达，以方形四喇叭作为馈源为例，其中心在天线焦点上。它发射一个脉冲，目标反射回波到馈源天线，能同时形成 4 个回波信号，将各波束回波信号的振幅和相位进行比较。当目标位于天线轴上时，振幅和相位相等，信号差为零；当目标不在天线轴上时，振幅和相位不相等，产生信号差，驱动天线对准目标，这样可测得目标的仰角和方位角；而从各波束接收信号的和可以测出距离。脉冲雷达根据固定方式可

以分为车载式和固定式。单脉冲测量雷达定义为

$$R = \left[\frac{P_t \tau G_t G_r \sigma \lambda^2 F_t^2 F_r^2}{(4\pi)^3 (S/N) k T_s L} \right]^{1/4}$$

式中，L 为单脉冲测量雷达系统中与其他因子相关的综合损耗因子，对于多个损耗因子则可以彼此相乘，也就是说，如果单脉冲测量雷达系统中有三个损耗因子 L_1、L_2 和 L_3，它们可用一个系统损耗因子 $L = L_1 L_2 L_3$ 表示；G_t 为发射天线功率增益；G_r 为接收天线功率增益；σ 为雷达目标截面积；λ 为波长；F_t 为从发射天线到目标的方向图传播因子（目标位置处的场强 E 与自由空间中天线波束最大增益方向上距雷达同样距离处的场强 E_0 之比）；F_r 为从目标到接收天线的方向图传播因子。

8 单脉冲雷达性能指标

脉冲雷达的主要性能指标包括工作频率、发射机输出功率、接收机噪声系数、接收机灵敏度、接收机动态范围、接收机带宽、作用距离和测量精度等。

脉冲雷达的工作频率是指其载波频率，按照雷达的用途确定的。为了提高雷达系统的工作性能和抗干扰能力，有时还要求它能在几个频率上跳变工作或同时工作。工作频率或波段的不同对发射机的设计影响很大。

发射机的输出功率直接影响雷达的威力和抗干扰能力。通常规定发射机送至馈线输入端的功率为发射机的输出功率。脉冲雷达的发射机的输出功率又可分为峰值功率 P_t 和平均功率 P_{av}。P_t 是指脉冲期间射频振荡的平均功率。P_{av} 是指脉冲重复周期内输出功率的平均值。如果发射波形是简单的矩形脉冲序列，脉冲宽度为 τ，脉冲重复周期为 T_r，则有

$$P_{av} = P_t \frac{\tau}{T_r} = P_t \tau f_r$$

式中，$f_r = 1/T_r$ 是脉冲重复频率，简称 PRF。$\frac{\tau}{T_r} = \tau f_r$ 称作雷达的工作比 D（有时也称为占空比）。常规的脉冲雷达工作比的典型值为 $D = 0.001$，但脉冲多普勒雷达的工作比可达 10^{-2} 数量级，甚至达 10^{-1}。

定义接收机输入端信号噪声比与输出端信号噪声比的比值为噪声系数。内部噪声对检测信号的影响，可以用接收机输入端的信噪比 S_i/N_i 通过接收机后的相对变化来衡量。假如接收机中没有内部噪声，称为"理想接收机"，则其输出信噪比 S_o/N_o 与输入信噪比 S_i/N_i 相同。

接收机灵敏度表示接收机接收微弱信号的能力。噪声总是伴随着微弱信号同时出现，要能检测信号，微弱信号的功率应大于噪声功率或者可以和噪声功率相比。因此，灵敏度用接收机输入端的最小可检测信号功率 S_{imin} 来表示。

接收机动态范围表示接收机能够正常工作所允许的输入信号强度变化的范围。最小输入信号强度通常取为最小可检测信号功率 S_{imin}，允许最大的输入信号强度则根据正常工作的要求而定。当输入信号太强时，接收机将发生饱和而失去放大作用，这种现象称为过载。使接收机开始出现过载时的输入功率与最小可检测功率之比，称为动态范围。

接收机的工作频带宽度表示接收机的瞬时工作频率范围。接收机的工作频带宽度主要决定于高频部件（馈线系统、高频放大器和本机振荡器）的性能。接收机的工作频带较宽时，必须选择较高的中频，以减少频率输出的寄生响应对接收机性能的影响。

通过测量雷达信号往返目标的时间，雷达可测出目标的距离。雷达最大作用距离是雷达能跟踪上目标的最远作用距离。雷达方程是描述影响雷达性能诸因素的唯一并且也是最有用的方式，它根据雷达特性给出雷达的作用距离。

测量精度是指单脉冲测量雷达对目标距离、速度、加速度、角度等的估计偏离实际值的程度，也就是单脉冲测量雷达误差大小的程度。在工程上，雷达精度指标包括随机误差和系统误差。误差随测量时间、被测量的对象和环境条件而变化，故无法求其精确值，但误差有一定的分布规律，并有某些数值特征。用以描述误差大小的常用数值特征有统计平均值、均方根误差等。

9 单脉冲雷达的天馈系统

单脉冲测量雷达通常采用卡塞格伦式天线馈源结构，其设计来源于望远镜，采用最普通的多反射面天线，如图 4-46 所示。

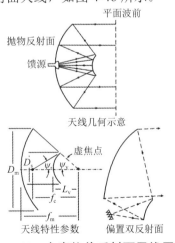

图 4-46　卡塞格伦反射面天线原理

馈源照射双曲面子反射面，反射后再照射抛物面主反射面，馈源置于双曲面的一个焦点处，而抛物面焦点位于双曲面的另一个焦点处。与之类似的天线是格里哥利天线，它用椭球子反射面取代了双曲面。以下表达式描述了卡塞格伦天线的参数间的关系：

$$\tan\frac{\psi_r}{2} = 0.25 D_m/f_m$$

$$\frac{1}{\tan\psi_v} + \frac{1}{\tan\psi_r} = 2\frac{f_s}{D}$$

$$1 - \frac{1}{e} = 2\frac{L_r}{f_c}$$

式中：双曲面的离心率 $e = \sin[(\psi_v + \psi_v)/2]/\sin[(\psi_v - \psi_v)/2]$。

对称的卡塞格伦天线有较大的孔径遮挡，选择子反射面的直径等于馈源的直径可使遮挡最小，即

$$D_s' \approx \sqrt{2f_m\lambda/k}$$

式中：k 是馈源孔径的直径与有效遮挡的直径之比，一般稍小于 1。如果系统允许，采用极化扭转反射面和由平行金属线制成的子反射面能够明显地减小遮挡。由于极化被扭转，子反射面对二次波束是透明的。在双反射面的情况下，通过既对馈源偏置又对子反射面偏置常常能够消除遮挡。

10 测距

雷达工作时，发射机经天线向空间发射一串重复周期一定的高频脉冲。如果在电磁波传播的途径上有目标存在，那么就可以接收到由目标反射回来的回波。这是单脉冲测量雷达突出的也是最重要的特性。

通过测量带有"标记"的发射脉冲信号与经目标反射的回波脉冲信号（反射回波或经应答机转发的应答信号）间的时延，可测量雷达至目标间的距离。由于回波信号往返于雷达与目标之间，它将滞后于发射脉冲一个时间 t_r。

如图 4-47 所示，电磁波的能量是以光速传播的，设目标的距离为 R，则传播的距离等于光速乘上时间间隔，即：

$$2R = Ct_r \text{ 或 } R = Ct_r/2$$

式中：R 为目标到雷达站的单程距离（m）；t_r 为电磁波往返于目标与雷达之间的时间间隔（s），即雷达脉冲延迟时间（图 4-48）；c 为光速，$c = 299792458\text{m/s}$。

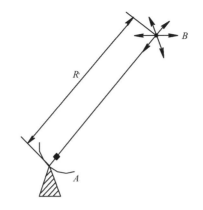

图 4-47　雷达测距示意图

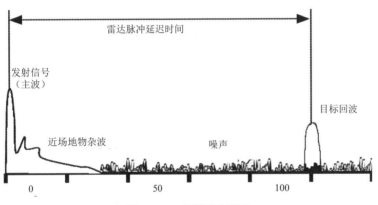

图 4-48　测距原理图

　　窄矩形脉冲是单脉冲测量雷达常用的雷达波形。脉冲越窄，测距精度越高。窄脉冲具有宽的频谱。宽脉冲也能达到窄脉冲的效果，只是用相位调制和频率调制使宽脉冲的频谱扩展。已调制宽脉冲通过匹配滤波器后，其输出是压缩了的脉冲，并且压缩脉冲的宽度等于已调制宽脉冲频谱宽度的倒数，即脉冲压缩，它具有窄脉冲的分辨率和宽脉冲的能量。频率调制或相位调制的连续波也能进行目标距离的精确测量。通过比较两个或多个连续波频率的相位也可测量单个目标的距离。

11　测角

　　目标角位置指方位角和俯仰角。通过测量回波的波前到达雷达的角度，单脉冲测量雷达可测出目标的方向。在雷达技术中测量这两个位置量基本上都是利用天线的方向性实现的。当接收到的信号最大时天线所指的方向就是目标方向。这种测角法的前提是大气层不扰乱电磁波的直线传播。

雷达天线将电磁能量汇集在窄波束内，当天线波束轴对准目标时，回波信号最强。当目标偏离天线波束轴时回波信号减弱，根据接收回波最强时天线波束指向，就可确定目标的方向，即角位置测量的基本原理，如图4-49所示。

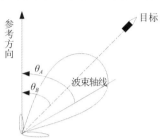

图 4-49　角位置测量示意图

测量两天线中信号的相位差是比相单脉冲雷达测角的基础。比幅单脉冲雷达则是比较同一天线产生的两个倾斜波束所接收到的信号幅度差来测量到达角。

天线孔径的尺寸决定到达角的测量精度。天线孔径越大，波束宽度就越窄，测角精度也就越高。

12　测速

有些雷达除确定目标的位置外，还需测定运动目标的相对速度。对目标距离的连续测量可获得距离变化率或径向速度。动目标回波的多普勒频移也能用来测量目标的径向速度。

当目标与雷达站之间存在相对速度时，接收到回波信号的载频相对原来的发射信号的载频将产生一个频移，这个频移在物理学上称为多普勒频移，即

$$f_d = \frac{2V_r}{\lambda}$$

式中：f_d 为多普勒频移（Hz）；V_r 为雷达与目标间的径向速度（m/s）；λ 为载波波长。当目标向着雷达站运动时，$V_r < 0$ 时，回波载频提高；反之，$V_r > 0$ 时，回波载频降低。雷达只要测出回波信号的多普勒频移 f_d，就可以确定目标与雷达站之间的相对速度。

连续波距离测量法能在较短的时间得到更精确的测量，所以在可以应用这种方法时，通常优先采用它来测量目标的径向速度。而在许多单脉冲测量雷达中，多普勒频率测量是高度模糊的，因此降低了直接用它测量径向速度的有用性。如果需要通过单脉冲测量雷达进行测速，必须仔细地选择雷达的

脉冲重复频率（PRF），以同时满足测距和测速的要求，并对速度跟踪回路进行精心的消模糊处理。

无论是测量距离变化率或是测量多普勒频移，速度测量都需要时间。观察目标的时间越长，测速的精度越高。

扩展阅读

多普勒效应：是指观测者与波源之间有相对径向运动时，观测者测得的波频率与波源发出的波频率不同的现象。由奥地利物理学家 J.C. 多普勒于1842年首先发现。如鸣笛驶过的火车，路旁的人听到的汽笛声音频率由低变高，然后又由高变低。

13 光学测量系统

用光学设备对火箭起飞漂移量、飞行轨迹、分离等关键动作进行实时记录和测量。光测系统作用距离近，不能全天候工作，但是具有较高的定位精度、直观性强、性能较稳定、不受黑障和地面杂波干扰的影响等优点，并应用了激光、电视、红外等技术，使它在初始段和再入段的弹道测量、实况记录及无线电外测系统精度鉴定中，仍是重要的测量手段。光学测量与雷达测量的三要素方程组相同，采用多站交会方式求出漂移量。

扩展阅读

黑障：航天器返回舱以超高速进入大气层时会产生激波，使返回舱表面与周围气体分子呈黏滞和火烧状态，温度不宜散发，形成温度高达几千摄氏度的高温区。高温区内气体和返回舱表面材料的分子被分解和电离，形成一个等离子区。由于等离子体能吸收和反射电波，使返回舱与外界无线通信衰减甚至中断，这种现象称为黑障。

目前，光学测量系统包括高速测量系统，用于火箭起飞段的漂移量和外弹道测量，如图4-50所示；安控电视系统，用于提供起飞段的安控直观信息源；实况记录系统，用于获取飞行段和重要事件的实况景象。

图 4-50　高速摄像装置

测控系统光学设备的工作条件一般包含以下内容：目标应在测站地平线以上，高于测站的遮蔽角；目标的亮度应满足光学拍摄条件；目标、测站、太阳之间的夹角应大于一定角度要求；目标应在设备最大作用距离范围内，如图4-51所示。

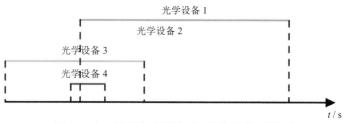

图 4-51　某任务光学设备跟踪弧段示意图

运载火箭飞行过程中同时使用箭载摄像装置将助推分离、抛罩等动作实时记录下来，形成可视画面用于分析。图像的视频数据经过图像压缩，通过遥测信道一同传输到地面，地面图像实时解码设备将图像数据解码显示。

14　地基测控站的布置

测控设计遵循12字原则，即"看得见、够得着、用得上、控得准"。对于运载火箭测控而言，火箭飞行高度、地球曲率的影响，测控布站必须从发射场开始沿射向由近及远布站，才能保证必需的测控覆盖率。测控站点的布置，需要根据火箭的典型飞行弹道，计算出合适的布设区域，同时考虑发射场测控设备接力，与航区的测量船的接力情况。

外测站点布置一般基于以下原则：

（1）测量覆盖。满足火箭箭上天线方向图要求，计算出可达系统精度和覆盖范围。

（2）适应设备跟踪性能。设备的最高跟踪仰角、角速度、雷达波束宽度、光学设备视场大小等，都需要考虑。要避免高仰角、过顶目标跟踪，因为过顶时，方位跟踪角度度极大，角速度超过设备最大跟踪角速度时，容易丢失目标。

（3）构成最优观测几何。对于不同测控体制，其最优观测几何不同，如中基线干涉仪体制，要求主站和两个副站呈 L 形布置，短基线干涉仪体制布站方案为 X 形，3RR′ 体制的最优几何要求正三角形布置，被测点位于三角形中心上方，站间距约为被测点高度的 $\sqrt{6}$ 倍，测试测量精度最高。当然，实际工程应用时，会根据具体情况、经济效益和性能指标的综合考量，确定布站方式。

（4）避开火箭喷焰的影响。火箭的喷焰不但对无线电信号造成衰减，而且使信号产生相移，影响测距和测速精度。其色散效应，使它对不同频率信号产生不同相移。为了避免喷焰影响，应尽量避免测量站从正后方通视目标。

（5）其他因素包括遮蔽效应和标校地形条件等，优选开阔地域，测控的方向上应当没有遮挡，如图4-52所示，美国在沙漠中设置的测控设备，地域开阔性良好。其他交通条件，建设是否便利等，都是需要综合考量的因素。

遥测站点一般对布站几何无要求，主要要求避免跟踪设备高仰角跟踪，在首区和航区有一定的测量弧段重合，通信良好即可。

扩展阅读

主动段测控：是指对主动段飞行的导弹、运载火箭进行的测控。主动段测控的主要内容有起飞后的飞行轨迹（位置和速度）测量、工程参数和环境参数测量以及安全控制。

首区、航区和落区：首区指火箭及有效载荷测试发射的核心区域，包括技术区和发射区，用于火箭和有效载荷的测试、发射准备的指挥和控制，包含各类厂房、勤务塔等。航区，指火箭飞行空域和各子级、整理罩坠落的区域。落区，也称为返回着陆场，是返回式航天器回收着陆的区域。

图 4-52　美国莫哈韦沙漠中的 70m 天线

第 3 节　其他

1　安全控制

安全控制系统（简称安控）的功用是当运载火箭在飞行中一旦出现故障不能继续飞行时，将其在空中炸毁，避免运载火箭坠落时给地面造成灾难性的危害。安全系统包括运载火箭上的自毁系统和地面的无线电安全系统两部分，也分别称为"火箭自主安控和地面无线安控"。

箭上的自毁系统由控制系统自毁信号产生装置、安全控制器、引爆器、爆炸器、安全指令接收机功分器和安全指令接收机天线组成，如图4-53所示。当运载火箭的飞行姿态、飞行速度超出允许的范围时，控制系统发出姿态自毁信号，传递至安全控制器，控制器发出引爆爆炸装置的指令，使运载火箭在空中自毁。

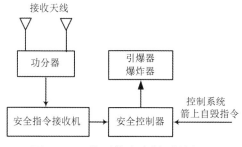

图 4-53　典型箭上安控系统框图

无线电安全系统则由安控台、安控设备、外弹道测量系统、安全指令接收机以及天线、控制器、爆炸器等箭上设备组成。

地面雷达测量运载火箭的飞行轨道，当运载火箭的飞行超出预先规定的安全范围时（图4-54中的必炸线），从地面安控台发出引爆箭上爆炸装置的指令，由箭上的接收机接收后将火箭在空中炸毁。

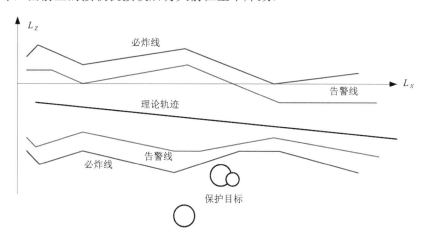

图 4-54　故障落点预示和安控范围

安控系统是火箭安全的最后一道防线。其逻辑设计需要慎之又慎，既不能误爆、也不能出了情况不爆。一般的安控逻辑如图4-55所示。

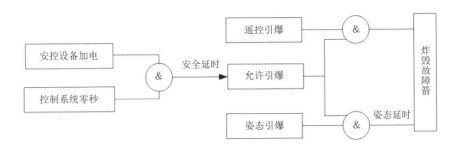

图 4-55　安控逻辑

控制系统零秒即控制系统的起飞信号，为了确保首区的安全，火箭在飞出一定距离前是不允许引爆的，因此在接到零秒信号后，要安全延时一定时间才允许引爆。安全延时的意义在于对发射场的保护。姿态引爆也称为姿态自毁引爆，由控制系统设置姿态角偏差限制，在超过限制持续一定时间后，发出姿态自毁信号引爆火工品。当火箭飞出安全管道后，由安全控制员遥控引爆，即使用地面安控系统，主动发出安控指令，箭上接到指令后，直接对箭体进行炸毁操作。

扩展阅读

安全管道：允许火箭动力飞行的弹道参数偏离设计值的范围。安全管道由警告线和炸毁线两部分组成。火箭飞出警戒线，地面即发出警告信号。超出炸毁线，则发出炸毁指令。

地面遥控系统是指安全遥控系统和航天器遥控系统，包括地面遥控设备和目标上指令接收机、译码器、执行单元等设备，用于导弹、运载火箭发射时的安全控制和航天器的轨道控制、姿态控制及航天器上仪器、设备的工作状态控制，或向航天器上计算机输入数据。

虽然火箭上有姿态自毁设计，但为了确保航区大中城市和重要目标的安全，避免造成国际纠纷，仍要求地面安控系统实时判断火箭的飞行情况，必要时实施安控，选择合适的残骸落点。

扩展阅读

多音组合调频体制：一般称为主字母体制，最早由 NASA 在 20 世纪 70 年代初提出，目的是为了提高安控系统的安全性，防止虚指令产生。其主要做法是将二进制数据流转换成若干个"字母"，而每个字母对应一组频率组合的和。

2 天基测控

目前我们谈到的测控系统，都是指地基测控站及相关设备或测量船（图 4-56 所示为我国"远望"3 号测量船），这就需要在火箭发射场周边和火箭飞行路径上布设雷达及其他测控设备。这些地面布设的测控设备称为地基测控。地基测控接收箭上信息的终端均在地面，这就对地面设备布设的位置有较高的要求，要求在火箭飞行全程各段均良好覆盖，不能出现张角超差导致误码率过高。

图 4-56 "远望"3 号测量船

天基测控，就是通过卫星进行箭上测量信息传输的方式。火箭将箭上信息传输给中继卫星，中继卫星传输给地面接收站点。这种方式可以大大简化地面测控站点布置。火箭箭上使用相控阵天线，使天线波束始终指向中继星如图 4-57 所示。目前，天基测控的传输带宽有限，仅为几百千比特级别，将来随着技术的发展，天基测控能够完全传输箭上所有信息，则可以不用设置那么多的测控站点，也不用出动测控船了。

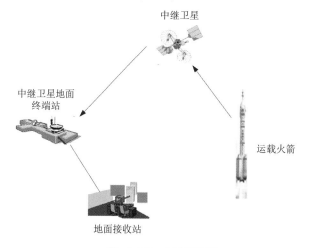

图 4-57 天基测控

3 相控阵天线

通过控制阵列天线中辐射单元的馈电相位改变方向图形状的天线，称为相控阵天线。相控阵天线是从阵列天线发展起来的概念，它由多个在平面或任意曲面上安装的天线单元和信号功率分配网络组成。一单列布置的线性相控阵天线为例，通过算法控制每个天线元的辐射角度，从而合成整个阵列的辐射波束，如图4-58所示。

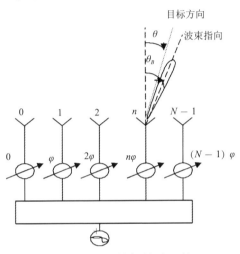

图 4-58　线性相控阵天线

相控阵起到了抛物面雷达系统伺服的作用，使得天线的波束可以扫描。但实际上相控阵的作用远比伺服系统更加强大，可以通过设计对天线的副瓣电平、最小值位置、方向图形状等进行控制，即简单的伺服系统无法做到。而且机械旋转天线时，惯性大，速度慢，相控阵则没有这些缺点。相控阵相位变化快，为毫秒量级。

一般为降低成本和简化结构，可以使用相控阵和伺服系统同时进行天线控制，在一定范围（如水平面）机械旋转，另一个范围（垂直面）使用相控阵。混合扫描式天线应用较为广泛。

4 中继卫星

跟踪与数据中继卫星系统(Tracking and Data Relay Satellite System, TDRSS)，简称中继卫星，是为中、低轨道的航天器与航天器之间、航天器与地面站之间提供数据中继、连续跟踪与轨道测控服务的系统，简称中继系统。跟踪与数据中继卫星系统是20世纪航天测控通信技术的重大突破。其"天基"设计思想，从根本上解决了测控、通信的高覆盖率问题，同时解决了高速数传和多目标测控通信等技术难题，具有很高的经济效益。

中继卫星相当于把地面上的测控站升高到了地球卫星轨道高度，与地面测控站相比，中继卫星"站得更高"，自然也能"看得更远"。它可以将中低轨道的卫星一览无余，由适当配置的两颗中继卫星和一座地球站组网，可以取代分布在世界各地的许多测控站，实现对中、低轨道航天器85%～100%的轨道覆盖。由于高频段电波的直线传播特性和地球曲率的影响，使地面测控站跟踪中、低轨道航天器的轨道弧段和通信时间受到限制，而使用中继卫星进行跟踪测控则没有这些限制。

由于中继卫星的重要作用和意义，世界各航天大国都在不断发展自己的中继卫星。早在20世纪80年代，美国就建立了全球首个"跟踪与数据中继卫星系统"（图4-59），是NASA的三大测控网之一，并加速"空间通信与导航"等航天计划，旨在对现有的中继卫星系统进行升级改造。俄罗斯（苏联）于20世纪80年代开始发展第一代"射线"数据中继卫星系统，从2011年开始陆续发射第二代"射线"中继卫星，目前已组成星座提供全球中继卫星测控覆盖，并在国际空间站与地面控制中心之间提供视频传输和数据通信功能（图4-60）。欧洲航天局于2001年发射了第一代数据中继卫星。到2008年，欧盟继续提出"欧洲数据中继卫星"计划，并于2014年发射首颗"哨兵"系列卫星。日本于2002年发射了第一颗中继卫星试验星，2008年启动了第二代中继卫星通信系统的研制工作。我国从20世纪70年代就开始了中继卫星的概念研究。2008年4月，"天链"一号01星成功发射并在轨运行，实现了我国的空间测控从陆、海向太空的大幅度跃进。截至2016年11月22日，我国"天链"一号（图4-61）中继卫星组网已经包含4颗卫星，分别是"天链"一号01星至"天链"一号04星。

图 4-59　美国中继卫星

图 4-60 俄罗斯中继卫星

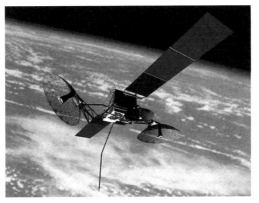

图 4-61 "天链"一号卫星

5 统一测控系统

在一个载波上用多个副载波调制，实现频分复用的多路信号传输，从而具有集跟踪测轨、遥测、遥控、数传、语言等多种功能于一体的系统，称为统一测控系统（又称微波统一测控系统，简称统一测控系统或统一系统），如图 4-62 所示。其英文缩写 TT&C 来自于英文单词跟踪、遥测和遥控。其中"统一"是指一副天线、一个载波、一个公用收发信道来实现对飞行器的测控与通信。目前，新研制的统一测控系统都具有扩频工作模式，也称为扩频统一测控系统或扩频统一测控设备。

统一测控系统根据设备工作的频率是分布在 S 频段还是 C 频段、X 频段，分为 S、C 频段和 X 频段统一测控设备，也即通常所称的 USB、UCB 和 UXB 设备，目前已经开始使用 Ka 频段统一测控设备。根据载波信号调制方式的不同，分为标准 TT&C、扩频 TT&C。其中 S 频段标准 TT&C 上下行都采用调相调制；C 频段标准 TT&C 上行信号采用调频，下行采用调相；扩频 TT&C 调制方式有 UQPSK 和 BPSK 两种。

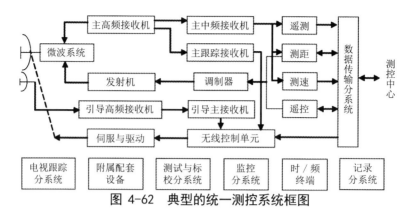

图 4-62　典型的统一测控系统框图

我国现已建成了"国内 C 频段测控网"，"国际 C 频段测控网"和"S 频段测控通信网"，成功地完成了我国历代同步卫星发射的测控任务和"921"等重大工程的测控任务，Ka 频段统一测控设备也已用于中继星的测控。X 频段统一测控设备已完成或正在进行深空（千万千米级）的测控。

扩展阅读

扩频：扩展频谱通信，即传输信号所占用的带宽大于由原始信息所需的最小带宽。根据香农公式 $C_{max} = 2B\log_2(1 + S/N)L$，在信道容量 C_{max} 不变的条件下，可以通过增大带宽 B，实现在较低信噪比 S/N 情况下的信息传输，这就是扩频的理论基础。扩频通信的特点包括对信噪比要求低，抗干扰性强，抗多径，保密性好，功率谱密度低，可多址复用和任意选址，并且测量精度高，因此广泛应用于军事通信、电子对抗、导航、高精度测量等领域。

6　大地测量

大地测量学是一门测量和描绘地球表面的科学，也就是研究和测定地球形状、大小和重力场，以及测定地面点的几何位置的学科。

在航天发射任务中，大地测量的工作主要包括：发射原点大地坐标、瞄准点大地坐标、重力加速度等；平台、惯组等惯性测试设备的设备原点大地坐标、重力加速度和真北方向等；光学摄像点的大地坐标等；测控系统标校塔中心的大地坐标、测量系统天线的位置方向、雷达的位置方向等；提供地球物理参数、重力场数据、地心坐标等。大地测量提供的这些标准位置、方位、重力加速度等信息，为火箭的初始方位确定、漂移量的测量、惯组的标定等工作提供了精准的基础数据，意义重大。

大地测量通常采用的方法有三角测量、三边测量、导线测量、水平测量、天文测量、重力测量和卫星大地测量等。

7 时间基准

时间是描述物质运动的一个基本物理量，是当今计量精度最高的物理量，基本单位为秒。选用不同的参考基准，其时间计量是有所区别的，只有采用统一的时间基准系统，才能进行对时操作，常用的时间基准系统如下。

（1）世界时（UT）：以地球自转为基准的时间系统，全年内每日平均长短的 1/86400 定义为 1s。它是基于地球自转或公转周期得来的，对应于白天黑夜、春夏秋冬的周期，是我们最熟悉且与日常生活息息相关的时间。根据国际规定，将英国格林尼治子午线定义为零类世界时（UT0）。因地球自转轴有微小移动，对地球自转轴微小移动效应造成的时间偏差进行修正，得到第一类世界时标 UT1。由于地球自转存在长期减慢和不规则的起伏现象，因此，以世界时的"秒"实现的准确度不高，只能达 $10^{-8} \sim 10^{-9}$ 量级。在 1960 年以前，世界时 UT 一直作为国际时间的标准。由于地球自转速度长期变慢的趋势，因此世界时在逐渐变慢。

▶ 扩展阅读

太阳时：以地球自转每个太阳日作为计时基准的时间。世界时，即格林尼治地球的平太阳时。

（2）原子时（AT）：1967 年 10 月，第 13 届国际计量会议通过了新的秒定义，把在海平面上实现的 Cs 原子基态超精细能级间跃迁辐射振荡 9192631770 周所持续的时间，规定为国际单位制时间单位。（以 1958 年 1 月 1 日 0 时为起点）称为原子时（AT），从此时间计量标准便正式由天文学的宏观领域过渡到了物理学的微观领域，进入原子时时代。

（3）力学时（DT）：在天文学中，天体的星历根据天体运动学理论的运动方程计算，其中采用的独立变量时间参数 T，定义为力学时。

（4）协调时（UTC）：把原子时的秒长和世界时的时刻结合起来的一种时间标注，非独立时间。考虑世界时受地球自转变慢影响而变慢，而原子时与地球自转无关，二者的差距越来越大，大约每年相差 1s。为协调二者关系，建立了以原子时的秒长为单位，在时间刻度上与世界时时之差小于 0.9s 的时间系统，即协调世界时。当 UTC 超过世界时 0.9s 时，在当年的 12 月 31 日或 6 月 30 日，拨快或拨慢 1s，称为闰秒，以协调世界时和原子时的差距。

各国天文台发布的实时时间都是 UTC 系统时间，称为该守时台的 UTC

时间。但要根据自己所在的时区加上时差。我们日常所用的北京时间属UTC时，与 UTC 相差 8h（UTC+8，东 8 区）。

（5）GPS 时：由 GPS 星载原子钟和地面监控站原子钟租车的一种原子时基准，与国际原子时系统有 19s 的常数差，并在 GPS 标准历 1980 年 1 月 6 日零时与 UTC 保持一致。

8 时间统一系统

航天测控设备种类多，分布广，如果没有统一的时间基准，是无法完成任务的。时间统一系统是为测控系统提供统一标准时间信号和标准频率信号的系统，其连续、可靠、稳定工作时测控系统正常工作的前提，性能优劣直接影响测控精度。

时间统一系统，简称时统系统，一般由授时部分和时统部分组成。授时部分用于接受国家时间频率基准，时统部分用于将频率标准和基准时间发给用户，以统一用户的时间基准。时统系统的工作包括定时、守时、授时和用时四个部分。

定时系统就是使本地时间与授时台发播的标准时间相一致。定时方法分为短波定时、长波定时及卫星定时等。目前通常使用卫星定时，与短波、长波定时相比，由于导航电文中的时间信息丰富，因此可以更方便地获得年、月、日、时、分、秒等信息。

守时系统包括地域分布式守时钟组、时间比对设备、时频测试设备，主要功能是产生和保持标准时间和标准频率信号。

利用无线电波发播标准时间信号的工作称为授时，国外常称为时间。目前，主流的守时方法为卫星守时，根据卫星在授时中所起的作用卫星授时分为主动式和中转式。主动式卫星有精密时钟，可发播标准时间信号；中转式仅转发由地面时间基准通过卫星地面站送来的标准时间信号。网络授时和电话授时，采用用户询问方式向用户提供标准时间信号。授时系统主要包括北斗授时、长波授时和网络授时，主要功能是将标准时间频率信号发播给用户。

用时系统主要包括时频接收设备、时统主站和时码终端，主要功能是接收标准时频信号，驾驭本地时频信号，保持与标准时间同步。

扩展阅读

岁差：地球自转轴在空间受日月引力的影响而变化，其围绕黄极发生缓慢旋转，形成倒锥体。锥角等于黄赤交角（23.5°）。旋转周期为26000年。这种运动称为岁差，是地轴方向相对于空间的长周期运动。岁差使春分点每年向西移动50.3″，因此以春分点为参考点的坐标系将受到影响。

章动：月球绕地球旋转的轨道相对于黄道有约5°的倾斜，因此月球引力对地球的转矩大小和方向不断变化，导致北极在天球上的绕黄极运动不是标准圆，而是类似波浪曲线运动，地球转轴在岁差基础上叠加周期为18.6年，振幅为9.21″的短周期运动，称为章动。

航天器

科幻巨匠凡尔纳在其作品中描绘了将火车头发射到月球的壮举，这个火车头就是我们现在说的航天器，是外层空间活动的人类产品。航天器有多种分类方式，目前主流分法是按照是否载人分为载人航天器和无人航天器[13,14]，如图 5-1 所示。

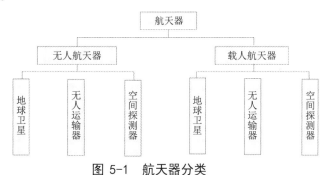

图 5-1　航天器分类

卫星在天文学上，指按照闭合轨道周期性围绕行星运动的天体；而人造地球卫星，是人类制造的围绕地球运动的装置，根据用途可以分为通信卫星、遥感卫星、科学试验卫星等。

探测器，指对月球、太阳、彗星等宇宙天体进行探测的无人航天器，如我国的嫦娥探测器。对月球和月球以外的天体和空间进行探测的无人航天器称为"深空探测器"，又称"空间探测器"。目前人类发射的探测器数量较多的，是针对月亮和火星的探测器。

空间站、太空站是指在太空运行，供航天员在其中长期生活、工作，并提供其他航天器停泊功能的载人航天器，如国际空间站（图 5-2）和我国未来将建成的空间站。

图 5-2　国际空间站

航天器的研制同运载火箭一样，遵循先论证，再初样设计，试样设计，不同的是由于航天器很少是批量产品，因此最后一个阶段称为正样，如图 5-3 所示。

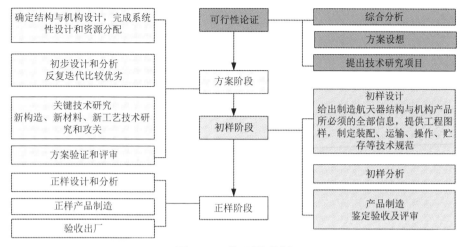

图 5-3　航天器研制

对于运载火箭而言，航天器是其用户，以下技术指标是运载火箭设计的重要输入：航天器的轨道要求；航天器的最大质量；航天器的质量特性，即质心位置，绕纵、横轴的惯量和惯性矩，推进剂充填系数等；航天器的最大轮廓尺寸；航天器的机械接口和电器接口；航天器分离时刻的姿态要求等。

第1节 航天器的组成和原理

1 航天器结构设计

航天器的结构是一门综合性较强的科学，根据用途不同，航天器的形状、形式等不同，其结构也不同。一般航天器结构是指航天器将各分系统连为整体的主体部件，提供支撑作用，并保障工作环境，还包括分离机构、展开部件等活动部件。对于载人飞船、货运飞船、探测器等特殊用途航天器，含有大量组合化、模块化设计的内容，包括有效载荷舱、服务舱、推进舱、货舱、回收舱、密封舱等。航天器的总体结构设计包括刚度设计、重量和尺寸控制、环境设计等三大主要方面。

刚度设计是航天器结构设计的重点，主要为了承受各类载荷，这里的载荷，指力、力矩、压力、应力、位移等，甚至可能是热和温度。航天器设计需考虑的载荷包括静载荷和动载荷。静载荷是指不随时间改变的载荷。如航天器制造出来以后贮存、运输过程承受的稳态载荷，发射过程中火箭推力和过载造成的航天器载荷，轨道中的温度交变等。动载荷，包括周期振动载荷、瞬态振动载荷、冲击载荷、随机振动载荷、瞬间的气动载荷和发动机工作载荷等。

重量和尺寸控制是十分必要的，因为火箭运载能力宝贵，载荷减重是关键。同时，主要受运载火箭整流罩的限制，对航天器的尺寸有严格的规定。要求航天器设备安排紧凑，充分利用有限的空间，携带更多载荷。

环境适应是为提高航天器的寿命必不可少的设计内容，航天器研制所选材料应能很好地适应空间真空、辐射、温度交变等各类因素。大部分航天器是一次性使用的产品，因此器件疲劳寿命问题不严重。

早期卫星以圆形和圆柱形居多，主要是早期卫星大多采用自旋稳定方式，因此要求采用回转体外形；伴随三轴稳定方式的兴起，卫星的形状开始向6面体发展。随着技术的进步，卫星和航天器的形状也越来越多样化。

2 航天器平台

航天器平台，是为航天器的有效载荷提供总装空间、电功率、支撑和机械接口、热控制等保障其正常工作条件的公共平台。我们经常说的东3平台、东4平台，即为我国卫星的常用平台。卫星结构一般由主承力结构和次承力结构组成，是支撑卫星各载荷和整体功能的承力部位，其形式主要有中心承力筒式、架构式或舱体式。次承力架构为仪器设备的安装结构和外壳结构，也包括展开式太阳翼电池阵结构和某些天线结构。

以东三平台为例，其由通信舱、服务舱、推进舱、天线和太阳翼电池板5个模块组成，如图5-4所示。推进舱为中心筒承力结构，采用碳纤维复合材料，内装推进剂贮箱，是平台的主承力结构。上下分别为通信舱和服务舱，面板采用碳纤维复合材料面板和铝蜂窝夹心的夹层板结构。为卫星的辅承力结构。

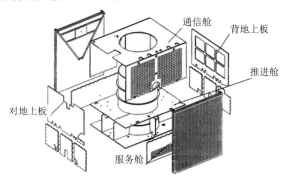

图 5-4　DFH-3 卫星平台

卫星平台携带推进剂，为卫星变轨、维持姿态提供能源。一般而言，不同的卫星在某些条件范围内，可以使用同一类卫星平台，这便于星箭接口的统一，并降低卫星的成本。

3 桁架式结构

卫星平台常用结构包括桁架式结构、承力筒式结构、箱板式结构、外壳式结构等。桁架式结构，即采用多边形主构架，将各功能模块相连，包括三棱柱、四棱柱等多种结构，如早期美国洛克希德·马丁公司的 MMS 所用的平台，如图 5-5 所示。

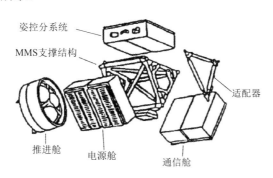

图 5-5　三棱柱结构

桁架式结构特点是：扩展性强，便于拆卸和调整，对于大型天线和支架结构，构架式结构是承载压缩载荷和大跨度弯曲载荷最轻的结构；可以提供大块平整安装面，适用于模块化程度高的结构，对布置仪器有利；抗扭转性能较差；其对运载器的接口由多边形过渡到圆形，对接段载荷传递不均匀，连接刚性下降；结构的节点处载荷较为集中。

4 承力筒式结构

卫星平台中心设置承力筒，并配合隔板组合结构，布置仪器通过中心承力筒与运载火箭对接。典型的如 SPOT 系列卫星，如图 5-6 所示。

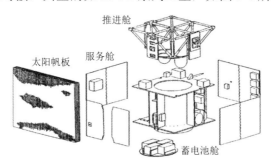

图 5-6　SPOT 系列 MK-1 平台结构

承力筒结构特点是：包带等连接机构传力均匀，星箭分离可靠性高；力学性能好，抗扭转性能强，承力均匀合理；结构较为简单，不涉及杆间连接主承力筒周围被分割成若干小块，模块化程度低。

5 外壳式结构

外壳式结构一般用于返回式航天器、货运飞船、空间站核心舱段等。图5-7所示为 SpaceX 公司的龙飞船。其外壳有利于气动和热环境保护，对于人员、仪器设备、货包等有良好的保护作用。航天器的外壳直接与火箭连接，不需要专门的连接结构。

图 5-7　龙飞船

外壳式结构分为密封舱和非密封舱两类，对于有密封要求的场合，使用密封舱，其舱体多为组合焊接，如需要连接空间站的货运飞船，连接后航天员可由空间站进入货运飞船内部进行相关操作，这时就要求舱内密封。

6 航天器的机构

航天器的结构是航天器整体形态，航天器的机构是具体实现特定功能的运动部件。航天器的机构主要有以下几种：

（1）连接分离结构。负责卫星与火箭、卫星与上面级或卫星各级之间的分离。其中较典型的星箭分离机构为包带和夹块式，其优点是提高分离可靠性，减少分离对卫星的影响。

（2）压紧释放机构。展开太阳翼或天线的机构，发射时采用压紧杆或压紧带，呈收拢状态，在轨道上引爆火工品装置使机构释放。

（3）驱动机构。一般使用电机作为动力，根据一定的规律驱动相关部件，如对日定向的太阳电池阵的驱动机构或转动天线的定向机构。

7 航天器推进剂

航天器的推进剂主要用于卫星变轨、姿态调整、空间制动和受控离轨等工作。目前，大多数航天器使用的推进剂为单组元或双组元的液体推进剂。

单组元推进剂通过自身分解或燃烧提供能量。常用的如无水肼，理论比冲 2646 N·s/kg，在催化剂作用下分解为氨气、氮气、氢气的混合物。其催化剂的质量状态，决定了推进剂系统的寿命。过氧化氢比冲为无水肼的 70%，分解为氧气和水，在早期卫星姿控中使用。

双组元推进剂与火箭类似。卫星上常用的包括绿色四氧化二氮和一甲基肼、四氧化二氮和偏二甲肼、液氢和液氧、液氟和肼等。我国常用的绿色四氧化二氮（MON-1）和甲基肼（MMH）理论比冲达 2965N·s/kg，包括北斗卫星、鑫诺通信微信、"嫦娥"探测器、空间站航天器等，均使用这种推进剂。

无毒或低毒的推进剂是未来的发展趋势，其中包括硝酸羟胺（HAN，NH_3OHNO_3）基和二硝酰胺铵（AND，$NH_4N(NO_2)_2$）基等单组元推进剂、胶体推进剂、电推进和微推进剂技术等。

HAN 基单组元液体推进剂为 HAN、燃料（如醇类、甘氨酸、硝酸三乙醇胺等）和水的混合物。其中 HAN 是一种富氧推进剂物质，主要应用于放射性元素的提取、核原料的再生等。纯 HAN 是一种不透明的吸湿性固体，其水溶液为无色无味的透明液体。液体 HAN 的腐蚀性、密度都高于肼，但不致癌。HAN 基单组元推进剂具有无毒、高密度、低冰点、低挥发性、稳定性高等特点。

ADN 基单组元推进剂为 ADN、水和燃料的三元混合物。其中 ADN 是一种固体氧化剂，最初是为高性能固体火箭推进剂研制的。ADN 基单组元推进剂有众多的燃料可供选择，并且不易用明火点燃，是一种较为安全的推进剂。

胶体推进剂是利用凝胶剂将液体推进剂凝胶化，使其成为在一定压力（屈服应力）下可以用泵输送的凝胶状物质。胶体推进剂继承液体推进剂能量高、推力可调和多次起动的优点，同时拥有固体推进剂密度大、易于贮存、方便维护的特点。

8 电推进剂技术和微推进剂技术

电推进系统以其高比冲、小推力、长寿命等特点，在空间飞行器上得到了广泛的应用。它通过将电能施加到推进剂上的方式，突破了化学推进系统几百秒比冲的制约。比冲的提高意味着完成同样的任务需要的推进剂更少，或卫星平台的质量降低，有效载荷的质量增加，携带同样的推进剂航天器能够达到更远的目标，或在轨寿命得到延长。

微推进技术是利用微机电系统（MEMS）技术研制微推力器的技术。MEMS 推进主要有电推进和化学推进两种方式。1992 年美国开始 MEMS 固体化学推进阵列的研究。我国清华大学等研究机构也在近几年开展了相关领域的研究，如清华大学研制的 MEMS 固体化学推进器采用固体复合推进剂 AP/HTPB（高氯酸铵 / 端羟基聚丁二烯）作为推进剂，通过三层 MEMS 结构将推进剂进行封装。工作时，利用布置于底部的单元寻址驱动电路控制点火器点火引燃固体推进剂，产生高温高压燃气，进而由喷管排出，产生推力。MEMS 电推进有胶体推进、电阻电热式气体推进、液体蒸发或固体升华推进等，如美国斯坦福大学研制的胶体微型推力器，应用于 Emerald 星座中纳型卫星的轨道保持。其中推进剂选用丙三醇或异丙基乙醇。冷气（氮气、氢气、氩气、氦气等）虽然比冲较低，但由于无毒，结构简单，成本低，可作为微小推力器方案选择之一。然而，如果真正应用于微小卫星系统，还需解决冷气系统结构质量、管阀件、推力器小型化等问题。

9 航天器的姿态控制

航天器的姿态控制，为对航天器俯仰、滚动和偏航角进行在轨控制。图 5-8 所示为卫星的姿态控制。根据对卫星的不同工作要求，卫星姿态的控制方法也是不同的。按是否采用专门的控制力矩装置和姿态测量装置，可把卫星的姿态控制分为被动姿态控制和主动姿态控制两类。

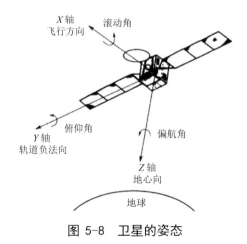

图 5-8　卫星的姿态

10 被动姿态控制

被动姿态控制是利用卫星本身的动力特性和环境力矩来实现姿态稳定的

方法。被动姿态控制方式有自旋稳定、重力梯度稳定、地磁场稳定、太阳辐射压力稳定、气动力稳定等。

1）自旋稳定方式

有的卫星要求其一个轴始终指向空间固定方向，通过卫星本体围绕这个轴转动来保持稳定，这种姿态稳定方式就叫自旋稳定。它的原理是利用卫星绕自旋轴旋转所获得的陀螺定轴性，使卫星的自旋轴方向在惯性空间定向。这种控制方式简单，早期的卫星大多采用这种控制方式。使卫星产生旋转可以用在卫星的表面沿切线方向对称地装上小火箭发动机，需要时就点燃小发动机，产生力矩，使卫星起旋或由末级运载火箭起旋。

早期卫星一般都比较简单，为实现轴不变性，就采用自旋稳定的方式，因此设计成圆柱体或球形。我国的"东方红"一号卫星、"东方红"二号通信卫星和"风云"二号气象卫星等都是采用自旋稳定的方式。后来技术发展，卫星的三个轴都要控制，卫星本体也便做出了立方体，是我们现在大多数卫星的本体形态。

2）重力梯度稳定

重力梯度稳定是利用卫星绕地球飞行时，卫星上离地球距离不同的部位受到的引力不等而产生的力矩（重力梯度力矩）来稳定的。例如，在卫星上装一个伸杆，卫星进入轨道后，让它向上伸出，伸出去后其顶端就比卫星的其他部分离地球远，因而所受的引力较小，而它的另一端离地球近，所受的引力较大，这样所形成的引力之差对卫星的质心形成一个恢复力矩。如果卫星的姿态（伸杆）偏离了当地铅垂线，这个力矩就可使它恢复到原来姿态，如图5-9所示。该种控制方式简单、实用，但控制精度较低。

图 5-9　重力梯度稳定

3）地磁稳定

利用磁体对地磁场相互作用产生恢复力矩而实现稳定控制。在卫星上安装永久磁体，当磁体的磁场方向与地球磁场方向一致时，磁铁所受力矩为零，处于姿态稳定状态。卫星偏离稳定位置时，磁体所受力矩将使卫星恢复到稳定状态，如图 5-10 所示。

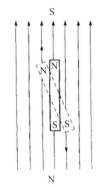

图 5-10　地磁稳定

11　主动姿态控制

主动姿态控制，就是根据姿态误差（测量值与标称值之差）形成控制指令，产生控制力矩来实现姿态控制的方式。许多卫星在飞行时要对其相互垂直的三个轴都进行控制，不允许任何一个轴产生超出规定值的转动和摆动，这种稳定方式称为卫星的三轴姿态稳定。目前，卫星基本上都采用三轴姿态稳定方式来控制，因为它适用于在各种轨道上运行的、具有各种指向要求的卫星，也可用于卫星的返回、交会、对接及变轨等过程。

实现主动姿态控制有两种方式，一种是地面控制的，称为天地大回路控制方式，依靠地面测控系统和安装在航天器上的仪器联合对航天器的轨道和姿态进行控制。另一种是卫星自身的稳定系统，称为自主控制方式，其控制框图基本同运载火箭姿态控制回路，如图 5-11 所示。

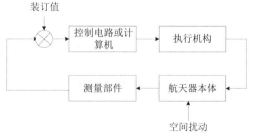

图 5-11　主动闭合控制

目前大部分卫星和其他航天器都使用自主式三轴主动姿态控制，其主要仪器包括计算机、敏感器和执行机构。姿态敏感器的作用是敏感和测量卫星的姿态变化；姿态控制器的作用是把姿态敏感器送来的卫星姿态角变化值的信号，经过一系列的比较、处理，产生控制信号输送到姿态执行机构；姿态执行机构的作用是根据姿态控制器送来的控制信号产生力矩，使卫星姿态恢复到正确的位置。

12 太阳敏感器

太阳敏感器是通过对太阳辐射的敏感来测量太阳视线与航天器某一体轴之间夹角的敏感器。太阳敏感器用来确定姿态是最普遍的，几乎每个航天器都采用。太阳敏感器之所以有这样广泛的通用性是因为在大多数应用场合，可以把太阳近似看作是点光源，因此就可简化敏感器的设计和姿态确定的算法；另外太阳光源很强，从而使敏感器结构简单，其功率要求也很小；太阳敏感器的视场很大，可以从几分×几分到128°×128°，而分辨率可以从几度到几角秒。

太阳敏感器具有三种基本类型：模拟式太阳敏感器，它产生的输出信号是星体相对太阳矢量方位（太阳角）的连续函数；太阳出现敏感器（0-1式太阳敏感器），它以数字信号1或0表示太阳是否位于敏感器的视场内；数字式太阳敏感器，它能提供离散的编码输出信号，其输出值是被测太阳角的函数，该敏感器的特点是视场大，精度高，寿命和可靠性有很强的优势，因此应用广泛。

扩展阅读

红外地平仪：红外地平仪是基于对地球的红外辐射敏感原理，通过检测地球与太空之间的红外辐射过渡部分，得到卫星相对地球当地垂线的姿态偏移（俯仰角和滚动轴的姿态角）的仪器，是红外探测系统的一种典型应用，也称为地球敏感器。

13 星敏感器

星敏感器是以某一颗亮度高于+2可见星等的恒星为基准，测量其相对于航天器的角位置，并同星历表中该星的角位置参数进行比较，来确定航天器的姿态。也即通过对恒星星光的敏感来测量航天器的某一个基准轴与该恒星视线之间的夹角。

由于恒星张角非常小，因此星敏感器的测量精度很高。一般说来，星敏感器是航天器姿态敏感器中最精确的敏感器，其精度比太阳敏感器高一个数量级，比红外地平仪高两个数量级，可达到角秒量级。但是由于星光非常微弱，其成像装置需要使用高灵敏度的析像管或光电倍增管。同时测量数据较多，数据的处理和识别只有计算机才能完成。因此星敏感器结构复杂，功耗大，质量、体积大，价格昂贵，而且每给出一次测量结果往往需要 1 ～ 5s 时间。

扩展阅读

射频敏感器：利用安装在航天器上方向稍有差别的几个窄波束雷达天线同时接收来自同一个信标的无线电信号进行比较，从而确定航天器相对信标的姿态。这种敏感器主要用于通信广播卫星。

14 航天器姿控执行机构

航天器的执行机构主要分为三种：利用反作用原理的喷气执行机构，姿控喷管；利用角动量守恒的机电执行机构；利用磁场、引力场等空间环境与航天器相互作用产生力矩的环境力执行机构。

姿控喷管与火箭的姿控喷管相同，可以使用单组元推进剂，也可以使用双组元推进剂的小液体火箭发动机。为了提高利用率，可以将轨道控制和姿态控制共用一组喷气执行机构。

机电执行结构，根据角动量守恒定律，利用改变飞轮转速与航天器本体进行角动量交换，来实现姿态控制。动量轮只能改变姿态，不能变轨，但它不需要消耗推进剂。

环境力执行结构，包括磁力矩器、重力梯度杆、太阳辐射压翼板等。

扩展阅读

变轨发动机：航天器从初始轨道或停泊轨道，转移至预定目标轨道所使用的发动机。

轨道机动：在航天器控制系统作用下，有目的地改变飞行轨道称为轨道机动。一般在初轨与终轨的交点或切点处进行。霍曼转移就是轨道机动的一种。

离轨：航天器工作寿命结束后，或其他需求，给航天器施加适当速度增量，使其轨道降低或升高，避免影响其他在轨航天器工作，称为离轨。如地球同步轨道存在弃用轨道，由于同步轨道资源有限，因此占轨卫星在一定周期内需要进行离轨操作。

15 航天器的温度控制

航天器在轨道上运行时，要经历高温差环境，且航天器工作时间相对较长，因此，航天器结构、仪器设备或所载载荷需要温度控制，或称热控制。例如，有些红外传感器需要在超低温环境下工作，大功率行波管要散热，等等。

航天器在轨道上受到太阳和其他宇宙辐射加热，并向宇宙空间散热，因此辐射换热是其最主要的热交换方式，如图 5-12 所示。从温控方法上分为被动温控和主动温控。

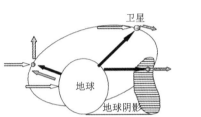

图 5-12 卫星在空间的热平衡示意

对于航天飞船或返回式卫星等返回式航天器，因为要返回地面，就要脱离原来的轨道，飞船要把姿态调整到正好进入返回轨道，需要十分精确的计算和调整。苏美回收卫星时候，曾发生过让它往低里走，它反而向太空高处走，或者不能在原来的着陆点着陆的情况。航天器再入稠密大气层时有巨大的冲击过载，与空气剧烈摩擦的气动加热，产生上千度的高温，因此都会采用"大底"等防热结构。还有过黑障区和落地撞击等困难。

16 被动温控

被动温控就是采取保温措施，使用温控材料，合理布局航天器的内外热交换等措施，使航天器的内部温度保持在允许的范围内。系统本身没有主动温度调节能力，但简单可靠，是目前最常用的温控措施。

1）热控涂层

在接近真空的航天器轨道上，热交换的形式基本为热辐射，因此，辐射表面的辐射率大，吸收率小的材料，热量就向外发散，反之，则向外界吸收热量。因此，改变航天器外表面蒙皮的热辐射特性，及吸收辐射比，就可以控制蒙皮温度。通常，在航天器表面采用吸收辐射比低的涂层，如白漆、三氧化二铝、抛光金属硅氧化物、镀银氧化硅等，将表面温度降下来，而在壳体的内表面涂高辐射率的涂层，以增强内辐射改善壳体内部温度的均匀性。

2）多层隔热材料

所谓多层隔热材料，就是由低辐射率的反射层和间隔层交错叠成，层数越多，隔热效果越好。一般反射层材料为镀铝、银、金的涤纶或聚酰亚胺薄膜，其表面辐射率为 0.02 ～ 0.06，薄膜厚度为 6 ～ 20μm，间隔层为低导热率的纤维纸或织物，如图 5-13 所示。

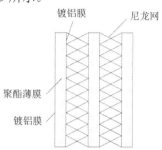

图 5-13　双面镀铝薄膜与网状间隔物组成的多层隔热材料

3）软质泡沫塑料

软质泡沫塑料是一种多孔的轻质聚氨酯固体材料。其孔尺寸小，几乎没有对流，仅以传导和热辐射方式传热。这种材料主要应用于航天器的密封舱。密封舱内由于气体的存在，多层隔热材料的导热系数增大，此时软质泡沫塑料的导热系数与多层隔热材料相当，约为 0.03 W/（m·K），但密度低很多。

4）相变材料

相变材料是一种能随温度变化改变相态，并在相变过程中吸收或释防热量的材料。温度升高时，相变材料熔化，吸收热量，温度下降时，材料凝固，放出热量，从而达到温度基本维持不变的效果。相变材料是一种即是热沉又是热源的可逆系统，特别适用于放出脉冲热源的周期性或间断性工作的元件的温控。常用的相变材料为石蜡类材料。

5）热管

热管是一种真空密封管，管壁用导热性良好的铝合金或不锈钢等材料制成，壁内铺设一层毛细结构（如多层金属丝网等），毛细结构中充满工作液体。当热管一端受热时，液体在受热蒸发过程中吸收热量，并使这一端压力升高，使蒸汽流向低温的另一端，过程中在毛细结构上冷凝并释防热量，通过管壁向外散发。冷凝下来的液体被抽回到高温端，如此循环，保持两段温度趋于平衡。热管具有很高的传热性能和接近等温的工作状态，没有运动部件，安全可靠，主要用于部件或整体结构的等温化。其等温化能力强，可以使两端的温差从 30℃减小到只差 2 ～ 3℃。

17 主动式温控

对于温度调节要求较高的航天器，被动式温控不能完全满足需求，必须在被动式温控的基础上增加主动式温控。

1）百叶窗温控

百叶窗的叶片上涂有隔热性能良好的低辐射率和低吸收率的涂层。温度在规定范围内时，百叶窗关闭，阻止热交换。温度超过一定范围时，用对温度敏感器的双金属片或记忆合金制成的动作器受热变形，将叶片打开，散发热量，如图 5-14 所示。温控百叶窗通过大幅度改变航天器表面的有效辐射率实现温控，结构简单，无功率损耗。

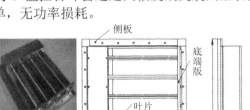

图 5-14 百叶窗温控

2）电加热恒温装置

使用电加热器，对航天器进行主动温控，控制精度较高，如图 5-15 所示。适用于舱段和单机仪器的恒温调节。缺点是耗电，电能对于航天器来说是很宝贵的，因此这种方式一般用于能源比较充裕的航天器。

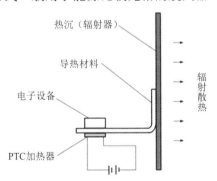

图 5-15 PTC 电加热器局部温度控制示意

3）流体循环换热装置

对于载人飞船和空间站等内部发热量大的航天器，通常采用流体循环换热装置。采用水、空气等介质，在舱内吸收热量后，到舱外进行换热，发射热量，流体温度降低后流回舱内。此类换热方式分为单相流和双相流两种，双相流换热效率更高，但技术复杂。

18 卫星供电设备

卫星上有众多的仪器设备需要供电，星上的活动部件和火工装置也都需要供电后才能工作。电源系统对任何一种卫星都是必不可少的。电源系统的发展水平，对提高卫星的性能，完成广泛而复杂任务的能力，有重要的作用。随着卫星技术的发展，卫星的工作寿命不断提高，功能日益改进，电源系统的功率已从早期的数十瓦增加到数千瓦甚至上万瓦。现在，卫星上采用的电源主要有太阳能电池电源、化学电源和核电源。

19 太阳翼

目前，长寿命卫星现都普遍采用太阳能电池，因为这种电池是利用半导体材料的光电效应将太阳能转换成电能，可以工作几年甚至几十年。有时我们从书上或者电视上看到，卫星像蜻蜓一样有两个伸展的大翅膀，那就是太阳翼，在太阳翼上贴有数以万计的太阳能电池片。

太阳能电池电源的最大优点是太阳能电池阵（帆板）的面积只取决于卫星所需功率的大小，而与卫星寿命的长短基本上无关，所以长寿命卫星都采用太阳能电池电源。太阳能电池供电有一个首要条件，就是电池片必须在太阳光的照射下，这就要求卫星的轨道和姿态保证电池帆板能够受到阳光照射时间最长，照射面积最大。实际上，当卫星进入地球阴影区，太阳照不到卫星的时候，太阳能电池就发不出电来。因此，太阳能电池必须与蓄电池一起组成太阳能电池阵——蓄电池的组合电源系统，以解决卫星进入阴影区的供电问题，保证卫星连续正常工作。当卫星飞到日照区时，太阳能电池一方面给卫星上的仪器供电，同时向蓄电池充电，把电能储存起来。当卫星飞到阴影区时，由蓄电池给卫星供电。

太阳翼由多个电池板组成，从航天器发射到入轨，太阳翼经历折叠状态、解锁、展开、锁定等阶段，太阳翼展开是航天器正常工作的关键动作，如图 5-16 所示。若展开失败，则航天器工作电能不足，造成航天器失效，影响巨大。

最初航天器上没有太阳翼，电池片是贴在卫星本体上的。随着电量需求增加，出现了划桨式电池翼，后来又发展出折叠式电池翼，如图 5-17 所示。目前较为常用的刚性太阳翼一般采用铝蜂窝夹芯、凯拉夫纤维复合材料和碳纤维复合材料等面板的结构形式。刚性太阳翼是目前应用最多的电池翼。

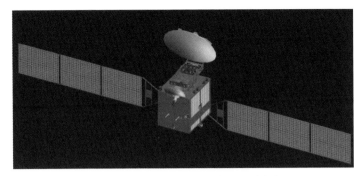

图 5-16　卫星太阳翼展开示意图

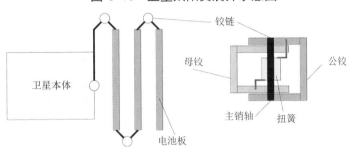

图 5-17　典型太阳翼折叠结构

　　未来空间站和大型航天器的太阳翼可能长达几十米，为尽量减轻重量，提高可靠性，提高弯曲自然频率，将采用半刚性和柔性的太阳翼。半刚性太阳翼一般采用刚性、半刚性基板加柔性薄膜构成，太阳电池片贴在柔性薄膜上。

　　我国空间实验室太阳翼采用半刚性基板，由碳纤维复合材料边框和凯拉夫纤维网络面板组成。半刚性基板的凯拉夫纤维网络上粘贴有硅太阳电池。其展开机构在太阳翼背面，由截面为三角形的折叠桁架、收藏箱、动力传动装置和折叠结构组成，可以在太空中多次进行收缩。

　　柔性太阳翼又称薄膜式太阳翼，以薄膜结构作为电池片的载体，与刚性太阳翼相比，大大减轻了重量。其展开方式分为充气展开式、卷轴展开式、扇形展开式和支架展开式。著名的哈勃望远镜上最初采用的就是卷轴展开式太阳翼，十分方便携带。

20　航天器其他电源

　　化学电池是把化学能转变成电能的供电装置。对卫星上用的化学电池的要求与地面上日常使用的干电池、铅蓄电池等化学电池有所不同，要求转换效率高、重量轻。化学电池又可分为一次性电池、蓄电池和燃料电池。

1）一次性电池

早期卫星多用一次性化学电池，如锌汞电池、锌银电池等。这种电池是一种消耗性电源，利用这种电池作为电源工作简单、可靠，但质量和体积较大，卫星不能携带很多；所以，卫星在轨道上的工作寿命不能太长，一般是几个星期到一个月。我国返回式卫星使用的就是这种化学电池。

2）蓄电池

蓄电池的最大特点是可以多次充放电，可与太阳能电池联合使用。好的蓄电池组充放电次数可达到数万次。蓄电池的不足是比能量较低。比能量是衡量电池性能的最主要指标。什么是比能量呢？它是单位重量（或者体积）的电池能够产生的电能。电池的比能量越高，说明它的性能越好。（常用的蓄电池是镉镍电池，它在近地轨道卫星上应用时，比能量为8W·h/kg，寿命为3～5年；在地球静止轨道卫星上应用时，比能量为15W·h/kg，寿命5～10年，如图5-18所示。同样的电池在不同轨道上的比能量不同，轨道高了，卫星受到的大气阻力小，蓄电池的比能量就会增大。氢镍电池和锂电池是比能量较高的蓄电池，其中锂电池的比能量是镉镍电池的2～10倍，因而使用前景广阔。）

图 5-18　早期星用蓄电池及蓄电池组

3）燃料电池

燃料电池是一种把储存在燃料中的化学能经过化学反应转变成电能的化学电池。燃料电池的种类很多，氢氧燃料电池就是其中的一种。这种电池是利用氢和氧的"燃烧"作用来产生电能，同时生成水。它由氢、氧供给系统、排水系统、排热系统和控制系统组成。氢氧燃料电池的比能量很高，但是结构比较复杂，而且有一定危险性。美国用于登月的阿波罗飞船上就使用了氢氧燃料电池。

核电源：与太阳能电池电源、化学电源相比，核电源具有不受外界条件的限制、寿命长、工作可靠、功率大等优点。卫星上可以使用的核电源有放射性同位素温差发电器、核反应堆温差发电器和热离子发电器，它们都是利用原子核的突变（裂变或衰变）所释放的能量来发电的。这些能量以热的形式输出，由热电转换器转换成电能。核电源的缺点是具有辐射性，因此使用核电源时，卫星上的仪器设备要采用辐射屏蔽措施，从而增大了卫星质量；同时价格昂贵，且存在不安全性。所以，这种电源在卫星上几乎不用，主要在深空探测器中使用，如旅行者一号探测器等。

21 上面级

广义上讲，上面级是个相对概念，如同"有效载荷"，有的文献也将火箭第一级以上部分称为上面级，或将火箭最上面一级称为上面级。狭义上讲，上面级是指一类具有运输功能的航天器，由基础级运载器发射进入准地球轨道或地球轨道，能够进一步将有效载荷从准地球轨道或地球轨道送入预定工作轨道或预定空间位置，是具有自主独立性的飞行器，能够完成轨道转移、空间部署等任务。

上面级的作用介于运载火箭和航天器之间，既有自主轨道机动能力，又有较长的在轨飞行时间，它一般可多次起动点火，满足不同的发射任务需求，可以将一个或多个载荷送入预定轨道，被形象地称为"太空巴士"或"太空摆渡车"。

以火箭＋上面级发射地球同步轨道卫星为例，如图5-19所示。火箭将上面级和卫星组合体送入地球同步转移轨道（GTO），然后火箭和上面级分离，上面级＋卫星组合体经过长时间滑行到达转移轨道的远地点附近时，上面级发动机点火进行变轨，将卫星送

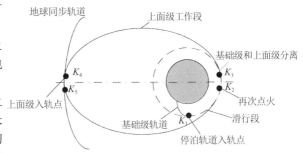

图 5-19　上面级任务飞行轨道

入 GEO 轨道后上面级与卫星分离，之后上面级离轨。这样可以有效提高运载火箭的运载能力。当基础级火箭入轨偏差偏大，导致上面级不能进入原先预定轨道时，要由地面重新规划目标轨道，通过指令上行的形式发送给上面级，上面级收到这个目标轨道以后，自主按照新的目标轨道，重新对轨道进行规划。

上面级有助于提高运载火箭任务的灵活性，已受到世界各航天强国的普遍重视。几十年来，各国研制了诸多的上面级，用于执行各种各样的飞行任务，如美国的"半人马座"、俄罗斯的"弗雷盖特"上面级（图5-20）都是著名的上面级。我国也成功研制了CZ-3低温上面级、CZ-4可贮存上面级和近期发展的远征系列上面级等。

图 5-20　俄罗斯"弗雷盖特"上面级

上面级发展的核心问题是提高运载火箭多任务适应能力，解决多次起动、长期在轨、自主飞行等问题。在更远的未来，人类还可以研制以核反应堆为动力，采用核热推进或核电推进的上面级，虽然其推力比化学火箭发动机要小不少，但由于它的推进系统比冲将达到上千秒甚至近万秒，因此其运载能力将比过去的上面级有数量级的增加。这类上面级将能够扮演"太空拖船"的角色，大范围改变太空中卫星的轨道，甚至可以大范围地改变卫星的轨道倾角，卫星的维护与再利用将成为家常便饭。同时，这类上面级也可以使行星际航行变得更加容易，例如载人登陆比火星更远的天体，或建立定期往返于近地空间和火星基地之间的运输系统。

22　轨道维持

利用卫星上的动力调整卫星的速度，修正轨道参数，使卫星运行轨道与标准轨道的偏离量限制在给定范围内（常以星下点的偏离值来表征）。对不同高度的卫星，轨道保持的方法也不相同。

近地观测卫星的轨道保持常采用太阳同步轨道和回归轨道。通常用星下点轨迹在赤道上相对于标准轨迹的横向偏离量表示轨道的漂移，这一横向偏离量与轨道半长轴的偏差和轨道倾角的偏差有关。影响轨道半长轴变化的主要摄动因素是大气阻力，它使卫星轨道的半长轴逐渐减小，轨道周期逐渐缩短。因此实际星下点轨迹比标准轨道的星下点轨迹提前穿过赤道。如果在赤道上观测，实际轨道的星下点则相对于标准星下点向东漂移。当星下点轨迹在赤道上向东漂移到允许边界时，控制系统使卫星上的某个特定的喷管喷气，产生速度增量，使卫星加速运行。所获得的速度增量必须足够大，使修正后的轨道半长轴和相应的轨道周期大于标准值。这样，在赤道上的星下点轨迹将离开东边界而向西漂移。为了节省燃料，须对修正轨道的速度增量值进行优选，使得当赤道上的星下点轨迹漂移到西边界时，不再继续向西漂移，而开始向东漂移。当到达东边界时再次喷气，调整卫星的速度。

23 卫星的寿命

从卫星发射到陨落或离轨报废的这段时间长度称为卫星的寿命。卫星在轨道上需要维持轨道高度和各类姿态参数，因此需要消耗推进剂，推进剂可消耗时长很大程度上决定了卫星的寿命。卫星受到的扰动（或称摄动）主要包括 4 类：

（1）地球扁率摄动。主要来源有地球摄动，即地球不是理想球体，带来引力场不均布造成的扰动，导致卫星运行并不是绕中心力场运行。地球体积 11000 亿万 m^3，质量 5.98×10^{21}t，平均密度是水的 5.5 倍。一般将地球上理想静止的海面及其延伸称为大地水准面，大地水准面是一个近似梨形的球。梨形不适于作工程计算，因此一般将其视作一个椭球，称为参考椭球，其半长轴为 6378.14km，半短轴为 6356.755km，扁率 $e = 1{:}298.25$。

（2）天体引力摄动。太阳、月球等其他天体的引力，一般作用在 20000km 以上的轨道较为明显。

（3）太阳辐射压力摄动。太阳光压对航天器的作用影响，一般在 800km 以上的轨道比较明显，近地空间太阳影响比月球影响小。

（4）大气阻力摄动。大气阻力是近地轨道（200km）摄动影响的主要部分，高轨卫星大气阻力可以忽略。大气阻力是卫星寿命影响的决定性因素之一，600km 以上的轨道，阻力摄动小，寿命可以超过 10 年；150km 以下的圆轨道，其轨道寿命不足一天；120km 以下的轨道，由于大气阻力过大，无轨道运行的意义。大气阻力对航天器的作用，造成航天器轨道周期减小，高度降低的效应。对于密度不可忽略的大气，其对航天器的阻力表示为

$$D = \frac{1}{2} C \rho V^2 S$$

式中：ρ 为大气密度；V 为航天器速度；S 为迎风截面积；C 为阻力系数。

总体而言，近地轨道，引力场是最大的摄动力，其次是大气阻力，天体引力和光压可以忽略；中等高度轨道，引力场仍是最大摄动力，天体引力影响大于大气阻力；对于地球同步轨道等高轨轨道，引力场影响下降，与天体

引力影响同时考虑，大气阻力影响可以完全忽略。大而轻的航太器受光压的影响不能忽略。目前技术条件下，一般而言，卫星轨道越高，寿命越长。

扩展阅读

光压：光照射到物体表面产生的压力。1901 年由俄罗斯物理学家列别捷夫首次测量出来。对航天器来说一般指太阳光的辐射压力。

$$\alpha_R \approx -4.5 \times 10^{-8} A/M$$

式中：A 为迎太阳面截面积（m^2）；M 为航天器质量（kg）。

第 2 节 航天器轨道

绕地球运行的航天器，其运行轨道一般为椭圆轨道，经常使用 6 个要求进行描述，轨道六要素分别是半长轴 a、偏心率 e、倾角 i、升交点赤经 Ω、近地点幅角 ω 和真近点角 f（有时也用过近地点时刻 t_p 作为第 6 个轨道要素），如图 5-21 所示。

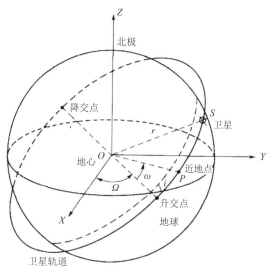

图 5-21　轨道六要素的空间关系

1 半长轴和偏心率

半长轴（a），我们经常说火箭的末级是半长轴制导关机，其实就是用半长轴做制导标志量的关机方式。半长轴，即椭圆轨道长轴的一半，如图 5-22 所示。半长轴描述了椭圆的大小，或者说长度。

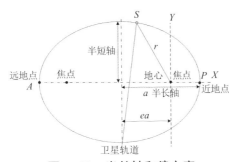

图 5-22 半长轴和偏心率

偏心率（e），用来描述轨道的形状，大小等于椭圆轨道焦点间的距离除以长轴的长度。形象地说，偏心率越大，椭圆越扁。

$$e = \frac{c}{a} = \frac{\sqrt{a^2 - b^2}}{a}$$

扩展阅读

轨道高度：卫星当前位置与地面距离称为轨道高度，对于圆形轨道，其轨道高度基本不变，轨道高度 = 半长轴 − 地球半径。对于椭圆轨道，轨道高度是变化的，近地点最小，远地点最大。

2 轨道倾角

轨道倾角（i），简称倾角，指航天器绕地球运行的轨道平面与地球赤道平面之间的夹角。倾角 0° 的意义是环绕物体的轨道就在行星的赤道平面上，并且与行星运行的方向一致，如地球静止轨道卫星（GEO 星）；倾角 90° 是绕极的轨道，太空船会经过行星的南极和北极；倾角 180° 是在赤道平面上逆行的轨道。

一般，轨道倾角小于 90° 的轨道称为顺行轨道，大部分人造地球卫星采用这类轨道；轨道倾角大于 90° 则称为逆行轨道；倾角 90° 的轨道称为极地轨道，一些气象、侦察、地球资源类卫星采用这个轨道，如图 5-23 所示。

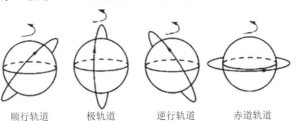

顺行轨道　　极轨道　　逆行轨道　　赤道轨道

图 5-23 轨道倾角对轨道的划分

3 星下点轨迹

星下点，简单通俗地说就是卫星在地面的投影点，是卫星在轨道上运行时卫星与地心连线在地球表面的交点，如图 5-24 所示。

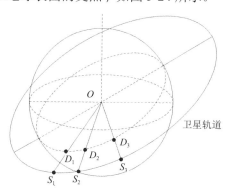

图 5-24 星下点

将星下点变化轨迹画在地图上，该曲线的南北界纬度，正好等于卫星轨道倾角。所以，卫星的倾角越大，星下点的分布范围就越宽，或者说，在地球上的人"看"到卫星的范围越大，如图 5-25 所示。

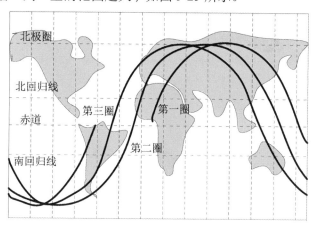

图 5-25 星下点轨迹

1970 年 4 月 24 日，我国成功地发射了第一颗人造地球卫星。卫星发出雄壮的《东方红》乐曲，向全世界宣告我国空间科学的研究已有了显著的进步。在发射这颗卫星时，把它的轨道倾角设定为 68.5°。我国发射的第一颗人造卫星之所以选择轨道倾角 68.5°，就是可以让北到北纬 68.5°，南至南纬 68.5° 广阔地域里的人都能有幸看到这颗卫星。我们知道，地球的南、北极圈位于纬度 68.5° 处，因此，轨道倾角为 68.5° 的卫星，涵盖了地球上几乎所有有人居住的地方。假如我们利用这颗卫星来侦察、研究地面情况，会观测到除南北极圈之外较大面积的地面情况。从这个意义上讲，卫星的轨道倾角越大越好。但倾角越大，发射时需要的能量越大，且根据任务需求不同，为保持同步性或扫描频率，各工程项目也会优化选择轨道的倾角。

扩展阅读

麦卡托投影：1569 年，弗兰德斯（古欧洲地名，包括近比利时、荷兰、法国的部分地区）地理学家麦卡托提出的绘制世界地图的方法，即经纬线在任何地区都垂直相交，将世界地图画在长方形范围内，是目前大多数世界地图的画法。也称为圆柱投影法，就是将地球仪投影在圆柱上，再摊开称为平面地图。

回归轨道：星下点轨迹周期性重叠的轨道称为回归轨道，出现重叠的时间称为回归周期。目前最常见的是太阳同步回归轨道。

4 升交点赤经

升交点赤经（Ω），是指卫星轨道的升交点与春分点之间的角度。升交点是卫星轨道自南向北运行时，与地球赤道面的交点，形象地描述为"上升"过程和赤道面的交点（另外一边，从北向南的交点称为"降交点"）。春分点，是黄道面和赤道面在天球上的交点。在轨道倾角 i 确定后，升交点赤 Ω 确定了轨道面在惯性空间的取向。以春分点作为度量的原点，向东为正向。对于倾角为 0 的轨道，惯例定义升交点赤经为 0。

扩展阅读

黄道面：地球绕太阳公转的轨道平面。黄道面和天球相交的大圆称为黄道。天球上南北两边各 9° 宽的环形区称为黄道带，其中分布的十二个星座，即为黄道十二星座。

白道面：月球绕地球旋转的轨道称为白道，白道面相对于黄道面有约 5° 的倾角。

5 近地点幅角与真近点角

近地点幅角（ω），近地点幅角是近地点与升交点对地心的张角，沿着卫星运动方向从升交点量到近地点，如图 5-26 所示。近地点幅角决定椭圆轨道在轨道平面里的方位。

第 5 章 航天器

295

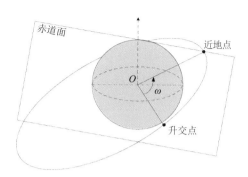

图 5-26 近地点幅角

真近点角（*f*），是航天器当前位置与近地点对地心的夹角，如图 5-27 所示。有时也使用过近地点的时刻 t_p 作为第 6 个轨道要素。

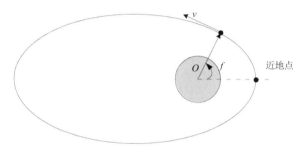

图 5-27 真近点角

扩展阅读

平近点角 *M*：定义为卫星由近地点按平均角度苏运动所走过的角度。

$$M = 平均速度 \times 过近地点时间 = \frac{2\pi}{T}(t - t_p)$$

式中：t_p 为过近地点时刻；*T* 为卫星周期。根据开普勒方程可得

$$M = E - e\sin E$$

式中：*E* 为偏近点角，是辅助圆上近地点与卫星任意时刻 *t* 的夹角。

6 轨道高度分类

按照航天器轨道的离地高度，可以分为低地球轨道（LEO）、中地球轨道（MEO）和高地球轨道（HEO）等，按照轨道的特性还可分为地球同步轨道、太阳同步轨道，以及行星际探测所使用的奔月轨道、奔火轨道等，更为复杂的轨道设计包括多目标的小行星探测轨道等。

低地球轨道，又称近地轨道，距地面约 200 ～ 1200km 的圆轨道。一般而言，载人飞船的轨道高度在 200 ～ 500km 之间，资源卫星和对地观察卫星的轨道高度在 1000km 以下。

中地球轨道，是位于低轨道（1200km）和地球静止轨道（36000km）之间的轨道，轨道高度一般为 5000 ～ 20000km，位于 MEO 轨道的卫星大多数为导航卫星，如图 5-28 所示。中地球轨道卫星星座是一种周期为 12h，倾角为 55°～ 63.43°的轨道，是经过 GPS 和 GLONASS 成功运行证明性能优良的全球星座轨道。我国北斗导航系统就有多颗 MEO 卫星，分析计算证明，24 颗倾角为 55°的 MEO 卫星分布在 3 个轨道面内可满足全球导航精度（3 个倾角为 54.74°的轨道面通过地心相互正交，卫星在全球分布最均匀，明显优于 GPS 的 6 个轨道面）。由于每一颗 MEO 卫星星下点轨迹历经全球，其优点是可立足于本国国土内测控所有卫星。由于 MEO 轨道的轨道倾角较大，可以通过发射方位角的选择来实现，不用调整轨道面。

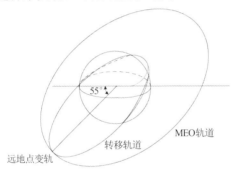

图 5-28　MEO 轨道

高地球轨道，距地面约 36000km 以上的圆轨道。通信卫星常用的地球同步轨道就属于高地球轨道。

7　地球同步轨道

地球同步轨道（GEO），是运行周期与地球自转周期（23h56min4s）相同的顺行人造地球卫星轨道。根据开普勒方程可以推出卫星轨道周期公式：

$$T = 2\pi\sqrt{\frac{r_e}{g}}\left(1 + \frac{h}{r_e}\right)^{\frac{3}{2}}$$

同步轨道，即周期与地球自转相同，$T = 23\text{h}56\text{min}4\text{s}$，代入上式，得到地球同步轨道的高度 $h \approx 35786\text{km}$。若轨道平面与地球赤道平面重合，即卫星与地面的位置相对保持不变，则称为地球静止轨道。GEO 卫星的星下点相对地球是静止不动的，因而 GEO 轨道特别适合于通信卫星。

阿瑟·克拉克（图 5-29），英国著名科幻作家，国际通信卫星奠基人，1945 年，克拉克发表科学设想论文《地球外的中继卫星能给出全球范围的无线电覆盖吗？》，详细论述了卫星通信的可能性，被称为 Clarke 设想。

图 5-29　阿瑟·克拉克

地球同步轨道和地球静止轨道是有差别的。要达到地球同步轨道要满足三个要求：一是卫星运行方向与地球自转方向相同；二是轨道偏心率为 0，即轨道是圆形的；三是轨道周期等于地球自转周期。如果轨道平面与地球赤道平面重合，即卫星与地面的位置相对保持不变，则称为地球静止轨道。

GTO 轨道称为地球同步转移轨道，是由停泊轨道向 GEO 轨道的转移轨道，为近地点高度在 1000km 以下，远地点为 GEO 轨道高度的大椭圆轨道。GTO 轨道转移是霍曼转移的一种。

IGSO 倾斜地球同步轨道：高度与地球静止轨道相同，卫星星下点 24h 轨迹在一定区域内 8 字来回移动，是全球定位系统星座利用率较高的轨道区域。

地球静止轨道通信卫星虽然具有覆盖面积大、控制简单等一系列的优越性，但是也有其不足之处。地球静止轨道只有一条，在这一条轨道上不可能放置太多的卫星，否则它们之间会产生无线电干扰，因而其轨道资源十分紧张。世界上越来越多的国家为建立自己独立的卫星通信系统竞相向地球上空的静止轨道发射自己的通信卫星。50 多年来，全世界已经发射的航天器达 6000 多颗，其中绝大多数是卫星。由于静止卫星数目的不断增加，致使有限的地球静止轨道上挤满了通信卫星，特别是在欧洲、印度洋和美洲的三个静止轨道弧段内，轨道不足的矛盾日益尖锐。按照以往的卫星技术，两颗静止卫星间隔在 1° 以上，信号干扰强度才不致影响通信质量。后来随着卫星技术的提高，特别是抗干扰能力的增强，两颗相邻卫星的间隔可以缩短，但也不能无限靠近。因此，静止轨道所能容纳的通信卫星数量仍然是有限的。

8 太阳同步轨道

太阳同步轨道（SSO）是一类卫星的轨道平面和太阳始终保持相对固定的取向的轨道。SSO 卫星飞经同一地方的地方时和太阳照射角度保持不变，特别适用于光学设备成像，常用于侦察卫星、气象卫星及资源探测卫星，如图 5-30 所示。

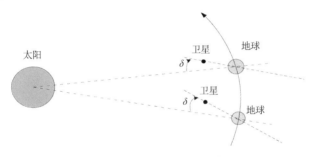

图 5-30　太阳同步轨道

太阳同步轨道的轨道倾角大于 90°，属于逆行轨道。为保持其太阳同步特性，不同高度的 SSO 轨道，轨道倾角略有不同，卫星飞行时经过两极附近，距地面约 800km 的圆轨道。SSO 轨道由于轨道高度较低，一般采用直接入轨的方式。需要注意的是，SSO 轨道由于轨道倾角大于 90°，因此并非向东向发射，低纬度发射场地球线速度牵连的效应就起了副作用，因此高纬度发射场发射 SSO 轨道卫星反而具有优势。

根据运行轨道不同，气象卫星分为太阳同步极地轨道卫星（简称极轨气象卫星）和地球同步静止轨道卫星（简称静止气象卫星）。极轨气象卫星轨道高度在 800 ~ 1000km 之间，卫星绕地球南北两极运行，通过卫星沿轨道运动和地球自转运动，可以获取全球观测数据。极轨气象卫星可以为天气预报，特别是数值天气预报提供全球的温、湿、云、辐射等气象参数，监测大范围自然灾害、研究全球生态与环境变化，探索气候变化规律，并为气候诊断和预测提供所需的地球物理参数。静止气象卫星在地球赤道上空距地面约 35800km，与地球自转同步运行，相对地球静止，可以观测地球表面 1/3 的固定区域。静止气象卫星主要优点是观测频次高，可以捕捉到变化比较快的天气现象，主要用于天气分析，特别是中尺度强对流天气的警报和预报。

9 地月转移轨道

月球探测器通过不断加速，脱离地球引力，飞向月球，到被月球引力捕获，近月制动为止的轨道段称为地月转移轨道。从地球到月球，消耗能量最小的轨道只有一条。从这条轨道飞向月球可以节省出更多燃料，用于在进行绕月探测工作时的轨道高度维持，从而使工作寿命延长。图 5-31 所示为美国"阿波罗"登月任务中地月转移轨道示意图。

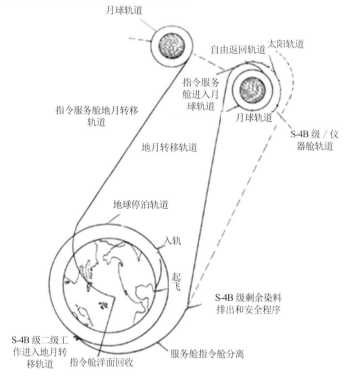

图 5-31　美国"阿波罗"登月任务中地月转移轨道示意图

地月转移探测器在飞行中受地球和月球的共同作用，在近地时，主要受地球引力作用，随着探测器高度不断升高，月球引力不断增大，当进入月球 6.6 万 km 时，主要受月球引力，此时轨道变为绕月的双曲线轨道，当进入近月点后，探测器制动，形成月球椭圆轨道。

10 行星际航行轨道

从地球向太阳系各行星飞行，如火星，可以有多种轨道，称为行星际航行轨道，如图 5-32 所示。当然，采用霍曼转移轨道，即双切轨道，使出发速度最小，消耗能量最节省，是最经济的方式。

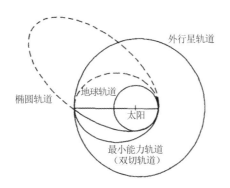

图 5-32　行星际航行轨道

飞行器从地面发射，是航天器在主动段终点获得第二宇宙速度。当其到达地球引力的作用边界时，启动航天器上的变轨发动机，改变飞行速度的大小的方向，使航天器沿着双切椭圆轨道运行。当航天器到达与目标行星轨道切点时，由于双切椭圆轨道的远日点速度小于目标行星的轨道，因此需要再次变速变轨，进入目标行星的轨道。

11　拉格朗日点

拉格朗日点，是天体力学中圆形限制性三体问题的特解，是指在两大天体引力作用下，能够使第三个天体（质量忽略不计）与前两个大天体相对静止的点。理想状态下，两个同轨道天体以相同的周期旋转，两个大天体的万有引力提供在拉格朗日点需要的向心力，使得第三个小天体与前两个大天体相对静止。这些点的存在由欧拉和拉格朗日推导证明的，在由两大天体构成的系统中，有 5 个拉格朗日点，分别以 $L_1 \sim L_5$ 表示，如图 5-33 所示。

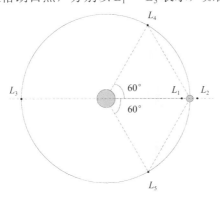

图 5-33　拉格朗日点

L_1 点在 M_1 和 M_2 两个大天体的连线上，且在它们之间。例如，一个围绕太阳旋转的天体，它距太阳的距离越近，它的轨道周期就越短。但是这忽略了地球的万有引力对其产生的拉力的影响。如果这个天体在地球与太阳之间，地球引力的影响会减弱太阳对这天体的拉力，因此增加了这个天体的轨道周期。天体距地球越近，这种影响就越大。在 L_1 点，天体的轨道周期恰好等于地球的轨道周期。太阳及日光层探测仪（SOHO）即围绕日－地系统的 L_1 点运行。

L_2 点在两个大天体的连线上，且在较小的天体一侧。例如，相似的影响发生在地球的另一侧。一个天体距太阳的距离越远，它的轨道周期通常就越长。地球引力对其的拉力减小了天体的轨道周期。在 L_2 点，轨道周期变得与地球的相等。

L_2 点通常用于放置空间天文台。因为 L_2 点的天体可以保持背向太阳和地球的方位，易于保护和校准。嫦娥二号卫星在探月任务结束后飞离月球轨道，于 2011 年 8 月 25 日进入距离地球约 150 万 km 远的太阳与地球引力平衡点——拉格朗日 L_2 点的环绕轨道。

L_3 点在两个大天体的连线上，且在较大的天体一侧。例如，L_3 点位于太阳的另一侧，比地球距太阳略微远一些。地球与太阳的合拉力再次使天体的运行轨道周期与地球相等。

L_4 点在以两天体连线为底的等边三角形的第三个顶点上，且在较小天体围绕两天体系统质心运行轨道的前方。此点稳定的原因在于，它到两大天体的距离相等，其对两天体分别的引力之比，正好等于两大天体的质量之比。因此，两个引力的合力正好指向该系统的质心，合力大小正好提供该天体公转所需的向心力，使其旋转周期与质量较小天体相同并达成轨道平衡。该系统中，两大天体和 L_4 点上天体围绕质心旋转，旋转中心与质心重合。

L_5 点在以两天体连线为底的等边三角形的第三个顶点上，且在较小天体围绕较大天体运行轨道的后方。土卫三的 L_4 和 L_5 点有两个小卫星——土卫十三和土卫十四。土卫四在 L_4 点有一个卫星——土卫十二。

上述 5 个拉格朗日点中，L_4 和 L_5 是稳定的，即小天体在该点处即使受外界引力的摄扰，仍能保持在原来位置；而 $L_1 \sim L_3$ 是不稳定的，即可以通过施加一个合适的初始扰动，就可以使航天器进入封闭的 Halo 轨道做周期运动，如图 5-34 所示。1906 年首次发现运动于木星轨道上的小行星在木星和太阳的作用下处于拉格朗日点上。在每个由两大天体构成的系统中，按推论有 5 个拉格朗日点，但只有两个是稳定的，即小物体在该点处即使受外界引力的摄扰，仍然有保持在原来位置处的倾向。每个稳定点同两大物体所在的点构成一个等边三角形。

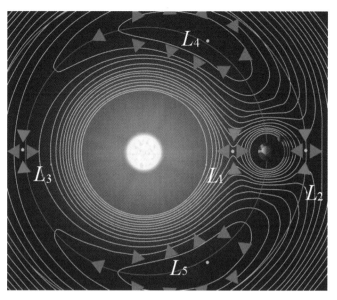

图 5-34　拉格朗日点的稳定性

　　拉格朗日点在深空探测中具有很高的科研价值，主要体现在两个方面：科学观测的极佳位置和深空探测的中转站。位于 L_4 和 L_5 的航天器能与两个天体保持相对静止，这样非常有利于一些长期的科学观测，如图 5-35 所示。

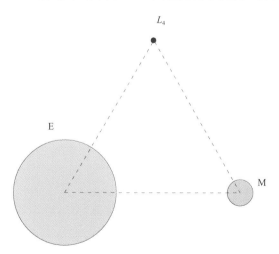

图 5-35　稳定的 L_4 和 L_5 点适合科学观测

　　而共线拉格朗日点存在着稳定流形与不稳定流形，使得航天器在其上运动时，可不需耗费任何能量地趋近或远离周期轨道，利用这一点，可以为设计行星间的转移轨道提供巨大的帮助。

12 弹弓效应

弹弓效应，也称引力弹弓效应，是指行星的重力场来给太空探测船加速，将它甩向下一个目标的物力现象。深空探测过程中，常利用弹弓效应把行星当作"引力助推器"。

如图 5-36 所示，飞行器进入行星引力范围 A 点时，受引力作用速度不断增大，方向变化，至 B 点脱出，过程中速度的大小和方向均有所改变。整个过程中，由飞行器和行星组成的系统动量守恒（事实上外力不为零，只是较小，因此可以近似为动量守恒系统）。飞行器迎向行星飞行的速度设为 u，行星飞行速度设为 v，则弹性碰撞正向反弹过程中有

$$- mV_A + Mu_0 = mV_B + Mu$$

$$\frac{mV_A^2}{2} + \frac{Mu_0^2}{2} = \frac{mV_B^2}{2} + \frac{Mu^2}{2}$$

于是，$V_B = \dfrac{(M - m)V_A + 2Mu_0}{M + m}$，而行星的质量远远大于飞行器，因此 $V_B = V_A + 2u_0$，即被行星加速。实际应用中，弹弓效应根据入射角度的不同，可以有多种用法。

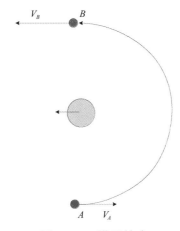

图 5-36 弹弓效应

引力加速，从天体后面追上它，获得行星引力加速后脱离，获得引力加速度，从而飞得更远，如著名的旅行者 1 号和 2 号，都是利用弹弓效应才获得克服太阳引力的速度的，有时需要设计好轨道，以便可以最大程度地利用大质量的行星，如太阳系中的土星和木星。

引力减速，通过天体时被引力捕获而减速，如水星探测器。1974 年的水

手 10 号探测器是最先使用弹弓效应的飞行器，从地球出发后，经金星加速飞往水星；到达水星时，因为水星离太阳较近，因此探测器飞往水星的过程中会受到太阳引力影响，无法被水星捕获；工程上，设计合理的轨道，利用地球和金星的引力对探测器金星减速，使之进入水星轨道。

第 6 章

航天发射场

航天发射场，也称为太空港，如同飞机场称为空港一样，是人类和人造设备设施进入太空的枢纽。从功能上说，航天发射场是为运载火箭和航天器装配、测试、加注、发射、弹道测量与安全控制、测量信息接收与处理及相应勤务保障等地面设施设备的总称。发射场通常由技术区、发射区、飞行控制中心、综合测量站、勤务保障设施和一些管理服务系统组成，某些发射场还包括助推或一级火箭装配区和航天器着陆区等[15]。

航天发射场是一个结构复杂的工程系统，占地面积大，工作人员多，造价可高达数十亿美元，是一个国家航天独立自主的象征。德国虽有较为完整的航天工业和自主的航天计划，但并没有航天发射场；乌克兰拥有高度发达的航天工业，也没有自己的航天发射场。因此德国和乌克兰等国的航天计划必然受制于人，而不利于长远发展。航天发射场作为航天工程的重要组成部分，是展示国家经济实力、科技实力、国防实力、民族凝聚力的一个重要窗口。

第1节 发射场总体

1 火箭的发射方式

运载火箭的发射有多种模式，包括地面发射、空中发射还有海上发射。地面发射是目前大多数运载火箭的发射模式，可以分为固定工位式发射和机动阵地式发射等种类，各国现役火箭的主流发射方式是固定工位式发射方式[1]。

空中发射也叫空基发射，用飞机将火箭运送到高空后，再释放火箭，火箭在空中点火飞向预定轨道。飞机可以在不同地点的机场起飞，从空中任何地点发射，不受地理位置限制。空中发射提高发射窗口的灵活性，扩大轨道倾角的范围。载机相当于火箭的基础级，能提高火箭的运载能力。空中发射的缺点是可支持的发射重量有限，较大起飞重量和尺寸的火箭无法执行空中发射，且空中发射时要求箭体处于水平或近似水平状态，要求箭体各部段受力满足水平状态要求，难以适用于液体推进剂火箭。

美国"飞马座"运载火箭是一种三级固体有翼火箭，全长15.5m，起飞重约18.9t，如图6-1所示。1990年4月5日，美国首次用改装的B-52轰炸机，进行"飞马座"火箭发射试验：载机将火箭送至13万m高空，然后释放，经5s，火箭下降近100m；接着火箭开始点火，9min后，它将一颗重191kg的卫星送入584km，倾角为94°的极轨道。

图 6-1　空中发射

　　海上发射，也称海基发射，采用海上平台发射火箭。发射平台可以移动搭建，灵活选择发射地点，当选择在赤道附近海域发射时，能充分借助地球的自转速度，提高火箭的运载能力；其次，周围没有居民点，火箭落区的选择范围较大，如图 6-2 所示。海上发射的缺点是补给困难，发射的基础保障设施较少，综合运行成本高，且受海上发射平台建设规模的限制，难以发射大质量、大尺寸火箭。

图 6-2　海上发射

　　1995 年，俄罗斯、美国、乌克兰、挪威等国成立一家跨国公司，建造一个主要由一座海上石油开采平台改装的海上发射平台、一艘指挥控制船组成的海上发射场。1999 年 10 月 19 日，乌兰克研制的天顶 3 号运载火箭在海上平台首次进行了商业发射，顺利地将美国一颗重达 3.45t 的直播电视卫星送入预定轨道。

2 世界航天发射场概况

航天发射场的总体规划是一个复杂的系统工程,涉及因素多,专业领域广,且目前世界范围内航天发射场数量有限,除我国的4个航天发射场外,主要的大中型发射场主要有9个,包括美国卡纳维拉尔角发射场（NASA 的肯尼迪航天中心和空军的卡纳维拉尔角基地由于区域连接关系密切,本书作为一个发射场讨论）、美国范登堡空军基地（西靶场）、俄罗斯拜科努尔发射场（在哈萨克斯坦境内,为俄罗斯租赁）、俄罗斯东方发射场、俄罗斯普列谢茨克发射场、法国库鲁发射场（圭亚那航天中心）、日本种子岛发射场、印度斯里哈里科塔发射场(萨迪什·达万航天中心)和俄乌美合资的圣马科发射场(海上发射场）。

各国在航天发射场规划和建设的过程中受本国技术条件、历史沿袭、火箭型谱发展、未来航天计划、投入等多种因素影响,形成了各具特色的航天发射场建设模式,难以一概而论。

世界航天发射场统计见表 6-1。纵观世界所有的航天发射场（图 6-3）,占地面积超过 500km^2 的庞大发射场有俄罗斯拜科努尔航天发射中心（6717km^2）、俄罗斯普列谢茨克航天发射中心（1750km^2）、法国库鲁发射场（1000km^2）、俄罗斯东方发射场（700km^2）和美国卡纳维拉尔角发射场（560km^2）。

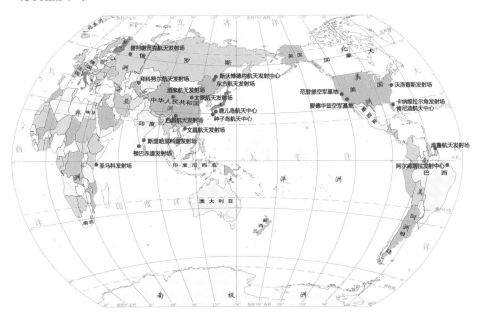

图 6-3　世界各国主要航天发射场分布示意

表 6-1　世界航天发射场汇总

序号	国家/地区	发射场	地理位置	火箭	备注
1	中国	文昌航天发射场	19°N，110°E	CZ-5、CZ-7	
2		酒泉航天发射场	40°N，99°E	CZ-2，CZ-2C，CZ-2F，CZ-2D，FB-1	
3		西昌航天发射场	28°N，102°E	CZ-2C，CZ-2E，CZ-3，CZ-3A，CZ-3B，CZ-3C，CZ-4C	
4		太原航天发射场	37°N，112°E	CZ-2C/SM，CZ-2C/SMA，CZ-4A，CZ-4B，CZ-4C，CZ-6	
5	美国	卡纳维拉尔角发射场（空军基地、东靶场）	28.5°N，81.5°W	"雅典娜"1、2，"宇宙神"2～5，"德尔它"2～4，"飞马座"XL，"金牛座"，"大力神"4，航天飞机，"土星"5，航天飞机，"阿瑞斯"，Falcon9	本书作为一个发射场讨论
6		肯尼迪航天中心			
7		范登堡空军基地（西靶场）	34.7°N，120.6°W	"雅典娜"1、2，"宇宙神"2，"宇宙神"5，"德尔它"2，"德尔它"4，"飞马座"XL，"金牛座"，"大力神"2，"大力神"4，Falcon9	
8		沃洛普斯发射场	37.9°N，75.4°W	"飞马座"XL，大篷车，探空火箭	
9		爱德华兹空军基地	34.5°N，117.5°W	"飞马座"（退役）	
10		科迪亚克发射场	57.6°N，152.2°W	"雅典娜"1，"雅典娜"2	
11		夸贾林基地	34.7°N，120.6°W	"飞马座"XL	
12	俄罗斯	拜科努尔航天发射中心	45.6°N，63.4°E	"第聂伯"，"质子"号K，"质子"号M，"隆声"号，"联盟"号，"闪电"号，"旋风"号2，"天顶"号2，"能源"号	
13		普列谢茨克航天发射中心	62.8°N，40.1°E	"宇宙"号3M，"隆声"号，"联盟"号，"闪电"号，"起跑"号，"旋风"号，"安加拉"号	
14		东方发射场	51°N，128°21′E	"联盟"号，"安加拉"号	
15		卡普斯金亚尔航天发射中心	48.4°N，46.5°E	探空火箭，"宇宙"号1，"宇宙"号2，"宇宙"号3	
16		斯沃博德内航天发射中心	51.8°N，128.4°E	"起跑"号1，"飞箭"号	

（续）

序号	国家/地区	发射场	地理位置	火箭	备注
17	欧洲	库鲁发射场 圭亚那航天中心	5.2°N，52.8°W	"阿里安"1，"阿里安"2，"阿里安"3，"阿里安"4，"阿里安"5，"联盟"号	
18		哈马基尔发射场	30.9°N，131.1°E	"钻石"	已废弃
19	日本	鹿儿岛航天中心	31.2°N，130°E	M-V	
20		种子岛航天中心	30.4°N，130.6°E	H2，H-2A	
21	印度	斯里哈里科塔发射场达万航天中心	13.9°N，80.4°E	PSLV，GSLV	
22		顿巴赤道发射场			
23	巴西	阿尔肯塔拉发射中心	2.3°S，44.4°W	VLS	
24	澳大利亚	APSC航天发射场 亚太航天发射场	10.4°S，105.7°E	"极光"	
25		武麦拉发射场	31.1°S，136.6°E	K1	
26	以色列	帕尔玛奇姆空军基地	31.9°S，34.7°E	"沙维特"1，LK-A	
27	伊朗	伊玛霍梅航天中心			
28	韩国	罗老发射场			
29	朝鲜	西海卫星发射场 东仓里导弹基地			
30	挪威	安多亚航天基地		探空火箭	
31	西班牙	托雷斯洪空军基地			西方卫星数据分析用
32	意大利	圣马科发射场		"侦察兵"（美国）	仅地面站用于卫星通信，整体已废置
33	国际合作	国际海上发射中心	太平洋机动 0°N，154°W	"天顶"号3SL	俄罗斯、美国、乌克兰和挪威

3 酒泉发射场

　　酒泉发射场，又称"东风航天城"，始建于 1958 年，是我国建设最早、规模最大的航天器发射场。发射场位于内蒙古额济纳旗境内，总面积约为 5.1 万 km^2，属内陆沙漠性气候，地势平坦，人烟稀少，全年少雨。发射场技术区如图 6-4 所示。

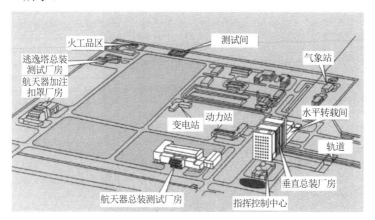

图 6-4　酒泉发射场技术区

　　该发射场现有两个发射工位，具备 CZ-2F 发射载人飞船和 CZ-2C、CZ-2D 等运载火箭发射中低轨道卫星的能力，如图 6-5 所示。

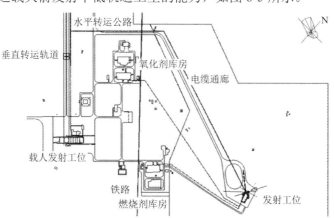

图 6-5　酒泉发射场发射区

4 太原发射场

　　太原发射场始建于 1967 年，地处中国晋西北黄土高原中部，北同蒲铁路以西，地处温带，海拔 1500m 左右。

其技术区距离发射区约 5km，设施主要包括技术楼、运载火箭综合测试厂房、转载大厅、卫星综合测试厂房、固体发动机测试厂房以及火工品库房等，其中转载大厅有铁轨与铁路专用线相连，如图 6-6 所示。

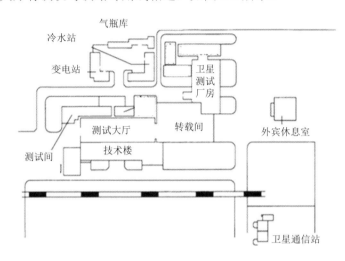

图 6-6　太原发射场技术区

经过多年建设，太原发射场具备 CZ-2C / SM、CZ-4B 等非捆绑常规推进剂火箭发射极轨和太阳同步轨道卫星的能力。图 6-7 所示为太原发射场发射区示意图。

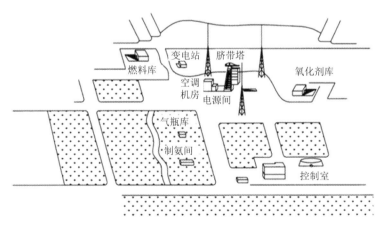

图 6-7　太原发射场发射区

5　西昌发射场

西昌发射场始建于 1970 年，1982 年建成第一发射工位，1984 年 1 月首次执行发射任务；1990 年初建成第二发射工位。发射场位于中国西南部四川省凉山彝族自治州冕宁县沙坝镇附近地区，属于青藏高原东南部横断山脉腹地的安宁河谷地，所处地区三面环山，一面沿罗王河向东南方向开口，呈半封闭小盆地状，具有较低纬度和中高海拔。图 6-8 是西昌发射场发射区示意图。

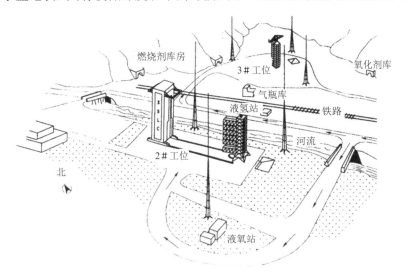

图 6-8　西昌发射场发射区

目前，发射场具备 CZ-3A 系列、CZ-2E、CZ-4C 等火箭的发射能力，是一个与国际接轨的现代化航天发射场。发射场全景如图 6-9 所示。

图 6-9　西昌发射场全景

6　文昌发射场

文昌发射场位于海南省文昌市龙楼镇，地处清澜港东北、龙楼镇和东郊镇之间，是我国唯一滨海发射场，为新一代运载火箭 CZ-7 和 CZ-5 火箭发射任务新建，如图 6-10 所示。

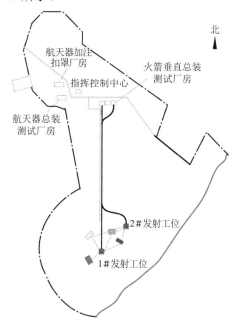

图 6-10　文昌发射场

相比较我国其他内陆发射场，文昌发射场滨海建设，海陆空运输条件好，纬度低，利于发射低倾角轨道卫星。以 GEO 轨道卫星发射任务为例，最理想的是在赤道上发射，可以借用的地球线速度最大，相对赤道零海拔地区发射，我国四个发射场的入轨能力损失分别为文昌 -6.65%、西昌 -12.62%、太原 -20.96%、酒泉 -22.65%。其中文昌是入轨能力损失最小的。

海南文昌发射场射向范围宽，落区安全性好。发射场海岸线东北至西南走向，可充分满足东南射向任务，适于布局多个工位而互不影响。

7　卡纳维拉尔角发射场

位于美国佛罗里达州东海岸卡纳维拉尔角，杰克逊维尔和迈阿密之间，最高海拔 3m。包括美国空军的东靶场和 NASA 的肯尼迪航天中心（主要为 39 号发射场）。整个发射场占地 560km²，建于 1949 年 5 月，是美国规模最大的战略导弹和航天器发射试验基地。卡纳维拉尔角早期主要作为美国空军发射基地，1962 年 7 月 NASA 入住，建立肯尼迪发射中心。逐渐形成 39 号发射场为肯尼迪发射中心，由 NASA 主管，其他工位为卡纳维拉尔角发射场，由空军主管的局面。随着民用份额的攀升，空军逐渐减少管理范围和项目，主要管辖发射场的测控、空域和环境等，大部分发射设施资源由 NASA 管理。

发射场共有 14 个发射区，40 余个发射工位，目前只有 37、41、39、40 等发射区还保持活跃，如图 6-11 所示。SLC-37 和 SLC-41 现在经过改造分别发射"德尔它"4 号和"宇宙神"5 号。SLC-47 用来发射探空火箭。SLC-46 由佛罗里达州当局保留作为未来航天发射场。SLC-40 改造后在 2009 年发射 SpaceX 的"猎鹰"9 号火箭。SLC-36 被蓝色起源公司租用，将用于发射新谢泼德亚轨道飞行器等运载器。向东和东南方向发射，可把航天器送入轨道倾角为 28°30′ ～ 52°24′ 的轨道。附近的海岛可作跟踪测量站站址；射向面临大海，没有人口密集的忧虑，飞行中的火箭万一出现故障，不会造成严重的安全问题。

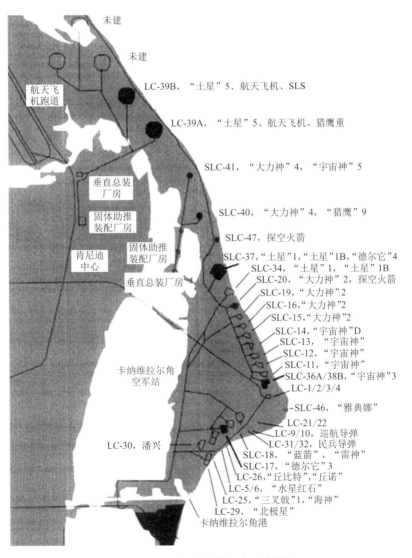

图 6-11　卡纳维拉尔角发射场

表 6-2　卡纳维拉尔角空军基地工位（含 NASA 的 39 工位）

发射场区	发射工位	运载火箭	说明
LC-39	39A，39B	"土星"5，航天飞机，"阿瑞斯"，"猎鹰"9	原用于"土星"5 火箭发射，改造后用于航天飞机的发射，再次改造后用于"阿瑞斯"和"猎鹰"9 火箭使用
SLC-17	17A，17B	"德尔它"2"德尔它"3	"德尔它"2 用 A、B 发射工位，"德尔它"3 只用 B 发射工位。两个发射工位带有各自的脐带塔和活动勤务塔，不活跃
SLC-20	20 号工位	多种火箭	原用于发射"大力神"1 和"大力神"2，现用于发射亚轨道和小型轨道运载火箭
SLC-36	36A，36B	"宇宙神"2"宇宙神"3	"宇宙神"2 用 A、B 发射工位，"宇宙神"3 只用 B 发射工位，现已不用
SLC-37	37 号工位	"德尔它"4	原用于"土星"1B，经整修后用于"德尔它"4
SLC-40	40 号工位	"大力神"4B，"猎鹰"9	2016 年 9 月 1 日，"猎鹰"9 火箭在发射台测试中爆炸
SLC-41	41 号工位	"宇宙神"5	将原来用于"大力神"的发射台拆除后，重建了用于"宇宙神"5 的发射工位
SLC-46	46 号工位	"雅典娜"1，"雅典娜"2	用于小型固体火箭的商业发射

　　其发射工位一类是原有导弹发射阵地经过部分改装而成的，如"大力神"/"双子星座"发射阵地。另一类是专为航天发射而新建的，如"宇宙神"/"半人马座"发射阵地。卡纳维拉尔角发射工位鸟瞰图如图 6-12 所示。

图 6-12　卡纳维拉尔角发射工位鸟瞰图

8　范登堡发射场

　　范登堡发射场位于加利福尼亚州西海岸，洛杉矶以西，范登堡空军基地，也称西靶场。该基地最初为战略导弹基地，由于地理位置的因素，其可向西发射高倾角轨道和极轨道卫星，弥补了肯尼迪航天中心只能向东发射的不足，因此被选为美国第二个航天飞机发射场。1958年12月，发射了第1枚导弹——"雷神"中程弹道导弹。之后不久，又发射了第1枚洲际导弹——"宇宙神"D。还使用"雷神"/"阿金纳"火箭发射了世界上第1颗极轨道卫星——"发现者"一号。

先后建有发射台和地下井50多个，现大部分已停用，如图6-13所示。1984年将6号发射区改造成航天飞机发射场，并建造了跑道等航天飞机着陆设施，但建成后一直未被启用，1994年又开始将其改建成发射小型商用火箭的发射场。为了配合实施美国空军"渐进一次性运载器"（Evolved Expendable Launch Vehicle，EELV）计划，发射通用芯级的"德尔它"4型号火箭，波音公司对6号发射场地面设施设备进行了改造，场区内航天飞机时期的主要设施保留下来，新增一个大型起竖系统和一个发射台。目前，范登堡空军基地工位统计见表6-3。

范登堡基地设施
1. "民兵"导弹发射井
2. "民兵"导弹发射井
3. "宇宙神"导弹发射台
4. "大力神"导弹发射台
5. "宇宙神"导弹发射台
6. "波马克"导弹发射台
7. "大力神"导弹发射台
8. "大力神"导弹发射台
9. "宇宙神"导弹发射台
10. "侦察兵"发射台
11. "雷神"导弹发射台
12. SLC-10W，"雷神"
13. SLC-10E，"雷神"
14. SLC-1W，"雷神"
15. SLC-1E，"雷神"
16. SLC-2W，"雷神"–"德尔它"
17. SLC-2E，"雷神"–"德尔它"
18. "宇宙神"导弹发射工位
19. "大力神"导弹发射工位
20. "大力神"导弹发射工位
21. 探测器发射工位
22. 探空火箭发射工位
23. SLC-3W，"宇宙神"F
24. SLC-3E，"宇宙神"F
25. SLC-4W，"大力神"3
26. SLC-4E，"大力神"3D
27. 探空火箭工位
28. SLC-5，"侦察兵"
29. SLC-6 LE-1，航天飞机，"德尔它"4
30. SLC-6 LE-1，载人轨道实验室，"大力神"3M

图 6-13　范登堡发射场

表 6-3　范登堡空军基地工位统计

发射场区	发射工位	运载火箭	说明
SLC-2	西工位	"德尔它" 2	有固定的脐带塔和活动勤务塔
SLC-3	东工位	"宇宙神" 5	20 世纪 90 年代用于发射 "宇宙神" / "半人马座"，进一步改建后将用于发射 "宇宙神" 5
	西工位	"猎鹰" 1	原用于 "宇宙神" 和 "雷神" 发射的设施被拆除，后用于小型火箭 "猎鹰" 的发射，现已停用
SLC-4	东工位	"大力神" 4 "猎鹰" 9	曾用于 "大力神" 4 发射，现用于 "猎鹰" 9 火箭发射
	西工位	"大力神" 2	曾用于 "大力神" 2 的发射
SLC-6	6 号工位	"德尔它" 4	原计划用于航天飞机的军用发射任务，但未使用。曾用于 "雅典娜" 的发射，现用于 "德尔它" 4 的发射
SLC-576	东工位	"金牛座"	设施简单，用于 "金牛座" 火箭的发射
加利福尼亚航天港发射设施		"米诺陶"	用于商业发射，有 1 个浮动发射台、导流槽，没有勤务塔

9　拜科努尔发射场

苏联最大的发射场，位于哈萨克斯坦境内丘拉塔姆地区，距莫斯科 2100km，咸海以东约 150km，拜科努尔镇西南 288km 处。建于 1955 年，长 137km，宽约 88km，总面积 6717km²。主要包括三个场区，建有 12 个发射工位，地下井约 90 个，如图 6-14 所示。目前，该发射场被俄罗斯租用，俄罗斯每年要向哈萨克斯坦支付 1.15 亿美元的租金，租用期至 2050 年。

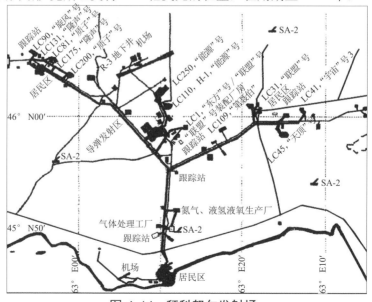

图 6-14　拜科努尔发射场

主要发射轨道倾角为 52° ～ 65° 的各种不同用途的卫星、飞船、星际探测器和空间站。发射过人类第一颗卫星、射向火星和月球的探测器，以及后来的"东方"号"上升"号"联盟"号等所有载人飞船和"礼炮"号航天站及"能源—暴风雪"号航天飞机。目前，拜科努尔发射场的主要工位见表 6-4。

表 6-4　拜科努尔航天发射场场区与工位

发射场区	发射工位	运载火箭	说明
LC1	5 号发射工位	"东方"号，"上升"号，"联盟"号，"闪电"号	第 1 个发射工位，利用"东方"号火箭将航天员加加林送入太空。目前仍是"联盟"号 2 个发射工位中的 1 个，承担着俄罗斯大多数的载人航天任务
LC31	6 号发射工位	"联盟"号	第 2 个发射工位，专为"联盟"号系列火箭所建
LC81	24 号发射工位 23 号发射工位	"质子"号	24 号发射工位用于"质子"号发射，1997 年经过整修，用于"质子"号 -M 的发射以及商业发射。23 号发射工位是"质子"号的第 2 个发射工位，一直用于商业发射
LC200	39 号发射工位 40 号发射工位	"质子"号	"质子"号的第 2 发射场区，40 号发射工位已不使用，LC200 不用于商业发射，商业任务由 LC81 承担
LC41	3 个发射工位	"宇宙"号 2 "宇宙"号 3	3 个发射台原用于 P-7 导弹的试验，其中一个后转为"宇宙"号 2 和"宇宙"号 3 的试验发射，但现在已不再使用
LC45	2 个发射工位	"天顶"号 2	1990 年为"天顶"号 2 所建，一次发射事故摧毁了其中 1 个发射工位，目前还未修复
LC90	20 号发射工位 21 号发射工位	"旋风"号 2	目前只有 20 号发射工位仍在使用
LC110	2 个发射工位	H-1，"能源"号	原为 H-1 探月火箭建设，后用于"能源"号的发射
LC250	1 个发射工位	"能源"号	用于"能源"号的点火试验，后因为 LC110 当时未完工，曾用于"能源"号的第 1 次发射
LC131	29 号地下井	"隆声"号	原用于 RS-18 导弹飞行试验，后转为"隆声"号发射
LC175	59 号地下井	"隆声"号	原用于 RS-18 导弹飞行试验，后转为"隆声"号发射
LC109	108 号和 109 号地下井	"第聂伯"	在 31 区的导弹地下井，用于"第聂伯"火箭的发射
LC69	2 个发射井	R-36	用于 R-36 导弹的发射，曾用作"旋风"号发射，现可能已不用

10 普列谢茨克发射场

普列谢茨克发射场建于 1957 年，位于莫斯科以北 850km，是俄罗斯境内的第一个航天发射场，最初由苏联政府作为洲际弹道导弹发射基地而建，是苏联（现属于俄罗斯）除拜科努尔航天发射场以外唯一一座重要的发射场，到 1997 年为止，该发射场执行了超过 1500 次发射任务，比世界上其他任何一座发射场都多。与拜科努尔不同的是，普列谢茨克发射场主要用于发射军事载荷（直到 1983 年苏联才承认该发射场的存在）。

普列谢茨克发射场南北伸展约 100km，东西长 58km。占地面积为 1750 km²，建有 30 多个发射台和地下井，以发射 60.8° ~ 82.9° 各种大倾角军用卫星为主，也进行导弹、大型运载火箭和反卫星试验以及为战略导弹军事训练服务，如图 6-15 所示。

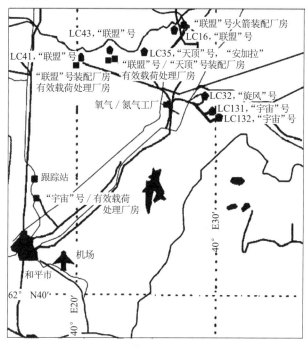

图 6-15 普列谢茨克发射场

16、41、43 号工位为"闪电"／"联盟"号发射工位，32 号为"旋风"号发射工位，35 号为"天顶"号发射工位，132/133 号为"宇宙"-3M 号发射工位。俄罗斯航天部队于 1992 年成立后接管了普列谢茨克的航天设施，1994年 11 月正式批准为航天发射场，现称为普列谢茨克国家第一航天研究发射场。目前该发射场设有常用的 6 个发射场区，10 个发射工位，见表 6-5。发射工位与准备厂房之间用铁路网连接。

表 6-5　普列谢茨克第一航天发射场区及工位

发射场区	发射工位	运载火箭	说明
LC16	1 号发射工位	"东方"号，"上升"号，"联盟"号，"闪电"号	原用 P-7 导弹
LC32	1 号发射工位 2 号发射工位	"旋风"号 3	
LC35	1 号发射工位 2 号发射工位	"安加拉"	1 号发射工位原为"天顶"号修建，但一直未完工，经重新整修后用于"安加拉"火箭
LC41	1 号发射工位	"东方"号，"上升"号，"联盟"号，"闪电"号	1989 年退役
LC43	3 号发射工位 4 号发射工位	"东方"号，"上升"号，"联盟"号，"闪电"号	
LC132	1 号发射工位 2 号发射工位	"宇宙"号 3M	仍用于"宇宙"号的发射
LC133	1 个发射工位	"隆声"号	原用于"宇宙"号的发射

11　东方发射场

俄罗斯东方航天发射场是远东大型的民用航天发射场，位于俄远东与中国接壤的阿穆尔州斯沃博德内市，其驻地乌格列戈尔斯克镇，与西伯利亚大铁路"列佳纳亚"站和 2010 年通车的"阿穆尔"公路相邻，距离中国黑龙江省不超过 100km。发射场占地 700 多 km²，场内建设 115km 公路和 125km 铁路，如图 6-16 所示。

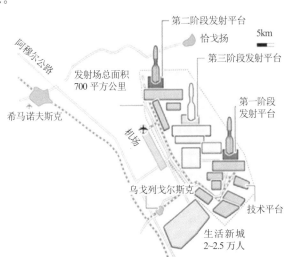

图 6-16　东方发射场

该发射场将用于发射各类国家、国际或商业项目的自动及载人航天器。于 2011 年正式开工建设，按照计划，2020 年前东方航天发射场将替代拜科努尔航天发射场成为俄罗斯新的航天中心，届时大约 45% 的发射任务将在东方航天发射场进行，44%在普列谢茨克航天发射场进行，11%在拜科努尔航天发射场进行。未来，东方航天发射场还将积极开展国际合作，向世界敞开大门。

12 库鲁发射场

国际上公认理想的发射场，设在南美洲圭亚那，也称圭亚那航天中心，建于1966年，由CNES和ESA共用。中心的主要设施沿着大西洋海岸，分布在30多千米长的地区内，场区占地面积约1000km²，如图6-17所示。该中心气候温和，年平均气温27℃，晴天较多，年均降雨量为3000～4000mm，全年分旱季雨季，风力不大，地处飓风区之外，是一个理想的赤道轨道和极轨道发射的场区。

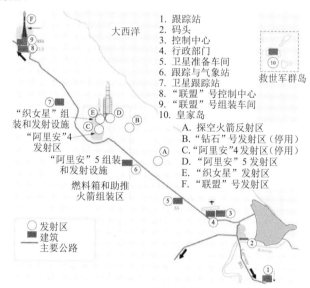

1. 跟踪站
2. 码头
3. 控制中心
4. 行政部门
5. 卫星准备车间
6. 跟踪与气象站
7. 卫星跟踪站
8. "联盟"号控制中心
9. "联盟"号组装车间
10. 皇家岛
A. 探空火箭反射区
B. "钻石"号发射区（停用）
C. "阿里安"4发射区（停用）
D. "阿里安"5发射区
E. "织女星"发射区
F. "联盟"号发射区

图 6-17　库鲁发射场

表 6-6　库鲁发射场工位

发射场区	运载火箭	说明
1号场区	"阿里安"1～3火箭	经改建后用于"织女星"小型火箭的发射，活动勤务塔是专为"织女星"火箭而建，主要为运载火箭组装提供必要设备
2号场区	"阿里安"3、"阿里安"4火箭	废置
3号场区	"阿里安"5火箭	每年可进行10次左右发射，取消了发射区勤务塔，有两个完全一样的活动发射平台，保证两次发射的最小间隔为1个月
"联盟"号火箭发射场区	"联盟"号	位于"阿里安"第三发射场西北13km处，支撑臂和发射台等设备与拜科努尔以及普列谢茨克发射场的"联盟"号运载火箭发射台设备基本相同。为了适应有效载荷吊装，在发射区新建了移动勤务塔用于整流罩/有效载荷组合体垂直吊装（不同于整体起竖状态）

目前主要承担"阿里安"5 运载火箭、"联盟"号火箭和"织女星"火箭的发射任务。其中"阿里安"5 为主力火箭，"联盟"号与俄罗斯合作，完成载人发射任务，"织女"号为小型火箭。其新型运载火箭"阿里安"6 的发射场区已在规划和建设当中。库鲁发射场鸟瞰如图 6-18 所示。

图 6-18　库鲁鸟瞰

13　种子岛航天中心

日本种子岛航天中心位于种子岛南端，隶属日本宇宙开发事业团，由竹崎发射场和大崎发射场组成，用于发射 N-1、N-2 和 H-1 运载火箭，如图 6-19 所示。种子岛总面积 447km^2，南北长 57.5km，东西宽 5 ~ 12km，最高海拔 2827m，属亚热带气候，年平均气温 19.5℃，平均相对湿度 68%。

图 6-19　种子岛发射场

其主要大中型火箭在大崎发射区发射。大崎发射区始建于 1969 年，1980 年建成，占地面积约 7.6m²，位于 30°23′38″N、130°58′22″E。该发射区主要用于发射大中型液体火箭，现有 2 个用于组装和发射运载火箭的发射场（大崎中型火箭发射场和吉信大型火箭发射场）、多个用于航天器射前准备的厂房、危险品（推进剂、气体等）储存设施和发动机试车台，如图 6-20 所示。

图 6-20　大崎发射区整体布局

14 萨迪什·达万航天中心

萨迪什·达万航天中心位于安得拉邦的斯里哈里科塔岛，也称斯里哈里科塔发射场，距金奈市北约 80km，占地面积 145km²，场区海岸线长度达 27km，于 1979 年正式启用，如图 6-21 所示。该设施最初名为斯里哈里科塔靶场，主要用于发射探空火箭。2002 年为了纪念 ISRO 的前主席萨迪什·达万，而将斯里哈里科塔发射场更名为萨迪什·达万航天中心。

图 6-21　萨迪什·达万航天中心

发射场有两个用于极地轨道卫星运载火箭（PSLV）和地球同步卫星运载火箭（GSLV）的发射工位（图6-22），主要用于发射印度PSLV、GSLV火箭。

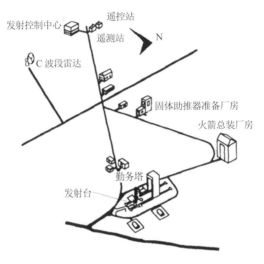

图 6-22　PSLV 发射工位布局

15　海上发射场

现有海上发射场于1998年秋初步建成，是美国、乌克兰、挪威和俄罗斯合营的发射场，场址选在赤道附近（北纬0º，西经154º，图6-23），采用俄罗斯的天顶号3SL运载火箭发射。天顶火箭的特点主要是兼容性强、易操作和快速发射，具有高度自动化发射能力，发射人员少。由于该点位于赤道，对于发射地球静止轨道卫星十分理想。另外，由于周围海域附近没有海岛和主要航线，利于大范围射向和航区安全。

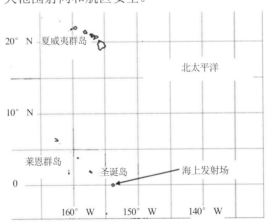

图 6-23　海上发射场位置

16 发射场选址的纬度因素

作为航天系统工程建设的重要一环，航天发射场的选址是一项多专业综合的系统性工作，影响因素多。除 SSO 等逆行轨道外，大部分航天器，如运行轨道倾角小于 90° 属于顺行轨道的卫星，或是深空探测器等，都是东向发射，而低纬度地区的东向牵连线速度大，因而在这类航天器发射任务中有一定的优势。更为重要的，对于低倾角轨道发射任务（GEO 轨道和大部分 GTO 轨道任务），低纬度发射变轨消耗小，相比较高纬度发射，运载能力有较大提高。

如图 6-24 所示，利用球面三角形正余弦定理，可得运载火箭发射场纬度 i_0、有效载荷轨道倾角 i_2 与射向 A 有如下关系：

$$\cos i_2 = \cos i_0 \cos \left(A - \frac{\pi}{2} \right)$$

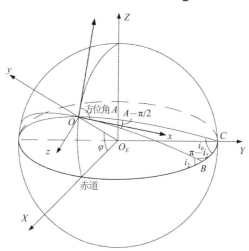

图 6-24　射向、轨道倾角关系

根据这一公式，可得 $i_2 \geqslant i_0$，即轨道倾角大于发射点纬度。如在北纬 30° 的发射场发射的火箭，入轨倾角则大于 30°。当然可通过轨道机动改变倾角，但这样会消耗大量的能量。基于这个原因，纬度低的发射场对于发射低倾角轨道的航天器有一定的优势。

> **扩展阅读**

变轨消耗：以转移轨道变轨至赤道静止卫星为例。变轨前后的速度分别为 V_a（转移轨道速度）和 V_{sa}（静止轨道速度），轨道倾角为 i，如图 6-25 所示。

$$\Delta V = \sqrt{V_a^2 + V_{sa}^2 - V_a V_{sa} 2\cos i}$$

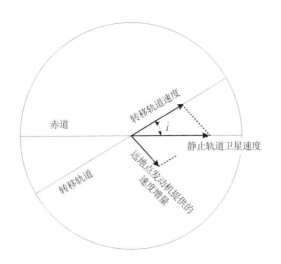

图 6-25　变轨消耗

低纬度发射场使火箭得到更大的地球自转赋予的向东的初速度，提高运载能力。地球自西向东自转，引起地球上某点具有牵连速度，该速度最大的是在赤道（465.1m/s），随着纬度的增加，牵连速度逐步减小。对于倾角很小的轨道（如 GEO 轨道），地球自转速度赋予火箭的牵连速度可以减少需要火箭提供的速度增量，因而对运载能力的影响比较大。假定地球为均质圆球，地球旋转产生的发射场牵连速度为

$$V_\omega = \omega_e \, (R_e + h) \, \cos\varphi \sin A$$

式中：ω_e 为地球自转角速度；R_e 为地球半径；h 为该点的海拔高度；φ 为该点纬度；A 为发射方位角，即射向。

目前国际上公认的最为理想的运载火箭发射场是法国的库鲁发射场，其纬度为 5.2°N，由于纬度低，在库鲁发射 GTO 轨道载荷不需要末级加入滑行段，不需要转移轨道，可直接入轨。而俄罗斯的发射场由于纬度都较高，导致其运载火箭发射 GTO 轨道载荷时运载能力有所损失。俄罗斯新建东方发射场，在其领土范围内尽量降低纬度选址，因此较为靠近我国东北地区。我国的四大航天发射场中，文昌发射场纬度是最低的。

17 发射场选址的运输因素

航天发射场对运输条件要求较高，运载器的部段、有效载荷、大量的推进剂和高压气体、各类仪器设备等，以及大尺寸、大质量、非标准部件的运输，通常需要海陆空运输相互配合完成。美国的卡纳维拉尔角、苏联的拜科努尔、法国的库鲁等大型发射场，都是海运（水运）、公路、铁路、空运设施齐全。

大型运载火箭箭体的运输需要水路运输，在陆地上由于列车轨道轨宽的限制，铁路运输难以运送直径达到5m甚至10m级的大型运载火箭箭体模块，因此大型运输船水运对与运载火箭运往发射场至关重要。美国卡角因地制宜地建设了大规模的水路运输网络，著名的39号发射场港口修到火箭总装大楼附近，便于"土星"5这样的大直径火箭运输进场，如图6-26所示。法国库鲁、日本种子岛等发射场，均配套有大型港口，利于船舶运输。我国酒泉、西昌、太原三大航天发射场均为内陆发射场，因此论证CZ-5火箭的5m大型部段运输与发射时，选择建设滨海的文昌发射场。相应地，运载火箭大型部段的生产厂也在滨海建设，便于两地海运。如我国火箭大型的部段或部件，优选在天津、上海或者武汉这种既有一定工业制造能力支撑，又沿海沿江的城市建设生产设施，便于后续的运输。

图 6-26　肯尼迪航天中心39号发射场港口位于火箭厂房附近

　　随着大尺寸、大质量的航天器应用越来越多，能够停泊大型运输机的机场也成了航天发射场的标配。如我国的文昌航天发射场，航天器的运输就依托于美兰大型机场。美国"阿波罗"任务时期，"土星"5火箭的三级和仪器舱采用了特制的B-377-SG超级"孔雀鱼"大型运输机，如图6-27所示。

图 6-27 超级"孔雀鱼"运输机

大型箭体的公路运输对运输线路的道路、桥梁等设施的道路宽度、坡度、净空高度、转弯半径和承载能力等都提出了较高要求。特别是超百吨的重型运载火箭箭体或固体火箭模块而言，对沿途桥的承重能力要求高。

18 发射场选址的安全因素

航天发射场的建设一般要远离人口密集区，以确保区域的安全。国外的卡纳维拉尔角、库鲁、拜科努尔、种子岛等发射场，都是地处人烟稀少的区域，易于隔离出大片的安全控制区域，用于航天发射。按照火箭的飞行段，大体上将安全控制的区域分为首区和航区两个部分。

首区安全，指发射场设备设施周边一定范围内的安全。在工程上，充分考虑运载火箭发射射向，及其一定夹角围内，应避开重点保护的地面建筑和人员密集的地区。这一范围的确定受任务射向、火箭的自毁逻辑设计、火箭的姿控系统设计、火箭的爆炸当量等影响。在发射场选址和设计的时候，要充分考虑常用弹道方向上的首区安全问题。

航区安全，指运载火箭射面，即弹道范围内的安全。火箭起飞后，可穿过的区域按照国际法律界定，包括我国领空、国际空域和外层空间，无论是起飞过程还是火箭箭体残骸的再入坠落过程，都不可穿过他国领空，残骸也不能落入他国领海，同时任何时刻，火箭的飞行弹道下方避免经过我国或他国的重要设施和人口密集的城镇。对于早期的毒发火箭和未来核动力火箭，航区安全更加意义重大。卡纳维拉尔角发射场南向发射时，火箭的航区经过人口密集去，因此不能发射极轨或太阳同步轨道卫星，因此美国建设了范登堡发射场，在西部海岸，主要用以弥补 SSO 轨道卫星的发射任务。我国的内陆发射场，东向发射时，火箭弹道较长时间内都在领土范围内，火箭弹道下发，特别是助推和芯级的落点周边，需要进行大量的人员疏散工作。

19 发射场选址的自然因素

气候环境、地质水文条件等自然条件是发射场选址的重要因素。滨海发射场的暴雨、雷暴，特别是台风、飓风对发射任务的执行影响较大，我国文昌发射场、美国卡纳维拉尔角发射场都处于台风和飓风区，设备设施的建设需要考虑抗风能力，适于发射的时段也要避开台风和飓风的影响。同为滨海发射场，库鲁发射场由于靠近赤道附近，就没有台风的危害。

发射场的浅层风、高空风飞速过大，对于火箭的整体垂直运输、起飞初始段和最大动压段影响较大，在发射场选址论证过程中，要充分分析风场数据，与箭体结构数据核实，以确保载荷满足要求。"高温、高湿、高盐雾"被航天人称为对测试环境极为不利的"三高"，对结构温控和器件性能均有一定的影响。一直以来，电气系统的漏电都是困扰世界航天的难题之一。事实上，过低的低温环境也不是什么好事，如俄罗斯的发射场，冰点以下的温度不利于电缆操作，对于对低温较为敏感的固体火箭推进剂，过低的温度则可能造成推进剂效能下降。沙尘、浓雾等影响能见度的因素，会对火箭初始段的光学测量等产生影响。

发射场的设备设施受火箭箭体尺寸和起重、翻转等工作要求，建设规模较大，特别是勤务塔、火箭总装测试厂房等设施，动辄几千吨，甚至超过万吨，对建设区域的地质要求高，发射设施长需要使用20年或更久，应尽量避免沉降，避免地质构造不稳定的地区，避开地震活动区。同时还要考虑环境保护的因素，发射场的选址建设不能破坏周边的自然保护区、地下水资源、大气环境等。

自然环境的影响因素众多，需要综合论证。国际上公认的自然环境较好的发射场是美国的范登堡发射场，气温适中，一年中晴天居多，阳光足，能见度高，雨天少，适于发射的时段长。

20 发射场选址的社会因素

虽然从安全角度考虑，发射场的建设要远离人口密集区，但发射场的建设和运行，仍需要一定的城市依托。在军民深度融合，军民商航天关系日益密切的今天，航天发射场与航天城的建设同样密不可分。

发射场与周边配套建设的典范是美国卡纳维拉尔角，通过航天品牌效应，NASA 在肯尼迪航天中心附近兴建了研究机构、学校学院和生产部门，当地也依托航天大力兴建旅游和文化产业，使得佛罗里达州成为美国经济发展最快的州之一。由于配套水陆空交通发达，科研机构密集，航天、旅游、文化产业兴盛，许多商业航天公司，如 SpaceX、蓝源，都选择在卡角的发射工位完成运载器的发射任务，并进一步在其周边建设配套的研产设施，形成产业聚集的良性循环。俄罗斯的东方发射场，在发射场论证之初，就提出了产业组团的战略规划，意图以航天发射场与航天城的建设带动当地的产业升级，提高地区的人口密度。

研产试一体化是航天领域发展的必然趋势，仅以大尺寸箭体部段的生产为例，冶炼、铸造、焊接、组装等工序，若分布在全国各地完成，其间的周期控制、成本控制和质量控制，都具有相当大的难度。完整产业链的形成，极大地有利于简化程序，降低成本，提高可靠性，同时有利于带动国民经济区域发展。

21 发射场横向总体布局

发射场完成选址后，就要按照需要发射的火箭和航天器的情况进行场内布局设计，发射场设备设施的建设以发射工位为核心，其横向布局和纵向布局均需要综合论证和设计。

早期航天发射场一切测试和发射操作均围绕发射工位开展，由于技术条件限制，测试发射中心距离发射工位较近，形成运载火箭在发射工位上总装、测试并最终发射，全任务流程几乎均在发射工位上完成的测发模式。这种测发模式下横向布局的发射区和技术区没有明显的界线。从技术状态控制的角度，这种模式无疑对运载火箭是有利的，因为从总装至最后发射，状态变化小，一致性好。

随着光纤等远距离小衰减传输技术和远距离自动控制、自动操作技术的发展，考虑到火箭紧急情况下可能爆炸对火箭测试设备设施，特别是人员的危害，航天测发模式逐步向远距离测发控方向发展，主流发射场的横向布局技术区和发射区区别更加明显：发射区完成火箭的加注发射和射前保障，技术区完成火箭的测试操作和远距离测发控，如图6-28所示。

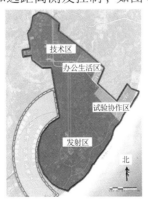

图 6-28　文昌发射场总体布局

技术区和发射区的设备设施建设要满足相应的运载器和航天器测试发射模式的要求。如联盟火箭在库鲁发射场采用"一平二垂"发射模式，技术区主要包括火箭的水平测试厂房、指挥控制中心、航天器总装测试厂房等，发射区则包括发射工位、加注和发射区供气系统和可移动的勤务塔，以满足垂直总装测试和发射的需求。

22 全半径与爆炸当量

工程上，系统分析航天发射场技术区与发射区距离，其主要输入是运载火箭爆炸的安全半径计算。运载火箭爆炸的影响范围称为安全半径。爆炸当量，也称爆炸威力、TNT当量，是指推进剂爆炸时产生的冲击波的破坏能力，以同样威力的三硝基甲苯质量表示。在工程上，运载火箭的爆炸当量一般按下式计算：

$$W = KQ$$

式中：W 为爆炸当量（t）；K 为爆炸当量折算系数；Q 为运载火箭的推进剂质量（t）。对于不同类型的推进剂，K 取值不同。不同推进剂组合的爆炸当量折算系数见表 6-7。

表 6-7 不同推进剂组合的爆炸当量折算系数

推进剂	爆炸当量折算系数	
	发射台	发射台外
液氢和液氧	60%	60%
液氧和烃类燃料（如煤油）	200t 为 20%，超过此量增加 10%	10%
过氧化氢和烃类燃料	200t 为 20%，超过此量增加 10%	10%
四氧化二氮和混肼	10%	5%
四氧化二氮和偏二甲肼	10%	5%
绿色四氧化二氮和一甲基肼	10%	5%

23 冲击波

爆炸的影响分为冲击波、热辐射、碎片和噪声。冲击波对人员和建筑物的损害通常用冲击波峰值超压来衡量。工程上一般使用萨道夫斯基公式计算地爆时冲击波峰值超压值。液体火箭在空中爆炸，认为其冲击波在无限空间扩展，这时冲击波萨道夫斯基公式为

$$\Delta p = 0.0824 \frac{\sqrt[3]{W}}{R} + 0.265 \left(\frac{\sqrt[3]{W}}{R}\right)^2 + 0.6865 \left(\frac{\sqrt[3]{W}}{R}\right)^3$$

式中：Δp 冲击波峰值超压（MPa）；W 为爆炸当量（kg）；R 为冲击波峰到爆炸中心的半径（m）。空中爆炸满足的条件为

$$\frac{h}{\sqrt[3]{W}} \geq 0.35, \ 1 \leq \frac{R}{\sqrt[3]{W}} \leq 10 \sim 15, \ W > 100\text{kg}$$

其中，h 为爆炸点高度。

液体火箭在地面爆炸，对于混凝土、岩石等刚性地面，空气冲击波是向半无限大空间传播，可看作是约 2 倍推进剂量在无线大空间爆炸；普通土壤地面对冲击波反射作用较小，按照 1.8 倍当量计算，因此

$$\Delta p = 0.1 \frac{\sqrt[3]{W}}{R} + 0.391 \left(\frac{\sqrt[3]{W}}{R}\right)^2 + 1.236$$

地爆满足的条件为

$$\frac{h}{\sqrt[3]{W}} \geq 0.35, \ 1 \leq \frac{R}{\sqrt[3]{W}} \leq 10 \sim 15, \ W > 100\text{kg}$$

根据不同条件下运载火箭爆炸冲击波超压计算公式，可以计算出运载火箭意外发生爆炸情况下，不同距离的超压值。参照美国公法 60（Public Law，60PL60）建立的国家靶场系统，为了保障公共安全，要求运载火箭和有效载荷的发射和飞行对公众所产生的危险率不大于 1×10^{-6}，对应危险率边界的冲击波设防超压约为 0.003MPa，并以此超压计算安全距离确定公共人员应避开的冲击波最小安全半径区。不同超压值对人员和建筑物的伤害等级见表 6-8 和表 6-9。

表 6-8　冲击波峰值超压对人员的伤害等级

伤亡等级	等级名称	伤亡情况	冲击波峰值超压 /MPa
一	无伤	无损伤	< 0.01
二	轻伤	1／4 肺气肿，散在性气肿，或 2～3 个脏器点状出血	0.01～0.025
三	中伤	1／3 肺气肿，1～3 个脏器片状出血；或一个脏器大片出血	0.025～0.045
四	重伤	1／2 肺气肿，3 个以上脏器片状出血；或两个脏器大片出血	0.045～0.075
五	死亡	当场死亡，或伤害严重无法抢救	> 0.075

表 6-9　冲击波峰值超压对建筑物的破坏等级

破坏等级	等级名称	破坏情况	冲击波峰值超压 /MPa
一	基本无破坏	玻璃偶尔开裂或震落	< 0.002
二	玻璃破坏	玻璃部分或全部破坏	0.002～0.012
三	轻度破坏	玻璃破碎，门窗部分破坏，砖墙出现小裂纹	0.012～0.03
四	中等破坏	门窗大部分破坏，砖墙出现严重裂纹，钢砼屋盖裂缝	0.03～0.05
五	严重破坏	门窗全破坏，砖墙部分倒塌，钢砼屋盖严重裂缝	0.05～0.076
六	房屋倒塌	砖墙倒塌，钢砼屋盖塌下	> 0.076

24 热辐射

火箭推进剂爆炸产生火球的持续时间和火球大小，是安全分析需要考虑的因素。目前尚没有准确的火球效应定义及计算，仅有试验值和经验公式，一般情况下，火球直径经验公式为

$$d = 3.854Q^{0.32}$$

其中，Q 为推进剂质量。火球持续时间经验公式为

$$t = 0.2987Q^{0.32}$$

考虑热辐射作用，常取火球直径的 $1.5 \sim 2.5$ 倍。

火球的估算有其他经验公式，如盖尔和布兰德火球直径和持续时间经验方程式：

$$D = 9.56Q^{0.325}$$

$$t_D = 0.196Q^{0.349}$$

热辐射直径公式为

$$D_R = （1.5 \sim 2.5）D$$

式中：D 为火球最大水平直径（m）；Q 为推进剂总质量（kg）

25 爆炸碎片与毒气扩散

由于火箭爆炸产生的碎片，其形状、尺寸、飞行轨迹等都有较大的随机性，因此定量计算分析难度更大。一般采用试验，或分析特定意外事故，取得统计学碎片的散布情况。

一般而言，地面爆炸的碎片散布范围较小，在 $500 \sim 600m$ 以内；而空中爆炸散布范围较大，跟高空风速等有关，如某型火箭点火后 65s 空爆，其散布 1.5km 范围内的概率为 72.27%。

对于含有毒推进剂的火箭，安全半径同时要考虑毒气的扩散因素，毒气扩散与风向、风速、人员密集区域分布等相关。

26 噪声

国际标准化组织定义人类听力保护标准的噪声上限为 115dB，超过这个限制，需要佩戴耳塞等防护措施。运载火箭发射时噪声一般在 160dB 左右，

大推力火箭达180dB，其爆炸脉冲噪声可达190dB。因此需要考虑噪声随距离的衰减，从而确定115dB限值的位置。平坦空旷场区，起飞噪声近似计算公式如下：

$$SPL = 178 - 37.41\lg\frac{d}{40}$$

式中：SPL为噪声强度（dB）；d为噪声计算点与噪声源的距离（m）。

27 火箭总装测试厂房和发射区的距离

充分考虑人员安全，火箭加注发射过程中，人员与运载火箭须保持一定的安全距离。但考虑火箭总装测试厂房与发射区的距离设置，有两种截然不同的设计模式。

一种将火箭总装测试厂房与发射工位远距离设置，充分考虑火箭总装测试厂房抗冲击波的能力（特别是玻璃等建材），要避免建筑主体被破坏，避免封闭环境破空。例如，美国肯尼迪发射中心的39号发射场VA与39A号工位距离超过6km，如图6-29所示。我国文昌发射场的技术区与发射区距离约3km，也满足CZ-5和CZ-7火箭的安全半径要求。

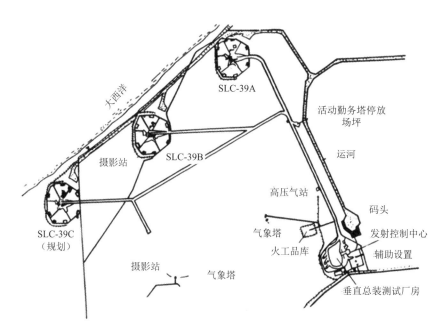

图 6-29 肯尼迪中心39发射场

另一种是将火箭的总装测试厂房与发射工位近距离设置。这种设置模式接受小概率条件下火箭爆炸对测试设备的损坏。如 SpaceX 公司"猎鹰"系列火箭，在卡角的 39 号和 40 号发射场均采用简易测试厂房进行测试，测试后经过短距离水平转运至发射工位，加注发射，如图 6-30、6-31 所示。

图 6-30   "猎鹰"重型火箭测试厂房与卡纳维拉尔角 39 号发射工位

图 6-31   "猎鹰"9 火箭测试厂房与卡纳维拉尔角 40 号发射工位

在美国卡纳维拉尔角 41 号发射场发射的"大力神"5 火箭，采用短距离垂直移动的方式，其垂直总装厂房距离发射工位直线距离约 500m，同属于近发射区设置，如图 6-32 所示。日本吉信发射场用于发射 H-2A 系列火箭，其火箭装配厂房和发射控制中心距发射工位约 510m，也属于近发射区设置。

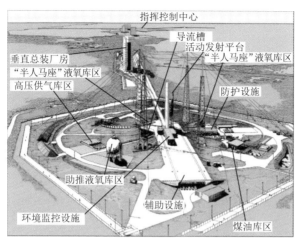

指挥控制中心

导流槽

活动发射平台

垂直总装厂房

"半人马座"液氧库区

"半人马座"液氧库区

高压供气库区

防护设施

助推液氧库区

辅助设施

环境监控设施

煤油库区

图 6-32　卡纳维拉尔角 41 号发射场

　　火箭总装测试厂房与发射工位的距离远近各有优劣，近距离测试火箭向发射区转运距离短，技术状态影响小；但小概率状态下，火箭爆炸可能造成技术区破坏，造成额外的经济损失，并且影响修复周期；同时，短距离设置不适合任务并行流程计划，因为一枚火箭加注发射时，技术区仍有火箭在并行测试，若发生爆炸，可能造成人员伤亡和正在测试过程中的火箭损坏，损失过大。

28　强技术区和强发射区

　　强技术区和强发射区是发射场布局的两种理念。强技术区布局，即尽量减少发射区工作量，火箭转入发射区后只进行推进剂加注和临射检查工作，这样可以尽量减少在发射区的占位时间，适应快速发射要求，提高发射效率，如我国文昌发射场的布局。强发射区布局，事实上是一种火箭总装测试厂房和发射工位近距离设置的模式，尽量将火箭的测试发射工作安排在发射区完成，减少技术变化带来的风险，如我国西昌发射场 3# 工位和美国"德尔它" 4 发射工位的布局等。

　　从环境保障的角度，通常技术区的环境保障条件要优于发射区。由于发射工位射前要完全开发，减少箭体周围的干涉，因此在封闭环境保障方面难以兼顾。而运载火箭和航天器对环境要求较高，长时间发射区测试对电气系统可靠性影响较大。即使如我国西昌发射场 2# 工位，采用可移动式封闭勤务塔设置，其大吨位活动勤务塔工程建造难度大，且防风、防雨、防潮等性能仍无法与固定式火箭总装测试厂房相比。因此，强技术区模式在技术区完成火箭卸车、转载、组装和大部分测试，最大限度地改善产品的测试检查工作环境。

从技术安全角度，运载火箭测试发射过程中的大部分风险操作发生在发射区，因此简化发射区设置，设备设施减少，系统复杂程度降低，可有效提高可靠性，降低了安全事故发生的概率。如"阿里安"第三发射场的发射区只建有 4 个避雷塔、消防水塔和导流槽，没有固定勤务塔，其活动发射平台上建有脐带杆，完成对火箭的发射支持功能。俄罗斯"天顶"号发射场采取同样设置，所有电、气、液管路从箭体尾段与发射台连接，发射区不设脐带塔。H-2A 火箭的吉信发射区新发射台取消了勤务塔，只有简单的脐带塔，对连接接口进行了大量改造，减少线缆数量。

29 发射场纵向总体布局

航天发射场横向布局以火箭爆炸的安全半径为基础，而纵向布局以火箭点火起飞时的尾焰喷流为基本输入。需要关注的标高主要包括火箭发动机喷管下沿、发射场坪 0-0 平面、技术区 0-0 平面、导流槽导流通道下沿。

为尽量降低喷焰折流对箭体造成影响，火箭发动机喷管下沿与导流槽导流通道下沿需保持一定的纵深距离。对于中型以上运载火箭，其火箭喷焰超过 20m。在滨海发射场，导流槽可挖深深度受地下水分布影响大。可采取措施包括抬高发射平台和发射场坪 0-0 平面高度。

运载火箭的发射平台高度通常在几米至十几米的范围内，变向加大了火箭发动机喷管下沿与导流槽导流通道下沿的纵深距离；同时，发射场坪 0-0 平面抬高，是发射场坪 0-0 平面位于地上一定高，可以达到相同的目的，如美国卡角 39 号发射场的 39A 和 39B 发射工位，其发射场坪 0-0 平面为地上一层，增加了排焰通道纵深，从而满足"土星"5 量级的重型运载火箭排焰需求，如图 6-33 所示。

图 6-33　卡纳维拉尔角的 39 号发射工位

但这种地上一层的发射场坪建设方式需要火箭转运装置具备爬坡能力，因此较为适合履带式或轮胎式转运方式，而轨道式转运方式，由于对轨道坡度要求较高，不宜爬坡。轨道式转运装置坡度要求通常在千分之一以内，即 1km 内垂直高度控制在 1m 以内，通常即使是远距离发射区设置，火箭的转运距离仍然较近，无法在 3 ～ 6km 内上升超过 10m 的高度。

这就是说，若采用轨道式转运方式，发射场的整体海拔高度应基本保持一致，包括技术区建筑物的 0-0 平面和发射场坪的 0-0 平面。而对于垂直转运状态的火箭，活动发射平台的高度和箭体高度，关系到垂直总装厂房的高度和规模。

综合以上论述，航天发射场以运载火箭喷管下沿为基准，以具体运载型号喷焰参数为基本输入，需综合设计导流槽深度、发射场坪 0-0 面高度、发射平台高度和技术区建筑物 0-0 面高度，选择合理的纵向综合布局。

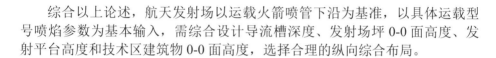

30 发射场内道路建设

航天发射场内主要道路运输需求分为三个部分，即运载火箭和航天器测试发射过程中各部段或整体运输需求、特燃特气运输需求和人员工作的运输需求。发射场内的道路建设，必须合理规划三类运输需求，使得计划安排顺畅，时效性好。特别是对于具有多个发射工位，甚至多个发射场区的大型航天发射场，道路建设规划的合理性更为重要。

运载火箭和航天器测试发射过程中的运输需求包括火箭和航天器的进场运输、航天器和整流罩组合体的场内运输、火箭和航天器组合体的整体转运至发射区等。这些运输道路或轨道，对坡度、承载能力、转弯半径等要求较高，具体的运输路线由测发模式决定。

特燃特气，即运载火箭推进剂和高压气体。特别是低温运载火箭，由于低温推进剂在贮存过程中不可避免地存在消耗，因此通常根据加注发射的需求，倒排推进剂的筹措计划，力求保障火箭测试发射的同时减少贮存消耗。大型、重型运载火箭推进剂需求动辄超过千方，而推进剂运输超车规模相对较小，需要多次运输。而液氢等推进剂运输过程受技术安全管控限制，需要封路，因此特燃特气道路尽量与人员工作道路区分建设，或减少重合部分，以减少封路的影响。同时特燃特气的转运路线应尽量避开发射场内人员密集、核心建筑区域，避免意外泄漏或爆炸造成损伤。

发射场内人员在发射区不同位置，根据测发流程，完成不同的测试发射操作。同时，需要紧急抢险时，需确保人员短时间内就位完成应急处置操作。

第2节 技术区

航天发射场技术区主要包括指挥控制中心、火箭的技术区总装测试厂房、航天器的总装测试厂房、航天器加注扣罩厂房、火工品测试厂房和逃逸装置测试厂房等。通常运载火箭测试区和航天器测试区分开布置，同时将活动品测试厂房和逃逸装置测试厂房等有一定危险性的测试操作设置在技术区远离其他厂房的区域。

1 指挥控制中心

指挥控制中心承担发射场平时设施设备状态监视、维护，以及任务时全过程指挥、控制、决策等任务。指挥控制中心最终要的功能就是完成火箭的测试发射控制，在指挥控制的大厅，集合了任务相关的各系统后端人员，对测试状态和数据进行实时监控，以确保火箭发射前的状态良好，如图6-34所示。

图 6-34　航天飞机指挥控制中心

早期的发射控制中心离火箭发射工位较近，设置成地堡形式，因此也就尽量精简指挥控制中心的规模和测试人员。如我国西昌发射场早期2#和3#工位的发射控制中心采用近距离半地下和山洞修建的模式，法国库鲁的"阿里安"第一发射场早期发射控制中心，离火箭勤务塔约300m，是一座坚固的地堡式建筑，如图6-35所示。它的任务是完成发射前准备工作和发射计时工作，在火箭最后准备、加注和发射操作过程中保护工作人员和测试设备的安全。现在大多数运载火箭均采用远距离测发模式，指挥控制中心都远离发射工位了。

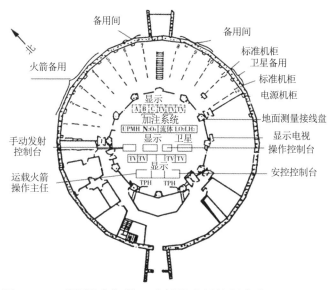

备用间
备用间
标准机柜
卫星备用
标准机柜
电源机柜
地面测量接线盘
显示电视
操作控制台
安控控制台
显示
加注系统
UPMH N₂O₄ 液体 LO:LH
显示 卫星
显示
北
火箭备用
手动发射
控制台
运载火箭
操作主任

图 6-35　"阿里安"第一发射场发射控制中心（早期）

也有将指挥控制中心和火箭的测试厂房集成在一起建设的，即火箭的测试操作和测试控制均在一个建筑物内。如卡纳维拉尔角 41 号发射场的航天飞行操作中心，同时支持火箭的硬件接收和检测、火箭起竖试验和发射控制等多种功能，如图 6-36 所示。"宇宙神" 5 火箭芯级和上面级分段从制造厂运至卡纳维拉尔角发射场后，进入航天飞行操作中心的高跨操作间，进行相关测试。然后，被运往垂直总装厂房。该发射操作中心分上、下两层，将发射控制、用户支持等功能集中在一起，由发射控制中心、有效载荷操作中心、任务操作中心、工程操作中心、用户支持设施、操作通信中心、任务支持办公室以及 GC³（地面、指令、控制与通信）支持区组成。

图 6-36　卡纳维拉尔角 41 号发射场飞行控制中心

2 火箭垂直总装测试厂房

由于火箭难以整箭运输进入发射场，因此进入发射场后，必须经过状态恢复和必要的测试，然后进行全箭总装，成为一个整体。发射场的技术进行此类操作的场所称为火箭总装测试厂房。按照测试状态的不同，火箭在发射场的总装测试厂房分为垂直总装测试厂房和水平总装测试厂房。

运载火箭在技术区采用垂直状态总装和测试的，需要配套垂直总装测试厂房。火箭进场后在水平准备厂房进行状态恢复，之后在垂直总装厂房总装。如我国的 CZ-5、CZ-7 火箭垂直总装厂房，"阿里安"第三发射场的垂直总装厂房等，都采用这种设置，如图 6-37、6-38 所示。

图 6-37　文昌发射场火箭垂直总装厂房与水平准备厂房

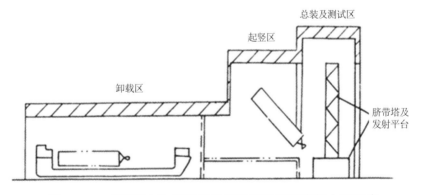

图 6-38　"阿里安"第三发射场垂直总装厂房与水平厂房

垂直总装厂房内部配备吊装需要的吊车、空调保障、供电保障和具体系统所需的测试间。垂直总装测试厂房由于要保证火箭总装的净空高度，因此厂房一般建设的比较高大，具备吊车和多层操作平台，如图 6-39、6-40 所示。

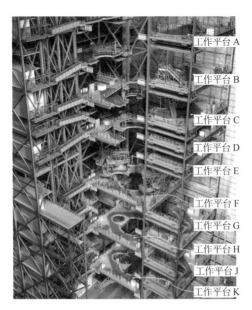

工作平台 A

工作平台 B

工作平台 C

工作平台 D

工作平台 E

工作平台 F

工作平台 G

工作平台 H

工作平台 J

工作平台 K

图 6-39　SLS 火箭垂直总裁测试厂房内部工作平台分布

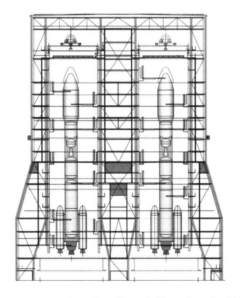

图 6-40　日本吉信发射场火箭总装厂房结构

卡纳维拉尔角 41 号发射场的垂直总装厂房是一个可全天候使用的封闭钢结构，高 87.2m，可抗 225km/h 的飓风。配备有一个卷帘门、支撑平台以及各种总装测试设备。还配有一个起重能力 60t 的桥式起重机，它可以用于有效载荷与运载火箭的对接，如图 6-41 所示。

图 6-41   卡纳维拉尔角 41 号发射场垂直总装测试厂房

3 火箭水平总装测试厂房

火箭水平总装测试厂房高度小，但跨度大，整体规模与垂直总装测试厂房相当。苏联"能源"号火箭最大箭体模块直径 6.8m，采用水平测试方案，其测试设备包括龙门梯和异形工装、异形工作平台，水平总装测试厂房布局如图 6-42 所示。

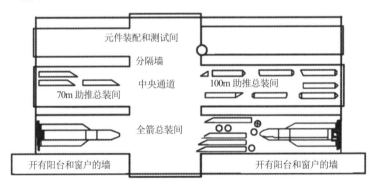

图 6-42   "能源"号火箭水平总装测试厂房布局

卡纳维拉尔角 37 号发射场的水平组装厂房由波音公司与雷声设备制造公司建造，耗资 2700 万美元，有 7 层楼高，可以同时容纳 6 枚火箭组装，"德尔它"4 火箭在水平组装厂房呈水平状态组装后，被运往发射台进行垂直起竖，如图 6-43 所示。发动机采取水平操作比原来用于"德尔它"2 和"德尔它"3 火箭的垂直发射系统的操作准备时间减少约 50%。

图 6-43　37 号发射场区水平组装厂房的外观

猎鹰重型为 3.66m 级别直径，规模小，操作难度与我国 CZ-3A 系列火箭水平状态交接相当，操作人员仅需简单工作梯和小型龙门梯即可完成，SpaceX 公司使用可灵活布置的钢结构简易测试厂房，即可满足其在各个发射场都能够测试发射的需求，如图 6-44 所示。

图 6-44　"猎鹰"9 水平总装测试厂房

4 非标设备

非标设备，是对非标准化机械设备的简称。由于航天测试发射对于机械设备使用的专用化特点，其部分设备与民用及工业领域设备通用、统一化不同，非标设备根据不同应用场合，尺寸、性能等均存在较大差异。从标准化、质量控制和可靠性控制等角度，发射场是希望非标准设备越少越好的。大量使用标准化设备，利于发射场一体化设计和通用结构规范。

目前，我国发射场所使用的非标设备主要包括各测试厂房的专用大门、起重设备、停放设备、操作平台等。典型非标设备及其分类见表 6-10。

表 6-10　典型非标设备及其分类

设备	结构
厂房大门	单开式、对开式、旁开式、推拉式、升降式、翻转式
起重设备	双钩单梁、双钩双梁 手拉或电动单钩单梁 双钩塔吊或桥吊 轨道式双钩龙门起重机
停放设备	固定或活动平面机构
工作平台	翻板式，推拉式，折叠式 升降平台，回转平台
隔振平台	空气弹簧减振结构
摆杆	高度可调，双侧布局
塔体行走装置	起重机平衡梁式轨道行走车
发射区电梯	防爆型
瞄准间	可开闭瞄准窗，正压防爆设置
逃逸救生设备	斜坡滑道，安全逃逸门

5 发射场吊车

火箭测试发射过程中有许多使用吊车的场合，包括火箭的进场卸车、火箭的总装、有效载荷的操作、整流罩扣罩等，根据使用的方式不同，有多种吊车形式。

（1）塔吊。与勤务塔或脐带塔结合的吊车方式，置于建筑物或钢架结构顶端，用于吊装火箭，或较重的仪器设备、尾翼、喷管等部件，如图6-45、6-46所示。

图 6-45　CZ-2F 脐带塔的吊车

图 6-46　"土星"5 火箭活动发射平台脐带塔上的吊车

（2）厂房吊车。在厂房内架设，完成火箭的转载、总装、有效载荷总装操作的吊车，包括双梁双钩吊、单钩吊等，如图 6-47 所示。

图 6-47　"土星"5 火箭的吊装

随着火箭模块尺寸和重量的增大，对吊车的要求也越来越高，如"土星"5火箭所使用的吊车起重能力就达到了 250t。同时，由于火箭结构及仪器设备的特殊要求，还要求吊车运行平稳，不能发生振动、抖动，起动加速度小，具有高可靠性。吊钩的设计与吊具相关，而吊具的设计直接与火箭等产品的尺寸相关。美国航天飞机在范登堡发射场测试时，采用垂直测试厂房顶部的吊车，将航天飞机整体吊入厂房内部，如图 6-48 所示。

图 6-48　范登堡发射场航天飞机吊装

　　一般而言，双梁双钩吊车适用于水平转移大重量物体，而单车双钩吊则适用于箭体的翻转操作，因此在垂直总装中使用单车双钩吊。

6　工作平台

　　火箭箭体周围的测试操作可达性，由各种各样的工作平台保证。对于垂直状态总装和测试的运载火箭，由于箭体较高，因此一般需要多层工作平台，以保证不同高度的操作需要。工作平台的标高与操作密切相关，因此箭体的仪器设置位置、操作窗口设置和电缆布局等，均与发射场工作平台的设计相关，这也是箭地一体化设计的一个方面，需要在火箭设计过程中科学布局，以保证良好的可达性，减少工作平台的数量，并在各阶段测试过程中尽量确保工作平台标高固定，少进行上下调整等。图 6-49 为美国"土星"5 号在垂直总装厂房的工作平台，由于火箭尺寸较大，因此设置了多层工作平台，以保证测试操作的可达性。

图 6-49　"土星"5 号在垂直总装厂房的工作平台

根据功能和工作模式不同，工作平台还可以细分为回转平台、升降平台、翻转平台和推拉平台等。回转平台，是指具有回转功能的平台，主要由回转轴系、回转铰座、辅助支架、主桁架、端桁架、升降导轨等组成。升降平台，是指标高可以根据需要进行调整的平台，一般布置与总装厂房或勤务塔，配合完成火箭各种标高处的测试工作。翻转平台，是指设置有翻转功能的平台，翻转功能主要是未来适应不同的工作时段的平台截面需求的变化，如较为靠近箭体的部位采用小型翻转平台。推拉平台，是指具有水平推拉功能，可以调整与火箭间距的平台，其功能与翻转平台类似，也是为了适应不同截面需求。

第3节 发射区

发射场的发射区以运载火箭发射工位为核心，配套建设推进剂加注系统、高压供气系统、供配电系统、供水消防系统等，以完成运载火箭加注和发射工作。

1 发射区总体布局与殉爆效应

发射区的布局主要考虑各单体建筑和库区间的安全控制，较为主要的是考虑位于发射工位上加注后的运载火箭和推进剂库区相互间的殉爆效应。殉爆效应，是指当发生爆炸时，由于爆炸冲击波作用引起相隔一定距离的另一炸药爆炸的效应。殉爆距离经验公式为

$$R = k\sqrt{W}$$

其中：R 为殉爆安全距离；W 为爆炸当量；k 为殉爆安全系数。

殉爆是双向的，既要考虑火箭造成推进剂库区殉爆，也要考虑推进剂库区爆炸对火箭的危害。以液氢库区与发射工位距离的选择为例。液氢是易燃易爆品，危险性极高，由于容易形成静电，单纯液氢泄漏，即使没有火星，如果泄漏流量过大，也是容易发生爆炸的。受殉爆效应限制，液氢加注系统氢贮存区域一般要远离发射塔架。另一方面，由于液氢是深冷液体，极容易与外界换热，且饱和蒸汽压高，容易汽化，因此液氢管路输送设计时，需要权衡考虑以下因素：在保证安全的情况下管路尽可能短，尽量减少法兰接头，尽量减少阀门的使用，接头尽量采用小真空焊接形式。液氢库区短距离设置有利于提高加注速度，降低系统复杂度。所以在殉爆安全和系统性能上折中取舍，世界各航天发射场液氢库区的设置不尽相同。根据《液氧贮存运输要求》和《低温加注系统安全要求》，重型运载火箭液氢库区与居民建筑、公路、铁路及不相容贮存场所不设防护墙550m，设防护墙170m。可人为通过防护墙、隔爆堤坝等设置，使氢氧库区安全距离缩小。

美国的肯尼迪航天发射中心（KFC）39 号发射场容积为 3500m³ 的球形液氢储罐与发射台的距离为 440m，未见防护设施，按照"土星"5 重型运载火箭的当量计算，这个距离是比较近的，如图 6-50 所示。

图 6-50　肯尼迪航天中心 39B 建设情况

日本的吉信发射场采用地面沙土隔爆设施，将氢库区与发射工位隔离，使得二者距离拉近为 250m，如图 6-51 所示。

图 6-51　日本吉信发射场的隔爆设置

欧洲航天局"阿里安"5 火箭液氢、液氧、液氮用的移动储罐位于发射台约 200m 处；美国卡纳维拉尔角 41 号发射场用于 ULA 的"宇宙神"5 火箭发射，其"半人马座"上面级液氢储存区距发射工位在 150m 以内（未见防护措施），如图 6-52 所示。

图 6-52　卡纳维拉尔角 41 号发射场

2　单工位紧凑式布局设计

事实上，无论对于大流量推进剂加注，还是对于高压供气，紧凑的发射工位地面设施布局都是有利的。一方面可以减少流阻、降低压降、减少消耗，从而提高性能，并更加经济；另一方面，近距离布置易于简化系统，减少缓冲装置、增压装置、补偿装置，大幅提高系统的可靠性。因此，在符合安全控制规范的前提下，尽量采取紧凑式布局。为尽量合理布局多个加注库区和高压供气库区相互间距，并尽量靠近发射工位，航天发射场发射区的布局多采用以发射工位为圆心的圆形或扇形布局方式。

抬高发射场坪 0-0 平面，可以提高纵向空间利用率，从而在横向实现紧凑式布局。美国"土星"5 发射工位，采用抬高发射场坪 0-0 平面的方式，将高压供气气瓶、供电等功能集中于地上一层，一方面离火箭更近，易于控制；一方面有良好的保护，简化了发射场的设置，减小了发射区的规模，如图 6-53 所示。

图 6-53　抬高发射场坪

3 多工位间距

大型航天发射场有多个发射工位，发射工位间的距离同样要考虑冲击波的破坏影响。一方面是考虑到一个工位上发生爆炸，不要破坏了另外一个工位；另一方面，更进一步地，若任务需要同时竖立两枚火箭，则需确保任何一枚火箭发生爆炸，不影响到另外一枚火箭。

对于发射工位本身而言，一般为砖层、钢架或钢筋混凝土结构，多工位建设间距，应满足一个工位发生爆炸，另一个工位基本不受破坏。同时要考虑火球、热辐射、噪声等影响，需要采取一定的防护措施。但对于运载火箭箭体结构，考虑承受爆炸冲击波需要开展相关的模态试验以获取参数指标，通常其要求远高于建筑设施。美国卡纳维拉尔角的39A和39B工位间距离较远，曾出现过两枚航天飞机同时竖立的情况，如图6-54所示。

图 6-54　两架航天飞机同时竖立

4 多工位方位

火箭发射需尽量满足常用任务射向范围内满足首区安全准则：以发射点为圆心，以射向范围为基准，弹道下方以及与射面一定夹角、一定半径内所经过陆地区域，需避开首区地面重要设施、重要保护区以及居民密集区。

射向安全对于航天发射场来说十分重要，因此临海建设的发射场，部分射向火箭起飞后面朝大海，其安全性要好于陆地发射场，因此临海建设发射场是有较大优势的，美国、欧洲航天局、印度、日本等国家和机构的发射场，均临海建设。

但实际工程应用中，世界范围内发射场多个发射工位的设置大多难以完全符合射向安全的要求。卡纳维拉尔角的设置无法保证 180°射向的安全，在卡纳维拉尔角 39 和 40 号发射场发射工位执行超过 150°射向任务时，其南部工位全部在射向范围内，如图 6-11 所示。拜科努尔发射场发射工位则东西向布置，其东向偏南射向则无法避开大部分发射工位，如图 6-14 所示。

5 固定勤务塔

固定勤务塔是指固定在发射区的火箭勤务塔，也称固定发射塔，其主要作用包括为火箭测试操作提供工作平台、提供加注供气管路、提供测试操作工作间等，如图 6-55 所示。

图 6-55 固定勤务塔

勤务塔的功能与火箭的类型、测发模式、活动发射平台的设计等综合因素相关，其主要功能如下：

（1）为停放在发射工位的火箭遮风、挡雨。

（2）为火箭、航天器提供加注、检查操作平台。

（3）为火箭和航天器提供前置设备间及工作用房，保障航天器在发射区的环境要求。

（4）事故情况下提供消防。

（5）为临射前出现意外情况或短时故障处理提供应急服务平台。

（6）点火未起飞情况下，为人员抢险提供应急服务平台。

（7）为火箭瞄准提供工作用房。

固定勤务塔建设时，需遵循以下原则：

（1）最大限度满足工艺要求。即满足测试操作的要求和火箭工艺尺寸的要求，包括箭地连接器，操作舱口位置，考虑操作的可达性，考虑平台、摆杆和连接器、线缆的干涉等，主要针对射前操作。

（2）结构合理，构件有足够的强度、刚度和整体稳定性。由于靠近火箭，因此火箭点火起飞过程中，固定勤务塔受到冲击较大，结构上须综合考虑，保持稳定性，减少维护。并且，CZ-5和CZ-7火箭的固定勤务塔上设有瞄准系统工作间，完成高精度近距离平瞄，要求在大风天气，勤务塔有较小的横向晃动。

（3）便于维护，射后恢复工作量小。

6 活动勤务塔

活动勤务塔模式即火箭测试时由勤务塔提供工作平台保障，发射时勤务塔移走，由脐带塔（固定脐带塔或活动发射平台上脐带塔）保持运载火箭射前气液管路连接。我国CZ-3A系列火箭在西昌发射场2号工位的勤务塔即为活动式勤务塔。

也可以使用简易的活动勤务塔，即一种可以提供工作平台的简易钢架结构，这种结构并不能保持火箭的大封闭状态，箭体是暴露在空气中的，因此要求火箭在发射区的测试时间尽可能短。例如美国的"土星"5火箭的简易勤务塔，该勤务塔本身不具备可移动性，需要使用履带转运装置进行转运，如图6-56所示。活动发射平台连接并支撑好后，履带转运装置从活动发射平台下移出，去接活动勤务塔MSS，把活动勤务塔运至活动发射平台旁。

图6-56 "土星"5的活动勤务塔

7 无勤务塔

无勤务塔模式，即不使用勤务塔，将箭地连接、气液管路等均集中在发射平台的脐带塔上，技术上较为先进，符合箭地一体化设计理念。发射区不再设置勤务塔，只保留导流槽、避雷塔、加注供气等基本设施设备；取消勤务塔，火箭到达发射区后需优化发射流程，需提高自动化测试和快速测试能力，具备一定的自然环境防护能力；活动发射平台需将勤务塔和脐带塔功能合一，将原有的勤务塔的功能移植到发射台的脐带塔上，为火箭最后的发射准备阶段提供服务。优点是发射区大幅简化，技术先进，发射日若出现重大事故，影响相对较小；缺点是活动发射平台规模较大，脐带塔和摆杆规模均较大。国外采用无勤务塔发射区模式的火箭包括"猎鹰"重型和"阿里安"5等火箭。

"猎鹰"重型作为2级半火箭，采用无勤务塔设置，该火箭在肯尼迪中心39A工位并不使用旁边的勤务塔，而是使用其导流槽，如图6-57所示。

图 6-57　　"猎鹰"重型火箭与39A发射工位

欧洲航天局"阿里安"5火箭采用无勤务塔设置，箭地连接靠活动发射平台的脐带塔完成，如图6-58所示。

图 6-58　　"阿里安"第三发射场发射台布局

8 勤务塔高度

对于固定或者活动勤务塔，高度的确定与主要功能相关。对于不装起重机的发射塔的高度一般按下式计算：

$$H_t = H_0 + (1.3 \sim 1.5) L_y$$

式中：H_0 为运载火箭支撑点至 0-0 平面的高度；L_y 为运载火箭与航天器组装后总长度。

对于安装桥式起重机的发射塔高度建议按下式计算：

$$H_t = H_q + H_g + H_s + H_j$$

式中：$H_q = H_0 + 1.8D_y + (1.3 \sim 1.5) L_y$ 为起重机的起升高度；D_y 为运载火箭直径，$1.8D_y$ 考虑吊具用空间尺寸；H_g 为吊钩最高点至起重机大车轨顶的距离；H_s 为从轨顶至发射塔结构下边缘的距离，初选时参考相等起动重量的桥式起重机样本确定；H_j 为结构本身的高度，初选时可按结构节间高度的 $1.2 \sim 1.8$ 倍确定。

对于安装塔式起重机的发射塔高度，建议按下式计算：

$$H_t = H_q + H_{qj}$$

其中，H_{qj} 为吊钩最高点至塔式起重机结构最高点距离，初步确定时，可按起重臂长度的 $(0.35 \sim 0.40) L_d$ 计算。

9 勤务塔回转升降平台

为便于对火箭操作，固定勤务塔设置回转升降平台，可分段打开；回转平台作为火箭发射区测试主要工作平台，同时具有为火箭遮风挡雨的作用。

固定勤务塔的各层平台是火箭测试过程中人员站立的平台，因此各层标高的设定是受操作的具体要求制约的，一般与火箭的操作部位、舱口位置等有关，且不同型号的火箭，操作平台的层数和标高不同。

工作平台的尺寸对于发射塔截面尺寸有很大的影响。门式或"凹"字形截面的发射塔，工作平台包含在塔体结构横截面之内（称为内含式平台），工作平台要求的尺寸是必须要给予保证的。对于悬臂移动式工作平台（称为外悬式平台，回转平台属于外悬式平台），虽然不包含在塔体结构横截面之内，但其尺寸的大小与支座的位置也直接影响着塔体结构的横截面尺寸。

如图 6-59 所示，工作平台占有的宽度尺寸按下式确定。

$$B_3 = 2 (B_2 + B_1) + B_0$$

式中：$B_0 = kD$ 为工作平台的有效宽度及收起后的开口尺寸；D 为运载火箭或航天器直径，对于捆绑式火箭，D 为火箭捆绑组合后最大外形尺寸；k 为平台布置系数，外悬式平台捆绑火箭建议取值为 $1.2 \sim 1.3$；B_2 为平台导轨截面高度尺寸；B_1 为平台结构固定部分的宽度。工作平台整体尺寸确定后，应按照实际需求对平台进行开口，以适应火箭的操作需求。

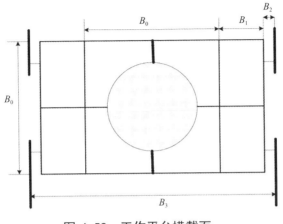

图 6-59　工作平台横截面

10　勤务塔工作平台的高度

　　工作平台是运载火箭在发射场测试操作可达性的重要保障。运载火箭在技术区垂直总装测试厂房完成竖立状态的测试，在发射区完成加注和测试发射工作。因此技术区垂直总装测试厂房的工作平台和发射区的工作平台设置准则基本相同，主要考虑以下内容。

　　1）运载火箭各操作口的高度位置

　　运载火箭各操作口的设置力求精简合理，其各类操作的实际情况有所不同，因此平台高度设计有时需要综合考虑多个操作因素的共同作用。如需要进舱操作的操作口，不能离工作平台过近，否则不利于人员进舱操作。多个操作口高度差距不大时，以较低的操作口为限，因为工作平台可以设置各类工作梯，弥补工作平台高度的不足。图 6-60 所示为"土星"1B 火箭在使用"土星"5 活动发射平台和勤务塔时的示意图，为保证操作口相应位置可达性，采用专门的适配支架，以抬高箭体高度。

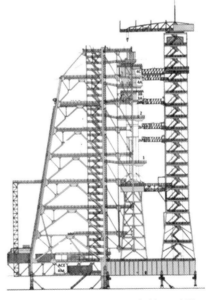

图 6-60　"土星"1B 火箭活动勤务塔工作平台与火箭位置关系

2）摆杆的高度

为了避免干涉，工作平台与摆杆不应在同一高度，并且要考虑摆杆上布设的管路、连接器的实际情况。例如，卫星脱插和动力系统的加泄连接器等大型连接设备，带有管路和线缆，且一般设有固定支架和防回弹机构，因此可以考虑在相应平台处开口，避免与这些机构干涉，同时防止连接机构脱落时砸到平台。

加注管路布设的摆杆与平台之间应保持合适的高度差，以免加注管路形成U形管。同时摆杆的根部与固定勤务塔连接部位也要保持一定的高度差。U形管在液体推进剂加注系统中是要严格避免的，因为U形管的存在可能导致气体空间和气泡的产生，不利于推进剂输送。

3）合理运用升降功能

平台高度设计的核心，即在测试发射任务过程中尽量少进行工作平台的升降操作。因此应合理运用大翻板、小翻板等。大翻板主要是为了避免回转时与火箭发生干涉，小翻板的设置使靠近箭体的操作更为灵活。同时合理设计异形工作梯，也可以使平台操作更为方便，需要注意的是，异形工作梯需要考虑底部固定，防止人员站立时晃动，甚至磕碰箭体。整体思路是"工作平台解决主要问题，工作梯、小翻板等解决细节问题"。

11 导流槽

导流槽的主要作用是导流排放地面点火发动机燃气射流，对发射台进行冷却保护，对燃气射流噪声辐射进行控制。运载火箭起飞时，发动机火焰燃气流速高，温度高，这些高温高速的燃气会产生强大的冲击波和反射波。导流槽导排火箭点火时产生的燃气流，防止燃气回火或冲向地面设施，保证火箭与地面设施的安全。

导流槽通常由基本段、水平段和折流段三个部分组成，基本段又包括发射台支撑段和冲击段，如图6-61所示。冲击段为直接承受燃气流冲击的导流面和导流锥（双面导流槽）部分，从导流槽入口直到导流面转弯成水平段为止。这部分受力复杂，设计要求高，烧蚀也比较严重，不能发生反流现象。其主要几何设计尺寸有冲击角、冲击距离、

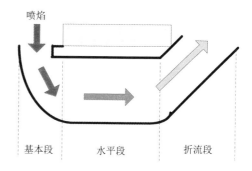

图 6-61　典型导流槽结构

曲率半径、导流面的宽度和导流槽深度。

水平段又称过渡段，是从导流面转成水平段以后，引导气流向地面折转之前的导流槽部分。该段长度可长可短，取决于导流槽贮存污水量和排焰方式。

折流段是把燃气流由水平折转向地面的导流槽部分，发射后燃气气流和高温水蒸气流均经过折流段后排入发射工位旁的大气中。

12 导流槽的气动外形

导流槽基本气动外形有单面、双面和三面等多种形式，通常导流槽的排焰面越多，其可排焰的流量越大。如"阿里安"5火箭发射工位采用三面导流槽和三个排焰管道，其中两面用于固体发动机，一面用于一子级低温发动机，如图6-62所示。

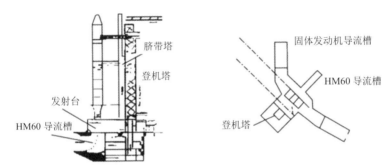

图 6-62　"阿里安"5火箭的导流槽

范登堡空军基地SLC-6工位的双面3口导流槽是由3根粗大的导流管从发射台底引出。俄罗斯（苏联）发射场通常采用半球面敞口式导流槽，不但可以增加导流槽排焰量，还能避免高温、高速燃气倒卷，但无法在导流槽附近建设固定勤务塔，如图6-63所示。日本种子岛航天发射场由于地理位置限制，只能采用单面导流槽，其导流槽折流段排放口一般采取喇叭口式排放口（逐渐增大宽度）。

图 6-63　拜科努尔"联盟"号工位导流槽

根据导流面与固定勤务塔位置还可以分为正面排焰和侧面排焰方式，侧面排焰，即排焰方向向勤务塔两侧，不穿过勤务塔底部的，正面排焰，即穿过勤务塔底部，向外排焰，如图 6-64 所示。

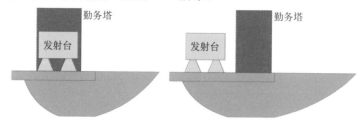

图 6-64　单侧面排焰单正面排焰

世界主要发射场导流槽类型统计见表 6-11。我国西昌发射场导流槽均为单面排焰导流槽，酒泉发射场载人航天发射工位为双面排焰导流槽。文昌发射场发射工位导流槽经论证分析，采用侧面排焰双面导流槽可以满足导流效果，同时保证固定勤务塔适应性、对发射场坪高度与发射工位设施布局的影响综合性能最优。

表 6-11　世界主要发射场导流槽类型统计

| 国家/地区 | 发射中心/发射场 | 工位 | 导流槽 | | | 槽底注水 |
			排面	排向	外形	
中国	文昌	101	双面	侧向	长方形对称排放口	射前喷水
		201	双面	侧向	长方形对称排放口	射前喷水
	西昌	2#	单面	背向	长方形排放口	注水
		3#	单面	侧向	长方形排放口	注水
	酒泉	9401	单面	侧向	长方形排放口	无水
		921	双面	正向	长方形排放口	无水
	太原	7#	单面	侧向	长方形排放口	注水
		9#	单面	侧向	长方形排放口	注水
美国	卡纳维拉尔角发射场	SLC-37B	单面	侧向	长方形排放口	有水
		LC-39A	双面	侧向	长方形排放口左右不对称	射前喷水
		LC-39B				
		SLC-40	单面		无塔架，长方形排放口	有水
	范登堡空军基地	SLC-2	双面	侧向	长方形对称排放口	注水
		SLC-6	双面	侧向	三根粗大导流管3个长方形排放口	射前喷水
		SLC-4E	双面		无勤务塔长方形对称排放口	无水
	沃洛普斯发射场	3#	单面	侧向	地面上方掩体	注水

国家/地区	发射中心/发射场	工位	导流槽				槽底注水
			排面	排向	外形		
俄罗斯	拜科努尔航天发射场	"质子"号工位	双面	侧向	长方形对称排放口		注水
		"联盟"号工位	半球面	—	无勤务塔 峡谷状敞口式导流槽		注水
	东方航天发射场	"联盟"号工位	半球面	—	无勤务塔 半球面敞口式导流槽		无水
	普列谢茨克航天发射场	"联盟"号工位	敞开式	—	无勤务塔 敞开式无折流段		无水
欧洲	库鲁航天中心	"联盟"号工位	半球面	—	无勤务塔 半球面敞口式导流槽		无水
		"阿里安"第一发射场	双面	侧向	双面导流器（同921） 喇叭口		无水
		"阿里安"第二发射场	双面	侧向	长方形对称排放口		注水
		"阿里安"第三发射场	三面	正向	2面成90°侧向排放口（固体助推），1面正向排放口（一级）		射前喷水
		ZLV发射工位	双面	侧向	对称排放口		无水
日本	种子岛航天中心	"吉信"LP1工位	单面	背向	有勤务塔 长方形排放口		射前喷水
		"吉信"LP2工位	单面	侧向	无勤务塔 喇叭口式排放口		
印度	达万航天中心	2#工位	双面	侧向	对称排放口		无水

13 导流槽的冷却形式和深度选择

导流槽承受高温高压燃气冲击，一般采无冷烧蚀或注水方式进行冷却。对于排量小的导流槽，可考虑仅采用耐烧蚀材料建设导流槽的方式，采用具有低烧蚀率、高热震稳定性的耐火混凝土。对于排量较大的导流槽，采用注水方式辅助冷却。西昌发射场的导流槽射前要进行注水工作，对水量有明确要求。CZ-5 和 CZ-7 火箭的导流槽，由于设置了大流量喷水降噪系统，因此不需要另行注水。

导流槽的深度过浅，则导流面受火箭喷焰的冲击大，且喷焰冲击波对火箭的反作用力大。深度过深，则需防止渗水及浮力影响，会增加施工难度和周期，需要综合考虑发射工位布局、排焰通畅性以及施工工作量。

14 导流槽的噪声控制和排气安全

导流槽的噪声控制措施主要包括启动外形优化和设置喷水降噪系统。合理设计导流槽启动外形，可以优化控制导流槽出口辐射噪声方向和强度，如俄罗斯发射场多采用此种方式，拜科努尔航天发射场"联盟"号发射工位、法属圭亚那"联盟"号发射工位（图6-65）和新建成的东方航天发射场"联盟"号发射工位的导流槽均为"半球面敞口式"导流槽，通过导流槽折流段的优化变形，减少发动机高温高速燃气对导流槽和发射设施的影响，同时也降低了发射噪声。

图 6-65　法属圭亚那"联盟"号工位导流槽

依靠发射台上的喷水降噪防护系统，通过冷却水改变射流场的速度、温度场达到控制噪声的目的，如肯尼迪航天中心LC-39A/B发射工位（图6-66）和范登堡SLC-6发射工位均通过发射台上的喷水降噪防护系统来降低发动机高温高速燃气的温度和冲击噪声，我国文昌发射场101工位和201工位的导流槽也采用了临射前喷水。欧洲和日本则对两种方式混合使用，如法属圭亚那"阿里安"第一发射场（图6-67）和日本种子岛"吉信"LP2工位导流槽的折流段为喇叭口式折流段，有效增大导流槽的出口面积，同时"阿里安"第三发射场和日本种子岛"吉信"LP2工位也采用了临射前喷水降温降噪技术。

图 6-66　肯尼迪航天中心LC-39A
工位及导流槽

图 6-67　法属圭亚那"阿里安"
第一发射场导流槽

根据导流槽设计规范，在发射区布局中导流槽燃气排出口两侧 30m 以内不应设建筑物；导流槽燃气出口前方 150m 以内，不应布置建筑物；150 ～ 250m 范围，不应布置高出地面 7m 的建构筑物和易燃建构筑物。

15 喷水降温降噪系统

大型运载火箭的发射过程中，由燃气射流引发的气动噪声可达 170dB 以上，从而对运载火箭的载荷、结构以及地面设施造成巨大危害。在火箭点火时向发动机燃气射流场中喷水是最有效的降噪方案，冷却水雾化后形成细小的水滴，与高温燃气接触面积增加，使水迅速汽化并吸收噪声，喷水抑制火箭射流高强度噪声的方法有广泛应用，例如美国航天飞机发射即采用了喷水降噪系统，如图 6-68 所示。

图 6-68 航天飞机喷水降噪系统试验

水的质量流率和发动机喷气质量流率的比值约为 1 ～ 2 的条件下，可以降噪 8 ～ 12dB，从而满足了航天飞机的仪器舱和载人环境的噪声载荷设计要求。

喷水降噪系统主要有两个作用：一是降温，对活动发射平台进行降温保护，减小火箭点火后火焰对活动发射平台的烧蚀效果；二是降噪，通过水雾效果能够减小火箭起飞初期箭体尾端周围环境的噪声，对于箭体结构和箭上仪器设备是大有好处的。

16 避雷塔

雷暴发生时，直击雷和雷击电磁脉冲将对发射场设施设备及任务期间的产品构成严重威胁，主要体现为：运载火箭、航天器外形庞大，处在发射工位期间，特别是临射暴露时，容易诱发（招引）雷击，造成大量设备损坏，导致任务推迟或失败；火工品、推进剂等易燃易爆组件存在不同程度的闪电爆炸危险；测试发射系统环节和接口众多、线路长，具有不同程度的闪电易损性；发射场设施的高耸外形，容易招引雷击。此外，雷暴对发射场从事各项活动的人员也构成较大的安全危险。

鉴于此，各国航天发射场均将防雷安全作为必备系统，如美国肯尼迪航天中心，航天飞机在39A和39B发射工位发射时，曾多次遭遇雷电危害，但均未导致任何设备损坏和人员伤亡。这归功于发射场完备的雷电监测和防护体系。根据不同的工程实践经验，避雷塔有多种实现形式。

1）三角无搭接线式

我国西昌发射场发射工位的避雷塔设置采用三角形布置，每座避雷塔建设较高，如图6-69所示。

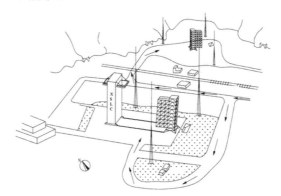

图 6-69　西昌发射场避雷塔设置

其原理是折线法，即自避雷塔尖端一定的保护角范围内，以折线划定保护区域。

如图6-70所示，其地面保护半径为

$$r = 1.5hP$$

式中：h 为避雷塔高度；P 为高度影响系数。$h \leqslant 30\text{m}$ 时，$P = 1$；$30\text{m} < h \leqslant 120\text{m}$ 时，$P = \frac{5.5}{\sqrt{h}}$；$h > 120\text{m}$ 时，$P = 0.5$。对保护半径有影响的因素包含被保护物高度 h_2，如果 h_2 超过避雷塔的一半高度，则避雷针在 h_2 高度平面上的保护半径为

$$r_x = (h - h_1) P$$

如果 h_2 不足避雷塔一半的高度，则

$$r_x = (1.5h - 2h_2) P$$

一般采用多个避雷塔，将保护区域部分重合，以增强对重要建筑的保护效果。

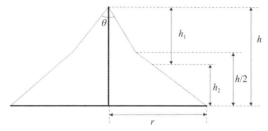

图 6-70　折线法保护范围示意

2）四角架空线式

美国卡纳维拉尔角 41 号发射工位建设于 1999 年，取消了发射塔架，只有一个简易发射台，采用独立绝缘柱支撑避雷线方案（四塔），顶部搭接避雷线，如图 6-71 所示。

图 6-71　卡纳维拉尔角 41 号发射工位避雷塔设置

我国文昌发射场直击雷防护采用类似方式，使用四座避雷塔和横拉避雷线组成的方形笼状结构，经论证这种避雷塔设置方式可有效减少雷击勤务塔的风险，如图 6-72 所示。

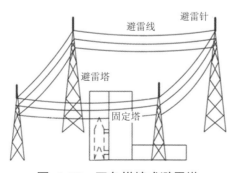

图 6-72　四角搭接式避雷塔

这种方式使得竖向和横向保护区均覆盖勤务塔和发射平台范围,如图 6-73 所示。

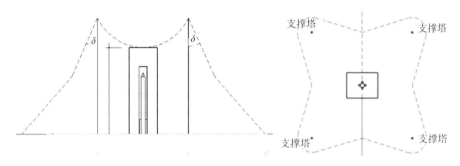

图 6-73　四塔架避雷塔竖向保护区域

3) 发射塔上安装避雷针的形式

有些固定勤务塔上安装避雷针,利用塔体泄放雷电电流,如图 6-74 所示。

图 6-74　航天飞机勤务塔上的避雷针

对于避雷塔上设置避雷针的形式,是存在争议的,因为引雷大电流经过避雷塔(勤务塔)时会产生瞬时交变电场,可能对火箭产生不利影响,因此有些专家并不建议采用这种避雷方式。法属圭亚那发射场"阿里安"一号、二号发射场采用发射塔上安装避雷针的方案,而在建设"阿里安"第三发射场时,改用了独立绝缘柱支撑避雷线方案,四座铁塔通过绝缘柱支撑避雷线,斜拉避雷线兼接地线。

4) 多线搭接式

美国卡纳维拉尔角 39B 工位是 NASA 用于发射重型火箭的工位,工位规模庞大,采用了三角避雷塔,并顶端搭接,同时设置了多条搭接线的形式,形成了较为复杂的避雷系统，如图 6-75 所示。

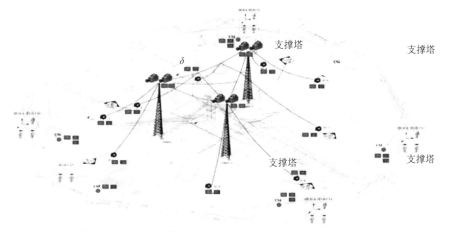

图 6-75　卡纳维拉尔角 39B 工位雷电防护系统

17　固定发射平台

　　火箭发射前的支座称为发射平台，其主要功能是承载火箭重量、牵制固定火箭、提供箭地电气液接口，某些发射台还有回转功能，用于瞄准，还有些设置有设备间，用于放置火箭前置测试发射设备。发射平台分固定式和活动式两种。我国 CZ-2、CZ-3A 系列、CZ-4 火箭均采用固定式发射平台。理论上，同等条件下固定式发射平台的支撑载荷更大。

　　我国小型固定式发射平台应用于 CZ-2、CZ-2C、CZ-2D、CZ-3、CZ-3A、CZ-4A、CZ-4B、CZ-4C 等运载型号，如图 6-76 所示。

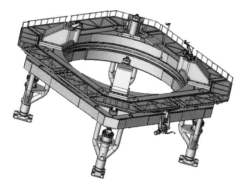

图 6-76　CZ-2C 发射平台

　　我国大型固定式运载火箭发射平台应用于 CZ-2E、CZ-3B、CZ-3C 等型号，同时也可以发射没有助推器的运载火箭，如图 6-77 所示。

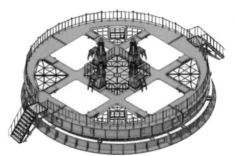

图 6-77　CZ-2E 发射平台

18　活动发射平台

活动发射平台兼具了支撑箭地、承载控制、测量、动力和发射支持部分系统前端设备的功能，并且可将运载火箭从技术区转运至发射区。火箭活动发射平台是为适应"三垂"测发流程而研制的复杂的机、电、液一体化的大型产品，通常由主体结构、电控系统、液压系统、行走系统、驱动控制系统、环境控制系统等组成。按照行走机构的不同可分为轨道式、履带式、轮胎式等。

轨道式活动发射平台采用专用轨道行走，如法国"阿里安"4 活动发射平台承力结构长 17.5m，宽 16.2m，高 4.2m，公路车牵引，行走机构采用带转向架的双轨。用机构型牵制释放装置，如图 6-78 所示。"阿里安"5 活动发射平台长 25m，宽 21m，公路车牵引，行走机构采用带转向架的双轨，如图 6-79所示。平台台面上安装了组合式脐带塔，整车空载质量约 1000t。活动发射平台分三层，分别用于推进剂指挥控制系统、电源和空调。发射平台和脐带塔上还包括有发射工作所需的一切机械和电气的测试设备。这套设备和运载火箭及其检测系统在一起，在发射前只需进行一次准备和测试。

图 6-78　"阿里安"4 活动发射平台和"阿里安"5 活动发射平台

履带式活动发射平台采用履带作为转运承重装置，如美国"土星"5和航天飞机所使用的活动发射平台即为履带式，该活动发射平台长49m，宽41m，高14.5m，两层共设置43个工作间，如图6-79所示。脐带塔高116m上有摆臂、工作平台、电梯，起重机，行走形式为履带运输车驮运。用于航天飞机发射任务时，为适应航天飞机结构形式，将"土星"5活动发射平台上的脐带塔截掉，重新安排了导流孔，牵制释放装置，采用了空心锥形刚性支座、爆炸螺母、球面垫块和螺栓组成的爆炸器型牵制释放支承装置。

图 6-79　"土星"5发射平台航和天飞机发射台

履带转运装置运输车长41.2m、宽34.7m，采用盒形钢结构，自重2720t，转运能力5400t以上，运输车总质量超过8160t，其专用路面的承载强度为$4.5×10^5$ Pa，如图6-80所示。

图 6-80　履带转运装置

轮胎式活动发射平台，也称多轮式活动发射平台，如日本H-2A发射平台，该平台长25.4m，宽22m，高7m，总重1040t。具有两根脐带塔，采用多轮式运输台车驮运箭体。H-2 活动发射平台由台体、行走系统、电液气系统、脐带塔系统及供水系统组成。台体长 18m，宽 22m，高 4m，采用爆炸螺栓牵制和释放火箭。脐带服务台在发射起飞时保护各种连接装置。行走系统由 4 组双轴驱动的 4 轴 4 轮单轨台车及两辆动力控制小车组成，采用变频电机驱动和调速，如图 6-81 所示。

图 6-81　H-2 活动发射平台

轨道式、履带式和多轮式活动发射平台相比，轨道式和履带式的承重能力相对较大，多轮式相对较小，不宜作为重型、大型运载火箭的活动发射平台；履带式和多轮式转运速度相对较快，轨道式较慢，因此对于长距离转运，轨道式的转运时间长，途中保障要求高。事实上各航天强国对于活动发射平台的选择，主要取决于本国的工业制造水平和技术继承性。

19　活动发射平台前置设备间

在活动发射平台内设计前置设备间，使得运载火箭各系统的地面前端测试设备可以放在活动发射平台内，如图 6-82 所示。因此火箭在垂直转运前后，箭地的电气连接不必断开，保持连接的状态，减少了转入发射区后的测试项目。

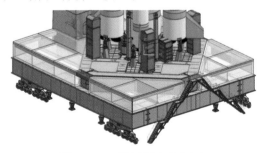

图 6-82　前置设备间示意

发射平台内设置有工作间，用于安放火箭测试发射用前端设备。为了保证前端测试设备在火箭发射时正常工作，需要采取相应的减振、降噪等环境保障措施。国外采用前端设备放置在活动发射平台的火箭均采用固体助推器，如"阿里安"5火箭、航天飞机、H-2系列火箭。这类火箭点火方式是芯级液体火箭先点火，故障检测系统在判断火箭液体发动机无故障后，释放牵制发射装置，随后点燃固体发动机。由于芯级发动机占的推力比重较小，大量的起飞推力由助推器产生。

并不是所有活动发射平台都有前置设备间，事实上将前置设备间置于活动发射平台，并集成空调环境保障功能、发射平台驱动控制功能会导致活动发射平台的规模过于庞大，因此将部分功能外置也是一种选择。如卡纳维拉尔角41号发射场"宇宙神"5的活动发射平台，就将大量的功能外置，以活动发射平台本体的规模。其火箭地面数据传输设备车即相当于火箭的前置设备间，其他如环境控制、导向控制等，均进行了外置。这些外置设备车随活动发射平台转运，到达发射区时适时可以撤收，如图6-83所示。

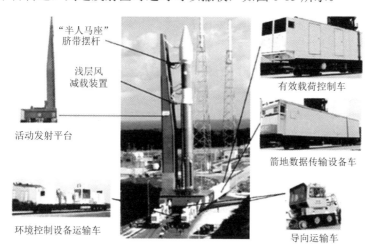

"半人马座"脐带摆杆

浅层风减载装置

活动发射平台

有效载荷控制车

箭地数据传输设备车

环境控制设备运输车

导向运输车

图 6-83　卡纳维拉尔角41号发射场活动发射平台

20　脐带塔

脐带塔，其功能是在火箭发射出去之前，通过脐带塔布置电缆和连接器等，为火箭输送能源和控制指令。航天器地面连接箭上的电缆称为"脐带电缆"，取类似"人类脐带"的含义，在临射前，"脐带"与火箭或航天器的连接断开后，很快执行点火发射。脐带塔的位置，必须考虑火箭起飞漂移量的安全范围。脐带塔中心与火箭发射台中心距离应满足

$$S \geqslant \frac{1}{2}(B+D)+b+\Delta S$$

式中：B 为脐带塔上部结构宽度；D 为运载火箭的直径；b 为脐带塔上部距离火箭最近的突出物宽度；ΔS 为运载火箭理论起飞漂移量。

脐带塔的高度由运载火箭整体高度和其气液电连接器所需要的高度而定。脐带塔是一个固定支架，在发射时所受的冲击和振动载荷较大，在设计时要在受力分析、材料选择和结构优化上好好权衡，如图 6-84 所示。

图 6-84　脐带塔

脐带塔有多种设置方式，如我国 CZ-5、CZ-7 火箭，美国"土星"5 火箭、SLS 火箭等，脐带塔竖立于活动发射平台上，随活动发射平台进行移动，可同时保障火箭在技术区和发射区的测试需求。

也有勤务塔和脐带塔合一的形式，如我国的 CZ-3A 系列火箭，固定勤务塔上设计摆杆，同时具有了脐带塔的功能，也设计回转平台，因此结构相对复杂；美国的航天飞机在卡角发射时，设计了复杂的勤务塔和脐带塔合一的形式，如图 6-85 所示。

图 6-85　航天飞机脐带塔和勤务塔合一

21 摆杆

摆杆是脐带塔与火箭联系的装置，主要作用是承载加注管路、气管、各系统工艺电缆等。因此其数量和高度与具体管路和电缆的需求相关。摆杆时悬臂梁，需承载自身重量及管线、管路中液体、连接器等的重量，设计时需要加强受力分析，另外，摆杆还是最后脱离火箭的装置，其可靠打开非常重要。

根据不同的功能和设计思路，摆杆有多种形式，最为常见的形式为环抱式摆杆，或称摆开式摆杆，如图 6-86 所示。通常用于承载连接箭体侧面的连接器电缆或管路。我国现役运载火箭大多采用此种摆杆。

图 6-86　摆开式摆杆

摆开式摆杆的动作主要由电控和液压系统控制，摆开时电控系统远端上位机下达指令摆摆杆，PLC 控制系统接收指令后驱动液压系统阀件，推动摆杆根部的齿条，通过齿条齿轮传动，实现摆杆的转动摆开，如图 6-87 所示。设计时为提高打开可靠性，多采用冗余措施。

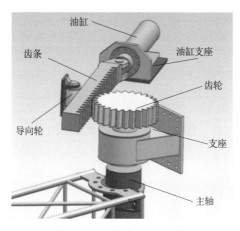

图 6-87　摆杆驱动机构

缩回式摆杆，即长度可以伸缩的摆杆，如美国 SLS 火箭的乘员进出臂即采用缩回式摆杆，在火箭起飞前断开与火箭的连接，采取了缩回的回收方案，如图 6-88 所示。

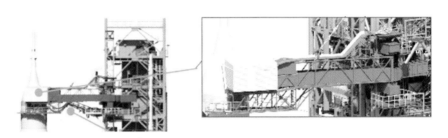

图 6-88　缩回式摆杆

22　发射平台支承臂

活动发射平台的支承臂承载运载火箭的所有重量，根据火箭的支承方式不同而有所不同，如图 6-89 所示。使用过程中，当箭体完成垂直度调整后升起顶住箭体支腿，并控制支承力大小在总体要求范围内。

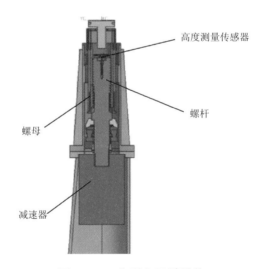

图 6-89　典型支承臂结构

扩展阅读

连接器防护舱：是用于保护火箭尾部零秒脱落的连接器的装置，我国的CZ-5 火箭、美国的航天飞机等都采用了连接器防护舱设计，如图 6-90 所示。

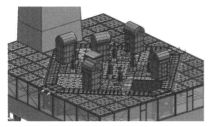

图 6-90　CZ-5 火箭和航天飞机活动发射平台的连接器防护舱

第4节 加注系统

航天发射场发射区围绕发射工位核心，建设多个配套地面系统，主要包括推进剂加注、高压供气、供电消防等系统。其中，加注系统为火箭射前加注推进剂，是火箭的动力之源，地位至关重要。发射场加注系统的配置需要满足火箭推进剂的加注需求，包括加注总量、流量、时间和加注的工艺流程等，均受火箭的加注发射流程限定。火箭所使用的推进剂种类和数量，决定了加注系统建设的种类和规模。

文昌发射场为 CZ-7 和 CZ-5 火箭提供推进剂加注，建有煤油加注、氧氮加注和液氢加注系统，其规模都是国内最大的。美国"土星"5 火箭低温加注，液氢加注量为 1275m³，液氧加注量为 1730m³，液氢真空绝热不锈钢管管径 250mm，挤压式加注，加注流量达 37m³/min，液氧为泵压式加注，加注流量达 37.8m³/min；肯尼迪中心"土星"1 液氢加注系统，设置一个液氢过冷器。这种过冷器使输往火箭的液氢箱的液氢过冷到 − 254.5℃；俄罗斯"东方"号系列火箭采用液氧和煤油作为推进剂，加注采用离心泵，液体输送管路为粉末真空绝热，直径为 250mm，加注流量 7 ∼ 10m³/min；"阿里安"5 火箭液氧用量约为 120m³，液氢约 386m³，液氢和液氧均采用固定储罐挤压加注和公路槽车自动补加的加注方式。

1 开式加注和闭式加注

从加注时火箭贮箱中气体的排放方式来分，推进剂加注可以分为闭式加注和开式加注。发射场推进剂贮罐中的推进剂，通过管路系统向箭上贮箱加注，贮箱内气体随着推进剂不断加注而排出，排出的气体直接排至大气中的，称为开式加注；排出的气体经过排气连接器，通过管路返回加注系统贮罐的，称为闭式加注。闭式加注，其加注罐、管路、贮箱等均为封闭状态，系统无推进剂的蒸气排出。对于偏二甲肼等易爆或有毒推进剂，通常采用闭式加注。闭式加注的缺点是系统复杂，箱压高，影响推进剂的加注流量。

我国 CZ-3A 系列、CZ-2 系列火箭的常规推进剂（偏二甲肼和四氧化二氮）加注系统即采用闭式加注模式。闭式加注系统包含推进剂的安全溢出回流路，如图 6-91 所示。

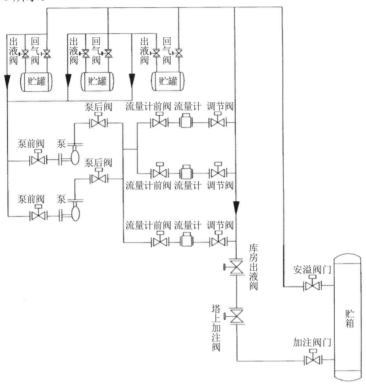

图 6-91 典型闭式加注系统框图

开式加注则有推进剂排出，利于系统压力控制，如图 6-92 所示。煤油、液氧等推进剂均采用开式加注。

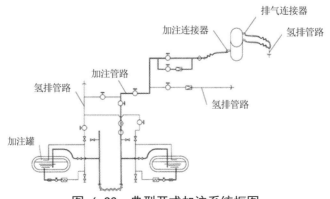

图 6-92 典型开式加注系统框图

2 挤压式加注

从加注时推进剂液体流动的动力源来分,可分为挤压加注和泵压加注。挤压式加注,即用贮罐的增压压力保证推进剂加注流量的方式。

目前,世界各航天大国,美国、俄罗斯、法国、日本,包括我国低温推进剂液氢均采用固定罐汽化器自身增压挤压式加注。液氢具有黏度小的特点,因此泵压式加注涡轮带动液氢的效应不明显,且涡轮前后液氢的温升较大,液氢密度小,挤压式加注容易达到较高流量,因此一般不使用泵压加注。相对而言,泵压式加注多加注泵环节,可靠性有所降低。

如图6-93所示,根据伯努利方程,挤压式加注的原理表述为

$$P = \rho hg + P_0 + \sum f \rho g$$

式中:P 为挤压压力;h 为液柱垂直高度差;$h = h_2 - h_1$;$\sum f$ 为流阻损失,流阻与推进剂的流量、黏度系数、管路长度等相关;P_0 为贮箱反压。

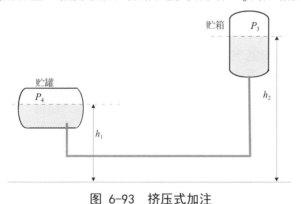

图 6-93 挤压式加注

3 泵压式加注

泵压式加注,即使用加注泵来保证推进剂加注流量的加注方式。

如图6-94所示,泵压式加注的原理表述为

$$H = (P_1 - P_2)/\rho g = h + \frac{P_0}{\rho g} + \sum f$$

式中:H 为泵的扬程,$H = h_2 - h_1$;P_1、P_2 为泵出口和入口压力;ρ 为推进剂密度;P_0 为贮箱反压,$P_0 = P_3 - P_4$;h 为液柱垂直高度差;$\sum f$ 为流阻损失,与流量的平方成正比,即

$$\sum f = Kq_v^2$$

其中，q_v 为流量（kg/s）。

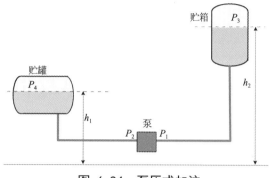

图 6-94 泵压式加注

相比液氢，液氧的密度大，挤压加注需要的挤压压力和用气量都较大，因此大用量情况下，用泵压加注方式比较合算。美国"土星"5、日本 H-2 火箭、俄罗斯"能源"号运载火箭、"联盟"号运载火箭的液氧推进剂，均采用泵式加注。文昌发射场液氧加注系统同时具有挤压式加注和泵压式加注功能，且均满足运载火箭推进剂加注需求。采用泵式加注可以加大流量，缩短加注时间和火箭在发射阵地停留时间。

加注方式决定了加注系统的组成。以液氢挤压加注为例，其加注设备包括运输槽车（储存装置）、液氢增压器、回温器、加注管路、氢排管路、氢燃系统和供配气系统等。各型火箭加注方式对比见表 6-12。

表 6-12 各型火箭加注方式对比

	CZ-3A 系列	"土星" 5	"阿里安" 5	"能源"号	H-2
液氢加注	挤压	挤压	挤压	—	挤压
液氧加注	泵压大流量挤压补加	泵压	泵压	泵压	挤压
液氧过冷方式	液氮过冷	—	液氮过冷	抽空过冷	液氮过冷
管路系统	焊接连接真空多层绝热	焊接连接真空绝热	焊接连接真空绝热	焊接连接粉末真空绝热	真空多层绝热
阀门	低温截止阀	低温截止阀	低温截止阀	低温截止阀	低温截止阀

4 液氧泵

地面液氧加注系统的氧泵一般采用离心泵，加注泵参数的确定除应满足加注要求外，还应考虑多种其他参数，如低温加注泵研制要求包括耐低温、可靠密封，泵在较大流量下具有较大扬程，比转速低，同时考虑抗气蚀需求等。

扩展阅读

比转速：指 1m 扬程时的泵转速。比转速是代表泵水力特征的一个重要参数，在一定流量下，比转速太低或太高都会使泵效率下降，导致液氧经泵后温升增加，使推进剂品质下降。

液氧输送过程中容易造成泵气蚀，导致流量下降甚至损坏泵结构。抑制泵气蚀主要是要提高泵入口压力，主要途径包括使用预压泵，或提高贮罐的输出压力。采用预压泵，结构复杂，而使用增压方法简单，适应性强，因此加注系统一般采用提高贮罐压力的方式减少泵气蚀。

一般液氧泵都采用与电机同轴的结构，因此泵的密封是液氧泵的关键，决定了泵的可靠性和工作寿命。典型立式液氧泵同轴结构外形如图 6-95 所示。目前，液氧泵密封形式主要有吹气迷宫密封和机械密封两大类。吹气迷宫式不和轴接触，因此适合长期运行的泵。机械密封结构简单，适应随时起动、停车的泵，因此目前加注泵一般用此结构。

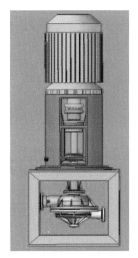

图 6-95　立式液氧泵

由于泵表面结霜及发泡，可以减少漏热，且与流动造成的温升可以忽略，因此一般不用珠光砂等绝热形式。

5　加注系统增压方式

无论泵加还是挤压加注，加注系统的贮罐都需要进行增压。增压方式上，可以使用槽车自增压和外置增压器两种方式，如我国西昌发射场液氢加注使用两台 100m³ 液氢车，采用自增压挤压方式，而文昌发射场的液氢加注系统液氢使用量大，气化量需求高，因此采用了外置增压器的方式。

使用外置增压器有许多注意事项：首先，需要通过增压罐自增压气化器前的调节阀开度调节来维持增压罐的气枕压力；其次，需要通过外置增压器前的调节阀开度调节来控制气化的供液流量；最后，需要通过加注罐气枕外增压管路上的调节阀开度调节来控制气枕的进气流量，三个环节相互配合才能够完成加注罐气枕压力稳定调节功能。

气化器目前主要分为空浴式和水浴式两类。

空浴式气化器是一种间壁式气化器，它利用套管翅片增加管内液体的换热面积，以空气作为介质进行换热。空浴式气化器使液体气化，让管内液体吸收空气的热能，增加管内液体表面积，使液体自然气化。过程无须外加电热，能耗为零，如图 6-96 所示。

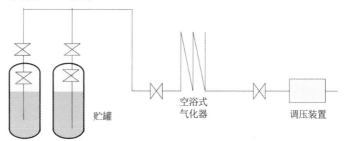

图 6-96　空浴式气化器原理框图

空浴式气化器节能，成本低，不需要电力，因此不存在漏电短路等隐患，日常维护保养成本低。其缺点是易结霜，换热效率会越来越低，特别是低温、湿度大的天气条件下，效果较差，如图 6-97 所示。

图 6-97　空浴式气化器

水浴式气化器，即将气化管路置于水介质中，通过水进行换热传递。特点是气化量大，换热效率高，结构紧凑，占地面积小。水浴式气化器需要增加加热装置，对水介质进行温控，系统复杂，消耗一定的能量，同时可能增加安全问题，如图 6-98 所示。

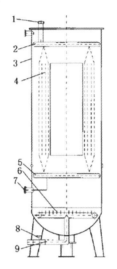

图 6-98　水浴式气化器

1—气体出口；2—气体汇集管；3—外壳；4—换热盘管；

5—液体分配管；6—O 形加热管；7—液体入口；

8—水蒸气调节阀门；9—水蒸气进口管。

6　加注流量

射前流程设计的关键指标是时间，事实上各型火箭的射前工作，加注一直占有很大的比例，因此需要合理安排推进剂加注的时间。例如，煤油或 CZ-3A 系列火箭使用的偏二甲肼、四氧化二氮等推进剂，温度与环境温度差距较小，因此可以作为提前加注的推进剂。而液氢、液氧等低温推进剂，加注后无时无刻不在蒸发消耗，并且为维护低温推进剂系统的稳定可靠，关键部位的吹除、气封需要持续不断，所使用的氦气价格昂贵，因此一般选择将低温推进剂靠近点火时间加注，特别是液氢加注系统，更是如此。

推进剂加注的时间段范围大体确定后，根据火箭设计与任务最终弹道计算得到的推进剂加注量，则可计算出加注所需的流量。在加注系统建设初期，加注流量是系统设计的第一输入。运载火箭推进剂加注量由两部分组成，一是推进剂工作量，即实际飞行中实际工作使用的推进剂，二是非工作量；非工作量主要有起飞前消耗量（点火至起飞过程中的推进剂消耗）、灌注量（箭体和发动机灌注量，是确保发动机关机前可以正常工作，在贮箱、输送管路、发动机夹套等部位必须保留的推进剂，取决于发动机泵入口压力及贮箱出口设计技术水平）和推进剂安全余量。

射前程序的时间和箭上贮箱容积，决定了加注所需的流量，加注流量确定后，加注系统才能根据制造能力、流动特性及安全性，来确定管路直径和系统能力，以满足加注流量的要求。

7 液氢流速

长距离输送液氢流速选择的限制因素主要来自于温度，而在给定管路系统的条件下，管路漏热一定，存在一个管路温升的最佳流速。在最佳流速附近的输送损失最小，同时进箭的液氢品质也是最好的。

扩展阅读

漏热：低温加注系统管路的漏热，即使采用真空绝热法兰，法兰的漏热仍占系统总量的 $60\% \sim 80\%$。

辐射漏热：热辐射漏热的特点是不管有没有阳光，阴天还是晴天，辐射总存在。为了减少幅射，设铝箔反射层，层数越多越好，为使反射层之间隔热，交叉设玻纤布。

若仅考虑单相流状态，要求管路内任一界面内液体的静压大于饱和蒸气压。管路内任一点的压力，根据伯努利方程有

$$p = p_{in} - \lambda \frac{L\rho\mu^2}{2D} - \sum \zeta_i \frac{\rho\mu^2}{2} - \rho gh$$

式中：p_{in} 为管路入口压力；λ 为沿程流阻系数；L 为流动长度；D 为管路直径；ρ 为液氢密度；μ 为流速；ζ_i 为局部流阻系数；h 为液位落差。

忽略动能，认为管路水平的情况下，管路任一截面积温度近似表达式为

$$T = T_{in} + \frac{\dot{q}l}{\dot{m}c_p} + \frac{p_{in} - p_1}{\rho c_p}$$

式中：T_{in} 为管路入口液氢温度；$\dot{q}$ 为热流密度；$\dot{m}$ 为质量流量；c_p 为液氢的等压比热容；p_1 为该截面处压力；l 为入口至该截面的长度。由此，管路出口的液氢温升为

$$\Delta T = \frac{4\dot{q} - L}{\pi D^2 \rho\mu c_p} + \frac{\lambda \frac{L\rho\mu^2}{2D} + \sum \zeta_i \frac{\rho\mu^2}{2}}{\rho c_p}$$

根据这个公式可以看出，在不同输送压力情况下，液氢的流速不同，出口温度也不同，存在一个温升最小的输送最佳流速，如图 6-99 所示。

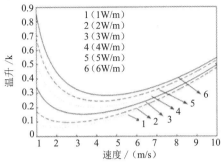

图 6-99　典型液氢管路系统温升、流量和漏热的关系

液氢一般采用挤压式加注，对于漏热一定的管路，给定入口液氢温度和出口背压，可以通过改变管路入口的挤压压力来改变流速，如图 6-100 所示。

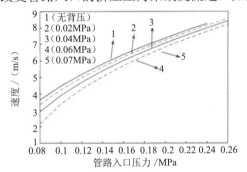

图 6-100　管路入口压力与流速（漏热 3W/m、管道入口液氢温度为 22.5K）

一般而言，液氢大流量加注前管路经过预冷处理，加注时要严格避免两相流的存在。管路中的蒸气含量与流速的关系如图 6-101 所示，氢蒸气随着背压的增加而减小，而与流速的相关性小，因此需要合理选择背压，减少两相流。

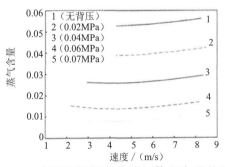

图 6-101　典型液氢管路流速与蒸汽含量关系

静电积累：对 LH$_2$、LOX，流速高会产生静电积累，但目前为止尚无相关标准，一般会根据工程试验经验，根据静电积累情况对最高速度予以限制，并做好接地。

8 两相流的控制

　　两相流一般指气液混合的流体，在推进剂加注系统中，如果推进剂流动中产生两相流可能产生不稳定振动，影响推进剂的加注，因此需要尽量避免两相流的产生。防止两相流的措施有以下几种：

　　（1）控制流速。选择最佳流速，可以使温升最小，进而抑制两相流。

　　（2）提高静压。合理设置加注的压力，采用节流阀调节流量，并将节流阀设置在管路出口，适当提高贮箱的反压。提高贮箱反压，会使贮箱的推进剂温度升高，推进剂品质下降，因此不宜长时间使用，只在补加结束前短时使用，美国"土星"1火箭液氢液氧射前补加时就使用提高反压的方法。降低管路阻力，可以缓解静压沿管路下降，减少两相流的产生；因此，低温推进剂加注管路系统应力求简单，减少阀门数量，以降低管路阻力。

　　（3）降低推进剂蒸气压。改善管路绝热，以减少推进剂的温升；降低推进剂的温度，采用过冷的方法，使其饱和蒸气压相应降低。例如 CZ-5 和 CZ-7 火箭射前补加时使用过冷氧补加，"猎鹰"9 火箭液氧全程过冷加注。

9 加注管路

　　加注管路一般包括单层和多层绝热管，由不锈钢无缝钢管制作。加注管径由加注推进剂的流量和平均流速确定，其经验公式如下：

$$d = 18.8\sqrt{\frac{q}{v}}$$

式中：q 为推进剂流量（m^3/h）；v 为平均流速（m/s）。

　　煤油等常温推进剂与环境温差较小，一般用单层管外敷发泡保温层，而液氧等低温推进剂温度较低，往往通过绝热管道输送，一般采用双层真空绝热不锈钢管。双层真空绝热不锈钢管作为低温系统的常用材料，受制造工艺和经济效益限制，其管径规格并不是"连续可选的"，因此，在选择真空绝热管路直径时，需要同时考虑通用规格。

　　真空绝热不锈钢管结构复杂，由内管、外管、补偿节（补偿形变量误差）、波纹管支承、吸附剂、抽空封装口装置组成,如图 6-102 所示。

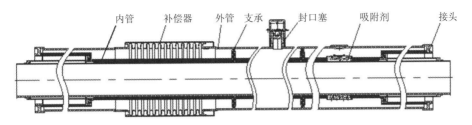

图 6-102　外补偿真空管路

由于是真空绝热,因此对管路的真空部分,要进行抽真空操作。受制造工艺限制,单根管路不可能太长,因此需要进行管路连接,真空管路的连接形式包括焊接、法兰连接、小真空连接等,如图 6-103 所示。为了保证低温下小真空腔的绝热性能,除在小真空腔中缠绕多层绝热材料外,抽空后充入 5kPa 高纯二氧化碳。

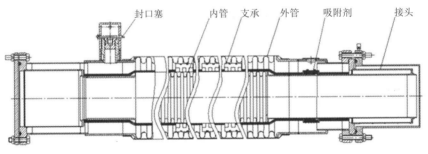

图 6-103　低温真空软管

扩展阅读

高压低温补偿器:由于金属材料的冷缩特性,必须在低温推进剂输送管路中设置足够的温度补偿器。以液氢管路为例,不锈钢材料在液氢条件下冷缩率为 0.3% ~ 0.4%,因此若管路长 15m,则其冷缩量可达 60mm。因此需要设置补偿器,对冷缩量进行补偿。

抽吸:指管路由于温度过低,会将外界空气倒吸进入的现象。

10　低温真空截止阀

低温加注系统为了工艺要求,需要采用大量阀门。管路中采用的阀门一般分为球阀和截止阀。截止阀又分为单层低温截止阀和直流式低温截止阀。

单层低温截止阀一般用于绝热要求不高、不太考虑流阻以及介质安全问题的场合。对于液氢加注系统，一般采用直流式截止阀。

热传导有三种方式，即对流、辐射和传导。真空截止阀靠外壳与阀体之间抽真空，降低气体分子碰撞概率，降低气体分子的对流传热；在阀门外壳的内壁和阀体的外壁进行抛光，并在阀体的外壁缠绕多层防护辐射屏蔽，降低辐射传热；通过设计适当加大阀杆长度，减小截面积，同时将阀杆分为若干段，增大接触热阻或增加隔热垫，从而降低传导传热，如图6-104所示。

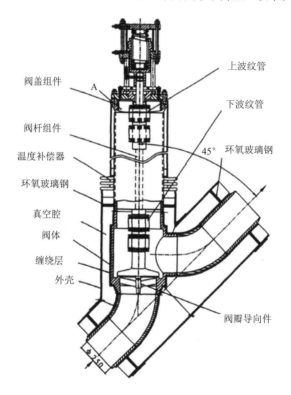

阀盖组件
A
上波纹管
阀杆组件
下波纹管
温度补偿器
45° 环氧玻璃钢
环氧玻璃钢
真空腔
阀体
缠绕层
外壳
阀瓣导向件

图 6-104　典型液氢低温截止阀结构

11　低温球阀

低温球阀具有流阻小、结构简单、开闭速度快、安装操作方便等特点。与常温球阀相比，低温球阀球体采用保温结构，如真空绝热或发泡保温。主密封结构，阀座结构及材料选择至关重要。

球阀的开闭靠球体旋转完成，其驱动作用力手柄、气动执行器或电动执行器。手动球阀靠人力推动手柄来开关球阀，如图6-105所示。

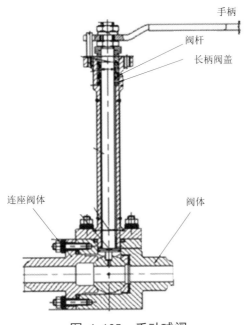

图 6-105　手动球阀

电动球阀靠电机带动齿轮，进而带动与齿轮固连的阀杆旋转，带动球体转动。气动球阀则靠气动力推动阀门，如图 6-106 所示，分单作用式和双作用式两类。

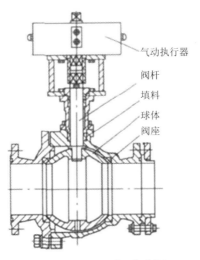

图 6-106　气动球阀

低温球阀按照球体是否移动还可以分为浮动球球阀和固定球球阀。发射场及动力试车台等系统使用的低温球阀为浮动球球阀。利用液体介质作用力使球体产生一定的位移，并压紧出口端的密封面，保证出口密封。这种结构球体承受的介质力全部作用在出口密封圈上。固定球球阀，球体受压后不产生移动，通常设置活动阀座，在低温或常温下工作密封面与球体不会产生硬摩擦，操作扭矩较小，密封可靠。其开闭前，首先要进行抬座动作。常用于火箭氢氧发动机的氢氧泵前阀。

12 真空度与漏放气率

低温管路和贮罐等，大多采用多层真空绝热方式，这种绝热结构要求绝热夹层真空度高，一般要求在10^{-2}Pa以上；对于特殊场合，要求更为严格，如氢罐真空夹层真空度要求抽至10^{-6}Pa以上。

绝热材料、支承结构和贮罐内外壁的材料存在放气现象，这导致真空度在较低的水平进一步抽空需要较长的时间，同时真空度的维持时间也是有限的。因此低温管路、贮罐的抽真空，是需要长期维持的工作，而且大多数情况下还要进行加热，加速材料的放气。

扩展阅读

漏放气率：单位时间内漏入系统的气体量。由于理想气体$\dfrac{PV}{T} = \gamma R$，因此在一定温度下，T、R都是常数，漏入系统的气体量γ可以用PV值表示，而PV相对是较为容易测量的物理量，因此用PV值表示是通用的做法，漏放气率的单位为Pa·m^3/s。

真空夹层的漏放气率是一个重要指标，直接影响夹层的真空寿命，国标规定，管路抽真空达到要求后，关闭真空阀，稳定后读取真空计指示值P_1，静置24h后再测量真空度P_2，则其漏放气率为

$$Q = \frac{P_2 - P_1}{t} \cdot V \cdot K$$

式中：t为静置时间，V为夹层容积，K为容积修正系数。对于真空容器，$K = 1$；对于真空多层绝热管路，$K = 0.9$；对于真空粉末绝热容器，$K = 0.6$。要求漏放气率Q不大于1×10^{-8}Pa·m^3/s。

除直接抽真空外，还可以使用高纯度二氧化碳置换的抽真空方法（图6-107）。将分子筛充装至夹层内，抽真空后向夹层注入高纯度的二氧化碳，重复抽真空和充填过程，最后将管路抽真空至额定真空度。这种方式抽真空时间长，但日漏放气率、日蒸发率、冷态真空度等均优于普通抽真空。

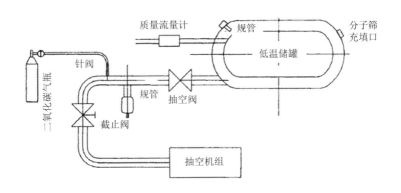

图 6-107　二氧化碳置换抽真空

> **扩展阅读**
>
> 　　分子筛：分子筛是一种具有立方晶格的硅铝酸盐化合物，主要由硅铝通过氧桥连接组成空旷的骨架结构，在结构中有很多孔径均匀的孔道和排列整齐、内表面积很大的空穴。分子筛能把形状与直径大小不同的分子、极性不同的分子、沸点不同的分子以及饱和程度不同的分子分离开来，因而称为分子筛。同时分子筛具有分子尺寸的多维孔道结构，也称为"微反应器"，具有吸附气体分子的作用，具有极强的吸湿能力，可以净化和干燥气体。分子筛常用型号包括 A 型、X 型和 Y 型，其中 A 型包括钾 A（3A）、纳 A（4A）、钙 A（5A）等。真空夹层一般用的吸附材料有 5A 分子筛、活性炭和氧化钯，其中分子筛用得比较多。

13　推进剂的过冷

　　为避免管路温升造成两相流，同时降低推进剂进入火箭贮箱的温度，可以在管路系统中加入过冷器，以降低推进剂的温度。

　　通常使用液氮冷却的过冷器对液氧进行过冷，特别在射前补加过程中，为了尽量精确控制液氧箭上定量，提高液氧品质，减少液氧加泄连接器脱落后至点火前的推进剂蒸发消耗，一般使用过冷氧进行补加。当然，全程过冷补加从运载火箭使用角度来看是有益的。

　　液氧则使用液氮作为过冷介质，一般使用液氮过冷器。液氧过冷器通常采用硬质聚氨酯绝热形式，主要由绝热单层不锈钢贮罐、管路与阀门、安全装置、测量仪表等组成，如图 6-108 所示。设备工作时，利用液氮的汽化潜热对补加液氧进行冷却，以满足火箭对补加液氧温度的要求。

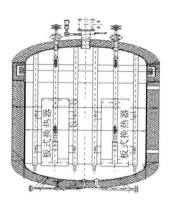

图 6-108 液氧过冷器

14 低温推进剂的排放

目前，世界各国低温推进剂均采用开式加注，在贮箱设置氢排和氧排后，将加注过程中产生的气体蒸气向外排放。氢气由于其危险性较大，排放方式一般有三种。

（1）高空排放，即使用管路，将氢气引到远处、高处进行排放。这种方式将引起贮箱较大反压。这种排放方式首先要在排放口设置氮消防，确保安全。控制排放速度，受氢气的安全流速限制。排放塔高度不能过低，且周边环境利于氢气扩散。美国"人马座"，欧洲航天局"阿里安"火箭均采取这种排放方式。

（2）火炬烟囱排放，采用较高的烟囱，将液氢点燃排放。美国肯尼迪航天中心 36 号发射场液氢地面贮罐采取这种排放方式。文昌发射场液氢厂也采用火炬式排放，其排放出口采用氮消防，确保安全。

（3）氢燃池排放，通过箭上管路和地面管路，将液氢引至氢燃池，进行点燃排放。这种排放方式反压低，较为适于处理大流量液氢。氢燃池使用水封隔离氢气和空气，因此氢燃池的水位要控制好，避免进入空气或水，如图 6-109 所示。氢燃池管路的氢排放流量受管路耐低温能力限制，若温度过低，管路或阀门工作不畅，则可能出现危险。

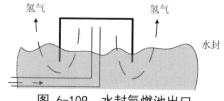

图 6-109 水封氢燃池出口

我国西昌发射场和文昌发射场液氢加注系统均采用了氢燃池排放方式，而液氧则一般采取直接引向箭体外，直接排放。因此，低温运载火箭在加注后箭体周围会冒出白雾，如图 6-110 所示。

图 6-110　CZ-7 火箭加注后液氧排放情况

15　低温贮罐

从形式上讲，国内外低温加注系统的低温贮罐主要有球罐和卧罐两种，如图 6-111 所示。

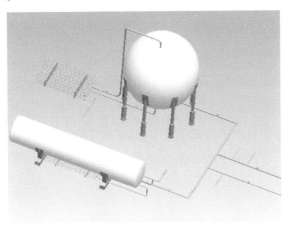

图 6-111　球罐与卧罐

1）球罐

主体材料，液氢贮罐内罐材质为奥氏体不锈钢板，外罐主体材质为钢板，夹层中的工艺管道选用奥氏体不锈钢无缝钢管，如图 6-112 所示。液氧球罐为真空粉末绝热结构，绝热材料为珠光砂或膨胀珍珠岩；液氢球罐为高真空多层绝热结构，材料一般为双面镀铝涤纶薄膜与阻燃型低温绝热纸。真空多层真空度一般要求小于 10^{-3} Pa，漏放气率要求不大于 10^{-6} Pa·m³/s。球罐支撑一般采用球铰形支柱。支柱相对较少。设置真空多层，减少对流换热，设置镀铅膜，减少辐射换热，采用复合材料支撑，减少传导换热。

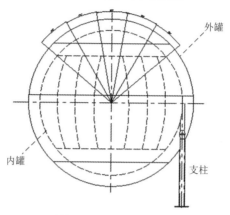

图 6-112　低温球罐

2）卧罐

其主体材料与绝热材料与球罐一致，只是形式上为圆柱结构，需要更多的支撑点。液氢容器采用拉杆球形铰支撑，底部通过 V 形梁同底架相连接。液氧容器采用吊带、支柱结构。移动式液氢容器内部设置防波板，如图 6-113 所示。

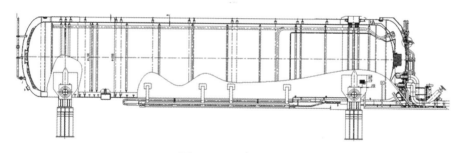

图 6-113　低温卧罐

夹层中的管线布置，与低温介质接触的工艺管道（特别是输送液氢的管道），在低温下冷补偿量大。夹层中的工艺管道采用空间自然补偿结构，每根管道进行安装工况、冷态工况、操作工况及地震工况进行分析，确保工艺管道在各种工况下均安全。在低温罐夹层空间，设有吸附室，内装 5A 分子筛吸附剂，延长低温贮罐真空寿命。表 6-13 是球罐和卧罐的对比。从长远发展来看，球罐是低温贮存技术发展趋势。

表 6-13　球罐与卧罐对比

特性	低温球罐	低温卧罐
系统复杂性	加注系统阀门少，支管少，测点少，便于控制，系统安全性、可靠性高；球罐满足汽化器系统供液需求	加注系统阀门多，支管多，测点多，系统复杂，安全性、可靠性低；需要提高卧罐安装基础标高，或设置一个供液罐
研制难度及可行性	在厂家生产球瓣后现场进行装焊、探伤、检漏、缠绕、抽空、低温试验等	在厂家制造合格后运至现场安装，制造难度低，运输、吊装、就位难度大

扩展阅读

　　杜瓦容器：杜瓦瓶或杜瓦罐，是小型真空低温容器，用于少量低温推进剂的贮运。由双层球胆组成，绝热由内胆与外胆的高真空完成。颈管支撑内胆，同时作为注入和取出低温液体的口。为了维持真空度，内胆下部设吸附室，内装活性炭或分子筛等吸附剂，如图 6-114 所示。

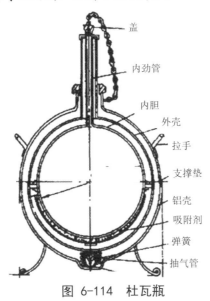

图 6-114　杜瓦瓶

16　推进剂贮量计算

　　运载火箭使用推进剂的量称为加注量，发射场筹措准备的推进剂称为贮罐贮量，两者是有很大差距的。一般按照经验公式：

$$贮量 = (2 \sim 3.5) \times 加注量$$

一次任务所需的推进剂贮量，主要包括四个部分，即加注量、贮罐余底量、应急处置量和其他损耗量。表6-14为某型火箭一次任务液氢加注需求量。

表 6-14　某任务液氢加注需求量

序号	项目	计算量 /m^3
1	余底量	132
2	停放损失	77
3	正常加注消耗量	728
3.1	加注量	430
3.2	损耗量	298
4	推迟 2h 蒸发损失	50
5	贮罐增压试验	13
合计	总液氢保障需求	1000

需要说明的是，正常加注量并非加注至火箭中的推进剂总量，还包括了预冷损耗、管路系统填充等其他消耗量。美国"土星"5火箭液氢液氧加注量分别为1280m^3和1700m^3，而其库区贮量分别为3200m^3和3400m^3。

第5节 供气系统

火箭和航天器在发射场测试发射过程中，包括技术区测试和发射区测试，都需要使用各类气体，气体的种类、供气参数（压力、温度、流量、总量等）、品质等不同。这些气体的保障是供气系统的主要工作。

1 发射场气体的用途

航天发射场所使用的气体一般包括洁净空气、氮气、氦气、氧气和空混气等。

（1）洁净空气，主要用于封闭厂房或空间测试用气，也用于火箭舱段吹除等，防止贮箱结露；为摆杆强脱装置、非标设备、加注设备、消防设备的启动装置提供工质；为供气管路洁净吹除提供气源等。

（2）氮气，用于火箭贮箱增压，连接器脱落，低温加注系统阀门的控制气，液氧及常规推进剂的贮罐增压介质，箭上氧系统气封吹除用气，液氧、液氢贮箱置换用气。大部分为火箭增压输送系统气检、增压、吹除置换用。

（3）氦气，低温推进剂的贮箱置换、气检、单元测试用气，箭上动力系统的控制用气，液氢系统的吹除、隔离、气封等用气。典型用途包括氦引射用气、伺服机构氦吹用气等。

（4）空混气，纯化后的氧气和氮气按一定比例调配，制成空混气，提供航天员呼吸用气体。

（5）氧气，主要用于航天员生命保障装置的测试，为航天员呼吸用的飞船舱内压缩气瓶充气等。

对于运载火箭而言，其主要的用气项目包括：气瓶的气密性检查，置换，充气，推进剂贮箱的气密性检查，置换，增压或推进剂泄出，伺服机构蓄压器，火箭的蓄压器充气；阀门、连接器等的控制用气和气检用气。发射场地面设备用气，主要包括推进剂加注过程的贮罐增压，系统检漏，阀门控制，厂房非标大门的开闭，摆杆强脱，液压控制箱的正压保护，消防阀门控制等。

2 供气方式

根据各类气体的需求和制备手段不同，采用不同的供气方式。一般而言，分为气瓶供气和在线供气两种。其中在线供气适用于大规模供气，气瓶供气受气瓶数量和气瓶车调配等限制，供气总量相对较少，适用于灵活位置的供气和应急供气。

在线供气的优点是供气量大，投资少，占地小，且供气压力不会随着使用而下降。缺点是由于采用在线供气设备系统，可靠性略低，压力存在脉动的情况。气瓶供气系统简单，可靠性高，但供气量有限，随着供气使用，气瓶内压力降低，供气压力也会有所降低；气瓶供气完后，需要及时充气，以便下次使用。

3 气体品质

不同用途不同种类的气体品质表征值，也就是技术指标不同，一般用于表述气体品质的参量有以下几项。

（1）纯度，就是含量的百分比，对于气体而言，一般指体积比，单位为%(V/V)。

（2）空气洁净度，指空间单位体积空气中，以大于或等于被考虑粒子直径的粒子最大浓度限值进行划分的等级标准。因此谈论洁净度时一般要明确需要考虑的粒子直径，如 PM2.5 是以 2.5μm 直径的粒子作为考虑目标的，直径大于等于 2.5μm 的粒子都会被计数。

运载火箭有洁净度要求的区域，要求要比 PM2.5 还高，一般计数 0.5μm 直径的粒子，所说的空气洁净度 7 级，是指每立方米空气中直径大于等于 0.5μm 的粒子数不得超过 352000 个（即为万级），8 级是指每立方米空气中直径大于等于 0.5μm 的粒子数不得超过 3520000 个（即为十万级）。我国洁净度标准通常采用 ISO/TC 209 标准，其洁净度等级分为 9 级，数字越小，洁净度越好。发射场一些房间，洁净度控制要求在 7 ~ 8 级，颗粒物按 0.5μm 考虑。

（3）露点，又称露点温度，是指在固定气压下，空气中所含的气态水达到饱和而凝结成液态水所需降至的温度。在这个温度，凝结的水飘浮在空气中称为雾，沾在固体表面时则称为露。

火箭低温加注后箭体会结露，原因是在一定压力条件下，逐渐降低空气温度，空气中所含的水蒸气达到饱和蒸气压。谈论露点时一定要说明压力，一般说的露点是指常压露点，即一个大气压下的露点。含水量与露点有一一对应的关系，因此一般看作一个指标。

（4）含油量，指压缩气体中剩余油气的含量。气体在压缩过程中，由于压缩头需用润滑油润滑，油雾会混入压缩空气中。含油量一般有两个单位：一是 mg/m^3，指每立方米含的质量；二是无量纲体积比单位，如含油量小于等于 $3×10^{-7}$ 体积比。

（5）特殊气体含量，指气体中其他不期望含有的气体成分含量，如氦气中的氢含量、氮含量、甲烷含量等，也包括水分含量，其单位为 ppm。

扩展阅读

ppm：用溶质质量占全部溶液质量的百万分比来表示的浓度，也称百万分比浓度。

$$ppm =（溶质的质量 / 溶液的质量）×1000000$$

（6）颗粒物含量，指每方气体中含有颗粒物的质量，其单位为 mg/m^3。

4 氦气系统

氦气属于矿产资源，空气中含量极少，国内外主要由天然气中提取氦气。氦气瓶车作为移动输送氦气的主力设备，膜压机将低压氦气增压并充入氦气瓶、氦气集装箱或氦气瓶车。氦气瓶和集装箱为氦气储存设备，氦配气台为固定供气设备。集装箱可以用于铁路和公路运输，也可作为场区氦气保障的临时贮存装置，里面装着气瓶。

氦气瓶供气模式的氦气系统，通常主要设备包括氦气集装箱、氦气瓶车、氦气膜压机、高压氦气瓶、配气台、供气管路以及控制设备。

5 氮气的制备

航天测试发射过程中，氮气使用范围很广，如用于贮箱的气密性检查、置换，用于氧系统的控制、增压等，而氮气的供气方式有两种，一是气瓶供气，二是在线供气。文昌发射场使用液氮进行气化后供气，属于在线供气方式。主要设备包括氮气瓶、液氮气化装置、大流量在线生产氮气系统、氮气瓶车、配气台、供气管路、控制设备以及液氮槽车（与液氧液氮加注系统共用）等。

氮气系统的液氮是用来气化产生氮气的，与加注系统给液氧过冷用的液氮有所不同。氮气的供气也是靠配气台和气瓶等。

液氮的生产有深冷空分法、变压吸附法和薄膜渗透法等，发射场普遍使用深冷空分法。与其他方法相比，深冷空分法可以直接获得 99.999% 的高纯度氮。

液氮配合高压柱塞泵和高压汽化器可以方便得到 35MPa 以上的高压气体。柱塞泵采用无油润滑技术，基本上可以做到运行中不引入新的污染，适用于液氮和液氧的气化。气化器一般为空温式汽化器，通过吸收外界热量，使液体气化，结构简单，成本低。氧气的生产与制备，基本与氮气同理。

6 柱塞泵

柱塞泵靠柱塞在缸体中往复运动，实现吸、排液体的功能。其基本原理如图 6-115 所示。

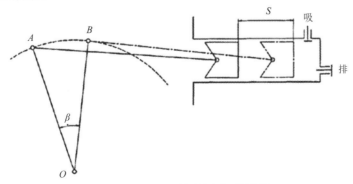

图 6-115 柱塞泵典型原理

根据柱塞在缸体中不同的排列形式，分为径向式和轴向式，如图 6-116、6-117 所示。

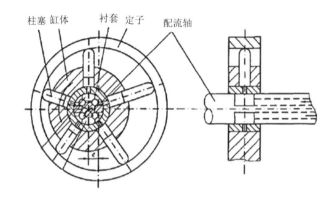

图 6-116　径向柱塞泵典型原理

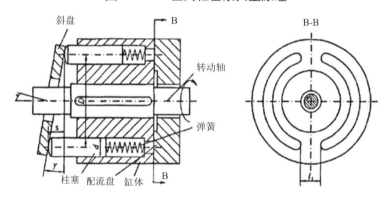

图 6-117　斜盘轴向柱塞泵典型原理

发射场除液氮系统使用低温柱塞泵外，各液压工作系统，如厂房大门、平台等，都有用到变量柱塞泵。

7　空气的制备

发射场视供气量的大小，可使用气瓶供气和在线供气方式，在用气量较大的情况下，采用在线供气方式，可减少气瓶的数量，降低成本和空间要求。文昌发射场空气的供气方式是使用空压机在线供气，主要设备包括大流量在线生产供气系统（含两级空压机、缓冲罐等）、空气瓶、配气台及供气管路等。

空压机，即空气压缩机，有很多种类，文昌发射场的空气大流量在线生产系统包括两级压缩机，其中一级压缩机为螺杆压缩机，二级压缩机为无油活塞压缩机（往复式）。

螺杆式压缩机包括单螺杆和双螺杆压缩机两种，目前大多用双螺杆压缩机。其原理是通过平行放置，相互啮合的螺旋形转子。一个转子连接在原机上，称为阳转子，另一个具有凹齿的称为阴转子。阴转子随着阳转子转动，挤压气体，进行吸气和排气，如图 6-118 所示。

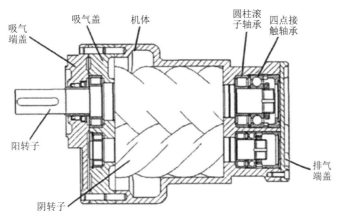

图 6-118 双螺杆压缩机

吸气过程，对齿完全啮合，随着转动慢慢脱离，形成一定齿间容积，齿间容积与吸气口连通，气体在压差作用下进入容积内。对齿完全脱离时，容积达到最大值，吸气结束；压缩过程，转子齿再次啮合，容积减小，气体压缩；排气过程，气体随着容积不断压缩排出，齿间容积与排气口保持连通，直至对齿完全啮合结束，气体完全排出。

活塞式压缩机是容积式压缩机的一种，气体从气阀进入，在气缸中被往复运动的活塞压缩，并排出，达到压缩的目的，如图 6-119、6-120 所示。

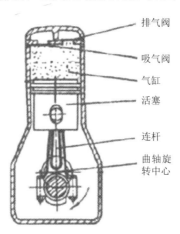

图 6-119 典型活塞式压缩机

压缩　　　　排气　　　　膨胀　　　　吸气

图 6-120　活塞式压缩机工作过程

无论是活塞式还是双螺杆式，本质上都是气体体积压缩，称为容积式压缩机。另一类压缩机采用速度式压缩，如离心压缩机，使用叶轮带动气体快速转动，离心进入蜗壳，在蜗壳中提升压力。

8 减压器

减压器是将高压气体减压并稳定在系统所需的压力范围内的阀门组件。基本原理是气体通过活门和阀座的通道，经过节流效应，一部分压力变为动能，小部分压力经涡流摩擦消耗，从而使气体压力降低。

大多数气体通过减压器时，会产生节流效应而降温，包括空气和氮气；而氢气和氦气却是节流升温，因此氦气减压器在高温下动作频繁，容易损坏密封件，造成减压器失效。

发射场使用的减压器主要包括膜片式和气腔式两种。膜片式减压器采用膜片作为敏感元件，靠膜片平衡压力，灵敏度高，行程小，主要由调节弹簧、膜片、阀杆、阀体、阀座和活门构成。膜片材料主要为铜、不锈钢和复合材料。由于膜片的材料耐压性限制，一般用于中低压、小流量场合。气腔式减压器依靠阀后介质进入气腔内的压力平衡压力。其特点是受力均匀，密封性好，流量大，耐压性好，结构简单，如图 6-121 所示。

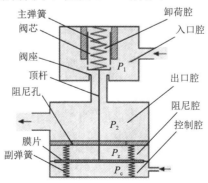

图 6-121　膜片式减压器典型结构

减压器的典型工作过程分为四个阶段，即闭锁阶段、增压阶段、开启阶段和关闭阶段。闭锁阶段，减压器控制腔无输入，入口腔高压，主弹簧伸长；增压阶段，控制强增压控制气体，但尚不足以顶动阀杆；开启阶段，在控制腔作用下，顶杆定开，入口腔与出口腔连通，出口腔输出；关闭阶段，阀芯重新靠回阀座，如图 6-122 所示。

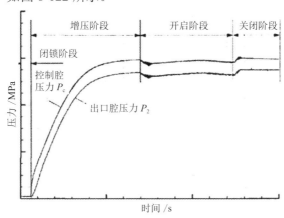

图 6-122　减压器典型工作过程

9　气体状态方程

在常温常压下，一般气体符合理想气体状态方程，其表达式为

$$\frac{PV}{T} = C = \gamma R$$

式中：P、V、T 分别为理想气体的压力、体积和温度；γ 为物质的量；R 为普适气体常数。理想气体状态方程可以用于分析供气过程中气体状态变化。方程的一些推论容易产生许多较为直观的结果，例如对于恒温状态，则有

$$P_1 V_1 = P_2 V_2$$

这说明，恒温过程，体积增大时，则气压降低。

理想气体方程的适用范围是高温低压下的稀薄气体，在实际应用中，有时使用其他状态方程进行修正，力求得到真实气体的状态方程，如较为著名的是范德华方程。

$$\left(P + \frac{a}{V^2}\right)\left(V - b\right) = RT$$

引入了 a、b 两个修正量，其中 a 是对分子引力的修正，即分子之间存在压力，因而其内压与分子密度的平方成正比，与体积的平方成反比，对于同

一种气体，$\frac{a}{V^2}$ 表示其内压；b 是对分子本身体积的修正，当分子浓度增大时，不能忽略分子本身占有的空间，对于 1mol 气体来说

$$b = n\frac{2}{3}\pi d^3$$

其中，n 为 1mol 气体分子的个数。实际气体状态方程有诸多模型，其中少数有理论基础，大多数是根据实验数据得到的经验公式，因为对于不同气体，状态方程的系数不同。

扩展阅读

道尔顿分压定律：系统内压力等于充填与系统内无相互作用各混合气体分压之和。

10 耗气量计算

大规模供气的消耗量计算较为复杂，根据应用的模式和参数指标不同，可采用不同的耗气量计算模型。

1）充气模式

充填模式计算模型主要适用于配气台置换、发动机系统充气、气瓶气检、气瓶置换、气瓶充补气、蓄压器置换、蓄压器充气、贮箱气检、贮箱置换、贮箱射前增压等供气项目。

假设满足如下条件：充放气时，不考虑吸热防热过程，认为容器内温度不变；容器内气体完全均匀；混合气体中组成气体单独存在，并且具有与混合气体相同温度及容积时的压力；容器内气体没有吸附和化学反应。根据气体状态方程，可得

$$V = \frac{nV_1}{\rho R}\left(\frac{P_2}{K_2 T_2} + \frac{P_1}{K_1 T_1}\right)$$

式中：P_1、P_2 为充气前后容器内压力；K_1、K_2 为 P_1、P_2 压力下气体压缩系数；n 为充气次数；T_1、T_2 为充气前后气体温度。

2）排放模式

排放模式计算模型主要适用于配气台吹除、发动机吹除、箭上管路吹除、气封供气、氦引射、舱段吹除、连接器除霜、发动机后处理等供气项目，主要分为三种模式：

（1）已知体积流量和用气时间：

$$V = q_v t$$

式中：q_v 为供气的体积流量（m^3/s）；t 为时间。

（2）质量流量和时间：

$$V = \frac{q_m t}{\rho}$$

式中：q_m 为供气质量流量（kg/s）。

（3）给定配气台出口限流嘴限流面积及温度压力参数：

$$q_m = \frac{EAP_2 N}{\sqrt{T_2}}$$

式中：q_m 为供气质量流量（kg/s）；A 为孔板的有效节流面积（mm^2）；P_2 为孔板入口压力（Pa）；T_2 为孔板入口气体温度（K）；E 为介质常数（如氦气为 0.01591），即

$$E = \sqrt{\left(\frac{\gamma}{R} \left(\frac{2}{\gamma + 1} \right)^{\frac{\gamma + 1}{\gamma - 1}} \right)}$$

式中：γ 为介质比热比常数（如氦气为 1.66）；N 为流量比，无量纲，可表示为

$$N = \sqrt{\frac{\left(\frac{P_1}{P_2} \right)^{\frac{2}{\gamma}} \left(\frac{P_1}{P_2} \right)^{\frac{\gamma + 1}{\gamma - 1}}}{\left(\frac{\gamma - 1}{2} \right) \left(\frac{2}{\gamma + 1} \right)^{\frac{\gamma + 1}{\gamma - 1}}}}$$

其中，P_1 为孔板出口压力（Pa）。综上，可以算出供气质量流量 q_m，转化为已知体积流量和用气时间问题。

11 气体保障量计算

根据测试项目的耗气量计算得到气瓶的需求量，实际供气系统的气体保障量要充分考虑供气实际和余量。气瓶的有效供气量计算，气瓶中的气体不能全部被用于供气，其最低压力称为余压，一般认为在余压以上的气体为可利用气体，余下的为不可利用气体。定义气瓶的有效供气率为

$$\eta = \frac{V_{可用}}{V} = 1 - \frac{p_1 K_1}{p_n K_n}$$

式中：p_1 为最低使用压力；p_n 为气瓶压力；K 为该压力下气体压缩系数。

气瓶压力与气瓶的承压能力和增压设备的能力等因素相关，而最低使用压力则由供气的目标系统的管路压降和减压器的最低入口压力确定。

一般而言，根据理想状态的供气消耗量总量和气瓶的有效供气量，再乘以一定的余度系数，可以近似得到最低的供气系统需求贮量。

$$V_{贮量} = \frac{BV_{理想耗气量}}{\eta}$$

其中，B 为供气余度系数，一般取 1.3 ~ 1.5。也可以使用经验公式，即

$$保障量 = 安全系数（留底量 + 保障量）$$

第6节 辅助设备设施

1 供电模式及布局

发射场供电是设备运行所必需的重要保障，发射场的供电系统的总要求是向场区提供安全、可靠、不间断、高质量的电能。我国从供电安全等级和可靠性角度，将供电负荷分为三个等级。发射场整体上属于一级负荷单位，一级负荷是指若出现中断则会造成人员伤亡、重大经济损失的供电负荷。二级负荷是指若出现中断将造成较大经济损失，如发射场供气系统、测控站，其他工艺厂房的用电等。不属于一、二级负荷的，则为三级负荷，安全和可靠性要求相对较低。可靠性分级不同，其供电的冗余度和保障方式是不同的。

一般而言，发射场属于一类供电区域，因此多采用两路冗余市电电源由不同的上级变电站引来，外线采用架空线路方式引入。有任务时，两路电源同时工作，分列运行，其中一路断电时，另一路市电电源可投入承担发射场全部负荷。

中心变电站下设各区域变电站，组成发射场的供电网络，各级变电站将110kV 变为 10kV 向各个区域进行供电。10kV 的电经过各区域分变电站直接变为 380V，供各低压配电室使用。图 6-123 所示为典型变电站接线示意图。

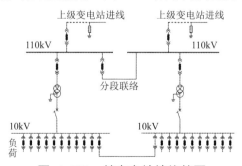

图 6-123 某变电站接线简图

2 分列运行和并列运行

变电站母线间采用内桥接线时，有两种运行方式：一是并列运行，如图 6-124 所示，其主要技术状态指开关 101 和 301 处于闭合状态，从而使得 1 线和 2 线处于并联状态；二是分列运行，其条件是内桥接线分开，即 101 和 301 开关处于分开位。

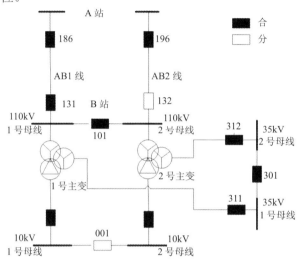

图 6-124　并列运行典型示意

在 1、2 号主变和上线 AB1、2 线故障等模式下，分列运行的可靠性均优于并列运行。若系统内出现短路情况，母线并列运行综合阻抗小，短路电流大，母线以上无故障的设备通过的穿越功率大，易造成破坏。电压波动时，一条母线故障，与其相连的设备会受到影响，分列运行利于隔离波动，缩小影响范围。因此大多数情况下，分列运行可靠性优于并列运行。

并列运行时，易产生环流，引起环网功率损耗。线路损耗和压降方面，并列运行更大。且分列运行电网可调整的灵活性更大。因此无论是从可靠性还是从经济性角度考虑，大多供电系统采用分列运行机制。

3 GIS 设备技术

GIS 是 Gas Insulated metal-enclosed Switchgear 的缩写，即气体绝缘金属封闭开关设备，用于电力系统三相交流电高压输电设备。它将变电站中除变压器以外的一次设备，包括断路器、隔离开关、接地开关、避雷器、母线、电压互感器、电流互感器、电缆终端、进出线套管等，优化设计为一个整体，封闭于金属壳结构内，充 SF_6 气体作为灭弧和绝缘介质，组成一个封闭的组合电器，如图 6-125 所示。

绝缘分割
分子筛
母线简体
波纹管
开关气室表计
开关配管配阀
开关机构箱
防爆膜
阀刀连杆
流变
接地线
开关简体
绝缘支撑

图 6-125　典型 GIS 设备单元部件示意

　　GIS 组合电器优越性主要体现在以下几个方面：小型化，采用绝缘性能较好的 SF_6 作为绝缘气体，较大程度地缩小了变电站的占地面积，占地省，标准间隔宽度只有 1m；可靠性高，由于带电部分全部密封于惰性气体 SF_6 中，不受外部积尘、积雪等外部影响，发生外部故障的故障率低；安全性能高，所有电器设备封装与接地都在金属外壳内，因而没有触电危险，可有效保证人身安全和操作安全，绝缘气体又是不可燃的，无火灾危险；环境影响小，因带电部分以金属外壳封闭，对电磁和静电实现屏蔽，无噪声和电磁波干扰等问题。

扩展阅读

　　六氟化硫：SF_6 气体具有优良的绝缘、灭弧性能，化学性质稳定，广泛应用于 GIS 设备中。需要注意的是，电气设备内部故障时，过热、电火花、电弧，都可能使 SF_6 部分分解，产生硫化物、氟化物等。

4　中置柜和环网柜

　　10kV 变电所为发射场终端变电所，为发射场各工号负荷提供 380/220V 交流电源。10kV 变电所的变压器采用干式变压器。10kV 高压配电屏的配置原则为：变压器容量 1250kVA 以上的采用户内中置式开关柜，均配置真空断路器；变压器容量 1000kVA 以下的采用环网柜，简化继电保护装置，不设直流屏。

　　中置柜，全称铠装移开式交流金属封闭开关柜，或称中置式开关柜。一般来说，中置柜分三层结构，上层为母线和仪表室，下层为电缆室，中间层为断路器，因此称为中置柜。中置柜采用断路器与操作机构一体化设计，整个柜体用接地的金属板分隔为手车室、电缆室、母线室和控制室，具有电缆进出线和联络功能，可以根据用途将各种方案的开关柜并列运行，组成设计功能的配电装置。

环网柜，也称环网供电单元 RMU，是一类出线开关柜的简称，这类开关柜的母线，同时是环形干线的一部分，环网干线由所有环网柜母线连接起来组成（图 6-126）。环网柜也泛指以负荷为主开关的高压开关柜。环网柜主要用于二次配电系统，使用配电负荷开关 - 限流熔断器组合而成。负荷开关 - 限流熔断器在保护小型变电器（一般在 1600kVA 以下）时比断路器更为有效。小型变压器自我保护能力差，需要靠开关保护。

图 6-126　典型环网柜示意

环网接线方式，是指电力系统的用户可以从两个以上方向取得电源的接线方式，每个配电支路可以多侧取得电源，提高了供电可靠性。

5 电能质量

由于航天设备应用多为高精密电气产品，因此对发射场供电系统的电能质量要求较高。电能质量也称电源品质，主要的技术指标包括电压波动（偏差）、电频率波动（偏差）、电源谐波含量和三相不平衡度等。

（1）电压波动。对于发射场的用电设备，低压电源波动要求通常为 380（220）V±5%，许多特殊的用电场合，要求更加苛刻。

（2）电频率波动。航天发射场用电设备，对用电频率要求一般为（50±0.5）Hz，有特殊稳定性要求的，甚至要求频率为（50Hz±0.2）Hz。

（3）电源谐波含量。国标规定，380V 电源电压总谐波畸变率不大于 5%。

电源谐波：电力系统中有非线性负载时，即使电源都以工频供电，也会产生气体不同频率的正弦电压或电流，称为电源谐波。电源谐波的危害包括引起电路谐振，可能造成过压或过流，产生谐波损耗，加速设备的老化，可能造成通信的干扰，对谐波敏感的设备可能工作不正常。可以采用滤波器，进行谐波治理。

（4）三相不平衡度。国标规定，电网正常运行时，负序电压不平衡度不能超过 2%，短时不能超过 4%。

6 四线制和五线制

传统低压配电网多采用三相四线制系统，即 TN-C 系统。三相四线制，即交流供电采用三相线 A、B、C 和零线 N（中线）的系统，相相间电压为 380V，相位差为 120°，相线间电压为 220V，以输出供电。由于零线同时也充当了地线的作用，因此有时也将三相四线制中零线称为 PEN 线，如图 6-127 所示。

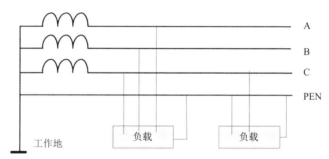

图 6-127 三相四线制

三相四线制系统中，当三相负荷不平衡，或只有单相在供电带负载时，其零线有电流通过。由于三相四线制没有专用的地线，若零线和设备的壳体误触碰，可能导致设备外壳带电，人员安全受到威胁。且从整个用电网络考虑，由于没有专用地线，各设备保护地装置分别设置，存在一定的安全隐患。因此，目前发射场供电多使用三相五线制系统替代三相四线制系统。

如图 6-128 所示，其中 N 线用于通过单相负载电流和三相不平衡电流，称为工作零线，PE 线作用是保护线，与接地件连接，起到触电保护的作用，称为保护零线。三相五线制在 N 线断路时，仅影响设备工作，不会导致断点后设备外壳上出现危险电压，从而减小了触电危险。同时 PE 线通常状态下无电流通过，因此避免了电磁干扰的引入。

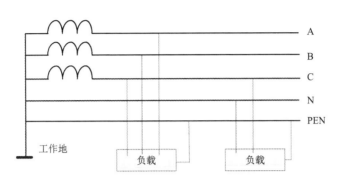

图 6-128 三相五线制

7 UPS 电源

UPS 是 Uninterruptible Power Supply 的简写，即不间断供电，是采用蓄电池组转换供电的设备或系统。发射场重要设备及对电能质量要求高的设备均使用 UPS 供电，防止由于市电不稳定造成设备异常断电。当然，相比市电，UPS 供电的功率要小得多，因此不适用于大功率设备，可能会出现相互干扰。UPS 电源主要由 UPS 主机和蓄电池组成，主机主要包括整流器、逆变器和静态开关等几部分组成。因此 UPS 的主要参数包括蓄电池的蓄电能力和输出功率。

UPS 电源主要分为在线式和后备式两大类。后备式 UPS，只在市电欠压或断电时才工作，市电正常时其逆变器不工作，处于备用状态。图 6-129 为后备式 UPS 典型原理图，市电平时直接通过交流旁路转换开关，经滤波器输出至负载。另一方面通过电源逆变器，整流为直流电，经充电回路向蓄电池组充电。市电中断或欠压时，蓄电池电能通过逆变器变成交流电，经滤波器继续向负载供电。

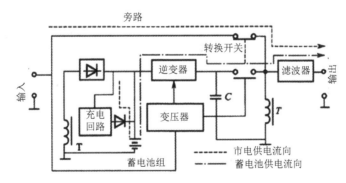

图 6-129 后备式 UPS

在线式 UPS，市电正常供电时，经过变压器、整流器后，一路经过逆变器，滤波输出至负载，另一路经充电回路向蓄电池充电。因此在线式的 UPS 逆变器一直在工作，如图 6-130 所示。

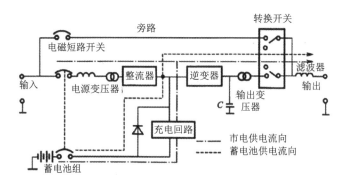

图 6-130　在线式 UPS

UPS 电源日常最好处于持续工作状态，要避免频繁开关 UPS 的电源开关，要定期测量蓄电池并适当放电，UPS 的负载控制在 30% ～ 60% 额定功率为最佳。

8　电气防爆分类

电气防爆是针对爆炸性气体环境或爆炸性粉尘环境的一类预防措施。

1）爆炸危险物分级

我国将爆炸危险物分为：Ⅰ类为甲烷；Ⅱ类为爆炸性气体混合物；Ⅲ类为可燃性粉尘或纤维。北美将爆炸物分为：Ⅰ类为爆炸性气体；Ⅱ类为爆炸性粉尘；Ⅲ类为纤维。

2）危险性分级

Ⅰ类爆炸物只有一种，不分级，我国对Ⅱ类爆炸物，即爆炸性气体混合物，又分为ⅡA、ⅡB、ⅡC 三个级别，其中ⅡC 最容易点燃。

3）危险性气体引燃温度级别分组

按照引燃温度对气体进行分组，可分为六个组别，见表 6-15。

表 6-15　气体引燃温度分级

T1	大于 450℃	T4	120 ～ 160℃
T2	215 ～ 450℃	T5	100 ～ 120℃
T3	160 ～ 215℃	T6	86 ～ 100℃

更加具体的防爆分级，可以参考相关标准。在航天测试发射场合，火箭垂直总装大厅，运载火箭与有效载荷对接时，由于卫星、探测器等有效载荷已经加注推进剂，因此对接时一定标高范围内为防爆区，如箭体中心 15m 范围内，标高 40～80m 区域，区域内除工作平台驱动控制设备外，其他电气设施防爆，防爆等级 dIICT4。区域内所有电气产品，包括灯具，其防爆等级不低于 dIICT4。

发射场的防爆区主要包括：技术区水平准备厂房、DT-3 等推进剂加注区；航天器的加注扣罩厅，包括其通道，加注设备间，星用燃烧剂、氧化剂库房区域；发射区火箭固定勤务塔、电梯、面朝火箭方向电气设备及房间；煤油加注系统贮罐区和输送管路；液氢运输车、各低温阀门、与氢接触的仪表；液氧泵电机等。

9 电气防爆方法

不同电气设备因为特点和性能不同，可以设计成不同的防爆型式，主要包括隔爆型、增安型、本质安全型、正压型和浇封型电气设备等。

隔爆型，即使用隔爆外壳保护的电气设备，防爆标志为"d"。防爆外壳承受内部爆炸压力，阻止爆炸火焰向周围环境传播。

增安型，是指对正常条件下不会产生电弧或电火花的设备，进一步采取安全措施，提高安全程度，防止产生电弧、电火花以及危险高温的电气设备，防爆标志为"e"。增安型电气设备依靠外壳的防护措施来保护内部的电器元件，防止外部粉尘、淋水等侵入，避免过载或短路产生电弧或电火花。外壳防护等级代码为 IP，后加外物入侵及防水数字代号，例如 IP54 表示防外物入侵 5 级，防水 4 级。

本质安全型，防爆原理是通过选择合理的电气参数，限制电火花的能量，保证设备在正常和故障状态下产生的电火花和热效应，都不能点燃爆炸性气体混合物，防爆标志为"i"，通常的提高安全系数的方法包括降低电流、电压等。

本质安全型防爆技术起源于英国，1913 年英国煤矿发生爆炸，原因是电铃设备的电火花点燃沼气（甲烷）造成爆炸，工程人员经过试验，证明只要将电源电压限制在 25V 以内，且使用无感电阻适当限制电铃的激励电流，就保证电铃系统产生的电火花能量减少到安全水平，此类电铃后续广泛应用于煤矿业，而且实践证明是安全的，称为"本质安全"（Intrinsic Safety, IS）。

正压外壳型，指使用正压保护外壳的电气设备，防爆标志为"p"，即内部的保护气体高于周围爆炸性气体环境的压力，阻止外部混合物进入外壳。正压型电气设备开启前，需进行换气程序，保证电气部件工作环境的良好。

浇封型，是指整台设备或部分浇封在浇封剂中，正常或故障状态下不能点燃周围的爆炸性气体混合物，防爆标志为"m"。其防爆性能取决于浇封复合物的性能及工艺，安全程度较高，适用于防爆要求高的区域，但由于浇封容积的限制，只能用于小于0.1L的电气元件中，此外对散热要求较高的电路和元件不适宜制成浇封结构。

10 接地的种类

接地，就是将电气设备的某部位、系统的某点与大地（或等效的大地）相连，确保系统和设备稳定安全运行的一种技术措施。按照其目的分为保护地和工作地。从接地形式上分，还分为单点接地、多点接地、联合接地等。

保护地，即保护接地，是指为了保护设备和人员不受伤害而进行的接地，包括防雷接地、机壳安全接地、防静电接地、屏蔽接地。

工作地，即工作接地，是指为了保障设备正常工作而进行的接地，包括信号地、模拟地、浮地、电源地。

供电系统的母线接地方式有 TT 和 TN 两种：TT，表示电源中性点与设备金属外壳接地，一般在高压系统采用；TN，表示电源中心点与工作零线 N 接地，TN 又分为 TN-S、TN-C、TN-C-S 三种方式，其中 S 表示工作零线 N 与保护零线 PE 分开，发射场均采用 TN-S 方式（即三相五线制）。TN-C 表示 N 与 PE 合并，就将三相五线制变成了三相四线制供电，TN-C-S 属于半分半开的供电方式，是不符合测试发射供电原则的。

11 保护地

防雷接地，顾名思义，是指为了防止闪电雷击落在设备上，对设备造成损坏的接地，如某些电缆的屏蔽层金属网，进行接地后，一般也具有防雷接地的作用。一旦发生雷击，可以将大电流沿最优路径引走，从而保护设备不受伤害。因此防雷接地要求电阻足够小，利于泄放电荷。

机壳安全接地，用于防止设备漏电。如工作台接入 220V 工作电压的设备，如果漏电可能造成人员触电，因此需要设置壳地。

防静电接地，就是将防静电的装置进行接地。精密设备工作电压很低，对电流十分敏感，人员进入某些区域要穿防静电大褂、防静电鞋，是为了避免人体静电对设备造成伤害。进入区域之前，还需触碰防静电释放铜棒，铜棒经过接地，将静电释放掉。

12 工作地

信号地，是指给各种信号提供公共基准的接地。电位是相对概念，某些传感器或其他模拟器件，电零位随时间偏移，或者受干扰跳动，需要电位零点作为各类信号的基准。信号地涉及的电压电流都不大，而且不一定是以真实的大地作为标准，有个良导体做标准电位也可以。这个意义上说，模拟地、数字地、浮地都是信号地。

模拟地，是指系统中模拟电路零电位的公共基准地。模拟信号的特点是连续、易受干扰，频率高低频都有，一般模拟地要和数字地分开，通过电感滤波进行隔离。

数字地，是指系统中数字电路的零电位公共基准地。数字电路一般是脉冲工作状态，为防止系统中出现较大毛刺设置的数字接地。

浮地，也称悬浮地，顾名思义，是指系统与大地不连接，或与其他接地系统的地不连接，是独立系统，选取其中一点作为地（参考电位），即为浮地，常用在小信号系统或强弱电混合系统中。浮动的优点是与其他地不混杂，不易引入干扰。

电源地，是指系统电源零电位的接地。无论 220V 还是 380V，电源都是要接地的，可以保证电源稳定工作。

一般各接地之间是不能混接的，接错了可能导致引入干扰，或是使人触电。

在航天测试工作中，还有专门的接地，如电气地、伺服机构地、卫星接地，这是与其他行业不同的有航天特色的接地。一般设计考虑，火箭和卫星两个系统的接地要独立，避免相互干扰，另外火箭的伺服机构供电属于 380V 高压交流电，为避免对电气系统 28V 直流电影响，是独立接地的。事实上在实验室状态，有时设备距离较近，伺服机构的工作对其他电气设备多少是有些影响的。

关于接地阻值，航天发射场工艺地、保护地均要求小于 1Ω，偏远点独立设置防雷接地网的，防雷要求 10Ω。

13 等电位线与多点接地

箭体测试过程中壳体须进行接地连接，但由于箭体长度大，因此采用等电位线的多点接地方式，即在箭体的不同高度均引出等电位线，并与工作平台的钢架结构连接，以使箭体各处电位相等。

等电位线线阻要求较小，因此一般等电位线为直径较粗的铜线。等电位线的连接贯穿运载火箭测试发射全过程，在火箭转载停放至水平准备厂房时，各部段应分别连接其等电位线至停放轨道周围的接地点。

14 空调

空调，即空气调节系统，是一类调节建筑物内空气湿度、温度、洁净度、压力、噪声、流速等各类参数的技术设备。图 6-131 所示为典型空调的空气处理流程。

根据使用对象不同，空调分为工艺性空调和舒适性空调。工艺性空调面向工业应用和科学研究，舒适性空调又称民用空调，对象是室内人员。按照集中程度又可以分为集中式空调系统，半集中式空调系统和分散式空调系统。

根据控制的量不同，空调的设置不同，如制冷空调配备制冷系统，北方的空调还具有制热的效果，如果对空气洁净度有要求，那么需要设置过滤设备。

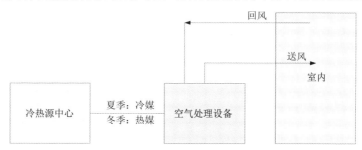

图 6-131　典型空调的空气处理流程

空调器在制冷（热）运转单位时间内从密闭空间除去的热量，法定计量单位为 W。国家标准规定空调实际制冷量不应小于额定制冷量的 95%。

扩展阅读

马力（匹）hp，1hp = 735W，在小型空调工程中 1hp 指给压缩机输入735W 的功率所能产生的制冷量。与一般的功率单位匹意义是不一样，这里的 1hp 是根据能效比算出来的。日本一般认为空调压缩机的能效比平均为 3.4，则输入 735W 的电能所产生的制冷量为 2500W。因此可以说 1hp 空调的制冷量相当于 2500W 的制冷量。小 1 匹一般为 2200W，大 1 匹一般为 2800W。

冷吨（RT），1 冷吨就是在 24h 内冻结 1t0℃ 的水变成 0℃ 的冰，所需要的冷量，美国采用 2000lb（907.2kg）作为 1t，因此 1 RT = 3.516 kW。

15 制冷原理

空调用制冷技术属于普通制冷范围，主要采用液体气化制冷法（主要利用液体气化过程要吸收比潜热，而且液体压力不同，其沸点也不同，压力越低，沸点越低）。

另外根据热量从低温物体向高温物体转移的不同方式，可分为蒸气压缩式制冷和吸收式制冷。对于蒸气压缩式制冷，其工作原理就是利用液体气化的吸热效应。任何液体气化时都产生吸热效应，在恒温下单位质量的液体气化时所吸收的热量称为气化潜热。不同物质的液体在同一压力下，它们的饱和温度（沸点）及气化潜热各不相同；而同一种液体在不同压力下，其饱和温度和气化潜热也各不相同，压力降低时液体的沸点下降，气化潜热增大。因此，只要选择适当的工作物质、创造合适的压力条件，就可以利用液体的气化获得所要求的温度。

蒸气压缩式制冷系统使制冷剂在压缩机、冷凝器、膨胀阀和蒸发器等热力设备中进行压缩、防热、节流和吸热四个主要的热力过程，以完成制冷循环。蒸气压缩后形成高温高压气体，经过冷凝器形成高压低温气体，后膨胀成低压低温气体，与冷冻水热交换，形成一个循环，如图 6-132 所示。

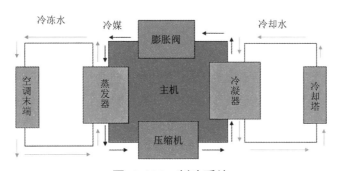

图 6-132　制冷系统

16 制冷剂

空调系统的制冷剂多种多样，按化学成分可分无机化合物制冷剂、卤碳化合物制冷剂、碳氢化合物制冷剂、不饱和有机化合物制冷剂、混合共沸点制冷剂；制冷剂按冷凝温度可分低压制冷剂（高温制冷剂）、中压制冷剂（中温制冷剂）、高压制冷剂（低温制冷剂）；制冷剂按毒性程度和安全性优劣可分最安全的制冷剂或制冷工质（无毒、不可燃，如 R11、R12、R22、R500、R502、R503、R744）、较安全的制冷剂（有一定毒性和可燃性，如 R717 氨、R40 氯甲烷、R764 二氧化硫）和易燃易爆的制冷剂（如 R600 丁烷、R170 乙烷、R290 丙烷）。氨和氟利昂是目前较为常用的制冷剂。

氨（NH_3，R717）最大的优点是单位容积制冷能力大，蒸发压力和冷凝压力适中，另外价格便宜，极易购得，特别是冷藏、冷库等大型制冷设备常采用。但是氨最大的确定就是有强烈的刺激作用，对人体有危害，目前规定氨在空气中的浓度不应大于 $20mg/m^3$。氨是可燃物，氨在空气中的体积百分比达 16% ～ 25% 时，遇火焰就有爆炸的危险。

氟利昂本身无毒、无臭、不燃，适用于工程建筑或者实验室的空调制冷装置。尤其是氟利昂 R22，在我国空调制冷装置中已经广泛采用。其热力学性能与氨不相上下，而且安全可靠，是一种良好的制冷剂，但是目前价格较高，影响大规模的推广使用。但氟利昂是著名的温室效应气体，其温室效应值比二氧化碳大 1700 倍，且氟利昂会破坏大气层中的臭氧层。根据国际上《蒙特利尔议定书》规定：R22 于 2020 年将全面禁止，发展中国家可适当延期至 2040 年全面禁止生产。目前国际上一致看好的 R22 的替代物是 R407C、R410A。另外汽车制冷中常用的 R12 采用 R134A 替代。

17 制冷压缩机

容积式制冷压缩机是靠改变工作腔的容积，将周期性地吸收到的定量气体压缩。离心式压缩机是靠离心力的作用，连续地将所吸收到的气体压缩。

回转式制冷压缩机靠回转体的旋转运动替代活塞式压缩机中的活塞的往复运动，以改变气缸的工作容积，从而将一定数量的低压气态制冷剂进行压缩。

目前常用的压缩机主要有活塞式压缩机、涡旋式、螺杆式以及离心式压缩机。其中活塞式制冷压缩机多为中型（标准制冷量 60 ～ 600kW）和小型（小于 60kW），但是由于其噪声大，效率低且容易发生故障，目前使用已不多；涡旋式制冷压缩机目前主要用于小型制冷系统，在家用空调等小型系统大量使用；而螺杆机结构简单，可靠性高，操作维护方便，另外技术成熟，已经广泛应用于制冷、空调和多种工艺流程中；离心式压缩机结构简单紧凑，运动件少，工作可靠，经久耐用运行费用低，一般适用大于 500RT 的制冷系统中，并且可以实现无级调节，使机组的负荷在 30% ～ 100% 范围内工作。

COP：制冷压缩机的性能系数，即单位轴功率的制冷量。

压缩机的轴功率（压缩机的耗功率）：是指电动机传至压缩机机轴上的功率，主要包括直接用于压缩空气的所耗功率和克服运动机构的摩擦阻力所耗功率。

液击现象：是指当有过多的液珠进入蒸气压缩机气缸后，很难全部立即气化，出现液体撞击压缩机的现象。液体同时会破坏压缩机的润滑，使压缩机遭受破坏。为防止此类问题发生，在蒸发器出口（或者附在蒸发器上）增加一个液体分离器，使气液分离，保证干压缩。另外在空调的运行过程中，如果冰机冷冻水上的流量计失灵，或者没有装，当冷冻水流量过少压缩机依然工作的话，会使蒸发器盘管冻破，使水进入压缩机，损坏压缩机，后果严重。

喘振现象：是指冷凝压力过高或者吸气压力过低，出现气体来回倒流撞击的现象。喘振是离心式压缩机特有的工作现象。当调节压缩机制冷能力，其负荷过小时（一般当低于30%时），也会发生喘振现象。发生喘振不但会增大噪声和振动，也会使高温气体倒流充入压缩机，损坏压缩机及制冷装置。

18 除湿原理

谈到湿度的时候，要区分绝对湿度和相对湿度的概念。绝对湿度，就是单位体积的大气中含有多少质量的水汽。绝对湿度的常用单位是 g/m^3。事实上空气中不能无限地含有水汽，当水汽多到一定程度时，多余的水汽就会凝结成液态，这个上限由大气的温度决定，温度越高，大气中包含水汽的能力越高。以一定温度下大气所能包含的饱和水汽含量为基准，则可以定义相对湿度。相对湿度，就是实际水汽含量与饱和时水汽含量的比值百分数。如相对湿度100%，表示大气中水汽含量已经饱和了。日常用中，如气象预报，大多使用相对湿度的概念，因为相对湿度与是否降水、结霜、凝冻等息息相关。

水汽混合比：是指水汽质量与干燥空气质量比。

比湿：是指水汽质量与湿空气总质量之比。

按照除湿方式的不同，目前空调系统中常用的除湿方法有加热通风除湿、冷凝除湿、吸附剂除湿、吸收剂除湿和膜法除湿等。

通风除湿，即通过干燥空气置换湿空气，从而达到除湿的效果。

冷凝除湿，也就是发射场经常说的表冷除湿，其原理是饱和水汽含量与温度相关，温度越高大气含水能力越高，因此温度降低时，大气饱和含水量降低，多余的水汽就凝结成液态水，从而减少了大气中的含水量。

吸附剂除湿是指利用固体吸附剂吸附空气中水蒸气而实现空气含湿量降低的方法，它通常按照干燥循环进行工作，其循环工作过程由吸附过程、再生过程以及冷却过程组成。

转轮除湿是吸附剂除湿最常见的一种应用形式，除湿转轮分为除湿区（处理区）和再生区，通常分别占据转轮的3/4扇形区域和1/4扇形区域。除湿时，被处理空气流经转轮除湿区，与转轮内固体吸附材料充分接触，在水蒸气分压力差的驱动下，水蒸气由空气传递至固体吸附材料表面，同时吸附过程产生的吸附热传给空气，形成的干热空气从除湿转轮的另一侧流出。当转轮中固体吸附材料吸附达到饱和时，随着转轮的旋转，失效后的吸附材料进入再生区进行再生，再生后的吸附材料冷却后重新进入除湿区进行除湿，如此循环，如图6-133所示。

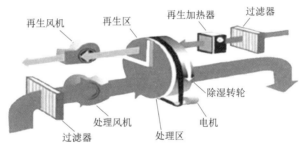

图 6-133 转轮除湿原理

19 盐雾

盐雾，是指空气中含有盐微小粒滴所构成的弥散系统。可以简单地理解为空气中的含盐度。在文昌发射场建设之前，我国发射场都是内陆发射场，盐雾问题相对较小，但文昌发射场是滨海发射场，空气中的盐雾浓度就不能不考虑。在海边住久了，窗户上会结白霜，就是盐雾的结果。这种盐雾，会使各类材料易腐蚀，时间长了，对设备设施的可靠性有很大危害。盐雾浓度单位一般为 mg/m^3。

盐雾腐蚀，主要是通过大量的氯离子与金属形成的原电池反应，阳极上金属容易失去电子，成为金属阳离子，从而进入到溶液中，即被腐蚀。

盐雾腐蚀效应可造成材料及设备的电化学腐蚀效应、电效应和物理效应，破坏金属保护层，腐蚀金属本体，使连接紧固部件锈死或松脱，活动组合件活动部位卡死，动作失误；金属内部应力增加，强度、延展性等物理性能降低，严重时造成设备承力金属构件的断裂和失效；腐蚀电子设备的金属导线及金属件、降低电气性能、损坏电子器件和电路板，造成电子设备灵敏度降低甚至丧失等。

在沿海陆地范围，空气中的盐雾含量与离海距离成指数规律降低，如图6-134所示。离海越近，其盐雾含量越大。在离岸10km范围内，盐雾含量下降速度较快，随后下降趋势区域平缓。由海岸向海里延伸，盐雾浓度大幅上升，离岸2km，其盐雾浓度可达海岸线的4～5倍。因此，在海上建设的设施，防盐雾腐蚀难度更大。

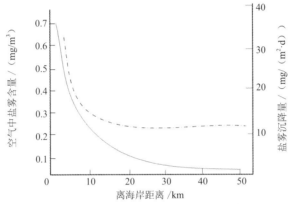

图 6-134　盐雾浓度与沉降量分布

盐雾防护的基本原则是，通过密封降低湿度，从而尽量减少溶液原电池环境，元器件设计尽量采用耐腐蚀材料，并对重要的电子元件设备进行重点防护，在表面进行镀层、涂层等防护。

金属镀层防护，使用强抗腐蚀的合金电镀层保护器件，如锌合金具有很强的抗腐蚀性，是最为常见的耐腐蚀材料。

涂层保护，即采用合适的涂料和正确的涂装工艺，使金属表面与腐蚀环境相隔离，从而达到防腐蚀的目的。通常采用3层涂装工艺，包括底漆、中间漆和面漆三部分，各层采用具有多种特性的漆料。

20 特种运输车

运载火箭、有效载荷、整流罩等部件在发射场内运输时，需要用到特种的箭体运输车，如箭体运输车、整流罩运输车等。

箭体公路运输车主要由车架、牵引臂、前轮组、后轮组、转向系统、制动系统、电气系统、工具附件组成，如图 6-135 所示。

图 6-135 箭体运输车

整流罩组合体垂直公路运输车是凹形车架的双轴全挂车，正向牵引时，前轴转向，后轴不转向。它主要用于承担航天器在航天器总装测试厂房与整流罩装配厂房之间的垂直运输，以及组合体在整流罩装配厂房与垂直总装测试厂房之间的垂直运输等任务。由于凹形比较像元宝，也称为元宝车，如图6-136 所示。即使随着技术发展，凹形不再明显，但沿用元宝车这一称呼。

图 6-136 整流罩组合体运输车

第 7 节 特燃特气

1 液氢

氢是元素周期表第一号元素，氢气是最轻的气体。氢的发热值是所有化石燃料、化工燃料和生物燃料中最高的；同时，氢燃烧的产物是水，环保无污染，因此适合作为运载火箭的推进剂使用。1981 年 4 月 12 日，美国"哥伦比亚"号航天飞机是第一个使用液氢作为推进剂的航天器。作为航天燃料使用的液氢（LH₂），是高纯度的液氢，是一种无色、无味、透明的液体。其物理性质见表 6-16。

表 6-16 液氢的物理性质

项目	数值
相对分子量	2.016
冰点 ℃	− 259.18
沸点 ℃	− 252.78
液体密度（− 253℃）/（g/cm³）	0.07077
饱和蒸气压（− 253℃）/MPa	0.101
液体膨胀率（− 253℃ 与 20℃，大气压）	1/840

液氢无腐蚀性，无毒，但和一些氧化剂形成的混合物极易起火或爆炸。氢气和空气组成的混合物有很宽的可燃极限，并只需极小的引燃能量，故非常易燃易爆。液氢、氢气本身无毒，但氢气浓度过高时会造成缺氧窒息。液氢由于温度过低，人员皮肤接触后容易冻伤。由于液氢温度过低，且易燃易爆，相关人员着装必须防冻伤和防静电，相关设备设施严格采取接地和防雷措施，操作使用镀铜工具，现场附近严禁明火，严禁有关人员携带火种。

液氢生产首先使用甲醇水蒸气在催化剂床层转化成主要含氢气和二氧化碳的转化气，再经变压吸附技术，提纯获得纯度为 99.999% 的产品氢气。再采取节流压缩等液化技术生产出液氢。

扩展阅读

仲氢和正氢：仲氢是由核自旋方向相反的两个氢原子组成的氢分子；正氢是由核自旋方向相同的两个氢原子组成的氢分子，正氢的基态能量稍高于仲氢；正常氢即常温以上的平衡氢，由 75% 正氢与 25% 仲氢组成；平衡氢是在一定温度下正氢和仲氢处于转化平衡状态的氢。由于正氢的能量高，在生产液氢时，需全部转化成为仲氢，以减少贮存时自然产生热量而使液氢气化。

可燃极限：可燃性气体或粉尘与空气或氧气的混合物遇火源发生燃烧或爆炸的最低浓度和最高度，分别称为可燃下限和可燃上限。

最小点燃能量：是指将最易点燃浓度的可燃性气体点燃所需的最小电火花能量。

2 液氧

高纯度的液氧（LO₂）是一种淡蓝色液体，无味。在环境温度下处于沸腾状态。液氧和氧气是强氧化剂，能强烈助燃。与脂肪、苯、酒精、润滑油等接触时，发生激烈的氧化作用。氧气可与乙炔、氢气、甲烷等可燃性气体按一定比例混成极易爆炸的混合物。液氧本身无毒，但由于液氧温度过低，与皮肤接触容易冻伤。液氧的物理性质见表 6-17。

表 6-17　液氧的物理性质

项目	数值
相对分子量	32.00
冰点 /℃	− 218.3
沸点 /℃	− 183.0
液体密度（沸点时）/（g/cm³）	1.14
饱和蒸气压（− 178℃）/MPa	0.163

由于液氧温度过低，人员着装必须防冻伤。禁止使用带油工具。操作场所必须有灭火装置，严禁堆放木材、织物、汽油等可燃物。特别地，氧气的强助燃性需要高度重视，氧气和不锈钢管快速燃烧造成的事故并不鲜见，因此在高压氧气系统中，一般使用铜材或蒙乃尔合金。

液氧 / 液氮生产以空气为原料，采用制冷循环使空气液化再分馏的分离技术生产，采用增压膨胀机流程。

3 液氮

液氮（LN_2）是一种无色无味的液体，呈惰性，无色，无味，无腐蚀性，不可燃。液氮在常温下处于沸腾状态，其沸点较液氧低，冰点较液氢沸点高，因此气体可以作为液氧系统的挤压用气，但不能用于液氢系统。氮气较空气略轻。$1m^3$ 液氮气化可产生大约 $650m^3$ 氮气。液氮的物理性质见表 6-18。

表 6-18　液氮的物理性质

项目	数值
相对分子量	28.00
冰点 /℃	− 209.8
沸点 /℃	− 196.56
液体密度（沸点时）/（g/cm³）	0.81
饱和蒸气压（− 173℃）/kPa	1026.42

液氮和氮气在一般情况下性能稳定，不与其他物质发生反应，因此可以作为其他介质的增压及保护用气甚至用于灭火。

液氮温度过低，与皮肤接触会冻伤，并且在空气中氮气浓度过大，会发生窒息。由于液氮温度过低，人员着装必须防冻伤（人体皮肤接触液氮瞬间是没有问题的，超过 2s 才会冻伤且不可逆转）。操作空间必须有抽风装置进行通风，防止氮气聚集，人员要注意防止窒息。

4 航天煤油

煤油属于烃类燃料，由碳氢化合物组成，有时可能加入少量添加剂。煤油是透明的液体，不溶于水，但可溶于大多数有机溶剂中，它本身就是非极性有机物的优良溶剂。由于煤油的组成馏分不同，其物理性质也会有较大差异。如不同牌号的煤油，其密度、冰点、挥发性、黏度等可能差别很大，其平均分子量、化学式、碳氢比也各不相同。而煤油的能量特性在很大程度上取决于其化学组成和馏分组成。

航天煤油是抗热不分解的碳氢燃料，与普通煤油相比，其含硫量很低，降低了高温下金属的腐蚀性以及混合物的聚合沉淀，且其不饱和碳氢化合物含量低，使得聚合反应减少。航天煤油部分理化性质见表 6-19。

表 6-19　航天煤油的理化性质

项目	数值
密度（20℃）/（g/cm³）	$0.830 \sim 0.836$
结晶点 /℃	$\leqslant -60$
闪点 /℃	$\geqslant 60$

煤油属于可燃液体，其蒸气与空气能形成爆炸混合物，遇明火或电火花会发生着火和爆炸。但是煤油与非氟氧化剂（如液氧、过氧化氢、硝基氧化剂等）接触不会自燃，只有在外界激发能作用下才会发生着火甚至爆炸。煤油对冲击、压缩、振动等均不敏感，对光和热有轻微敏感，主要是引起颜色变黄和加速胶质的形成，但不会引起着火或爆炸。只有在极强的氧化剂或高温高压作用下才会发生着火或起化学变化。

煤油在空气中的最大允许浓度为 0.3mg/L 或 500ppm，其紧急暴露阈值是 30min 为 5mg/L。按化学品毒性分级标准来看，煤油是属于第 5 级，即几乎无毒。煤油可以通过人员吸入蒸气、吞入液体和皮肤吸收等途径引起中毒。其毒性主要来自于煤油中的芳香烃。煤油的挥发性较低，除了在通风不良的封闭空间内，通常是不会吸入高浓度蒸气而引起中毒的。由于煤油是油脂的优良溶剂，所以对皮肤有中等的刺激作用，反复接触后，会使皮肤脱皮和干裂，偶尔可能起泡。

5 偏二甲肼

偏二甲肼（UDMH）是易挥发、易燃、有毒、无色的液体，分子式为 $(CH_3)_2NNH_2$，如图 6-137 所示。偏二甲肼是一种还原剂，弱有机碱，其蒸气在常温下能被空气缓慢氧化，生成物主要为偏腙、水氮。偏二甲肼能与许多氧化物质的水溶液反应，如利用高锰酸钾的水溶液来处理偏二甲肼液。偏二甲肼的物理性质见表6-20。

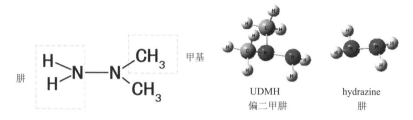

图 6-137　偏二甲肼分子结构

表 6-20　偏二甲肼的物理性质

名称	数值
相对分子量	60.078
冰点 /℃	− 57.2
沸点 /℃	63.1
密度（20℃）/（g/cm³）	0.7911
饱和蒸气压（20℃）/MPa	0.0164

　　偏二甲肼与四氧化二氮接触会立即燃烧，常作为运载火箭推进剂的燃烧剂。偏二甲肼易燃易爆，有毒。凡接触偏二甲肼的人员应熟悉其性质，掌握事故的预防和急救措施，操作至少两人以上方可进行。现场所有人员不许携带火种，操作人员必须穿防护衣、戴手套、穿高筒靴和防毒面具。操作空间必须有抽风装置进行通风，以防蒸气的聚集，同时也应该提供充足的水源，以便于灭火和去污。严禁使用锈蚀或发火工具在偏二甲肼蒸气的环境中对设备实施操作。操作人员实施操作后必须沐浴更衣。

> **扩展阅读**

　　肼（H_2NNH_2）：是一类含氮的化合物，属于液体燃烧剂，最简单的肼也叫"联氨"，是一种有毒有腐蚀性的油状液体。含50％肼的燃料称为"混肼50"。

6 四氧化二氮

　　四氧化二氮（N_2O_4）液体无色，其在空气中冒红烟并散发强烈刺激性臭味的红棕色液体。常温下的四氧化二氮为四氧化二氮（N_2O_4）和二氧化氮（NO_2）的平衡混合物。四氧化二氮的物理性质见表6-21。

表 6-21 四氧化二氮的物理性质

名称	数值
相对分子量	92.016
冰点 /℃	− 11.23
沸点 /℃	21.15
密度（20℃）/（g/cm³）	1.446
饱和蒸气压（20℃）/MPa	0.02561

四氧化二氮为强氧化剂，与肼、偏二甲肼接触会自燃，与碳、硫、磷接触容易着火，与酒精、煤油、汽油等接触能发生激烈化学反应。物对机械冲击、热或爆震不敏感，与空气接触不燃烧，但能助燃。四氧化二氮与水起反应，生成硝酸和亚硝酸，亚硝酸分解生成硝酸和放出一氧化氮。一氧化氮在室温下是稳定的。混合的氮氧化物在60℃时，其蒸气压力达到0.98MPa（绝对压力），高于四氧化二氮的蒸气压力，因此要求容器能承受较高的压力。

四氧化二氮有毒性，属三级中等毒性，具有较强腐蚀性，有水存在时，腐蚀性会加强。当吸入二氧化氮，毒害的初期症状是眼睛和咽喉受到刺激，咳嗽，胸部紧闷和轻微的恶心但不明显。数小时后症状开始严重：常常会突然发作，用力时会有摔倒的危险，咳嗽，胸部感到压迫，呼吸困难。随着可能产生发紫现象（口腔黏膜、眼睛、嘴唇和手指发蓝）。

扩展阅读

绿色四氧化二氮：因其颜色为绿色而得名，英文简写为 MON，由 N_2O_4 和 NO 混合组成，这样可降低推进剂的冰点，降低腐蚀性，因此一般用于在轨飞行的航天器中。其中 N_2O_4 的最低质量百分浓度为88.8%，NO 为 10% ～ 11%，相当水为1%，并且氯化物不超过0.08%。绿色四氧化二氮和四氧化二氮有相似的颜色和气味。随着 NO 浓度的增加，N_2O_4 混合物的自燃性将降低。

7 一甲基肼

一甲基肼的化学分子式为 CH_3NHNH_2，英文简写为 MMH，作为推进剂的一甲基肼最低含量为98%，其余主要是水。在文昌发射场，运载火箭是不使用有毒推进剂的，一甲基肼一般作为卫星等有效载荷的推进剂使用。一甲基肼具有低沸点，易挥发，较低的自燃着火温度，以及比较高的蒸气压力，这表明一甲基肼在处理贮存时有较大的危险性。

一甲基肼是一种强还原剂，具有弱碱性并极易吸湿。它会和空气中的二氧化碳和氧发生反应。由于大气中的氧气的氧化作用，大面积的暴露在空气中的物质（如渗透一甲基肼的破布）可以引起自燃着火。一甲基肼的液滴与金属氧化物或其他氧化剂接触会自燃着火。一甲基肼和某些金属（如铁、铜、钼以及它们的合金和氧化物）接触会发生分解。一甲基肼如果不与空气接触，直至在沸点温度也是稳定的。长期贮存一甲基肼，其蒸气空间必须充氮气保护。

8 无水肼

无水肼的化学分子式为 N_2H_4，是一种强还原剂，其化学性质与偏二甲肼相似。具有弱碱性，与水作用生成共轭酸和碱，与多种有机酸反应生成盐，与二氧化碳反应生成白色的碳酸盐沉淀物。无水肼是一种类似氨味的无色透明液体，具有很强的吸湿性，其蒸气与大气中的水分结合呈白烟。肼是极性物质，可溶于水、低级醇、氨、脂肪胺等，但不溶于非极性物质。肼与水可以以任意比例融合，通常肼都含水，无水肼特指不含水的肼。

无水肼属于三级中等毒性，其危害性基本同偏二甲肼。偏二甲肼属于三级中等毒性物质，在空气中最大允许体积浓度为 0.5×10^{-6}。偏二甲肼是一种中枢神经系统的兴奋剂，有强烈的致痉作用，如高浓度急性中毒。经一定潜伏期后会发生阵发性痉挛。高浓度的偏二甲肼蒸气对呼吸道和眼结膜有一定刺激作用，液滴溅入眼内可引起轻度到中度的结膜和角膜碱性烧伤，皮肤染毒可引起 I 度～II 度化学烧伤。

9 单推三

单推三简写为 DT-3，是无水肼、硝酸肼和水的均相混合物，在常温常压下能保持稳定，而在加热、加压或催化条件下，可以迅速分解，产生推力，因此广泛应用于姿控系统。

单推三中肼的最低含量为66.5%，其余主要是硝酸肼、水份。它具有冰点低、易挥发及蒸气压高的特点，在贮存、使用、处理时有较大的危险性。单推三的危害性和注意事项同一甲基肼相似。其物理性质见表 6-22。

表 6-22　单推三的物理性质

项目参数	技术指标
沸点 /°C	115.2
冰点 /°C	− 30
密度（20°C）/（kg/m³）	1.0915×10^3
临界温度 /°C	347.4
临界压 /Pa	12.4656×10^6

10 氦气

氦（He）是元素周期表上的第二号元素，也是第一号惰性气体元素，无色无味，不可燃，化学性质不活泼。氦气对于现代科学和工业是非常重要的资源。氦气的物理性质见表 6-23。

表 6-23 氦气的物理性质

项目	数值
相对分子量	4.0026
冰点 /℃	常压下无法固化
沸点 /℃	− 268.9

氦是人类发现的临界温度最低的物质，单纯通过温度降低很难得到液氦，要得到固态氦，则必须加压。这就使得氦成为超低温冷却技术的重要元素。即使液氢 − 253℃ 左右的温度，氦依然是气体，因此氦气可以作为运载火箭氢箱增压的气体使用，换作其他气体去增压，可能被液氢液化甚至固化了。

氦是一种惰性气体，化学性质稳定，适合作为保护气体使用，各种活泼金属的焊接，常用它作为保护气。在航天领域，使用氦作为控制气和吹除气，化学性质稳定也是其中一个重要原因，在高温高压等各类恶劣条件下，氦也不会与管路金属等材料发生反应，这是十分难得的。

氦气在各类液体中溶解度都很小，潜水员选用它，是因为它在血液中的溶解度远远小于氮气。这一点对于运载火箭也十分重要，这样在使用氦气充入氧箱和氢箱时，不必担心它大量的溶入液氧和液氢当中，导致推进剂纯度下降。

氦具有很好的扩散性，无论作为气体还是液体，氦的"黏滞性"微乎其微，这也是一个非常重要的性质，举个例子说明，一个封闭空间放入氦气和空气，那么氦气将更快地充满这个空间。运载火箭的阀门控制是通过气体压力去顶开阀门实现的，用氦气是反映速度最快的，这也使得阀门的开关控制精度更高，更利于火箭的控制。氦分子量小，非常适合作为检漏的气体，检查仪器管路是不是密封。

氦元素在整个宇宙中按质量计算占比 23%，仅次于氢，含量十分丰富。但氦在地球的含量却很少，空气中含量仅为百万分之五左右。其原因一方面是由于氦气分子量小，密度低，易于逃逸出大气层，飞入外层空间；另一方面是由于氦气的惰性，使得它难于和其他元素发生反应而留在地球。火箭发射使用的氦气，纯度要求高，价钱也十分昂贵，所以在各种测试中氦气的使用需尽量节省。

第 7 章

运载火箭测试和发射

运载火箭的测试发射工作，是航天发射场的主要工作。火箭自生产组装起，各单机产品和火箭各部段，均经历分系统综合实验室测试、总装厂总装和出厂测试环节，然后运输进入发射场。因此，发射场的火箭测试发射工作，是火箭综合测试、总装和出厂测试的延伸，并且是火箭点火起飞前状态确认至关重要的阶段。

从测发周期和建设成本角度，发射场难以具备与火箭各系统研制生产过程中相同的测试环境，如振动、风模态、部段分离等测试难以在发射场完成，且从可靠性、安全性控制角度，各类研制过程中的极限试验不适于在发射场完成。发射场测试发射尽量在发射场环境条件下，进行火箭功能性能的必要测试，完成火箭发射场诸元参数的确定，并最终完成对火箭实施加注发射操作。

第 1 节 测试发射总体

1 测发技术

航天发展初期，测试以手动测试方式为主，在 20 世纪 60 年代开始，开展部分自动化测试。航天发射是在导弹发射基础上演变而来的，最先采用的是近距离测发控，随着计算机和网络技术不断发展，逐渐转为远距离发射。目前，各型火箭发射场均采用远距离测发控模式，其测发设备为前后端布置，使用光纤传输前后端信息，靠近火箭的设备称为前端设备，在测发控中心的设备称为后端设备。

火箭的测试主要可分为电气系统测试和非电气系统测试两个部分：电气系统包括控制系统、测量系统、总控网系统等以电气元器件、设备为主的系统，我国对电气系统的测试经历了 GPIB、CAMAC 等测试技术，发展出 VIX、PXI，以及基于 1553B、PCPI、RS422 总线等各类长距离测试技术，并基于光纤网络，采用智能控制测试机箱，改善了测试信号的采集和传输处理体制；非电气系统测试，主要为动力系统相关测试，其方法包括外观检查、气密性检查、脱落测试等内容，发展了配套的配气系统及动力测控系统，采用 PLC 控制和手动控制相结合的阀门控制方式。

火箭的测试思路分为地测和箭测两种。地测，即采用 VXI 等测试模件，在地面对火箭进行测试。这要求箭体连接较长的测试电缆，待测量的检测仪器在地面。箭测，即采用箭机和测量电路、激励信号源、采样开关等组成箭上测试系统，对火箭进行测试，箭测时，采样设备可以靠近待测点，更为精确；但需要箭上设备具备采集、测试功能，而这些功能一是增加了箭上设备负担，二是增加了部分重量，且起飞以后就没用了。因此，早期火箭型号以地测为主。随着集成电路小型化、智能化程度的提高，箭测的优点越来越明显，目前的火箭型号，多同时采用箭测地测两种方式。

航天测试发射系统与导弹的不同：火箭搭载的是航天器，导弹搭载的是弹头，在相关测试和安全要求方面有所不同；发射方式不同，导弹发射需要考虑生存性和实战隐蔽性要求，一般要求机动发射、短时间发射，运载火箭发射主要考虑的是经济成本与可靠性，因此一般采用固定发射，测试发射时间根据型号的测发模式不同长短不一。

世界各国测试发射技术发展趋势主要体现在三化、总线技术、无线测试等方面：三化，即模块化、组合化、通用化，对于箭上产品，尽量采用三化设计，使得其测试发射项目易于归类实施；总线技术的采用，可以大幅降低地测项目数量，主要采用箭测完成运载火箭的测试，从而大幅提高自动化测试水平；无线测试，即采用无线数据接收测试方案，代替有线测试；并对射前监视参数，包括箭上火工品、动力系统、控制系统及环境，地面加注系统、供气系统、供电空调等系统参数进行现场检测，并远距离传输，提高测试信息可靠性。

2 测发模式

测发模式，即火箭在发射场测试发射的基本技术状态。由于绝大多数运载火箭都是水平状态运输进场，垂直状态发射升空，因此测试发射过程中的技术状态，主要指测试状态、总装状态和转运状态是整箭整体开展，还是分部段开展，是垂直状态，还是水平状态。测发模式与火箭的总体设计和发射场的布局密切相关，经历的多种形式的演变。

"三分"模式，即分段组装、分段测试、分段转运模式。火箭分级进行组装，分级组装后在各级机械接口不连接状态下进行综合测试。技术区测试合格后，各级使用水平运输车分级运至发射区。在发射区使用起吊设备进行垂直总装，垂直总装后进行测试检查，合格后进行加注发射。这种模式在美国、苏联和我国发射第一颗人造地球卫星时均有使用，是充分利用原有导弹试验场地和设施的模式。其优点是技术区不必建筑高达测试装配厂房，不必建造复杂的火箭转运设备，发射区不需要大型起吊设备，因此经济性好。缺点是火箭和航天器分级运输至发射工位，阶段间技术状态未保持，因此需要开展大量的测试工作，连接后机械和电接口检查和测试工作量大，发射区占位时间长，一般要 7 ～ 10 天，甚至长达 1 个多月，发射区设备设施复杂程度提高。此外，发射区环境条件不如技术区，长时间占位可靠性有所降低。现代系统工程质量控制理念下，运载火箭测试发射强调整体性，以减少技术状态变化，因此较少采用"三分"模式。

"三固"模式，即火箭运至发射场后直接运至发射工位，在固定的发射平台上装配，并测试、加注、发射的模式。在20世纪60年，美国流行使用这种模式。如发射"双子座"飞船时，即采用三固模式。20世纪70年代，美国范登堡基地建造航天飞机发射工位时，也采用了三固模式。这种模式发射区需要建造庞大、复杂的塔架，塔架须设有壁板、通风和空调装置，并有密闭措施，以使塔内环境和洁净度满足火箭要求。其优点是火箭状态自进入发射场至发射不变，避免因状态改变产生的重复测试，缩短测试周期，提高可靠性，且省掉技术阵地的地面测试设备。缺点是建造复杂的勤务塔，造价昂贵，但环境条件仍无法与技术区厂房相比，发射区占位时间长，不利于发射场任务周转，提高发射频率，必须多建造发射工位，如双子座火箭发射工位就多达4个。若在加注发射过程中出现灾难事件，则造成损失较其他模式更重。因此在各国的现役运载火箭型号中，较少使用三固模式。

目前，主流的测发模式包括"三平""三垂""二平二垂"和"一平二垂"等模式。随着全过程质量控制理念的深入，航天测试发射越来越强调技术状态的一致性，因此"三平"和"三垂"是测发模式发展的主要方向。事实上，各类测发模式的界定难以一概而论，即使如我国CZ-5火箭和CZ-2F火箭一样同样采用"三垂"模式，但其具体技术细节仍有所差距，相比CZ-5火箭，CZ-2F火箭的活动发射平台没有前置设备间，也不具备脐带塔，因此CZ-2F火箭垂直转运至发射区后，要进行较多的连接器连接和系统连接后测试工作。苏联的能源号火箭为确保飞行可靠性，在发射前执行静态点火测试，即将运载火箭固定在牵制装置上，发动机真实点火，以验证发动机性能和各系统的匹配性；但基于技术继承性，火箭仍采用"三平"模式，于是全流程就变成了火箭水平总装、水平测试、水平转运至试车台、整体起竖静态点火试车、转水平状态运输指发射区，然后再整体起竖垂直发射，因此严格意义上将，能源号火箭的测发模式是"四平一垂"模式。

表7-1　主流运载火箭测试发射模式对比

序号	项目	二平二垂	一平二垂	三垂	三平
1	箭体组装环境	勤务塔	勤务塔	垂直厂房	水平厂房
2	箭体测试环境	水平厂房、勤务塔	勤务塔	垂直厂房	水平厂房
3	测试工艺流程	复杂	简单	简单	简单
4	技术区设施	一般	简单	复杂	一般
5	发射区设施	复杂	复杂	简单	简单

序号	项目	二平二垂	一平二垂	三垂	三平
6	转运气象要求	一般	一般	较高	一般
7	转运设备	简单	简单	复杂	复杂
8	对接火箭和航天器	简单	简单	简单	有特殊要求
9	技术状态	发射区重新准备	一次性完成	一次性完成	部分重新准备
10	技术区工作时间	15～20 天	7～10 天	25 天左右	25 天左右
11	发射区工作时间	15 天	15 天	3～4 天	3～4 天
12	测试发射周期	30～35 天	20～25 天	28 天	28 天
13	发射场建设费用	中上	中等	高	中下

3 三平模式

"三平"模式，即水平总装、水平测试、水平转运模式。20 世纪 60 年代初期，苏联从军事战略上考虑，利用其运载火箭采用捷联惯性制导方案的有利条件，采用了水平总装、水平测试、水平转运和整体起竖的模式，如图 7-1 所示。进入发射工位的导弹不再进行综合测试，使发射时间缩短到 2～3 天，并把此方式应用到以后的航天发射上。苏联的"联盟"号、"质子"号、"能源"号、"旋风"号和"天顶"号，美国的"德尔它"4、"猎鹰"9 系列均采用这种模式，但具体实现上略有差异。

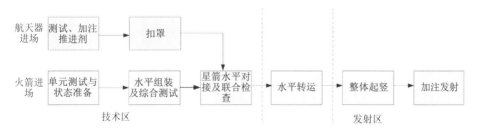

图 7-1 典型三平模式框图

"质子"号火箭的箭体采用铁路分级运输至发射场的水平总装厂房，先将火箭从铁路车运至平板车上，然后吊在特殊支架车上，在高度可调的支架车上进行级间对接，助推器也是在特种支架车和吊具的配合下在技术区和芯级火箭进行水平对接。检查好后，在支架车上进行整流罩和有效载荷的对接。经过星箭测试后，火箭整体吊装到铁路水平箭体运输车运往发射区。起竖臂将火箭竖起。火箭经测试，加注后进行发射，如图 7-2 所示。

图 7-2 "质子"号火箭测试发射

"德尔它"4 火箭分级运输到发射基地，在技术中心进行水平测试，箭体水平运输，在发射塔整体起竖。有效载荷单独测试单独运输，在发射塔上进行对接，在活动服务塔中进行测试，发射前活动服务塔拉开，利用脐带塔进行加注和发射，如图 7-3 所示。

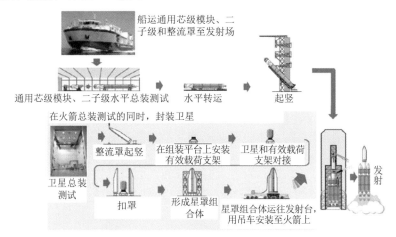

图 7-3 "德尔它"4 火箭测发模式

"德尔它"4 火箭研制初期，在发射区的测试时间为 40 天左右，为了减少在发射台上的操作时间，火箭测试改用"三平模式"，并采取一系列自动化操作手段，将火箭在发射区操作时间由 40 天减少到了目前的 6～8 天，操作时间减少了 75%，如图 7-4 所示。

图 7-4 "德尔它"4 火箭起竖及运输

"三平"模式也称为"三平一垂"模式，这种模式的关键在于采用箭体整体起竖装置。整体起竖保持了箭体的连接，缩短了发射区测试周期，如"联盟"号在发射工位上准备时间仅有14h，并且其发射场建设费用虽比三分模式高，但相比三垂模式，发射工位的设施简单，经济性好。缺点是需要建造较为复杂的整体起竖装置，且箭体需具有足够强度，因此箭体结构质量有所增加，而且若航天器和火箭整体水平起竖，则要求航天器加注推进剂后允许水平放置。

4 三垂模式

　　"三垂"模式，即垂直总装、垂直测试、垂直转运模式。火箭在垂直总装测试厂房进行垂直对接、组装，并进行垂直状态下的综合测试和整体垂直状态的运输至发射区，如图7-5所示。三垂模式最早由美国1962年在肯尼迪航天中心建造"阿波罗"飞船39号发射工位时提出。三垂模式下，火箭测试在技术区，环境条件好，垂直转运至发射区后状态不变，发射区占位时间短，提高了发射窗口的适应性，且简化了发射区建设。美国采用这种模式进行"土星"5火箭测试发射，均取得成功。目前，世界各国运载火箭多采用此发射模式，包括我国的CZ-5、CZ-7和CZ-2F火箭，美国"土星"5、"宇宙神"5火箭，法国"阿里安"4、"阿里安"5火箭，日本H-2A系列火箭等。

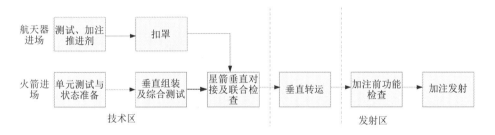

图 7-5 三垂模式

　　CZ-5和CZ-7火箭在技术区垂直总装后完成大部分测试内容，由于各系统地面前端设备均在活动发射平台内随火箭转运，可保持大部分技术状态不变，转运至发射区后进行简单测试后即加注发射，缩短了运载火箭在发射区停留时间，如图7-6所示。在发射场布局上，强化了技术区，简化了发射区；缩短了发射区测试时间，将火箭大部分测试置于技术区良好的环境保障条件下，提高了测试的可靠性；在发射区完成推进剂加注等危险操作，一旦出现爆炸等重大事故，由于发射区设施简化，可降低损失；减少发射区占位时间，提高了窗口适应性，特别对于滨海发射场，提高了规避恶劣天气的能力，提高了发射场任务周转的能力。

图 7-6　CZ5 火箭垂直转运

　　CZ-2F 运载火箭采用的三垂测试发射方式，具体流程与 CZ-5 和 CZ-7 火箭稍有区别，由于 CZ-2F 活动发射台上无脐带塔、无电源、无前置设备，因此在转入发射区后需要开展大量的箭地连接工作，如图 7-7 所示。

图 7-7　CZ-2F 火箭垂直转运

　　"阿里安"5 火箭测试发射流程也采用三垂发射方式，如图 7-8 所示，火箭经过海上运输到达发射场后，芯级、助推级、有效载荷分别在各自的组装厂房内完成组装并作初步测试；在活动发射平台上安装芯级，并与助推器实行连接，在垂直总装厂房将火箭进行垂直总装对接，然后进行测试，测试结束后，火箭与有效载荷组合体垂直转运至发射中心，火箭在进行推进剂加注的最后时间段才转运到发射区，减少火箭暴露在外环境中的时间，在发射区完成芯级火箭的加注工作。其测试火箭的前端设备放置在活动发射平台中。

图 7-8 "阿里安"火箭测试发射

H-2 火箭在航天发射场测试发射模式与"阿里安"5 相同，采用三垂测试发射方式，如图 7-9 所示。火箭除了在发射当日所进行的任务之外，其他所有任务，如火箭组装、系统检测和有效载荷 / 整流罩对接都在总装厂房中进行。

图 7-9 H-2 火箭测试发射

5 二平二垂和一平二垂模式

"二平二垂"模式，即水平测试、水平运输、垂直组装、垂直综合测试模式。20 世纪 50 年代，导弹、卫星、飞船等发射采用分级水平运输、起竖后垂直组装的模式，即火箭在技术区进行水平测试，然后分级水平运往发射区，在发射台上逐级将火箭和航天器起竖对接，并在垂直状态下再进行综合测试，最后加注发射，如图 7-10 所示。该模式作为航天技术的初级阶段，通过大量细致的工作，取得了较高的发射成功率。美国、苏联在早期导弹试验阶段曾用这种模式，美国的"德尔它"2 也采用了这种模式。我国早期运载火箭，如 CZ-3A 系列火箭早期采用这种模式。

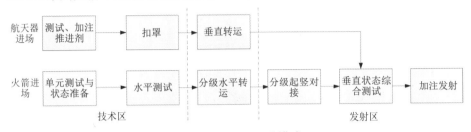

图 7-10　二平二垂模式

二平二垂模式中，通过优化，将水平测试取消，就变成了一平二垂模式。分级水平运输、垂直组装、垂直测试，火箭水平状态的测试主要在出厂前完成，火箭进入发射基地后技术中心的水平状态只进行火箭状态恢复及简单的单元测试工作，主要测试在发射中心火箭为垂直状态的测试，如图 7-11 所示。

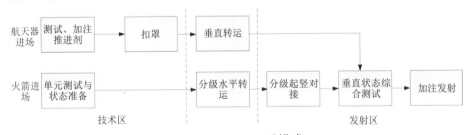

图 7-11　一平二垂模式

目前，我国的 CZ-3A 系列和 CZ-2C 系列运载火箭均采用这种模式。这种模式取消了技术区的综合测试，缩短了测试发射时间。图 7-12 所示为 CZ-3A 火箭吊装。

图 7-12　CZ-3A 火箭吊装

6 测试发射工艺流程

测试发射工艺流程是内容涵盖广泛的技术方案，规定了运载火箭、航天器以及其他任务参试系统在发射场参加测试发射任务的物流方向或工艺路线，并明确了各系统的技术状态和主要的测试项，明确各系统之间及单个项目之间相互关系和先后次序、时间安排，明确了质量控制关键节点，以更好地控制进度和质量。测试发射工艺流程以文字描述、流程框图和流程网络计划图等形式表述。

测试发射工艺流程是发射工程最先开展的顶层总体设计内容之一，对于单个测试发射任务而言，是任务规划和任务组织实施的总体依据。运载火箭基本型号的测试发射工艺流程，是发射场总体布局、设备设施技术方案的依据，决定着发射场建设布局以及火箭产品及其配套测试发射设备的研制设计工作，规范了各大系统在发射场的全部技术准备和发射活动。基本流程的框架应充分考虑技术先进性、必要性、可行性和经济性。图 7-13 所示为典型的三垂模式工艺流程。

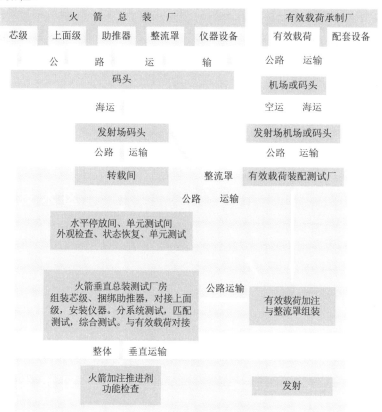

图 7-13　三垂模式工艺流程

工艺流程与各系统测试细则、操作规程是相互迭代完成的系统整体。流程指导细则、规程的编制，在细则和规程的拟制执行过程中，可能会遇到新的矛盾和问题，进而反馈对流程进行优化。

7 测试项目安排原则

火箭测试发射是两个过程：一是测试，其作用是及早发现和隔离故障，使发射前火箭处于良好工作状态；二是发射，即通过加注和发射程序，完成火箭的点火发射。

1）先分后总、循序渐进原则

运载火箭测试发射一般依据"先分后总、循序渐进"的原则，即先检验零部件性能或部分电路性能，再检查单机性能；单机性能合格后，再连起来检查各个分系统的性能指标；然后分系统间逐一匹配测试，多个系统间匹配测试，最后所有系统联合测试，称为总检查；这就是我国运载火箭常用的"单元、分系统、分系统匹配、总检查"的测试模式。当然，由于分的方式不同，也存在"子级测试、子级匹配和全箭测试"的模式，如美国的"土星"5火箭，我国目前大多数火箭按照"单元测试、分系统匹配测试和总检查测试"的模式，本书后续按照这一模式进行描述。先分后总测试顺序符合认识事物的规律，一定程度避免了综合测试的时候由于个别单机的问题影响整体进度，而且进入大系统测试后，若出现问题，其故障排查工作相对复杂，影响因素多。

2）覆盖性原则

火箭的测试应尽可能覆盖临射加电至飞行结束全过程的产品技术状态，并且覆盖火箭点火后紧急关机、飞行中失稳、各种状态下的逃逸求生等。对于单机射前和飞行过程中的必要性能指标，通过单元、分系统和总检查测试，应逐一考核，重要指标应反复考核确认，以确保安全可靠。对于重要单机仪器，要进行零位、静态和动态多重测试，以全面考核其性能。对有精度要求的测试项目，应多次考核，验证参数变化一致性规律。对冗余备份设备应验证其冗余备份的有效性。

3）真实性原则

测试的状态，应按火箭真实发射和飞行状态进行设置，尽量考核各单机真实负载情况下的性能，考核触发条件下的动作性能。例如设置全脱全拔总检查状态，完全模拟飞行与地面隔离的真实状态。

4）合理性原则

合理性原则，即项目测试的时机应符合各系统间的相互约束条件，符合组成、功能和结构的逻辑关系。特别对于多系统联合测试的项目，需要多个设备或分系统构成回路，应确保测试前各分系统硬件、软件进行了全面彻底的测试检查。通常"先测量系统，后控制系统，再动力系统"的分系统测试次序安排即体现了合理性原则，因为测量系统（或包括其他地面网络通信系统，如总控网等）负责前后端信息传输和参数测量采集，测量系统测试完成，其他系统才具备测试条件；而动力系统部分阀门控制线路由控制系统控制，因此现行考核控制系统的性能更为合理。

5）安全性原则

测试项目要保障被测系统和设备安全可靠，避免由于误操作造成设备设施损坏的情况发生。任何测试项目技术状态的变化，应告知所有相关系统，如供气变化、供电变化等，避免此类变化对外系统产生不良影响。测试过程中应合理设置操作流程和工艺，避免对人员和产品产生危害。在产品加电前要进行技术安全检查，确认供电电压、线路连接、开关状态等，以确保上电时不出现短路等问题造成器件损伤；在设备加气前，先经过电气系统指令测试，确保控制线路良好，并确认阀门、管路状态，以免造成泄漏、甩摆等问题，都体现了安全性原则。

8 测试阶段划分

按照"单元测试、分系统匹配测试和总检查测试"的模式，运载火箭测试发射任务一般分为4个阶段：总装及单元测试阶段，主要完成火箭的运输进场、卸车、转载、仪器的单元测试、火箭的垂直总装，即火箭分模块进入发射场，在水平状态下对一些仪器进行必要的功能性能测试后，这些仪器设备装箭，然后火箭各模块总装组成一个整体；分系统匹配测试阶段，火箭组装起来后，才第一次对箭上设备加电，运载火箭一般分为动力、控制、测量等几个系统，每个系统进行自己的测试项目，测试好后，再匹配测试；总检查测试阶段，主要完成火箭全系统测试（总检查）、火箭和卫星等载荷的对接、火箭和卫星的联合测试、转场前的准备，这个阶段主要在地面模拟火箭飞行过程中，各系统单机设备的工作情况，这是火箭发射前，综合性最高的测试，测试完成后，就可以准备转场加注发射了；转场加注发射阶段，主要完成加注前测试、推进剂加注、发射。

我国运载火箭对测试阶段的称呼以火箭电气系统为主，如单元测试、分系统测试、总检查测试等，主要是指控制系统和测量系统的单机测试、系统测试和总检查状态下的测试，而对于动力系统，其发动机单元测试内容涵盖广泛，有些在火箭流程中分系统阶段开展的动力系统项目，属于发动机单元测试的内容；且箭上模块间发动机和增压输送系统测试条件和状态多样，分系统测试也多是模块或动力系统子系统的单独测试。

基于裕度控制的思想，通常单元测试的技术指标严于分系统测试，而分系统测试指标严于匹配和总检查测试。

9 技术区测试和发射区测试

技术区主要承担航天器、运载火箭进场后卸车、转载、转运、测试、姿控推进剂加注、产品对接、总检查测试等任务。

在技术区，运载火箭首先进入技术准备区的水平准备厂房。在这里先对箭上的仪器设备进行单元测试，即对仪器设备单独进行测试，检查其性能和精确测量其参数。单元测试合格后进行分系统测试，它是在系统处于工作状态下，对系统内各仪器设备工作的协调性和功能进行检查，并测量其工作参数。接着，各分系统之间进行匹配测试，检查系统之间工作是否协调匹配。最后进行箭上所有系统都参加的总检查，总检查一般要进行多次，以模拟各种飞行状态来验证运载火箭全系统的技术性能和可靠性，并使火箭达到符合发射状态的要求。总检查之后，开始在运载火箭上安装各种火工品和火工装置，并准备转场。

当运载火箭在技术准备区经检查测试达到可以进行发射的状态后，即可转运到发射区。发射区主要承担转场后的测试、加注、发射任务。发射区和技术区之间有一定的安全距离，同时通过光纤网络技术，满足远距离测发控的需求。发射区内有发射台、勤务塔和脐带塔等主要发射设施。运载火箭分级运至发射区后，由勤务塔上的吊装设备对运载火箭分级吊装、对接和总装，并将其竖立在发射台上。随后在竖立状态下对运载火箭再一次进行分系统测试、系统间性能匹配测试、总检查和发射演练等。在发射区测试的内容可比在技术区的测试简化，主要是检查正常状态下各系统参数是否合格。在检查测试工作结束后，就可向运载火箭加注推进剂，并进行瞄准定位。与此同时，地面勤务保障部门要进行推进剂化验，确定推进剂的加注参数；气象部门要提供临发射前发射场区的天气情况及发射场区上空的高空风场等情况，以及火箭飞行经过地区的气象情况。

10 测试发射周期的制约因素

从运载火箭进场至发射的时间称为测试发射周期，影响测试发射周期的因素是多方面的，主要包括：

1）元器件、单机、系统的可靠性

火箭测试发射技术复杂、过程复杂、环境复杂，因此火箭元器件、单机和系统的可靠性提高，可以从本质上改善测试发射时间长、流程繁琐的情况。

如惯性器件单元测试，随着技术的进步，其零漂、误差系数等有效期较长。一次测试标定，有效期可以覆盖出厂测试和发射场测试周期，即可逐步取消惯性器件在发射场的单元测试内容；发动机、箭体结构部件的刚度、强度、可靠性提升，可以减少装配保留工序，大幅缩短相关系统在发射场的测试时间。同时，提升可靠性，可以避免潜在的故障，特别是影响范围广的故障，减少对测试进程的影响。

2）总线技术的应用

随着箭上控制系统智能化发展，箭上仪器设备重量减轻，模块化设计加强，箭地测试总线系统信号传输速率、可靠性和电磁兼容性均大幅提高。采用总线技术和自动化测试技术，可以大幅缩减测试项目所需时间。通过数据总线将中央单元和远端站点连接起来，简化了接口、数据传输和测试软件。同时可以采用单进程、多线程的统一功能模式，实现信息共享和测试流程的协同统一，以实现测试流程的简化。

3）安装工艺的合理化

充分考虑覆盖性的前提下，合理设计安装工艺，避免重复性测试工作，避免状态频繁变动。例如火箭在垂直总装测试厂房和发射区测试过程中，其各层工作平台通过优化设计，保持不变动。连接器、法兰等接口快速及可靠连接技术，连接后状态固化，直至发射不再变动，利于系统状态控制，节省流程时间。

4）多工序并行设计

火箭、有效载荷和发射场各系统，在不同场所的测试工作并行开展；在不影响测试状态的前提下，并行开展火箭控制系统、测量系统、动力系统等系统测试，并行开展火工品测试、单元测试和箭体交接等项目。通过合理安排，对流程进行并行设计，可以达到缩短测试发射周期的目的。

5）火箭进场前后测试工作配比优化

火箭测试发射，是火箭生产、总装、设备综合实验、出厂测试工作的延伸。大部分整机产品，若出现单机级问题，在发射场无法进行排查处置，往返运输过程人力、物力资源浪费。将火箭进场前测试工作进行细化和增加，使问题提前暴露和处置，可以提高火箭出厂后的产品质量和可靠性，同时提高发射场利用率，提高火箭的发射频率，减少各系统参试单位在发射场的驻留时间，利于任务组织管理。这也符合全寿命质量控制的阶段管理思想，即进场前的问题不带到发射场，技术区的问题不带到发射区，地面的问题不带到天上。

第 2 节 总装及单元测试

总装及单元测试阶段工作一般包括箭体的运输进场，卸车并转载至停放位置，进行箭体的状态确认并开展总装。过程中，并行开展不随箭运输设备的单元测试工作，待这些仪器设备测试好后，安装上箭。在本阶段结束时，运载火箭组合成一个整体，设备安装到位，具备全箭加电开展测试的条件。

1 运载火箭运输进场

火箭的运输进场方式与发射场的地理位置和火箭各模块的尺寸等因素相关。一般有海运＋公路运输、铁路运输、空运＋公路运输等方式。我国酒泉、西昌、太原卫星发射中心均为内陆发射场，因此其火箭运输进场方式为火车专列运输，如图 7-14 所示。

图 7-14　箭体列车

海南文昌发射场是我国唯一滨海发射场，用于发射 CZ-5 和 CZ-7 运载火箭，两型火箭都在天津完成箭体组装和出厂测试工作，然后由天津港经海运运抵文昌清澜港，在清澜港完成卸船，由箭体公路运输车公路运输进场。图 7-15 所示为 CZ-5 和 CZ-7 运载火箭的运输船和集装箱。

图 7-15　火箭的运输船和集装箱

国外发射场许多大型箭体结构也主要依靠船运,更大直径的箭体,一方面因为采用集装箱尺寸规模过大,难以找到合适的船,另一方面是由于箭体集装箱本身往往比箭体的质量还大,整体质量过大,造成难以上船、卸船,因此不使用集装箱运输,而采用驳船裸运的方式,也称滚装运输,如图7-16所示。如美国的"土星"5火箭就采用这种方式运输。

图 7-16　滚装运输方式

有效载荷的运输一般采用大型的运输机完成,运输条件相对较好。随着有效载荷尺寸的不断增大,普通的大型运输机难以完成运输任务,美国"土星"5执行阿波罗任务期间,专门制造了超级孔雀鱼运输机,用于运输S-IVB三级和IU仪器舱等,阿波罗任务后,该运输机无其他用途,进了博物馆。美国的航天飞机和苏联的"暴风雪"号航天飞机等,采用大型运输机背部驮运的方式进行运输,如图7-17所示。

图 7-17　航天飞机驮运

2 卸车转载

火箭进入发射场后,需进行卸车转载。根据运输方式和集装箱设计等不同,转载方式不同。CZ-3A系列火箭采用转载车厢设计,CZ-7火箭则设计了可开上盖的公路运输车,开上盖后将箭体模块吊出转载,CZ-5火箭采用转载平台车平推的方式,火箭从箭体运输车上平推出,转载至箭体转载平台车上,再通过吊装，放置在水平准备厂房中，如图 7-18 所示。箭体转载后，放在专用的水平支架车上，在进行简单的恢复工作后即可进行产品交接。

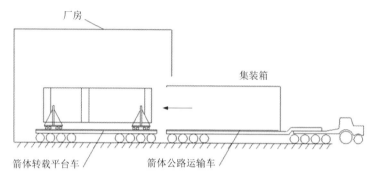

图 7-18　平推转载示意

3　产品交接和质量交底

　　火箭进场后，在进行简单的恢复工作后即可进行产品交接和质量交底。由发射场人员对火箭产品进行内外观检查，确定火箭进场的技术状态是否满足进场要求，对情况确认后，与试验队人员进行交接，之后的发射场测试发射工作交由发射场人员进行，这个过程称为产品交接。

　　产品交接的过程需按规范的清单和项目进行，严格逐项进行，并做好多媒体记录，以确保状态准确，并由相关方签字确认。系统及产品状态，应提供产品证明书和产品履历书，证明产品进场时质量状态满足要求，称为质量交底。产品交接和质量交底是一次质量的见面会，确定产品交到发射场时的质量状态。

扩展阅读

　　两证：产品证明书和产品履历书。产品证明书，是证明产品进场时质量的文件，一般标明产品的各项技术指标，均满足标准，才允许进场。产品履历书，是记录自产品生产以来，所有测试、试验和举一反三改正措施的文件，使测试人员能够细致了解产品的质量控制过程，是否出过问题，是否进行过改进，等等。

4　垂直总装

　　箭体以各子级和助推的方式分模块进入发射场，在简单恢复测试后，需要总装成一个整体。总体而言，分垂直总装和水平总装两种方式。垂直总装，即箭体在垂直状态下组装成一个整体，我国大部分火箭都采用这种总装方式。

国外的火箭，如"土星"5、航天飞机等，也都采用垂直总装方式。垂直总装需要具备高大的垂直总装厂房，可以配合完成总装操作的吊车和吊具。我国的运载火箭大多采用单车双钩的翻转起竖方式，将箭体模块吊装后，通过捆绑连杆组装在一起。火箭在飞行和模块装配的过程中，其仪器设备、管路、阀门等，包括部分箭体结构部件和焊接组装，其受力方向都是垂直状态的，因此垂直状态组装，保持了火箭受力的一致性。

根据箭体的支撑方式不同，吊装的顺序也有所不同，如美国已退役的航天飞机，其垂直状态支撑主要依靠两侧的固体助推和飞机本身，且固体助推较重，因此先竖立两个固体助推，再将大贮箱与之对接，最后吊装航天飞机本体，如图7-19所示。

图 7-19　航天飞机吊装

5 垂直度调整

火箭垂直总装后，为使火箭稳定，并调整平衡箭体尾段各支点载荷，需开展箭体垂直度调整工作。根据技术状态的变化，垂直度调整工作，在某些运载火箭的测发流程中会多次进行。在运载火箭发射前，为精确制导并简化计算，需将惯性坐标系各轴相对于发射坐标系各轴之间进行定向：发惯系中，火箭绕 x 轴与绕 z 轴的定向，称为"调平"，或称垂直度调整；绕 y 轴的定向，称为"瞄准"。垂直度调整使一级火箭发动机推力线在发射时与当地地垂线相重合，以减小火箭的推力线偏斜，从而减小火箭起飞的横向漂移，避免火箭与塔架等相撞，确保起飞稳定性。同时，垂直度调整减小了火箭初始误差，可提高制导精度。

垂调系统采用仪器舱惯组位置的不水平度和箭体尾端不水平度，综合进行判断，并通过发射平台运载火箭的支撑臂伸缩，对不水平度进行调整。在火箭测试发射的不同阶段，垂直度调整的关注点不同，在总装阶段，要尽量保证各个支点受力载荷均匀，不偏重倾斜；在加注发射阶段，要保证主惯组所在仪器舱基准面水平，以利于火箭瞄准，如图 7-20 所示。

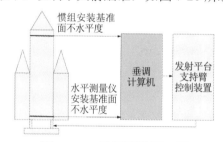

图 7-20　垂调系统原理图

常见的 4 点支撑运载火箭，垂直度调整采用对角升降法，即以任意 2 个相对支点连线为轴，其余对角支点进行同步一升一降。根据水平仪的示数，确定升降支点的顺序和方向，如图 7-21 所示。

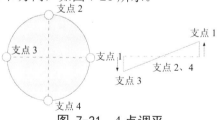

图 7-21　4 点调平

垂直度调整在火箭垂直总装后至点火前需要根据情况进行多次，占用了一定的测试发射流程时间和射前流程时间，需要配置专用设备和操作人员；为配合垂调，需要布设水平仪，射前不拆除，增加的火箭的起飞质量；垂直度调整需要发射台液压、电控系统配合，使平台设计难度增大，可靠性降低；随着支撑点增多，火箭质量增大，垂调的难度特增大，同步差过大的情况下，箭体局部受力过大可能造成箭体结构破坏，垂调过程中操作失误或机械故障，可能使箭体倾斜度较大。

垂直度调整受制导和姿控技术发展制约，早期火箭制导系统简单，需要进行垂直度调整，并进行火箭同轴度检查、调整惯性单机基座水平度等复杂操作。随着双补偿捷联惯组的使用，取消了这些操作，但仍需要进行垂直度调整。目前国外火箭均取消了垂直度调整工作，以缩短火箭发射流程、提高发射效率。取消垂直度调整，需具有自调平功能的惯性系统，并且优化火箭出塔前的安全飞行轨迹，优化箭体结构和发射台结构设计，确保箭体和发射台形变不影响初始姿态。

我国的火箭发射台，无论是固定式，还是活动式，火箭支撑臂均具有升降功能，用于垂直度调整。而现有国外发射台上表面火箭支撑装置大多没有垂直度调整功能，发射台通过自身及地面的支撑方式完成调平，发射场调平后，不再对火箭进行垂直度调整。

"阿里安" 5 支撑结构为整体车式平台结构，助推级箭体尾段整体坐于平台上，平台与发射台通过螺栓固连，不具备垂直度调整功能，如图 7-22 所示。

图 7-22　"阿里安" 5 车式平台

"土星" 5 发射台的支撑结构固连在发射台上表面，不具备垂直度调整功能，如图 7-23 所示。

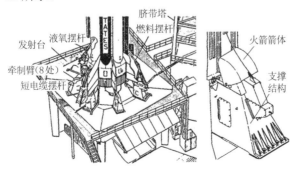

图 7-23　"土星" 5 平台支撑结构

"能源"号发射台为固定的混凝土结构，火箭安装在大型底座上，通过水平起竖后平放在发射台上，底座不具备垂直度调整功能，如图7-24所示。

图 7-24　"能源"号发射台

H-2A发射台上表面安装了2个固定支撑台座，每个台座上4个支脚与助推箭体相连，不具备垂直度调整功能。

6　水平总装

水平总装，即火箭在水平状态下组装成一个整体。由于水平总装箭体受力与飞行状态不同，因此需要在水平载荷集中部位进行局部增强，对箭体结构要求高；但水平总装避免了大跨度厂房建设，减少了净空要求，较为适用于串联型火箭，或"一"字形并联捆绑火箭。如"猎鹰"重型火箭为两级带捆绑结构，全箭长70m，其捆绑结构为通用芯级，三个模块同样设置，并列排列，易于水平组装，如图7-25所示。

图 7-25　"猎鹰"重型水平组装

苏联及俄罗斯的火箭，由于技术传统，大都采用"三平"测发模式，因此其总装方式也是采用水平总装，其中水平总装规模最大的是已退役的"能源"号运载火箭，其水平总装厂房高 60m，长 120m，箭体总装过程通过专用的起重设备和专用异形工装完成，如图 7-26 所示。可见对于多向捆绑大型运载火箭，水平总装的装置复杂度高，且厂房规模较大。

图 7-26 "能源"号火箭水平总装

7 单元测试

单元测试，是指箭上的单机产品进场后，在安装上箭前的性能测试和指标标定。单机产品单元测试合格后，再安装上箭，确保不带疑点进入后续测试。按照"先分后总、循序渐进、全面考查"的原则，箭上所有单机产品都应进行单元测试。但运载火箭在进入发射场前，各单机产品经过单机性能测试、分系统综合测试、全箭匹配测试和出厂测试等多个环节测试；而部分系统单机集成度高、可靠性高，在火箭运输中产生的影响可忽略，进场前测试指标的有效期可以覆盖整个测试发射任务周期，因此没有在发射场再次进行单元测试的必要。我国运载火箭进场后，进行单元测试的产品主要包括惯性器件（惯组、速率陀螺、加速度计）、伺服机构、电池、火工品和其他智能单机的单元测试。

对同一单机的单元测试，随着参数指标可靠性的充分验证，将逐步简化单元测试的项目设置。对于测试项目的设置和优化，是不断迭代并更新认识的过程。由于可靠性指标和线性系数等指标会随时间偏移，因此各单机的单元测试指标有一定的有效期，超过有效期的时间范围，必须重新进行测试标定。例如转台标校和惯组标定的有效期目前均为 2 个月，这也就意味着如果任务开始时单元测试设备标校完毕，任务周期较长，或者发射推迟，火箭发射时离标定时间已超过 2 个月，就需要重新进行标定了。随着技术的提升，单元测试的有效期在逐步提升，未来可能提升至 4 个月甚至更久；这样在生产厂进行单元测试，已经可以完全覆盖发射任务周期，就不需要在发射场进行单元测试了（需综合考虑运输的影响进行分析）。

随箭运输的单机产品在箭体进场后，进行箭体的状态恢复和状态检查确认后，立即进行单元测试。在箭体垂直总装结束后，主份单机就要单元测试完成，安装上箭了。所以留给单机产品单元测试的时间一般是火箭进场到垂直总装这段时间。若单独运输，单机产品的单元测试也可以在火箭进场前开展。

8 惯性器件单元测试

惯性器件，是指测量箭体角度和加速度的敏感仪器，包括箭上平台、惯组和单表级的加速度计和速率陀螺等。一般惯性器件单元测试包括三部分内容：一是针对单机的功能检查，即逐一测试单机各项主要功能性能；二是开展惯性器件的误差模型系数标定；三是对于有外瞄准需求的惯性器件，安装棱镜。

以惯组单元测试为例，功能检查是对惯组进行初步加电，测试输出值是否正常，极性是否正确。手动极性检查，即手动转动或搬起惯组一端，查看其输出值的正负与极性的定义是否一致。功能检查时，惯组为未安装至转台状态，手动极性检查等在专用的大理石平板上进行，功能检查合格后，惯组安装至转台。

扩展阅读

工艺惯组：正式惯组安装至转台前，使用与正式惯组尺寸、重量等一致的工艺惯组与转台进行匹配，标定转台各轴水平度等指标。

惯组的标定，是对惯组的稳定性进行标定测量的测试，对各惯性单表的安装误差和零位误差等各项指标进行了明确要求。惯组安装至三轴转台，三轴转台受转台数控装置控制，可以在三个自由度上以一定速率进行转动。测试台及工控机采集并记录数据，如图7-27所示。

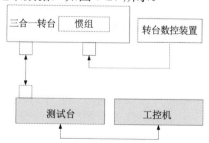

图 7-27　典型惯组单元测试连接框图

惯组标定的参数为惯性器件误差模型的各项系数，包括刻度因数误差、安装误差、零偏误差等。惯组单元测试的一个重要目的就是对这些误差进行标定，将标定后的误差系数传递至控制系统制导系统，完善箭上的各类方程系数中，这项测试称为惯组标定。由于惯组中部分器件和 IF 转换电路对温度较为敏感，因此一组惯组标定测试后，应对惯组进行静置回温，回温正常后再次进行下一组测试。

　　棱镜安装精度测试是对主惯组而言，安装上棱镜后，对棱镜的法线方位进行的测试，看棱镜是否安装到位了，如图 7-28 所示。

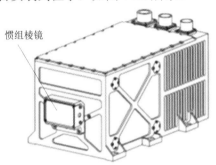

惯组棱镜

图 7-28　惯组棱镜

　　主惯组上安装有棱镜，为了测量棱镜安装的精度进行的测试称为棱镜精度测试。测试内容主要是测试惯组瞄准棱镜棱线与惯性器件方位基准面不平行度和与激光惯组安装基准面的不平行度，两个不平行度分别称为 α 和 β 角。这两个角度反映了惯组棱镜的安装精度，一般有严格的数值要求，越接近 0° 越好，并且要求均有良好的稳定性，在 2 个月甚至更长时间内，变化在一定的限制范围内。经纬仪和棱镜测试仪都可以独立完成激光惯组瞄准棱镜的安装精度测试，如图 7-29 所示。

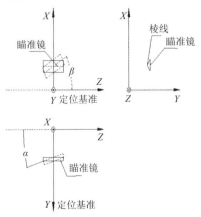

图 7-29　瞄准棱镜安装误差示意

惯性器件为高精度科学仪器，其测试间对温湿度、空气洁净度均有严格要求，一般惯性器件的单元测试间配有独立的洁净空调。进厂房应统一着白大褂，并进行风淋，以减少人员带入灰尘。转台配有隔振地基，外界振动传递到隔离墩上的振动量级应小于 $1×10^{-5}g$；惯组测试时厂房周围应禁止大型车辆通过，测试间内转台周围禁止走动。惯性器件单元测试间的重力加速度、经纬度、棱镜基础的横法线角、大理石平板的水平度、房间的北向基础等，均应在测试前经大地测量标定，并提供给系统人员作为测试输入基础。惯性器件（包括陀螺和加表）运输时一般有运输方向要求，要注意按照安装运输方向进行运输。

9 伺服机构单元测试

各型火箭各级模块所使用的伺服机构均有所不同，其单元测试内容也有所差异，其主要测试内容包括对能源系统、电子控制系统的功能确认和在地面能源系统（中频电机或高压油源机）的支持下功能测试等。

相序检查，属于伺服机构能源系统测试的准备工作，对于以中频电机为地面测试能源的伺服机构，需要在测试前检查中频电机的相序，即三相电压的线缆顺序是否正确。伺服机构中频电机使用 380V 的中频电源，如果相序不对，通电可能造成中频电机的逆向旋转，甚至损坏电机。使用相序检测仪对相序进行直接检测，相序仪连接伺服机构的供电电缆，若相序不对，相序仪则显示报警。

油面气压测试，是测试伺服机构油箱在非工作状态的油面高度，确保液压油的数量满足使用要求。油面电位直观地反映了油箱中油的多少。

伺服机构的性能测试主要包括极性测试、零位特性测试和频率特性测试等内容。伺服的极性，即输入正负指令反馈的情况；一般姿控系统通过设置和合理安装布局，令伺服机构作动器输出伸为正，缩为负；零位特性，即无指令状态下的输出情况，检查伺服机构在零位的保持情况，或是偏离零位后，加电归零位的速度；频率特性测试，给伺服机构输入特定规律的信号，如正弦波、三角波、方波等，看伺服机构指令跟随反应能力、伺服机构的最大摆角、稳定性。这些特性的考核指标是严于系统级指标的，因为火箭飞行其喷管控制不可能是速变的。

10 耗尽关机单元测试

耗尽关机单元测试，其实是对耗尽关机信号相关的"两器"进行测试，即耗尽关机传感器和耗尽变换变换器测试。耗尽关机是火箭助推级和芯一级飞行段的重要关机方式，其可靠工作是火箭飞行的必要条件。由于火箭在发射场测试，加注前箭体内均没有推进剂，因此耗尽关机两器加电后，均发生耗尽信号。

通常耗尽关机传感器和变换器是随火箭运输的，并不拆卸下箭，因此一般使用专用的耗尽关机两器测试仪器进行测试，断开箭上耗尽关机两器的相关插头，与测试设备连接，即可进行测试。耗尽关机传感器原理上是由周围介质不同而改变其电容值的测量设备，因此测试内容主要包括其静态电容值和输出信号，耗尽关机变换器将传感器输出转换为易采集进行，并经过一定判断逻辑，进行输出。单元测试主要测试其信号输出和逻辑是否正常。耗尽关机传感器在箭上安装方式一般是统一高度对位安装 4 个，安装位置如图 7-30 所示。

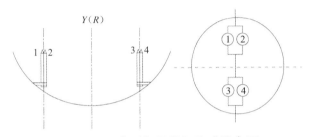

图 7-30 典型耗尽关机传感器布置

单个贮箱中 4 个传感器为并串联形式，燃箱和氧箱为并联形式，其逻辑是任意一个燃箱或氧箱有一对对位传感器在液位以上即为耗尽，如图 7-31 所示。

图 7-31 耗尽关机信号发出逻辑

11 电池单元测试

目前，我国大多数运载型号使用电解液的银锌电池作为飞行使用的正式电池。银锌电池组具有比能量高、内阻小、放电功率大、放电电压平稳、电性能稳定、使用安全可靠以及技术成熟等特性，已广泛应用于航天、航空及特殊电子仪器设备上用作配套电源。

对于电解液的化学电池，其单元测试内容一般有：干态检查，主要检查各电池单体的连接情况，是否紧固，测试干态的加热电阻等；加电解液，对电池加注电解液，使用量杯和注射器控制加注量，由于湿态电池寿命短，所以电池进场时为干态负荷状态，加注完电解液后，浸泡一段时间，拧紧气塞，再用电压表逐一测量每只单体电池开路电压；电池组加温，电池内部使用温度需高于一定数值，若温度较低，则需进行加温；电池组放电，对电池进行放电操作，检查电池组工作电压是否正常；电池组充电，电池组在放电后应搁置一段时间，待温度冷却到室温后再进行充电。

12 火工品单元测试

火工品单元测试是为检查火工品桥丝阻值是否符合要求、绝缘及外观是否符合要求而进行的测试。由于火工品防爆的特殊要求，其测试间单独设置，必须使用安全箱、防静电手镯等专用设备。

火工品单元测试的内容主要包括：外观检查，即观察火工品外表面及螺纹是否完整光滑，有无锈蚀、划伤；插针有无缺损、歪斜、多余物，密封面有无划伤；回路阻值测试，用阻值测试仪测量火工品桥丝阻值；绝缘测试，只测试火工品各点对壳体的绝缘值。

火工品测试存在一定的爆炸危险性，其测试间通常设置在远离其他测试厂房的区域，并且在测试时，设置安全警示表示，仅允许专业测试人员进出测试场所。

13 发动机单元阶段测试

由于测试条件的限制，动力系统在发射场的测试覆盖性比电测系统差，测试项目的设计也更复杂，需要的测试保障条件更不容易获得，测试过程的安全风险也更大。

火箭发动机首次飞行试验前，要进行几万秒、几百次的短程或长程地面试车，以考核射前程序的正确性，点火、推力建立过程的科学性，整个试车过程中推力的稳定性，以及发动机长时工作的可靠性和安全性；通过各种地面试车，明确了各种设计指标、设计参数、技术状态和工作程序。因此，火箭发动机的质量和可靠性主要靠各种设计指标和技术状态来保证，发射场测试内容相对较少，覆盖性不完全。条件允许时，可在确保安全性的前提下，可在发射场开展发动机的静态点火测试。

不同的发动机测试项目有很大差异，低温和常温的发动机以及循环方式不同的发动机，其发射场测试理念都不尽相同。有的发动机研制团队，希望发动机在发射场得到充分的测试验证，各类阀门的动作特性，管路的气密性等均希望测试覆盖全面，因此测试项目较多。有的发动机研制团队希望发动机进入发射场后减少测试操作，避免不必要的重复测试，减少某些阀门的动作次数，毕竟很多高精度、工作条件限制多的阀门，动作总次数是有限的，同时减少管路破空等，基于这样的考虑，这类发动机在发射场的测试项目就少。而且随着同类发动机执行任务的次数增多，部分测试项目的必要性下降，随着流程优化，会逐步取消繁复的测试项目。

一般地，发动机测试包含如下项目：发动机外观检查；喷管及发动机管路、腔道检漏，检查气密性；发动机随箭运输时未安装部件，如大喷管、防火板、防火裙；发动机火工品安装，检漏；发动机相关火工品、电磁阀控制电缆导通绝缘测试；发动机电磁阀动作测试；发动机传感器、变换器性能检查；其他特殊设备，如减压器等性能检查，检查减压阀出口压力及耗气量是否正常，记录各电磁阀的瞬态电流—时间曲线，并对各电磁阀和被控阀门动作的声音情况是否正常进行判断。

14 增压输送系统单元阶段测试

增压输送系统功能相对比较容易测试，测试状态、测试输入及测试保障等比较容易设计，如气密性检查、增补压测试、活门开闭测试；因此，动力系统在发射场的测试大都围绕增压输送系统设计测试项目；虽然可测性比箭体结构、发动机高，但增压输送系统仍有不少测试覆盖不够的地方，如低温下的活门性能、液体在输送管中的流动规律等。

不同运载火箭的发动机、不同贮箱结构，采用的增压输送系统结构方式也有区别，因此对增压输送系统的测试项目也不尽相同。增压输送系统的测试项目一般包括：电磁阀和气动阀门的动作测试；箭体的气封和吹除测试；系统气密性检查；系统置换；发动机的吹除测试；部分特殊设备，如循环泵、蓄压器等的性能测试等。

动力系统测试要时刻关注系统的带气状态，包括各类气瓶、地面配气台等带气情况。通常，动力系统箭上阀门，有电动控制电磁阀开闭，控制高压气瓶气体通断推动相关器件动作做功。因此发动机测试时，若真实带气，则阀门真实动作。一方面要考虑阀门动作后对系统各处的影响，另一方面要注意阀门的动作次数，气动阀门都有动作次数限制，不宜在测试过程中频繁动作。因此在测试时，要特别强调是带气还是不带气状态，以防止误动作活门。同时，动力系统测试时应时刻关注压力信息，贮箱的保护压力，蓄压器的压力，各类气瓶的压力，均有压力范围。即使是电磁阀，其动作次数也有一定限制，且单次通电时间不宜过长，超过一定限值要断电冷却后再通电，部分特殊电磁阀动作次数有要求，要严格控制测试过程中的动作次数，并仔细记录。

扩展阅读

软管甩摆：供气软管末端因高压气体巨大的流体排放力作用，产生的反喷力会使软管发生大幅度甩摆振动，称为甩摆。反喷根据力计算公式 $F = Q \times V$，可计算软管甩摆时的反喷力。其中 F 为反喷力，Q 为质量流量，V 为流速。如流量为 2300g/s，流速为 109m/s 时，其反喷力为 250.7N，等效质量为 25.6kg。当 F 远大于自身重力时，发生甩摆，等效质量较大时，可能对设备和人造成甩摆伤害。

15 气密性检查

气密性检查，顾名思义就是用气体检查管路或容器的密封性，简称气检，是运载火箭动力系统一大类测试项目，包括贮箱气检、管路气检、气瓶气检等。气密检查是动力系统和地面加注系统、供气系统等系统的重要检查项目，气密性也是相关管路、阀门、容器的重要性能指标，在测试发射过程中尤为重要。气密性不好可以造成漏气，导致压力异常，甚至危害产品和人员的安全。一般的气密性检查方法有如下几种：

1）压降法

通过检测密封空间气压下降的方法检查气密性。计压降时间要长，适合检查大漏，反映的是密闭容器的整体气密性。一般对于运载火箭贮箱等整体的大容积设备，采用压降法检查气密性。计压降法属于系统整体检漏项目，其检漏精度相对较低，但覆盖性好，不会漏检。

2）皂泡法

通过在接口或管路的指定部位涂肥皂泡的方式检查气密性。灵敏度高，比较直观，但是需要检测所有接头，工作量大，效率不高，容易漏检。一般适用于管路接头等易于涂泡的位置。一般而言，涂泡法测试时，要求不能产生皂泡，即不出现泄漏。皂泡法气密性检查较为直观，但由于测试条件限制，不是所有部位都适合涂皂泡，覆盖性差。

3）水浸法

水浸法也称气泡检漏法，通过将被测管路或设备浸水或酒精等液体，查看气泡的方法检查气密性，也是整体检漏方法，适合小的密闭空间，如两头封堵的压力管道、汽车轮胎等。水浸法漏率以气泡个数衡量，一般而言，有如下公式：

$$0.1 \, \text{Pa·m}^3/\text{s} = 1\text{mL/s} \approx 10 \, \text{泡} /\text{s}$$

可以看出，在一定的气压下，漏率与泡数是相对应的。水浸法操作简单，检测直观。

4）氦质谱检漏

通过使用专用气体的浓度测试仪，测试是否有气体泄漏，一般使用氦质谱仪（图 7-32）进行氦检漏，由于氦气分子量小，若气密性不好，容易泄漏。因此，氦质谱仪检漏精度高，但需要使用专用设备，覆盖性差。

图 7-32　氦质谱仪

氦检漏原理是根据漏孔通过的氦气多少来判断漏率。气体分子通过被检件的漏孔进入检漏仪的离化室，在正电场作用下电离成正离子，通过引出板电场将正离子引导称为离子流，然后通过加速电压作用，离子流以一定速度穿过孔板中的小孔进入质谱室。质谱室内磁场作用，使带电粒子偏转。偏转半径为

$$R = \frac{1}{H} \sqrt{2U \times \frac{m}{e}}$$

式中：R 为离子偏转半径；H 为磁感应强度；U 为离子加速电压；m 为离子质量；e 为离子电荷。当磁感应强度和加速电压一定时，不同的离子偏转半径不同。合理配置荷质比和电磁场，可以使特定的离子穿过中间小孔进入右边磁场。

然后进一步偏转收集，形成离子流，对离子流进行放大测量，其大小与气体浓度成正比，因此可以检测漏率，如图 7-33 所示。由于氦气在大气中含量很少，且是惰性气体，因此采用氦气作为检漏跟踪气体。

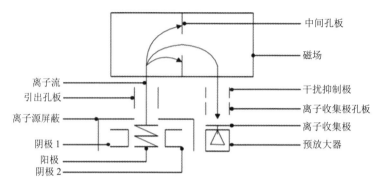

图 7-33　质谱仪原理

扩展阅读

　　低压漏率与高压漏率：即较低压力水平和较高压力水平下密封容器的漏率。对于特定条件下使用的阀门或密封件，其漏率在不同压力等级下是不同的，如通常适用于高压工作状态下的器件，其低压下漏率可能偏大，当压力较高时，漏率会有所减小。

　　对于供气管路系统而言，气密性差，导致气体漏到系统之外的，称为外漏，而系统的阀门等部位气密性不良，气体从系统一个管路漏到另一处管路，称为内漏。涂泡、浸水的方法均为测试外漏的方法，对于内漏，需要在管路各关键节点布设压力传感器，通过管路间压力变化识别是否内漏。

16　吹除

　　吹除包括置换吹除、气封吹除和管路吹除等不同类别。置换吹除指对管路持续供一定压力的气体实现管路的置换，降低气体杂质的含量。气封吹除，也称气封指为某一设备提供正压保护，空气相连通的低温管路阀门组件，通过在阀门出口不断吹气的方法，以达到正压保护，防止低温抽吸引入水分、杂质冻结阀门以及氧气进入氢环境。因此气封在低温阀门管路系统中应用广泛。气封对低温发动机系统极为重要，尤其是隔离氢、氧泵轴承等部位，气封供气必须保持相应流量且不间断，否则系统安全性无法保障。在射前流程中，低温加注后，气封供气需持续至点火时刻，因此相应气封供气路的管路、阀门、供气设备可靠性至关重要。管路吹除是指用高压洁净气体对管路吹气，吹除管路中的多余物，一般在另一端设置白绸布等，以收集多余物。

置换：指通过多次充放气的方式，将贮箱或者气瓶内原有气体替换为工作气体。

吹除介质有空气、氮气、氦气。一般与氢系统相关的吹除选用氦气介质，其他系统根据需要可灵活选用氮气吹除或者空气吹除。吹除需要严格控制压力，若压力过低，则吹除效果有限，若压力过高，可能由于节流降温效应而在系统管路凝结水汽。

有些发动机需要进行发动机吹除出口的压力测试，并检查相关配气台减压器出口压力，判断吹除压力是否满足要求，同时计算减压器耗气量是否合格，对电磁阀的动作，阀门动作是否正常进行记录。

17 地面设备恢复

运载火箭的产品分为箭上产品和地面测发控产品。在对火箭进行测试前，首先验证地面设备自身功能性能是否满足要求，称为地面设备恢复。地面设备恢复工作在火箭进场前开始，在火箭垂直总装前完成，以具备火箭加电测试的条件。

地面设备恢复测试状态为等效器状态，即采用等效器模拟真实系统箭上单机进行的测试。等效器模拟箭上反馈信号，以验证地面测发控设备的性能指标。等效器是运载火箭各系统测试过程中广泛使用的设备，运载火箭测试发射是多系统的协作工程，但各系统在匹配之前需要自我测试，合格后才进入匹配和总检查，在未匹配之前，模拟其他系统接口功能的，即称为等效器，当然也可以模拟本系统箭上或地面的功能。

如运载火箭的控制系统在地面设备恢复时，运载火箭不在，就使用"火箭等效器"，模拟箭上的接口和各类反馈，地面设备连接部件等效器就相当于连接了火箭，可以进行自检项目。测试过程中一般避免连接真实火工品和真实电磁阀，特别是测试火工品和电磁阀输出回路的时候，一般使用"火工品电磁阀等效器"，使用等效器指示灯，或相应的信号回采电路，代替真实的火工品电磁阀，也能对指令做出反应，从而判断输出是否准确。

导通绝缘检查，即测量导通阻值和绝缘阻值的测试，是火箭各系统地面恢复以及箭上各系统加电前的必要测试项目。电缆网传递信号，传递信号点之间的阻值称为导通阻值，一般为欧姆量级，如果设有保护电阻，可能稍高一些。不应该接通的点之间，或点与壳体之间的阻值称为绝缘电阻，一般为兆欧量级，要求绝缘阻值大于 5MΩ 或更高。绝缘阻值测试通常使用 100V、500V 兆欧表，但对于箭上电缆网，100V、500V 电压过高，若有短路或搭接，可能损坏产品，因此箭上电缆网一般使用万用表进行绝缘阻值测试。

扩展阅读

工艺电缆：在火箭测试发射过程中，一般仅测试时使用，不随火箭上天的电缆称为工艺电缆，或测试电缆。这些电缆只在测试时连接至箭上，测试完成后需要进行撤收，并恢复箭上电缆端插头状态。

18 惯性器件安装极性检查

单表安装的速率陀螺和加速度计，除了相对于箭体的安装位置不同外，外观上看并无不同。为避免出现单表装反的情况出现，可开展惯性器件安装极性检查测试。

俯仰、偏航极性测试，起吊惯性器件安装部段，将前吊点升高，后吊点降低，产生箭体纵向角速度，使俯仰和偏航通道速率陀螺敏感箭体姿态变化，通过地面单元测试仪将陀螺输出实时记录显示，以此来判别陀螺的安装极性，如图 7-34 所示。

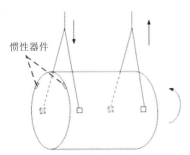

图 7-34　俯仰偏航极性测量

滚动极性测试，将惯性器件安装部段顺时针旋转，静置，之后测量重力加速度分量的变化，从而判别滚动方向惯性器件的安装极性，如图 7-35 所示。

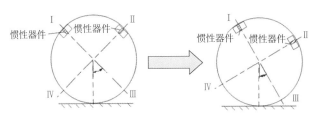

图 7-35　滚动极性测量

19 惯性器件方位一致性测量

现役主流运载多采用惯性器件单机级冗余的方式，提高控制系统的可靠性，如采用双惯组或三惯组设置，因此箭上需安装多个惯组。由于多个惯组间的测量信息需要进行冗余综合判断，而不同惯组相对箭体系的位置关系不同，因此需要进行惯性器件的方位一致性测量，即标度出从惯组与主惯组之间的方位一致性误差。

火箭在起飞前要建立一套完整的制导基准体系，其中包括惯组的方位，以明确当前坐标系火箭制导的起始位置。由于多台惯组的安装位置不可能重合，而瞄准系统瞄的是主惯组，实际上只有主惯组的方位是被确定的。在飞行过程中，由于控制系统三冗余控制需要取用从惯组的输出，但是要进行方位修正，即将从惯组的输出作修正，再和主惯组进行三冗余。这个修正的依据，就是方位一致性测量的结果。通常采用外部激光标定，或框架精确测量的方式，对多个惯组间的位置关系进行标定。

20 火工品回路阻值和保护阻值测试

火工品工作状态，决定了火箭飞行任务的成败。在火箭进发射场测试前，需要进行专项发火试验，验证控制系统电路时序和火工品性能。在发射场测试过程中，不进行火工品的真实点火引爆等测试，仅对火工品进行单元测试和上箭后的回路阻值、保护阻值测试。火工品回路阻值测试是对火工品的工作回路上的保护电阻和桥丝电阻进行测试。

由于火工品桥丝电阻较小，因此设计限流保护电阻对其工作电流进行限制，同时避免火工品桥丝短路情形下，影响系统正常工作。火工品回路阻值测试值，即为保护电阻和桥丝电阻的阻值之和。在火工品安装前，单独对保护电阻测试，称为火工品保护阻值测试，如图 7-36 所示。

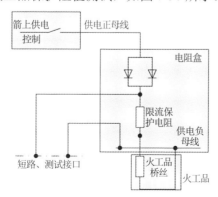

图 7-36　典型火工品回路组织测试框图

第 3 节 分系统匹配测试

分系统测试，是指火箭各子系统根据自测试需求，进行本系统范围内的功能和性能测试；而匹配测试是指两个或两个以上系统共同完成测试项目，主要目的是检验系统间的匹配协同性。分系统测试和系统间匹配测试，是在各系统单机单元测试的基础上，首次箭上加电，考核本系统主要性能指标，为总检查箭上各系统联合测试做好准备的测试项目。

对于我国火箭测试发射任务，分系统测试是发射场首次给火箭箭上设备加电，是十分重要的进度节点。在加电前，要对分系统前的准备状态进行全面检查，确保状态良好，才能加电测试。

各分系统测试互相独立，除特殊要求外，可以并行开展；特别地，如控制系统惯组工作时需要注意维持箭体周围秩序，避免人员误碰箭体造成干扰，因此要求其他系统不能对箭操作；再比如动力系统在吹除放气时环境噪声很大，非常不适于其他系统工作。

1 水平测试

水平测试，即运载火箭各部段或整体，在水平状态下完成测试操作，包括单部段模块水平测试和全箭状态水平测试。水平测试在纵向空间上通常不需要较多工作平台，仅采用特制工作梯即可，因此相对垂直测试对测试厂房要求较低。但随着直径的增大，其操作的难度加大，箭体部位的可达性保障难度加大。特别对于全箭总装状态，由于火箭飞行后的大部分受力载荷并非水平状态，因此水平测试载荷与飞行状态载荷区别较大；且如果是多向捆绑助推的火箭，捆绑总装后某些部位的操作可达性差。因此水平测试较为适合单芯级，或类似"德尔它"4 和"猎鹰"重型火箭这样通用芯级配置，捆绑总装后箭体模块基本处于同一水平面内的火箭。

"猎鹰"重型为 3.66m 级别直径，规模小，操作难度与我国 CZ-3A 系列火箭水平状态交接相当，操作人员仅需简单工作梯和小型龙门梯即可完成，SpaceX 公司使用可灵活布置的钢结构简易测试厂房，即满足其在各个发射场都能够测试发射的需求，如图 7-37 所示。

图 7-37 "猎鹰"9 水平测试及厂房

苏联"能源"号火箭最大箭体模块直径为6.8m，采用水平测试方案，其测试设备包括龙门梯、异形工装和异形工作平台，装置设计较为复杂，如图7-38所示。

图 7-38 "能源"号火箭水平测试

在箭体总装后开展全箭测试时，考虑到"暴风雪"号航天飞机和"能源"号火箭上表面的可达性，测试厂房配备了专用的工作平台；同时为了保证一定的总装操作吊装余量，全箭总装测试厂房的高度达到了60m，约为同等规模垂直总装厂房高度的一半，考虑到横向跨度大，因此"能源"号火箭的水平总装测试厂房与同级别火箭的垂直总装厂房规模是相当的甚至更大，且复杂度上也大体相当，如图7-39所示。

图 7-39 "能源"号火箭水平测试

2 垂直测试

垂直测试，即火箭在垂直状态下进行测试。我国大多数火箭的分系统和总检查测试都是垂直状态的，如 CZ-5 和 CZ-7 火箭。美国"土星"5 火箭也采用垂直测试模式，垂直测试需要建设高大垂直总装测试厂房，配备相应工作平台，平台间通过工作梯保障测试操作可达性，舱内操作可布置工作梯，箭体尾部操作使用异形吊装工作等[16]，如图 7-40 所示。

图 7-40 "土星"5 三级、二级垂直测试

垂直状态测试箭体周围的测试由平台保障，箭体内壁可设置人员站立点，可达性易于保证，如图 7-41 所示。

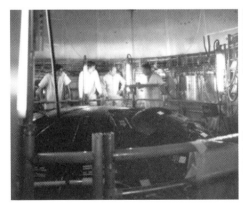

图 7-41 "土星"5 火箭竖直状态测试操作

3 电气系统分系统测试

电气系统分系统测试可以分为单项测试、分系统测试和匹配测试三个阶段：单项测试可以认为是单机级单元测试的延伸，是在全箭总装状态下箭上加电，对单机进行功能性能的测试；分系统测试项目，围绕箭上具体的功能系统，如时序、姿控、制导等系统的功能展开，先测试小回路，在测试大回路，覆盖性逐步加大；匹配测试即电气系统内多系统参与的测试项目，如在控制系统测试时，测试参数为测量系统采集，就同时验证了测量系统参数采集和传输能力。

测量系统统测试主要包括系统的供电控制功能检查、天线系统的功放单元功率测试、安全控制系统的引爆线路检查和系统综合检查等。供电控制功能检查主要是考核系统供电情况，首次为箭上设备加电，验证转电、脱落和紧急关机等重要指令的发出和执行情况，并对设备进行起始电平检查，判断其一次电压等关键参数是否正常；功放单元功率测试，测试功率放大设备的输出功率是否满足指标要求，在地面为功放设备加电，在功放输出端接入功率计，记录并判读其输出功率；引爆线路是箭上安全系统的重要工作线路，其检查内容是在系统转电状态下，测量引爆线路相关的电压指标；系统综合检查，是测量与外系统匹配前对本系统的一次全面考核。为模拟飞行状态，系统连续执行转电、起飞等指令，在模拟飞行过程中发模拟液位信号、预令、动令、姿态信号、分离信号，监测本系统一次、二次电源电压，各单机工作性能参数。

控制系统的单项测试则主要包括地面电源整定、箭上设备的通电检查、伺服中频的供电检查、耗尽关机电路检查、电池加温电路检查、瞄准加温电路检查、转电断电线路检查等。根据控制系统具体的箭上组成等因素综合考虑设置，不同型号火箭控制系统的单项测试差别较大。

4 电源整定和设备通电检查

火箭的首次加电至关重要，箭地连接后，若出现短路、断路等情况，地面加电时可能造成设备异常动作或损坏。因此在首次加电前需要进行电源的整定。电源整定，就是对地面电源输出进行明确，并测试输出是否稳定，符合指标要求，测试母线漏电是否满足要求。设备通电检查是在通电情况下，查看各设备的箭上电压测量点是否满足要求，根据各单元输出总电流，看负载情况是否正常。

地面电源采用热备冗余设计，即副机也开机输出，通过冗余输出控制。冗余热备模块的判断标准为采用高电压输出，因此两个电源同时供电，一般将主机电压设置高于副机电源，约 1V，如图 7-42 所示。

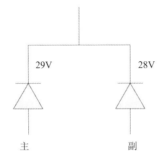

图 7-42　典型电源热备冗余设置

在主机出现问题，输出电压无法保证的情况下，电压下降至副机电压以下时，冗余热备模块自动选择副机电压进行输出。设备通电检查，即检查地面设备供电情况下，箭上母线和设备端的电压是否正常，设备工作是否正常。

扩展阅读

电源拉偏测试：是主动将电源输出调高或调低，查看系统运行情况的测试。电源拉偏测试一般在综合实验室或地面设备恢复时进行。如将 28V 电源调高至 31V，查看系统的工作情况。

5　总线点名自检

总线点名自检，也称总线站点点名自检，是引入 1553B 总线后一项基础又全面的检查项目。总线系统通过总线控制器 BC（一般由箭载计算机担任），向各个终端发布点名自检命令，各终端在短时间内（1s）返回自检结果，并将结果发送给总线控制器，如图 7-43 所示。

图 7-43　典型总线点名自检框图

不同 RT 终端返回的信息含义不同，如综控器等单机自检字含义包括设备连接状态、寄存器读写状态、三冗余状态、单机性能模块状态、二次电压状态等，而伺服机构的自检字含义还包括伺服机构是否在零位等。

在未采用总线之前，电气系统对单机的测试，需逐一进行，测试速度慢，且需要设计多个测试点，而这些测试点在飞行中又用不到，造成电缆网的不必要增重和复杂度的提高。采用总线后，通过总线可以全面、快速、简单地完成智能单机上电后所有初始状态的采集，优势十分明显。

6 惯性器件性能测试

惯性器件是控制系统的重要设备，分系统测试期间，对惯性器件的性能进行测试是十分必要的。无论是惯组、加速度计，还是速率陀螺，都需要测试工作性能，特别是极性和精度是否满足火箭的要求。根据惯性器件的激励源不同，可以分为静止敏感、恒流源激励和转台激励三种测试方法。

静止敏感法，即惯性器件上箭后，惯性器件与箭体连接，靠敏感当地的地球自转角速度和当地的重力加速度进行实际输出：对敏感输出值的正负与系统设计的传递网络的极性进行比较，可以得出惯性器件的输出极性是否正常；对敏感一段时间内的角速度和加速度累计结果与标准值相比较，就可以得出目前惯性器件的输出精度是否满足任务要求，如图 7-44 所示。

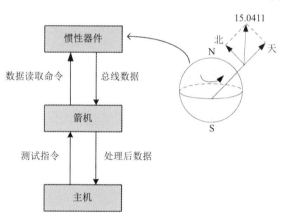

图 7-44 典型惯性器件静态测量框图

地球的自转角速度按每天 360° 计算，每天 23.93447h（即 23h56min4.091s），可得自转的角速度 $\omega_e = 7.292115\times10^{-5}\text{rad/s} = 15°/\text{h}$。测试时，地面电源给箭上设备供电，地面主机发出测试指令，箭机接收测试指令后，通过总线发送数据读取指令，惯性器件将敏感到的重力加速度和地球自转线速度传给箭机，箭机将处理后的数据下传至地面进行判读比对。按照陀螺误差模型，理论上，在敏感地球自转角速度的情况下，在 t 时间内，其脉冲输出值应为

$$\begin{cases} N_{gx} = \dfrac{D_{0x} + \omega_x + D_{xy}\omega_y + D_{xz}\omega_z}{\dfrac{K_{gx+} + K_{gx-}}{2}} \times t \\[3mm] N_{gy} = \dfrac{D_{0y} + \omega_y + D_{yx}\omega_x + D_{zy}\omega_z}{\dfrac{K_{gy+} + K_{gy-}}{2}} \times t \\[3mm] N_{gz} = \dfrac{D_{0z} + \omega_z + D_{zx}\omega_x + D_{zy}\omega_y}{\dfrac{K_{gz+} + K_{gz-}}{2}} \times t \end{cases}$$

式中：K_{gx+}、K_{gx-}、K_{gy+}、K_{gy-}、K_{gz+}、K_{gz-} 为陀螺仪脉冲当量；D_{0x}、D_{0y}、D_{0z} 为陀螺仪零次项漂移系数；D_{xy}、D_{xz}、D_{yx}、D_{yz}、D_{zx}、D_{zy} 为陀螺仪安装误差。这些值已经过惯性器件的单元测试标定。理论值与实际值进行比较，即可得到惯性器件的测量精度。陀螺整体误差为

$$\Delta\omega = \left| 15 - \sqrt{\left(\frac{K_{gx} \times N_{gx}}{t} - D_{0x}\right)^2 + \left(\frac{K_{gy} \times N_{gy}}{t} - D_{0y}\right)^2 + \left(\frac{K_{gz} \times N_{gz}}{t} - D_{0z}\right)^2} \right| \leqslant 1$$

同样，对于加速度计，时间 t 内，理论脉冲输出为

$$\begin{cases} N_{ax} = (K_{0x} + 1) \times \dfrac{(K_{ax+} + K_{ax-})}{2} \times t \\[3mm] N_{ay} = (K_{0y} + 0) \times \dfrac{(K_{ay+} + K_{ay-})}{2} \times t \\[3mm] N_{az} = (K_{0z} + 0) \times \dfrac{(K_{az+} + K_{az-})}{2} \times t \end{cases}$$

式中：K_{ax+}、K_{ax-}、K_{ay+}、K_{ay-}、K_{az+}、K_{az-} 为加表脉冲当量；K_{0x}、K_{0y}、K_{0z} 为加速度计零次项漂移系数；E_{xy}、E_{xz}、E_{yx}、E_{yz}、E_{zx}、E_{zy} 为一次项交叉系数；K_{2x}、K_{2y}、K_{2z} 为二次项系数。只需使用 g_0 减去三个加速度计输出的均方根值，即可得到加速度计误差系数，该系数越小，则加速度计的计量越准确。

恒流源激励法，即采用地面恒流源设备，给惯性器件加固定激励，以模拟飞行过程中的加速度和角速度量。转台激励法，即使用转台，模拟火箭的姿态运动，将惯性器件放置在转台上，采集其随状态运动的实时输出，如图7-45所示。无论是恒流源激励，还是转台激励，均设计好激励输入，采集输出与设计的输入值进行对比即可得到器件的敏感精度，计算方法上与静止敏感法相同，只是理论值并非以地速和重力加速度计算得出，而是具体的测试程序设计值。

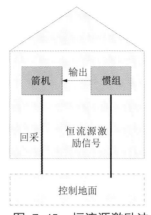

图 7-45 恒流源激励法

恒流源激励法实际上惯性器件内的敏感元件并没有敏感到真实的物理量，只是信号采集输出电路得到了恒流激励，因此其测试回路覆盖性较差；转台式可以提供较为真实的角速度敏感输入，但难以模拟真实的加速度变化，且惯性器件在转台上测试后，仍需再上箭，连接入箭上电缆网，技术状态有所变化，因此上箭后仍需进行静态敏感测试。

7 姿控系统极性测试

姿控系统的极性，包括敏感器件输出、箭机指令、中间机构放大输出、执行机构输出反馈等。极性传递的准确性对于飞行控制至关重要。在惯性器件测试后，控制系统需要对姿控系统的极性进行测试。通常包括姿控大回路和小回路测试：小回路是指从箭机至伺服控制器，至伺服机构的控制和反馈回路。其极性测试主要是在给定输入信号正负的情况下，看伺服机构的摆动方向是否和系统设计一致，如图 7-46 所示。相比较姿控系统回路，即箭体、惯性器件、箭机、伺服控制器、伺服机构、大喷管这个大回路，这里测试的只是其中箭机至伺服控制器的小回路，因此称为小回路极性测试。

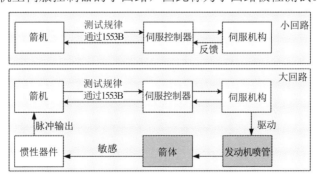

图 7-46 典型姿控系统自行测试框图

箭机发测试指令，测试伺服机构摆动正确性。小回路状态下，姿控系统飞行软件不经过姿控解耦计算。要求直接使用飞行软件的处理模块，以确保测试极性与飞行软件的系统极性一致。通过回采伺服机构伸缩量的位移反馈电压，验证小回路指令传递系数及极性的正确性。

8 收星检查

收星检查，就是检查组合导航，即 GPS 卫星导航定位系统状态、北斗卫星导航定位系统状态或混合定位状态下定位功能和精度。检查组合导航目前的工作状态，定位星有多少颗，系统的工作参数和定位精度是否满足要求，如图 7-47 所示。

图 7-47　收星检查框图

测试过程只需要启动导航卫星信号转发站，通过地面设备采集箭上信号即可。为满足定位精度，要求最少四颗星。收星精度的主要指标包括：PDOP 位置精度因子（精度强弱度），是纬度、经度、高度等误差平方和开根号值，反映了卫星定位的精度，一般值域为 0.5 ~ 99.9；HDOP 水平分量经度因子，是纬度、经度误差平方和开根号值；VDOP 垂直分量经度因子；TDOP 时差经度因子，是接收机内时间的偏差值；GDOP 几何精度因子，代表接收机定位的整体误差，因表征接收机至卫星的单位矢量所勾勒形体的体积与 GDOP 成反比，因此称为几何精度因子。其中

$$PDOP^2 = HDOP^2 + VDOP^2$$
$$GDOP^2 = PDOP^2 + TDOP^2$$

9 动力分系统测试

动力系统发动机、增压输送、连接器等子系统的分系统测试项目，内容根据火箭型号不同、发动机不同、增压输送系统不同等有所差异。具体测试项目多数仍与单元测试阶段相同，主要包括贮箱气检、气瓶气检、箭上管路系统吹除等。

连接箭上，并协同控制和测量系统，可以完成电磁阀的动作测试，电磁阀动作使用专用测试仪，测试其动作反应时间及电流曲线，是否满足设计要求。电磁阀动作测试包括检查发动机的电动气阀、电液阀和控制电缆回路的工作性能，检查电磁阀供电开闭是否正常，测试时应严格注意系统带气状态（一

般不应带气）和电磁阀的动作次数，多数电磁阀的总动作次数是有限的。

10 连接器脱落测试

连接器是地面加注、供气管路与箭上接口之间的连接设备。一般而言，连机器应该具备锁紧、脱落功能，连接密封特性好等特点。连接器按功能分，可以分为主要负责推进剂加注和泄出的加泄连接器、用于贮箱排气的排气连接器、实现箭上各类供气的气管连接器、完成整流罩内供气的空调连接器、应急进行液氢排气的紧急排气连接器等，随着功能需求的不断提出，连接器的种类也不断增加。各种类型的加泄连接器由于推进剂不同，工况不同，形式上也略有不同。一般排气连接器结构比加泄连接器简单，主要有连接器本体和脱落结构组成，气体通过连接器管路向箭外排放。

根据射前脱落的实际不同，连接器还可以分为提前脱落连接器和零秒连接器。提前脱落连接器，即加注、增压等功能完成后不需要保持连接，在相关工作完成后就脱落的连接器。零秒连接器，即其主要功能需要一直持续至点火发射时刻，靠火箭起飞将连接器脱落的连接器。

运载火箭气液连接器的脱落动作至关重要，一方面连接器要确保可靠连接，密封良好，另一方面连接器要确保可靠脱落，不发生干涉或无法脱落的情况，特别是部分低温连接器需要保持连接至临射前几分钟的阶段，其脱落的可靠性是火箭准时点火的重要保证。因此要对动力系统连接器脱落进行多次测试。

连接器脱落测试即考核脱落信号传递是否顺畅，连接器脱落动作是否顺畅，脱落时连接器与箭体和其他结构是否存在干涉或磕碰的测试项目。连接器一般由气缸驱动脱落装置动作，脱落的动力来自高压气体，因此其一般的测试框图如图 7-48 所示。

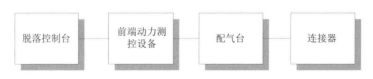

图 7-48　连接器脱落测试框图

即通过脱落控制台发出指令，由前段动力测控设备转发，配气台供气，控制连接器脱落。连接器脱落分带电不带气和带电带气两个状态，以确保脱落的安全性：

（1）带电不带气脱落测试。接通气脱后，脱落电磁阀通电，通过接通配气台钮子开关模拟连接器脱落，控制台上气脱好灯亮，采用耳听、手摸或通过细铁丝检查电磁阀的磁性的方法，判断电磁阀通断电的动作是否正常。

（2）带电带气脱落测试。接通气脱，脱落电磁阀通电，连接器真实脱落。有些连接器由于脱落时机等因素要求，需要其他系统配合。如零秒脱落的连接器，即设计为在火箭起飞过程中，靠火箭起飞位移使连接器脱开的连接器。其脱落检查需要控制系统配合发起飞信号。控制系统模拟向动力系统发起飞信号，配气台通过钮子开关模拟脱拔，后端微机收脱拔好信号；插拔组合连接器供气锁紧，控制系统模拟向动力系统发起飞信号，塔上强制拉拔连接器脱拔拉索，连接器真实脱落后，发真实脱拔好信号给后端微机，配气台通过钮子开关锁定脱拔状态。

11 增压测试

增压测试包括地面增压测试和箭上增压测试。地面增压测试目的是保证贮箱地面增压电路的工作正确性和可靠性，检查地面增压气路工作是否正常，检查测量系统和动力系统增压功能匹配性。

地面增压路是运载火箭起飞前的增压控制通路，主要用于推进剂加注过程及射前增压控制，如图 7-49 所示。通过配气台向箭上贮箱供气增压，由测量系统采集箱压，并根据箱压情况由 PLC 控制组合根据控制逻辑进行增压电磁阀的通断控制。

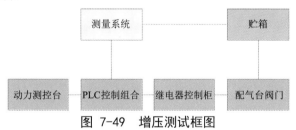

图 7-49　增压测试框图

箭上增压测试是测试贮箱箭上增压路的工作正确性和可靠性，有飞行中补压设计的部段，还需要进行补压测试。箭上增压状态为火箭飞行的增压状态，增压控制由控制系统完成，因此箭上增补压测试是动力、控制、测量的三系统大匹配测试项目。

第4节 总检查测试

总检查测试是分系统测试后多系统参加的综合测试项目，走与发射程序相同的射前流程，但大多都是压缩程序。在总检查过程中，各系统通过总控网连接成统一整体，相互间信息传递交互状态与发射状态基本相同。

我国各型火箭测试发射初期任务多设置 4 次总检查，其中前两次为火箭各系统的总检查，后两次为带有效载荷系统的联合总检查。因此第二次总检查后完成星箭对接和有效载荷测试的工作。四次总检查测试工作后，箭地状态冻结，直至射前，技术状态严格控制，不再轻易改动。

1 总检查状态

我国运载火箭各型号的总检查测试，一般分为三类状态，即总检一状态、总检二状态和总检三状态。这三类状态是我国运载火箭测试发射过程中人为设定的，有一定历史继承性，和总检查的顺序无关系，而是定义总检一状态为最为接近真实飞行状态，总检二状态为模拟状态，总检三状态为紧急关机状态。

1）总检一状态

总检一状态是最接近真实飞行的状态，各系统的箭上供电将不再用地面电源提供，真实转电，动力系统条件允许的情况下也会真实带电带气，各系统的分离机构也会真实分离。总而言之，总检一状态是尽量接近真实飞行的模飞状态。

理论上，为尽量接近真实状态，在总检查模飞过程中，级间分离和助推分离等应该真实动作；但助推分离为承力结构，无法真实分离；而多数火箭的级间分离插头存在可操作性问题，不一定具备总装状态下分离操作的条件，对于级间分离插头可操作的运载火箭型号，在总检一状态模飞时，会动作级间分离插头。

扩展阅读

模飞电缆：总检一状态模飞过程中，火箭与地面连接尾部与地面的连接器分离，因此无法通过该连接器在模飞后对箭上电池进行断电操作，因此设计模飞电缆实现这一功能，如图 7-50 所示。模飞电路，是总检查模飞过程中使用的工艺电缆。有的模飞电缆还负责采集火箭部段分离的时序等。

图 7-50　模飞电缆

2）总检二状态

总检二状态，是模拟状态，箭上假转电，不进行分离动作。

3）总检三状态

总检三状态，又称发射紧急关机状态，射前程序尽量模拟发射时的真实状态，所有工作走实程序，不走压缩程序。但是总检三状态紧急关机，不起飞，不模飞。这个状态是最接近真实射前程序的状态。结合第三次总检查，各系统进行模拟的抢险演练，为发射应急处置做好人员和物资的准备。

事实上，根据具体的细节不同，火箭总检查的技术状态远不只三种，在火箭研制过程中，其模飞状态的种类可多达十余种，而在发射场受发射周期限制，无法一一验证所有状态。这三种状态是综合考虑的结果，火箭在发射场的测试发射是循序渐进，逐步考核的，且总检查之后，一般而言，火箭状态冻结，直至加注发射，任何技术状态都不能轻易变化，这是基于发射可靠性考虑。插拔一个插头，就要重新测试它的连接是否可靠，信号传输是否正常，多余动作一定带来多余测试。因此最后一次总检查一般选择总检二状态，因为这个状态结束后，火箭没有插头、连接器等的动作。

2 真转电与假转电

转电是指箭上设备由地面供电转为箭上供电。由于箭上电池的容量限制，在真转电之前，使用地面电源给箭上设备供电。地面电源给箭上设备供电是火箭点火起飞前，建设设备供电的基本状态，在大部分时间内，箭上设备均有地面电源供电。而在射前转电操作。在总检查过程中，转电分真假两种状态。真转电是指转电后为箭上设备供电的是箭上电池，如图 7-51 所示。

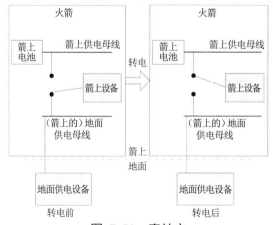

图 7-51　真转电

假转电是指转电后为箭上设备供电的是地面的电源，只不过使用了模拟电缆，接在箭上电池母线上，模拟箭上电池供电，其实供电的来源和转电前是一样的，如图 7-52 所示。

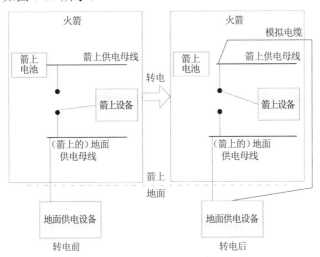

图 7-52　假转电

也可使用模拟电池对箭上设备供电，即采用与真电池意义尺寸和输出接口的电池，放在箭上电池的位置，这样无论是真转电还是假转电，转电后的真实供电输出都来自于模拟电池。运载火箭在真实飞行过程中是使用真实电池供电的，但在地面测试过程中，一般很少使用真实电池，这是因为一般认为电池加注电解液后，充放电的第二次和第三次是最好的使用时机，电量足，放电稳定，因此需统筹考虑；由于总检一状态的总检查需要真实模飞，为考核真实状态，真电池使用一次，紧急关机状态一般使用真电池，但由于很快就紧急关机了，实际使用时间很短，这样电池基本使用过一次，电池下箭充电后再上箭，就是电池放电的第二次，用于真实飞行过程。

3　模飞

在总检查测试中，火箭通过程序模飞，检验各系统飞行情况下联合性能指标，是运载火箭各系统最为综合的地面测试项目。火箭在地面模飞，主要有以下两种模式。

（1）模拟弹道模式。因为火箭垂直在发射台上，没有真实飞行，箭上惯性器件测得的加速度和角速度值与真实飞行有较大区别，所以在模飞过程中，箭机并不接收惯性器件的输入，而是直接使用事先计算好的弹道模拟数据进行模拟飞行，根据这些模拟数据，计算输出对火工品、电磁阀和伺服机构的控制指令进行模飞，如图 7-53 所示。

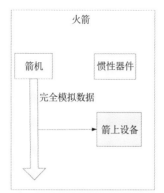

图 7-53 模拟弹道模式模飞

（2）真实敏感模式。虽然火箭没有真实飞行，但是惯性器件还是有输出的，敏感的是当地的重力加速度 g 和地球自转的线速度 v；当然，这两个值和真实飞行情况是有很大差别的（偏小），箭机实时接收这两个值，并根据标准弹道曲线拟合的需求，对它们进行加权，即乘以一个扩大的系数，使计算出的弹道尽量靠近标准弹道，从而进行模飞。这种模飞过程中，惯性器件的输出是真实的，箭机的计算也是真实的，只不过中间有加权系数；从考核的全面性角度考虑，真实敏感模式显然更全面，因此也更加接近真实情况，如图 7-54 所示。

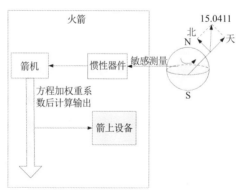

图 7-54 真实敏感模式模飞

根据控制系统惯性导航的离散化计算公式：

$$V_{ai} = V_{ai-1} + \Delta W_{ai} + \frac{1}{2}(g_{ai} + g_{ai-1})\tau$$

引入加权系数 K，使 $V_{ai} = V_{ai-1} + \Delta W_{ai} + \frac{1}{2}(Kg_{ai} + g_{ai-1})\tau$，$K$ 的取值在飞行中为 1，在模飞过程中为视情加权值，以模拟飞行状态。模飞过程中，视速度增量 ΔW_{ai} 仍然取自惯组的输出，为真实值，但与飞行值差距较大，因此模飞系数 K 进行不断修正，使计算关机方程和控制指令时，输出类似飞行过程的信号。对于姿态角偏差的控制，采用如下方式：

$$\begin{cases} \Delta\varphi = \varphi - \varphi_{cx} + K_{mf}(\varphi_{mf} + \varphi_{cx} - \varphi) \\ \Delta\psi = \psi - \psi_{cx} + K_{mf}(\psi_{mf} + \psi_{cx} - \psi) \\ \Delta\gamma = \gamma - \gamma_{cx} + K_{mf}(\gamma_{mf} + \gamma_{cx} - \gamma) \end{cases}$$

在测试时，模飞系数 $K_{mf} = 1$，即模拟测试状态。飞行时，$K_{mf} = 0$，则姿态角偏差为飞行状态计算：

$$\begin{cases} \Delta\varphi = \varphi - \varphi_{cx} \\ \Delta\psi = \psi - \psi_{cx} \\ \Delta\gamma = \gamma - \gamma_{cx} \end{cases}$$

当然，地面无法模拟真实飞行的所有情况；温度、气压以及真实过载等在发射场的模飞测试中是无法考核的，这些主要靠产品研制过程中的专项试验，如振动试验、高温试验、过载试验等进行考核。

从模飞方式的不同可以看出，模拟弹道模式采用模拟数据进行弹道计算，因此在这种模飞过程中，箭载计算机发出的时序指令 TK 值和综合控制器等发出的时串控制指令，时间基本与理论时间相同；而真实敏感模式，虽然经过加权系数处理，但惯性器件的输出是真实的敏感值，因此惯性器件的模型误差、敏感值的随机性等使得 TK 值和时序与理论值有所不同。

第 5 节 加注发射阶段

加注发射是运载火箭测试发射任务的最后一环，也是最为关键，风险因素最多的一环。以火箭转运为标识，任务工作转入加注发射阶段。目前，世界各国运载火箭型号加注发射阶段工作均尽量优化，以减少发射区占位时间，力争实现快速发射。

发射区加注发射工作的内容与火箭的测试发射模式、发射区设置、火箭箭地连接等设计情况相关。如 CZ-5 和 CZ-7 运载火箭采用三垂一远测试发射模式，其各系统前置设备间在活动发射平台内，因此垂直转运过程中，箭地电气连接不断，技术状态保持良好，因此转入发射区后测试工作相应减少。加注发射的准备工作包括各系统转入发射区后的管路、气路连接及检查，各系统加注前的准备及功能检查，煤油调温等加注准备工作，煤油抽真空等技术区和发射区技术状态不同的考核测试项目等。测控通信系统在推进剂加注前完成全航区合练工作，对全航区所有设备，按照真实射前流程，组织流程演练，查看匹配情况。

1 垂直转运

　　垂直转运，指箭体在垂直状态下由技术区转往发射区。对于 CZ-5 和 CZ-7 火箭，其采用三垂模式的关键设备是大载重量的活动发射平台，可以带着箭体垂直转运至发射区。活动发射平台垂直转运的好处是，保持箭地连接不断开，减少技术区到发射区的技术状态变化，同时将火箭的前端测试设备放置在活动发射平台前置设备间，技术区和发射区可以共用一套前段时间设备。图 7-55 所示为我国 CZ-7 火箭垂直转运，其前端测试设备即放在活动发射平台的前置设备间。

图 7-55　CZ-7 火箭垂直转运

　　美国的"土星"5、航天飞机、"战神"5 及正在研制的 SLS 火箭均采用履带式无轨远距离垂直转运方式。"土星"5 和航天飞机采用履带式垂直转运方式，垂直转运程序从履带装置开入活动发射平台底部开始，并支撑活动发射平台和火箭的重量，调整重心位置，然后转运出垂直总装测试厂房，如图 7-56 和图 7-57 所示。

图 7-56　"土星"5 垂直转运出 VAB

图 7-57　航天飞机垂直转运

　　"土星" 5 火箭的转运速度控制在 1.6km/h 以内，转运过程中微小的斜坡可以通过调整履带装置，始终保持活动发射平台上表面水平和火箭竖直（图 7-58）。垂直转运至 39A 工位距离共计 6km（工位 B 比 A 远 1.6km），大概需要 5 ~ 6h。到位后的定位精度要求在 5cm 以内，到位后转换支撑装置，并开展箭地连接。

图 7-58　"土星" 5 垂直转运和转运装置在斜坡上的履带调整

　　一般而言，垂直转运过程中需要严格控制转运速度，特别是弯道速度。垂直转运要求加强火箭、活动发射平台和钢轨路基的强度和刚度设计，错开固有振动频率，并采取防风拉杆、吸振器等措施，解决低频激振和"倒立摆"难题。

2 水平转运和整体起竖

水平转运同样可以保持转运前后的箭地连接状态不变。我国的CZ-6火箭、CZ-11火箭、快舟系列火箭都采用水平转运的模式，俄罗斯的大部分火箭，包括"联盟"号、"质子"号，美国的"猎鹰"9和"猎鹰"重型等均采用水平转运模式。

水平转运同样意味着要在发射工位整体起竖，然后才能加注垂直发射。因此，水平转运需要具备一定规模的箭体水平转运车，满足水平状态箭体支撑的要求，具备火箭整体起竖能力，同时要求箭体结构受力满足水平转运和整体起竖的受力要求。

俄罗斯"质子"号火箭等均采用运输起竖车的方案，车架整体结构、千斤顶起竖、托架支承等方案继承性强。运至发射区后，采用起竖臂，将火箭起竖，如图7-59、7-60所示。

图 7-59 "联盟"号火箭水平转运及整体起竖

图 7-60 "质子"号M火箭水平转运及整体起竖

美国"猎鹰"重型运载火箭全箭长70m，结构质量约70t（未含整流罩及有效载荷），为水平运输至发射区，采用整体起竖方式完成发射区布置，如图 7-61 所示。

图 7-61　"猎鹰"重型首飞时水平转运及整体起竖

苏联"能源"号火箭芯级全长 58.735m，质量约 125t（未含"暴风雪"号航天飞机），其与"暴风雪"号航天飞机组合体（总重约 190t）水平转运至发射台，通过整体起竖后进行加注发射。水平转运装置重 2756t，尺寸为 90.3m×56.3m×21.2m，最大行驶速度为 5km/h，铁轨宽 18m。拜科努尔发射场共有两个水平转运装置备用。"能源"号火箭水平转运整体起竖是继承苏联火箭测试发射模式的传统，其现役的主力型号，如"联盟"号火箭，仍然采用三平模式，具有很好的技术继承性，如图 7-62、7-63 所示。

图 7-62　"能源"号火箭水平转运

图 7-63　"能源"号火箭发射前整体起竖

3　发射区箭地连接

　　火箭转运至发射区后，需进行箭地连接工作，转为发射区加注发射工作状态。其箭地连接主要包括两个部分：一是活动发射平台与地面的连接；二是箭体与地面的连接。图 7-64 所示为"土星"5 火箭发射区箭地连接示意图。

　　气路连接包括发射场供气系统与活动发射平台动力系统的配气台之间的供气管路连接，发射场空调系统与活动发射平台空调管路的连接。

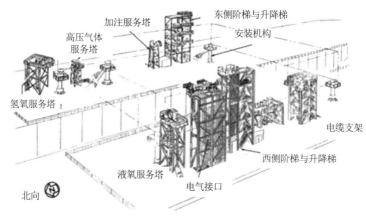

图 7-64　39A 发射工位"土星"5 火箭的箭地连接

液路连接包括加注系统与活动发射平台上加注管路的连接，大流量喷水系统与活动发射平台喷水管路的连接等。

火箭各系统与地面的连接包括动力系统的气液接口和测量、控制系统的电接口。动力系统的连接器，根据工作要求的不同，部分在垂直转运过程中不断开连接，断开连接的连接器在发射区对接后，直至加注发射状态不再变化。

4 瞄准

通常，运载火箭转运至发射区后需要进行垂直度调整和瞄准等工作。从技术实现途径上，瞄准可以分为自瞄准和外部瞄准两种。自瞄准，即火箭通过自身系统进行方位测定的瞄准方式；外部瞄准，即通过外部瞄准设备进行方位测定的瞄准方式。现阶段我国主要运载火箭都采用外部瞄准的方式。

外部瞄准的一般原理是通过瞄准仪，发出一束激光，打到惯性器件的瞄准棱镜上，接收棱镜的反射光，通过计算入射与反射的夹角，确定惯性器件棱镜法线方位与方位角基准之间的差值。棱镜与惯组固连，惯组与箭体固连，因此可以换算得到火箭的初始方位，如图 7-65 所示。

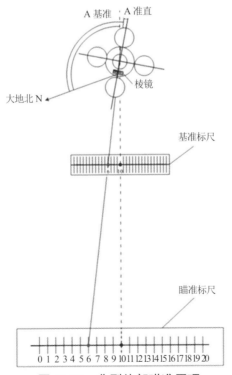

图 7-65 典型外部瞄准原理

瞄准方位角 A_1 的计算公式如下：

$$A_1 = A_{基准} + A_{准直} + (\Delta\beta + \Delta\varphi)\tan\theta + \Delta\alpha$$

式中：$A_{基准}$ 为瞄准仪初始对准时的基准大地方位角；$A_{准直}$ 为瞄准仪与棱镜精确准直后瞄准仪读数，即精确准直后瞄准仪方位与 $A_{基准}$ 之差；$\Delta\beta$ 为捷联惯组棱镜棱线与惯组安装基面的不平行度，面对棱镜时，棱线右高为正；$\Delta\varphi$ 为捷联惯组测量轴的不水平度初值，控制系统采样电压高为正；θ 为瞄准仰角；$\Delta\alpha$ 为捷联惯组棱镜法线的方位差，从上向下看逆时针为正。令

$$\Delta\gamma = A_0 - A_1$$

式中：A_0 为理论射向；$\Delta\gamma$ 为控制系统射前装订的滚转程序角。

瞄准系统精度控制的关键是瞄准基准的获取，一般包括三种方式：一是通过瞄准间内部的基准直角棱镜获取基准方式，在瞄准间内较为稳固的水泥基座上设置基准直角棱镜，利用瞄准仪与基准直角棱镜直接获取已知的基准方向；二是通过陀螺寻北仪自寻北获取基准方位，通过陀螺寻北仪在瞄准间内自寻北并计算其上基准棱镜的方位角，利用瞄准仪与陀螺寻北仪上的基准棱镜光学准直获得基准方位；三是通过场坪大地测量点获取基准方位，在瞄准间内建立瞄准标尺，在距离瞄准点一定水平距离的发射场坪建立基准点，通过光学对瞄，使瞄准间内的瞄准仪获取基准方案。瞄准一般有远距离斜瞄和近距离平瞄两种方式。

1）远距离斜瞄

我国 CZ-3A 系列火箭瞄准采用远距离斜瞄方式，其瞄准间设置与场坪上，瞄准俯仰角不为 0，瞄准距离相对较远（几百米）。这种方式要求火箭发射平台具备回转功能，使得箭上惯性器件棱镜面向地面瞄准间方向，如图7-66所示。

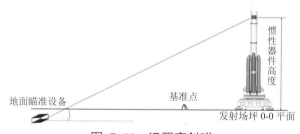

图 7-66　远距离斜瞄

2）近距离平瞄

对于箭体质量较大的火箭而言，箭体支撑点设计为固定式，不具备回转功能，因此不适用于远距离斜瞄方案，而采用固定火箭方位的近距离平瞄。

CZ-5 运载火箭和 CZ-7 运载火箭的瞄准系统均采用近距离平瞄方案，即瞄准间设置在固定塔上，瞄准装置与瞄准棱镜俯仰角接近 0°，如图 7-67 所示。

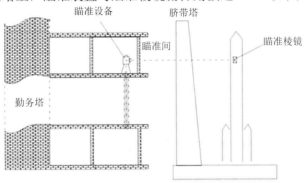

图 7-67　近距离平瞄

扩展阅读

　　瞄准玻璃：箭上瞄准棱镜的通视窗口称为瞄准窗。对于低温液体火箭，为防止瞄准玻璃由于箭体周围低温环境结雾气，瞄准玻璃通常具有加温功能。

5　加注发射前测试

　　运载火箭的控制系统和测量系统在加注前的测试工作主要包括三类：一是进行发射区的箭塔协调，明确本系统的电缆、操作口和摆杆、平台之间的位置关系，确保不干涉和不影响操作，并确认箭体与活动发射平台开口弧间的相对位置适当；二是在活动发射平台与地面电和光纤连接完成后，进行简单的前后端通路测试，确认通信畅通；三是在加注前进行系统加注前功能检查，主要项目基本同分系统测试项目，确认本系统在加注前各单机性能指标满足要求。

　　动力系统转入发射区后主要工作包括：箭塔协调，确认各操作口位置，连接器位置等；管路及电缆连接，包括活动发射平台的气源管路，增压气瓶箭上的充气管路，测压管路，对接加泄连接器；配气台置换，保证配气台管路状态；贮箱置换和全系统气检，主线工作为贮箱置换，全系统气检结合进行；带电不带气状态气脱测试，测试气脱电路的正确性，气管连接器并不脱落。

6　贮箱置换和全系统气检

　　对于液体推进剂运载火箭，各部段贮箱在加注前要进行贮箱置换，名为贮箱置换，实际上是对贮箱在内的箭上部段和管路进行全面的置换，以除去其中的气体杂质和水分，确保加注前的洁净状态。置换过程中，管路和贮箱均充入置换工质，也就检验了该工质状态下的系统气密性，即全系统气检。

对于液氧和煤油贮箱，其置换用气体为氮气，氮气置换后，在测压路管路三通处取化验水含量，含水量满足使用条件时，置换完成。

而对于液氢贮箱，其最终的气枕一般为氦气或氢气，因此通常先使用氮气置换，确保氧气含量降低到安全范围内，再经过氢气置换和氦气置换。即使最终的气枕气体为氦气，由于氢贮箱通常较大（液氢密度低、氢氧火箭的氢贮箱大），因可采用氮气、氢气、氦气的置换顺序进行置换。氮气置换使氧含量降低至安全标准，然后使用液氢在线汽化回温制取的氢气进行置换，最后用氦气置换氢气。在线制取氢气，汽化流量、供气温度都是控制难点，通过出液罐自增压调节阀、外置增压器进液调节阀、回温器出口氢气调节阀多环节控制技术，满足稳定流量供气要求，根据置换充气时间要求和管路内氢气安全流速要求，同时考虑在线供氢气时氢气汽化后效压力泄放措施，保障置换工作安全进行。氢气在管路中流动时，会产生静电积累，若流速过快，则可能产生危险，因此对于给定的管路系统，氢气的流速有一定的限值。

7 诸元计算

诸元的含义较为广泛，广义上可以将程序的初始输入参数均称为诸元，对运载火箭发射任务而言，我们说的诸元指火箭的发射诸元，包括弹道诸元（发射点坐标、射向、发射方位角、关机特征量、关机方程系数、导引方程系数、飞行程序角等）、风补诸元、惯性器件诸元、瞄准诸元和加注诸元等。

所有诸元都在射前通过各种方式获取并确定：发射点坐标由大地测量标定，一般在火箭任务前就已完成；射向由具体任务的航天器轨道需求计算明确；发射方位角由瞄准获得；关机特征量、关机方程系数、导引方程系数、飞行程序角等由运载火箭弹道计算明确；惯性器件诸元由惯性器件单元测试标定；高空风补诸元由高空风预报结果和弹道计算确定，一般要求 qa 值不得大于一定限值。

特别地，加注诸元包括推进剂加注量和加注温度，由弹道计算、箭体贮箱各液位容积、环境温度变化预报、贮罐推进剂温度和加注管路等复杂系统模型确定。加注诸元计算的模型是工程计算使用的经验公式，其模型系数的确定需要考虑多种因素，包括煤油库区流出管路的直径、长度、散热率等对煤油自库区流出进箭过程中温度变化的影响，同时环境对其温度的影响。由于是经验公式，而航天测试发射任务的特点是子样少，因此加注诸元计算模型需要不断迭代，以增强适应性，而且不同发射场的环境条件和保障条件不同，推进剂进箭后温度的变化规律也不尽相同。

加注诸元计算的时机一般在煤油调温之前，其输入值为煤油加注系统明确的加注罐号和未来逐时的气温预报，要求能够覆盖点火发射时刻。通过建立的数学模型计算出每个罐需要调节的煤油温度和加注时的输出量，交给煤油库房，库房根据诸元计算结果对煤油进行调温。

8 推进剂温度调整

运载火箭对推进剂温度是有明确要求的：推进剂的温度不同，其密度也不同，因此以液位作为终值标定的加注系统而言，推进剂的温度将最终影响加入火箭的推进剂总量；发动机研制过程中，发动机正常工作时输送系统提供的推进剂温度在一定范围内，推进剂温度的变化将影响发动机推进剂混合比，从而可能导致一种推进剂先耗尽，造成运载能力的损失；温度不同造成的密度不同同样将影响发动机的峰值流量，从而影响推力。

使用煤油推进剂的火箭，在测试发射流程中安排煤油调温的工作，将其温度降到需要的范围，即煤油调温。煤油降温是指采用低温液氮作为冷源的液氮浴换热等方式，即通过换热器壳程中的液氮冷却管程中的煤油，以达到降低煤油温度的目的。低温液氮采用挤压方式注入换热器，煤油采用加注泵打循环，煤油走管程，液氮注入壳程，生成的氮气经管路引出排放。煤油是一种混合物，其温度的分层效应较为明显，在调温过后静置过程中，会发现不同高度的煤油温度不同，这种效应无论在库区煤油贮罐还是箭上煤油贮箱中，都有体现。一般而言，上层煤油温度高，下层温度低。因此，调温时应注意消除分层，尽量减少上下层煤油的温差。

煤油调温是煤油加注前的重要工作，由于煤油加注后至点火有一定时间间隔，环境温度较高，会造成煤油的升温，所以煤油加注系统在煤油加注前将煤油贮罐内煤油问题进行调整。其调温的依据是诸元计算的结果。

第6节 发射日工作

火箭发射日的工作内容主要包括加注、发射和各类保障工作三个方面。加注，即将推进剂加注，以及与之相关的动力系统增压、预冷、连接器操作等。发射，即火箭的发射控制，主要由地面测发控系统完成，包括发射程序前的射前状态检查、射前功能测试和执行发射程序。各类保障，包括围绕火箭发射工位的勤务塔、脐带塔勤务操作，发射支持系统工作，供气、供电、供水等保障，测控通信保障和气象保障等。其中，加注与发射为主线工作，保障为辅线。

1 推进剂加注过程

推进剂加注的基本输入是任务的精确弹道计算，根据任务轨道需求和运载火箭发动机关键参数计算，如比冲、混合比等，得到运载火箭各贮箱的推进剂加注质量，进而换算为推进剂体积。推进剂加注的总容积是加注系统的加注依据。通常，按照先常温后低温，低温中先液氧后液氢的顺序进行加注。液氢推进剂加注风险较其他推进剂更高，现场控制措施更为严格，部分区域需要无人值守、无线电静默等；低温推进剂的温度随时间变化会引起参数变化，对火箭发动机的性能产生影响，因此临近发射加注较好。在系统能力允许和高水平可靠性控制的条件下，可以并行加注以提高效率。对于低温推进剂，国内外运载火箭加注过程按照典型的 4 个阶段实施：

（1）预冷。即地面管路填充预冷和箭上贮箱预冷。由于低温器件骤冷可能发生剧烈形变而损坏，特别是箭上贮箱，贮箱热状态进低温推进剂，可能造成箱体超压；若低温管路预冷不充分，加注过程中可能存在两相流，影响推进剂流动；箭上预冷过程中，在未预冷好前，进贮箱低温液体都被汽化，因此，一般以箭上"零液位"到作为预冷好的条件。

（2）大流量加注。一般加注至预定液位 95% 左右。大流量加注目的是为了尽量减少整体加注时间，在预冷好后，迅速加注推进剂。

（3）减速加注。加注到一定液位后，为了确保加注精度，进行减速加注。

（4）补加。为了适应箭上飞行需要，同时补充停放期间的推进剂蒸发量，进行射前的最终推进剂定量。

由于液氢、液氧等推进剂饱和温度较低，因此加注过程中以及加注完成后，推进剂蒸发量都较大；所以补加定量的最后时间原则上尽量靠近点火时间，不然就会出现补加完成时，推进剂液位满足要求，过一段时间由于蒸发，推进剂不够了，又要补加的循环。

扩展阅读

地面定量和箭上定量：推进剂的加注定量方式分为箭上定量和地面定量两种。地面定量，即采用地面流量计的示数累加进行定量，要求流量计误差小，满足加注精度要求。箭上定量，以箭上液位示数为准，加注到终值液位后停止加注，要求箭上贮箱液体容积计算准确，液位指示满足加注精度要求。

2 低温推进剂射前补加

射前补加是指射前将各低温贮箱推进剂加注至最终液位的过程。低温推进剂大流量加注结束后，减速加注至停放液位，停放期间，低温推进剂蒸发，液位下降，射前需将贮箱推进剂加注至最终液位。氢箱大流量结束后进行持续补加，氧箱在射前指定时间时进行过冷补加。

射前补加的意义在于补充停放期间的推进剂增发损失，并且降速精确定量加注，可以较好地控制最终加注量。对于低温推进剂而言，条件允许的情况下，一般射前要进行过冷补加，进一步降低推进剂温度，以满足发动机启动条件，防止气蚀的发生。由于低温推进剂的蒸发，射前补加通常持续到临射前几分钟完成。

由于液氢加注后极易蒸发，加注到液位后容易很快消失，射前补加要求在指定时间内加注到指定液位，加注好的控制是整个液氢加注的重难点，也是关键点。CZ-5 火箭有两个液氢贮箱，需要在同一时间段补加到终值液位。软件工序中设定了液位信号稳亮判定算法，通过提前同步补加、间断逼近补加和终值液位补加等多步骤控制策略，实现了液氢两个贮箱的同时自动射前补加。

3 过冷加注技术

低温推进剂如在加注后会因蒸发损失，需要持续补加；若因发动机过冷需要，在发射前加注过冷推进剂，其工序较为复杂，需要进行热推进剂排放等工作。如全过程加注过冷推进剂，不仅可以减少加注后蒸发损失，而且能够取消射前补加流程，对于提升运载火箭发射可靠性有重要作用。推进剂过冷还可大幅简化射前流程，避免推进剂补加的复杂工序，实现推进剂加注后即发射的工艺流程转变，同时降低发动机推进剂温度，避免发动机气蚀，提高启动稳定性，增强低温推进剂加注后窗口的灵活性与流程的可逆性。

推进剂过冷是密度增加的致密化过程，因此过冷加注推进剂，可以在相同容积下，加注更多推进剂。如煤油推进剂，"猎鹰" 9 火箭使用的煤油就经过致密化处理，其使用的煤油温度约为 - 7°，黏性没有受到影响，密度较常温煤油提高 2.5% ~ 4%。液氧密度随着温度的提高而显著减小，"猎鹰" 9 等火箭加注时通过对液氮抽真空，使之温度在冰点 63K 左右，用以降温液氧。通过降温可以将液氧密度提高 8% ~ 15%（相比 1 个标准大气压下饱和沸点 90.188K 对应密度），相当于每 100m^3 推进剂多加 8 ~ 15t 氧。除 "猎鹰" 9 外，国外使用过冷氧的火箭包括 N-1 火箭液氧温度大约在 81K，Antares 火箭约为 78K，而 "联盟" 2 火箭约为 86K（它们的共同之处在于使用了 NK-33 发动机）。液氢过冷技术难度大，通常在液氢补加时降低液氢挤压压力，并采用小管径高真空焊接连接管路系统以保证液氢品质，也可采用汽化冷却等技术手段使液氢过冷。例如，美国肯尼迪航天中心 "土星" 1 发射场液氢地面加注系统，靠液氢汽化吸热冷却补加过程的液氢，产生过冷氢，液氢被过冷至 − 254.5℃。

致密化利于增加推进剂贮量，对抑制长输送管泉涌现象也有帮助，且近似提高发动机混合比，对提高发动机性能有益。致密化的缺点是无法适应长时间推迟发射，对地面系统带来挑战。

4 无人值守

远距离测发控和发射区无人值守技术，均强调在运载火箭推进剂加注后，尽量确保发射区（或距离运载火箭一定范围内）无人，这是以人员安全为本的现代航天测发理念的具体体现。

2016 年，"猎鹰" 9 火箭静态点火试验过程中发生爆炸，由于现场无人值守，未造成人员伤亡，如图 7-68 所示；而 2003 年，巴西第三枚 VLS 型卫星运载火箭在发射场地面爆炸，造成 21 人死亡的重大事故，如图 7-69 所示。因此，无人值守技术是运载火箭特别是低温液体运载火箭测试发射技术发展的必然趋势。

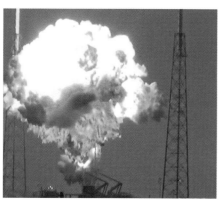 

图 7-68　2016 年 "猎鹰" 9 火箭　　　　图 7-69　2003 年巴西
静态点火测试过程中爆炸　　　　　　　VLS 火箭爆炸事故

早期远控技术、自动化处置技术尚无法完全替代发射区加注后人员操作的时候，在火箭的射前流程设计上考虑尽量降低人员的安全风险。我国的 CZ-3A 系列、CZ-7 和 CZ-5 等低温运载火箭，其射前流程较为明显地分为常温推进剂加注和低温推进剂加注两个阶段，严格控制低温推进剂加注阶段发射工位周边的人员，并尽量减少液氢加注后火箭周围操作人员的数量。美国 "土星" 5、航天飞机等早期射前流程，采取 "清空发射场坪" 的流程控制模式，即在射前重要阶段前，将发射场坪人员撤空，在确认各系统状态良好的情况下，再上人进行操作。

随着整体垂直或水平转运测发模式的发展，自动化控制和应急处置技术的应用，运载火箭在进入加注发射阶段的箭体周围操作大幅精简，少量工作也可以通过传感器和自动操作装置代替人工，从而实现发射区的无人值守。

5 射前状态检查

射前状态检查，是运载火箭各系统在射前对状态的最后一次确认，内容包括确认插头、连接器、电缆、设备状态，并连接电池、引爆器、爆炸器插头，拔火工品总短路插头，封舱，封舱完毕后，人员撤离。射前状态检查后，火箭电气系统的箭上连接状态保持与飞行一致，所有工艺电缆、插头均下箭，不留多余物。

6 火工品短路插头与负母线受控

火工品防误爆是运载火箭测试中必须要注意的，其措施主要包括指令控制、短路插头、受控负母线等。指令控制就是通过限制综合控制器等中间装置，使其在测试过程中不误发指令，以确保火工品不带电。短路插头是一类功能插头的统称，一般是指将某些具体的功能点通过短接的方式使其不起作用。大多数情况下我们说的短路插头是火工品短路插头，即防止火工品误爆的短路插头。如图 7-70 所示，将 3、4 点短接，则火工品短路。短路插头使用醒目的红色标识，射前各系统将所有红色部件取下，才能进行发射。

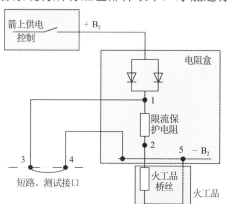

图 7-70 火工品短路插头短路位置示意

负母线受控，即对供电负母线设置受控开关，在射前某时间点以前，确保负母线不带电，即使正端箭上供电控制误闭合，也无法使火工品工作，如图 7-71 所示。负母线受控在大部分导弹系统设计中使用。

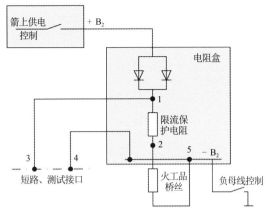

图 7-71 受控负母线

7 射前功能检查

射前功能检查，指各系统对单机设备功能做最后确认的测试工作。射前功能检查中主要进行单机状态确认等操作，不同火箭型号测试思路略有不同，因此射前功能检查的项目不同。

推进剂加注后，由于增重和推进剂温度影响，箭体会发生一定的形变。因此，一般在推进剂加注前后进行最后一次瞄准，瞄准后将瞄准信息诸元传递给控制系统，用以修正火箭的方位偏差，减少制导误差。

8 上传飞行程序

运载火箭的飞行由控制系统进行控制，其核心单机为箭载计算机；箭机中运行的飞行程序，是飞行控制规律、参数算法的集合；因此，飞行程序对于运载火箭的飞行至关重要。对于给定型号运载火箭，由于有效载荷要求不同，轨道不同、质量不同、射向不同等，其飞行程序及诸元，都不尽相同；因此，在射前上传本次任务特定的飞行程序十分必要。

飞行程序与平时测试用的程序不同，因此在射前功能检查结束后进行飞行程序的装订，即将飞行程序上传至箭机。飞行程序试装订，即飞行程序的试上传工作，主要检查箭地通信是否正常，上传的程序与地面版本比对是否一致。

9 电气系统地面母线漏电

地面母线漏电检查，即对电源母线对地或壳电阻的测量，由于电气系统箭上为浮地设计，所以漏电电阻相当于绝缘电阻，应满足绝缘阻值大于某个值（如 5MΩ）的要求。火箭在发射区测试时，各系统漏电阻值是需要关注的关键参数，特别是火箭低温加注之后，箭体周围环境温度降低，箭上易发生结露现象，给箭上电缆网的防水防潮带来挑战。

需要注意的是，母线漏电检查过程中表笔或旋钮选择 −M 漏电时，实际连的是 +M 母线（为什么？因为漏电阻在负母线一端，若存在，则会与正母线形成闭合回路，如图 7-72 所示）。

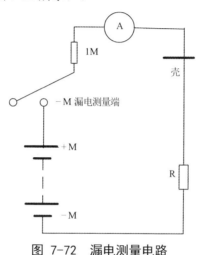

图 7-72 漏电测量电路

如图，假设 −M 母线漏电，其漏电电阻为 R，意味着 −M 母线与壳间有阻值为 R 的搭接电阻，采用电流表测量漏电时，表笔与 +M 母线搭接，才能构成回路。此时有：

$$I = V / (R + 1)$$

因此可以认为，漏电流与绝缘阻值大体成反比关系，漏电流越小，绝缘阻值越大。

产品漏电的原因很多，在某系列火箭的测试发射过程中记录的漏电故障共有 11 次，其中设备质量或元器件失效造成漏电的有 5 次，设备或电缆受潮造成漏电的有 4 次，其他原因有 2 次。

漏电的危害包括多个方面：

1）对电池容量的影响

如果运载火箭控制系统正、负母线对壳绝缘同时下降，则形成一条电流为 i 的漏电通道。对一定的漏电负载，长时间漏电会造成电池容量的损失。

如图 7-73 所示，漏电电流 i 为

$$i = \frac{V}{R_1 + R_2}$$

设电池容量为 H，系统工作时间为 t，要求漏电消耗的容量不能超过电池容量的 10%，则有

$$\frac{V}{R_1 + R_2} \times t \leqslant H \times 10\%$$

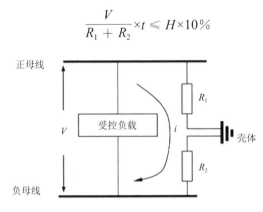

图 7-73　漏电对电池容量的影响

2）对电磁阀的影响

箭上电磁阀要求供电电压通常小于母线供电电压，因此母线单端漏电对电磁阀没有影响，因为输出电压不变。如果正负母线间漏电，则相当于电磁阀供电通路上并联了负载，对电磁阀也没有影响。

3）对火工品的影响

对火工品的影响分两方面说明：一是不起爆，由于箭上火工品的阻值都很小，在 10Ω 以下，绝缘电阻远大于火工品回路阻值，因此旁路的电流不大，不容易造成火工品起爆，除非漏电电阻达到欧姆级，即接近导通；二是误爆，误爆的条件是同路固态继电器不工作情况下，回路中串入大电流，而在漏电条件下，漏电负载为旁路并联负载，不易串入大电流，误爆可能性较小。图 7-74 所示为典型火工品、电磁阀供电电路。

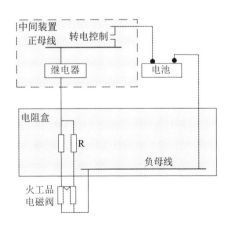

图 7-74　典型火工品、电磁阀供电电路

4）对带电设备影响

若对壳漏电，则需要考虑对外系统的影响，即小概率情况下，两个系统的母线均对壳漏电，则可能造成电源并联的情况，若存在大电压，如伺服机构中频，漏电至28V供电设备，则可能造成设备损伤。

10 平台打开

采用固定勤务塔，且具有回转平台的运载火箭，在射前根据工作安排和具体情况进行平台打开工作。主要考虑的因素包括：在平台的执行的测试操作等均已完成，人员撤离已完成，平台才可以打开；由于回转平台具有一定的遮风挡雨功能，因此临近射前打开较好；在低温连接器，如氧排连接器脱落后，箭体周围会存在大量氧蒸气，为利于气体扩散，应在氧排脱落后尽快打开。某勤务塔各联平台示意图如图7-75所示。

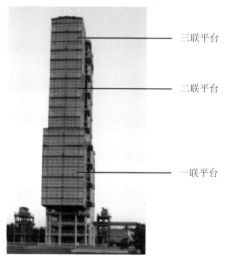

三联平台

二联平台

一联平台

图 7-75 某勤务塔各联平台示意图

回转平台由控制系统控制，液压系统驱动打开。液压系统主要由泵站、阀控箱、液压缸、液压油、管路及附件等组成。回转平台打开前期，应密切关注回转平台和火箭之间的位置关系，因此打开初期速度较慢，远离火箭后可加快打开速度。

11 射前增压

射前增压是指火箭点火发射前，通过地面增压系统对火箭各贮箱进行充气增压，将贮箱压力提升至要求压力值，确保火箭点火前贮箱压力满足要求。在推进剂加注完成后，关闭箭上加注活门，即开始进行贮箱的射前增压，使箭体起飞前贮箱气枕压力满足箭体结构强度和推进剂输送的要求，加注和增压都完成后，相关的连接器脱落，摆杆摆开。

射前增压进一步提高发动机入口压力，保证发动机正常起动；保证运载火箭贮箱气枕压力，提高箭体贮箱的抗压强度；适当提升贮箱气枕压力，减少飞行过程中气瓶的压力，达到减少箭上气瓶数量的目的，因此射前增压均为地面增压。

扩展阅读

箭上增压与地面增压：箭上增压是指箭上气瓶通过控制系统对阀门的开闭控制对贮箱进行增压的过程，飞行过程中使用；地面增压是指通过地面配气台，给箭上贮箱进行增压，测试和发射前使用。

射前增压的前提是火箭贮箱的加注活门关闭，即加注好。低温推进剂箭上加注活门关闭后，进行射前增压，一般为临射前几分钟，低温贮箱的射前增压工作时间紧凑，至关重要。加注活门关闭后，地面加注管路进行推进剂排空，为加泄连接脱落做准备。因此液路连接器的脱落也称为"排空脱落"。

12 发动机系统射前吹除

运载火箭发动机起动前，通常保持对发动机燃气腔道的吹除，防止潮气进入系统，并保持燃气腔道的洁净，以获得良好的点火条件；且越接近点火时刻，吹除压力通常越高。但考虑到节流降温效应，高压力吹除时管路腔道会迅速降温，因此高压力吹除时间不宜过长，防止发动机冷吸，若火箭点火发射推迟或紧急关机，则需要将高压力吹除转回低压力吹除。

扩展阅读

节流效应：当流体在管道中流动时，由于局部阻力，如遇到收缩口或调节阀门时，压力等性质发生变化，称为节流效应。对于一般气体而言，如氧气、氮气，节流会使气体的压力下降、温度降低。特殊地，氢气和氦气表现为节流升温，因此氢气泄漏较快，可能由于节流升温而自发爆炸，并不需要外接热源条件，是十分危险的。工程上一般将节流过程视为流速大时间短的过程，流体来不及与外界进行热交换，可以近似作为绝热过程来处理，因此也称为绝热节流。

13 起动伺服机构

为使火箭垂直起飞，要求火箭发动机喷管起飞时受控，可考虑在火箭起飞前提前起动地面起动发动机的伺服机构。由于伺服机构工作高压油温度会随持续工作而升高，因此各级伺服机构均有连续工作时间限制。过早起动不利于伺服机构温度控制，且时间余量过小。

事实上，现代伺服机构频率特性优良，其频率响应可以满足发动机点火过程中使火箭姿态受控的要求；火箭发动机起动过程中，推力逐渐建立，系统压力也不断攀升，通常发动机推力达到 80% ~ 90% 时火箭起飞，而在火箭起飞之前，伺服机构已获得足够的能源，并迅速控制火箭姿态，因此可以确保火箭起飞时姿态稳定。从这个角度讲，射前起动伺服机构并不是必须的。

14 转电

射前电气系统转电的时机主要受以下两个条件限制：为使箭上电池余量充足，因此转箭上供电的时间越靠近点火时间越好；受开算的限制，转电至点火之间的时间差应满足制导系统要求。我国运载火箭常以转电作为制导系统建立运载火箭发射惯性坐标系的时间基准。即在转电后，箭机飞行程序开始计算发射点坐标、发射惯性系参数等数值。转电的典型电路图如图7-76所示。

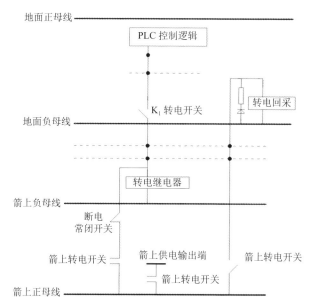

图 7-76 典型转电控制电路图

由图可以看出转电的过程是地面发转电指令，按下 K_1 转电开关，箭上转电继电器带电，闭合转电的开关，使得箭上供电输出转为箭上母线，同时返回转电好的信号。地面查询箭上转电完成后，断开地面供电母线的继电器，即断开地面给箭上供电的母线，至此转电完成。

转电是控制系统射前的重要动作之一，其条件是箭上各母线供电好，在各母线均转电好后，地面将查询箭上各母线的供电电平，检查合格，则断开地面供电母线。箭机在转电后，开始计算并建立火箭的初始惯性坐标系。

15 摆杆摆开

对于环抱式摆杆，摆杆摆开是点火的必要条件之一，摆杆未摆开，运载火箭不能点火。摆杆摆开的时机由它的功能决定。摆杆是为连接器提供通路和支撑的，因此在连接器脱落前，摆杆不能摆开。

摆杆摆开的动作通常由电控系统远控执行。电控系统远端上位机下达指令摆开摆杆，PLC控制系统接收指令后驱动液压系统阀件，推动摆杆根部的齿条，通过齿条齿轮传动，实现摆杆的转动摆开。

应急摆杆是火箭控制系统的一个应急功能，其主要目的是在摆杆已确定真实摆开，但"摆杆摆开"信号由于种种原因传递异常没有收到的情况下，手动发出"应急摆杆"信号，从而绕过这一约束条件，实施点火。

16 点火程序

点火是运载火箭芯一级及助推发动机点火程序的起始时间点，按点火能源的来源分为地面点火和箭上点火两类。地面点火，即由地面测发控设备执行点火程序，控制箭上发动机火工品或电磁阀动作，使发动机完成点火。地面点火要使用地面设备供电，提供大功率电流，对发动机进行点火，点火时序的控制也由地面发出；箭上点火，即由箭上设备执行点火程序。地面仅提供点火信号，点火时序控制和输出均由箭上完成。具体的点火过程主要包括三个方面的内容：

（1）发动机点火程序。不同发动机的点火时序不同，由箭上控制系统控制，按照指定的时串，以点火指令为时间基准，发动机执行点火程序。

（2）控制系统地面点火后逻辑指令。控制系统地面程序中，以点火为时间基准，一般设置断中频、紧急关机等延时指令，其中断中频，是停止对伺服机构的供电，认为在点火一定时间后，发动机基本工况已经建立，伺服机构能源接力完成，不需要再进行地面供电了，因此将中频电源断掉。紧急关机指令，是延时足够长时间，超过理论的起飞时间时，就发出紧急关机指令。紧急关机指令不论火箭是否起飞都会发出，若火箭已起飞，则箭地连接已断开，接收不到紧急关机指令，若火箭工作异常并未起飞，则接收到紧急关机指令，并按紧急关机时串执行发动机的关机动作。

（3）发射场点火后程序，包括喷水机构的喷水动作、测控系统高速摄像的跟踪工作等。

17 点火条件

点火是火箭测试发射的最后一个重要动作，因此系统设计上充分考虑其逻辑关系，设置条件限制和系统冗余，确保不误发，同时确保其发出的可靠性。确保不误发，使用点火条件限制。以某大型运载火箭为例，其点火条件包括"摆杆好""转电好"和"允许点火"。

1）摆杆好

摆杆好即各摆杆均需摆开到位，火箭才能进行点火。发射支持系统将摆杆好信号传递给控制系统，作为点火的条件之一。

摆杆摆开的条件为各连接器脱落，即摆杆上的连接器与箭体不连接，摆杆即可摆开。

2）转电好

转电好和开算好是点火的软条件。转电即转为箭上供电，控制系统转电后，立即查箭上各供电电平，供电电平满足正常即转电好。

转电的同时，箭上箭机开算，开算是箭上飞行程序的一个计算过程，主要是计算制导和姿控系统的初始值，如发射点坐标系的各参数。开算需要一定的时间，若不满足开算时间要求，制导初值计算未完成，将严重影响火箭的飞行制导。因此转电至点火最少时间间隔须严格受开算时间限制。

3）允许点火

允许点火俗称钥匙开关，在执行点火前将钥匙转至点火，是一项防误操作设计，是点火的硬条件。允许点火与其他约束条件间无关联关系，实际上可随时转，但一般在查到开算好后转允许点火钥匙。

18 B 码点火

靶场间仪器组码（Inter Range Instrumentation Group，IRIG）是美国靶场司令委员会制定的一种时间标准，共有 4 种并行二进制时间码格式和 6 种串行二进制时间码格式，见表 7-2。其中串行时间码传输距离较远，共有 A、B、D、E、G、H 六种格式，它们的主要差别是时间码的帧速率不同和所表示的时间信息不同。

表 7-2　IRIG 码格式

格 式	时帧周期	码元速率	二一十进制信息位数	表示时间的信息
IRIG-D	1h	1 个 /min	16	天、时
IRIG-H	1min	1 个 /s	23	天、时、分
IRIG-E	10s	10 个 /s	26	天、时、分、10s
IRIG-B	1s	100 个 /s	30	天、时、分、秒
IRIG-A	0.1s	1000 个 /s	34	天、时、分、秒、0.1s
IRIG-G	0.01s	10，000 个 /s	38	天、时、分、秒、0.1s, 0.01s

　　由于 IRIG-B 格式时间码（以下简称 B 码）是每秒一帧的时间码，最适合使用的习惯，而且传输也较容易。因此，在 IRIG 的 6 种串行时间码格式中，应用最为广泛的是 B 码，已经成为一种国际通用的靶场测量与时间统一系统（简称时统）专用时间码，主要用于保持被控对象与测量系统时间的高度统一，并提供高精度的时间信号。靶场测量、控制、计算、通信、气象、电力等领域的时统设备均采用国际标准的 IRIG-B 格式时间码（简称 B 码）作为其时间同步的标准，其特点是速率适中、编码信息量丰富、通用规范及使用灵活方便。

　　B 码点火，就是使用自动倒计时输出点火指令的设备，自动实现点火动作。相比较人工按点火按钮的方式，B 码点火更准时。操作手按点火按钮的方式，要听到指挥员发出点火口令，再去按，反应的延时和按按钮的延时，使得点火指令的真实发出多少有一定的误差。采用 B 码装置，自动倒计时进行点火，则误差较小。

　　采用 B 码后，射前需设置 B 码时间，将倒计时零点与任务要求的点火时间一致。CZ-7 运载火箭首飞任务就是采用 B 码点火，因此看不到控制系统发控台操作手按点火按钮的动作，且火箭起飞时间精度高。

19　排氢燃烧

　　排氢燃烧的原因是，氢氧发动机起动过程中，为了减小氢泵后的压力，在发动机起动时首先打开推力室氢主阀，液氢在箱压下进入到推力室夹套进行预冷，预冷后通过大喷管排出。排氢温度开始时较高，随着流动推力室夹套温度逐渐降低。在短时间内将低温氢直接排至箭体周围存在一定风险，容易引起爆轰，因此需要设置排氢燃烧系统对起动过程中的氢进行燃烧排除隐患，即排氢燃烧。目前，世界各国所有地面点火的氢氧发动机都需要进行排氢燃烧。排氢燃烧点火器方案主要包括火炬式点火器、烟火点火器两种。"阿里安"5 点火过程喷管出口处的点火状态，采用的是火炬式点火器，如图 7-77 所示。

图 7-77 "阿里安"5 点火过程

美国航天飞机点火装置采用了小型烟火点火器作为点火源，如图 7-78 所示。根据航天飞机 STS-133 任务的发射工作程序，点火器在 -9s 时开始工作，工作时间为（8±2）s，-6.6s 时主发动机点火，0s 时航天飞机起飞。

图 7-78 航天飞机点火过程

日本 H-2A 火箭主要学习了美国的技术，其发动机地面排氢点火过程采用的点火装置与航天飞机基本相同，如图 7-79 所示。

图 7-79 H-2A 点火过程

20 牵制释放

　　牵制释放技术是在火箭竖立发射台点火起飞前，通过集成在发射台的牵制释放系统牵制住火箭，同时让火箭发动机竖立发射台低工况工作一段时间，对发动机主要敏感参数进行采集和评估分析，快速判断发动机工作状态，以提升火箭发射可靠性。待故障检测系统检测火箭工作正常，且发动机推力达到预定值后，牵制释放装置释放火箭安全起飞。采用牵制释放发射技术，可以在火箭点火后检测到故障时终止发射，是提高发射可靠性和保障发射场安全的重要技术手段。

　　美国、欧洲、日本、俄罗斯和印度研制的火箭，如"德尔它"系列、"宇宙神"系列、"土星"5、"猎鹰"系列、"阿里安"系列、H-2系列、"天顶"号、"质子"号、"联盟"号，以及美国的航天飞机、X-33系列轨道器等都采用牵制释放发射技术。图7-80和图7-81分别为美国"猎鹰"9和"土星"5火箭的牵制释放机构。而我国目前研制的运载火箭还没有采用牵制释放技术，一旦发动机出现非对称点火，火箭可能在发射平台上倾倒，造成灾难性后果。2016年9月6日，欧洲"阿里安"5运载火箭执行VA239任务时，芯级主发动机"火神"2在点火后工作异常，通过故障诊断技术和牵制释放技术的成功应用，原定$t+7s$的助推器点火取消，火箭在发射台上终止发射，避免了更大的星箭损失。

图 7-80　"猎鹰"9火箭牵制释放机构

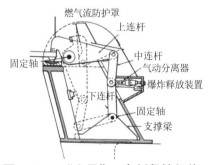

图 7-81　"土星"5牵制释放机构

21 连接器零秒脱落

从运载火箭测发的程序设计上讲,箭地连接器连接功能完成后,即可脱落,如煤油加注连接器,在煤油加注完成后,即可脱落,并开展部分管路撤收的工作。若考虑到应急处置逆程序的处理,则对于二次连接难度较大的低温连接器而言,零秒脱落显得更为合理,特别是结合牵制释放技术,对于保持运载火箭点火起飞前箭地连接状态,方便紧急情况下应急处置意义重大。

零秒脱落,是指依靠火箭起飞离开发射平台的过程完成连接器的脱落。国外多型低温火箭连接器采用零秒脱落设置,在火箭起飞前连接器一直保持连接状态,利于推进剂泄回等逆程序的执行。火箭起飞后,逆程序不再成立,不存在应急处置的盲区,零秒脱落连接器使得火箭测试发射和飞行无缝连接,工艺流程整体性好,如图 7-82 所示。

图 7-82 "猎鹰" 9 火箭零秒脱落连接器

22 箭地连接简化技术

箭地连接简化是箭地一体化的基础。美国、俄罗斯、欧洲、日本等国家和地区的新型火箭发射场,均大力减少箭地连接,集成脐带塔功能,使得运载火箭测试发射过程中状态变化减少,连接可靠性大幅提升,射前操作简化,发射区占位时间缩短。日本 H-2A 系列火箭和欧洲航天局 "阿里安" 5 火箭等箭体连接器数量少,箭地连接简单,射前流程简化。美国 "猎鹰" 9 火箭整体起竖装置集成了脐带塔功能,在起竖过程中保持箭地连接状态不变,使得火箭射前无箭上人为操作,所有测试工作可远控完成,发射区取消勤务塔设置,简化了发射设施,提高了测发效率和可靠性,如图 7-83 所示。

图 7-83 "猎鹰"9火箭的起竖装置与脐带塔功能合一

箭地连接的简化，最为直观的是减少连接器的数量，我国现役运载火箭箭地连接器数量多，型号不一，箭地连接简化难度大，射前操作多；连接器数量多，则管路系统复杂，电脱供电、气脱供气、脱落防回弹、摆杆固定等装置带来一系列的可靠性问题；应急操作时，多个连接器的操作也存在一定的时效性问题。同时要尽量增加地面箭地连接，而减少高空箭地连接器，从这个角度上讲，一级半火箭优势较大，除了上面级和卫星的少数脐带电连接器，大部分气液连接器位于地面，便于操作。

23 最低发射条件

最低发射条件和发射预案是火箭测试发射任务发射日工作的重要依据文件。最低发射条件，就是火箭发射需满足的最低必要条件集合。测试过程中的参数指标有其判据和理论值范围，超过范围称为超差，认为数据不合格。但实际上系统设计中会留有一定余量，最低发射条件一般要求将余量尽量共享，即提供可以发射的最低标准。在确保成功的基础上，尽量将火箭发射出去，即"保成功"。

保发射、保安全、保飞行在多数场合要求是一致的，但也会在最低发射条件讨论中出现不一致的情况。如箭上有三冗余的单机，一个出现问题，那么按保发射的原则，有两个正常是可以发射的，但这样就降低了飞行可靠性，因此在讨论最低发射条件时，通常以飞行可靠性为主要标准，如图 7-84 所示。

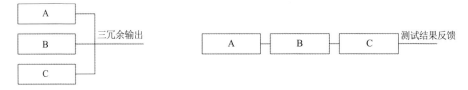

三冗余飞行可靠性计算一般模型　　　　　测试发射过程可靠性计算模型

图 7-84 飞行可靠性与发射可靠性

最低发射条件是点火发射的决策依据，是各方利弊反复权衡的结果，这其中需要考虑的因素包含任务目的、直接经济效益和时间效益。如对于一般卫星发射任务，目的是为将卫星发射成功，因此卫星的重要性更高，但对于火箭的首飞任务，主要是为验证火箭，有效载荷属于搭载，这样在考虑最低发射条件时，就可以适当放宽对有效载荷的要求。同时要考虑经济效益，如发射平台可能烧坏和火箭推迟发射，哪个带来的经济损失更大，就决定了喷水降噪系统是否作为最低发射条件。

24 发射的气象条件

运载火箭发射时的气象条件要求一般包含大气电场强度的要求、降水量的要求、浅层风的要求、高空风的要求等。

1）大气电场强度的要求

飞行中的火箭及其喷焰均为良导体，易受雷击，因此对地面大气电场，空中大气电场均有限制要求。

2）降水量的要求

我国运载火箭一般允许在小雨或中雨条件下发射，但不能有雷电。浅层风是射前回转平台打开和发射初期对火箭箭体结构影响较大的因素，高空风则是火箭起飞后风载荷较大区域的影响因素。

3）浅层风的要求

浅层风对火箭尾端的扭力矩影响较大，特别是运载火箭加注后。同时也是起飞漂移量的影响因素之一，因此运载火箭发射对浅层风有限制要求。

4）高空风的要求

高空风载荷对火箭的影响较大，因此我国运载火箭大多采用高空风补偿技术。同时在发射前，需要对高空风进行实时测量和预报，根据高空风具体情况，决定使用何种高空风补方式；经过风补偿后，$q\alpha$ 值在一定范围内，火箭才能发射。

25 发射预案

发射预案是发射日工作中的预案指导性文件，说明了在各阶段如果出现故障允许的处置时间和一般的处置策略。发射预案的主旨是保窗口。具体的处置需要参照各分系统的应急预案。

发射预案区别于分系统的应急预案，并不对问题的具体处置程序进行详细说明，而是从任务全系统的角度考虑，对问题处置的可行性进行论证。因此发射预案关注各系统的限制因素和处置时间。

1）限制因素

限制因素包括发射窗口限制、最低发射条件限制和其他各系统对推迟时间的限制。满足窗口和最低发射条件要求，是火箭点火发射的必要条件。其他各系统的射前工作进入某一环节时，会由于系统工作性能指标而产生附加的推迟时间限制因素，如控制系统的伺服机构启动后，受伺服机构温度升高的影响，伺服机构连续工作时间有限制，各分系统转至箭上供电后，其箭上电池连续供电时间有限制，低温推进剂的连接器脱落后，推进剂蒸发量和箱压控制的上限有限制，发动机预冷温度的限制等。

众多限制因素中，可分为相对限制因素和绝对限制因素。如伺服机构连续工作时间限制，可以通过暂停伺服机构供电，等待伺服回温，延长其对窗口的限制时间。而液氢加泄连接器脱落后，由于其再次对接的难度大，很难再次对接进行温度和箱压控制，因此液氢温度、压力相关的限制因素是绝对的限制因素。

2）处置原则

以最低发射条件为基本依据，处置原则分以下三类情况：发生的故障可以在最大允许推迟时间内完成处置，则处置后继续；发生的故障不能在最大允许推迟时间内完成处置，但不影响最低发射条件，可不做处置；发生的故障不能在最大允许推迟时间内完成处置，且影响最低发射条件，则退出发射程序。

3）处置时间

一般而言，实际发生故障的最大允许处置时间为射前程序中可压缩时间与最大允许推迟时间之和。

$$最大允许处置时间＝程序可压缩时间＋最大允许推迟时间$$

其中最大允许推迟时间，由发射窗口和各系统的限制因素决定。程序可压缩时间包含三方面因素：一是逐步逼近策略中为提高射前流程可靠性设置的时间余量。如射前 1h 程序时间上会提前 3 ～ 5min 进入，这 3 ～ 5min 为逐步逼近策略余量；二是各系统射前各阶段工作的可压缩量。各系统在各阶段工作饱满程度不同，因此存在一定的阶段可压缩时间，这部分时间分阶段分系统不同，由系统掌握；三是受外系统制约因素影响的时间。如进行 A 操作前一定要进行 B 操作，则 B 操作消耗的时间需要计算在处置时间内。

26 发射窗口

发射窗口是指允许运载火箭发射的时间范围。这个范围的大小称为发射窗口的宽度。窗口的宽度有宽有窄，宽的以小时计，甚至以天计算，窄的只有几十秒甚至几秒。发射窗口是根据航天器本身的要求及外部多种限制条件经综合分析计算后确定的。所以有的卫星早上发射，有的晚上发射，有的则凌晨发射。一旦运载火箭出现故障，或由于天气等其他原因，不能按时发射而错过了发射窗口时，则只能等待下一个发射窗口。有的航天器发射，一天之内不止一个窗口，有的只有等几天或更长的时间再发射。发射窗口受多种综合因素影响：

（1）太阳照射卫星飞行下方（星下点）地面目标的光照条件（如气象、资源等卫星）。当发射照相侦察卫星、地球资源卫星和中轨道气象卫星时，要求卫星运行轨道下方的地面目标有很好的光照条件，以便于卫星上的可见光遥感器能很好地遥感地面的图像。因此，发射这类航天器的发射窗口都选在白天。

（2）卫星太阳帆板与太阳光线的相对关系（太阳能电池供电的要求）。目前在卫星及载人航天飞船上大多采用太阳能电池供电，当航天器进入轨道时，希望航天器星下点受到太阳照射，这时太阳电池翼受到阳光照射，可立刻发电供航天器使用。这是发射这类航天器选择发射窗口时要考虑的因素。

（3）卫星姿态测量精度要求的地球、卫星、太阳的几何关系。航天器进入轨道后，需要利用航天器的姿态测量设备（如红外地平仪、太阳敏感器等）测量航天器的飞行姿态，以便调姿并进入稳定的飞行姿态。航天器上的姿态测量设备工作时，需要航天器、地球和太阳处在一个较好的相对位置，这时测量航天器的飞行姿态精度较高。所以，这也是选择发射窗口要考虑的一个因素。

（4）卫星温度控制要求太阳只能照射卫星某些方向。

（5）卫星处于地球阴影内时间长短的要求（太阳能电池供电的要求）。

（6）着陆回收时间的要求（如返回式卫星、载人飞船等）。返回式卫星、载人飞船从运行轨道返回地面时，一般都希望在白天，以便寻找落地后的航天器；同时希望气象条件较好，没有大风等恶劣天气，以便于降落伞打开。在选择发射窗口时就要考虑返回时的情况。

（7）对卫星轨道面的特定要求（如移动通信卫星星座、轨道交会、轨道拦截等）。

（8）地球与目标天体相对位置的要求（如月球探测器、行星探测器等）。

运载火箭可以采用轨道机动的办法来扩大发射窗口的宽度，但这要求火箭提供更大的运载能力来补偿由于轨道机动引起的运载能力损失。

27 中止发射的处置原则和内容

中止发射指射前检查过程中因故障错过窗口而取消发射，另选发射窗口重新组织发射。中止发射的处置原则是确保安全，包括各系统转回地面供电、动力系统持续对贮箱压力进行控制、电气系统连接火工品短路插头等。具体内容主要包括：

（1）各系统断电，包括运载火箭各电气系统和航天器系统，并断开所有火工品插头，连接总短路保护插头，断开电池。

（2）发射场、运载火箭、航天器等各系统恢复射前状态，盖上导流槽盖板，连接防风拉杆，连接接地线，合拢工作平台，开启整流罩空调等。

（3）持续监测火箭贮箱压力和推进剂温度，必要时组织泄出推进剂。

28 紧急关机的处置

地面发出点火指令，火箭未成功起飞离开发射台，则收到控制系统自动延时发出的紧急关机指令，或由岗位人员手动发出紧急关机指令，火箭箭上及地面设备紧急关机各系统工作要求如图 7-85 所示。

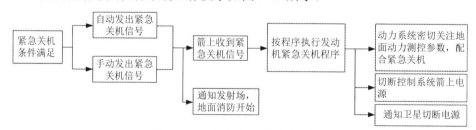

图 7-85 紧急关机的应急处置

火箭紧急关机后，未发生倾倒。则进行以下处置措施：航天器断电；抢险人员准备好抢险工具和防护工具；连接防风拉杆；运载火箭箭上断电，并确认断电状态；若已部分点火，有火焰，则对产品和发射台进行消防，待完全灭火；合拢摆杆和工作平台；插上各系统火工品短路插头，取下引爆器和爆炸器，断开电池插头；连接防雷接地线，等电位线；监测贮箱推进剂压力和温度，连接各类连接器。

若紧急关机后火箭未倾倒，但箭上断电失败，则在确认不会发生重大安全事故后，抢险人员才可以靠近发射塔。

第 7 节 航天质量文化

运载火箭测试发射是巨系统工程，每枚运载火箭包含数以万计甚至几十万计的零部件，毫米甚至毫米以下级别的误差就可能造成灾难性故障；航天工程参与人员众多，每个具体岗位人员的疏忽大意，都可能造成不可挽回的后果。

在国际航天事业发展的前 40 余年内，卫星发射的事故损失率超过 5%，即每发射 100 颗卫星，至少有 5 颗损失。现代运载火箭测试发射，使用的低温推进剂、易燃易爆火工品、高压气瓶和管路、高压电、高空作业等，均属高等级风险源，一旦发生风险，人员、产品伤害和经济损失都十分巨大：1986 年 1 月 18 日，美国"挑战者"号航天飞机升空后不久爆炸；1992 年 3 月 22 日，我国 CZ-2E 火箭发射澳大利亚星点火后紧急关机；1996 年 2 月 15 日，我国 CZ-3 乙火箭发射后空中倾斜失控，撞山爆炸；2010 年 6 月 10 日，韩国"罗老"号火箭升空后爆炸；2010 年 12 月 25 日，印度使用 GSLV MK I 型火箭发射 GSAT-5P 通信卫星，发射后不久火箭即发生故障，自身断裂爆炸；2013 年 7 月 2 日，俄罗斯"质子"号发射失败。用的液体推进剂偏二甲肼／四氧化二氮有毒，一旦发射失败，泄漏的推进剂可能对环境造成污染；2016 年 9 月 1 日，美国"猎鹰"9 号火箭在射前测试过程中发生爆炸。据统计，截至 2018 年人类载人航天史上已有 22 名宇航员遇难。

质量管控是航天工程的永恒主题。美国在 20 世纪 50 年代，就提出了计划评审技术，广泛应用可靠性、安全性的研究成果，形成体系文件，管理航天工程任务。20 世纪 80 年代，NASA 开始推行全面质量管理（TQM）。20 世纪 90 年代，开始推动质量管理体系，采用 ISO 9000 标准，规范并完善风险管理。2002 年，NASA 又发布了 AS9100 系列航空航天质量管理体系标准采用通知，落实质量标准的本地化 [17]。

1 我国航天质量文化的基本内容

我国航天事业发展过程积淀了深厚的、具有特色的质量文化。在产品的研制、综合测试、出厂、发射场测试发射、飞行等各个过程中，均有相应质量管理体系的具体举措。在质量控制上坚持"进度服从质量""质量第一、安全第一"。从老一辈"三严三实"要求到新一代双五条归零国际标准，质量的文化和严控的思想贯穿我国航天的各个领域的各项工作。

1）十六字方针

我国航天质量文化的指导思想是周恩来总理在 20 世纪 60 年代提出的十六字方针，即"严肃认真、周到细致、稳妥可靠、万无一失"。其中"严肃认真"是工作态度，"周到细致"是工作方式，"稳妥可靠"是工作要求，"万无一失"是工作目标。

2）零缺陷

"零缺陷"理念是"万无一失"方针的细化和延伸，其基本内含是"第一次就把事情做对、做好"，包含以下内容：一是追求各项工作第一次就做对、做好；二是实现产品过程中各环节、各部件、各项操作全面优质、准确无误；三是要求最终产品全面满足要求。

3）质量理念

"质量是政治、质量是生命、质量是效益"是航天领域的质量理念。航天产品质量不但关乎经济、产品和人身安危，还关乎国家地位和荣誉，提高质量，就是高度责任感和历史使命感的体现。

4）严慎细实

严慎细实是航天人的行为准则和工作作风。"严"是严谨的作风、严密的策划、严格的要求、严明的纪律、严肃的处理，要求严格执行规章制度和标准规范，严肃对待已经发生的问题，采取切实有效的预防和纠正措施。"慎"是必须坚持审慎、谨慎的态度，认清形势、掌握需求、吃透技术、规避风险、控制状态、综合权衡、实验验证。"细"是强调采用细致的工作方式，关注细节，实施精细化管理，要求把工作要求和措施细化到每个岗位的责任、每道过程的流程、每个数据的判读和对比、精益求精做好每项工作。"实"是要作风务实、责任落实、基础夯实、信息真实，重在取得实效，要将质量要求落实到位、控制到位、检查到位、整改到位。

扩展阅读

三老四严五不操作：说老实话，办老实事，做老实人；严格要求，严肃态度，严明纪律，严密组织；任务不明不操作，设备故障不操作，准备不好不操作，口令不清不操作，协调不好不操作。

2 全面质量管理

全面质量管理，是指一个组织以质量为中心，以全员参与为基础，目的是通过顾客满意和本组织所有成员及社会收益而达到长期成功的管理途径。也就是说，以质量作为一切工作的核心，通过全员参与质量管理和控制，以高质量的产品和优质的服务使顾客得到最高的满意度。全面质量管理的核心思想是组织的一切活动都围绕质量进行。

全范围覆盖、全过程管理、全人员参与，灵活采用6西格玛、风险管理、6S现场管理等手段，对航天任务进行质量管控。

扩展阅读

浴盆曲线：产品在整个生命周期内，故障率随着工作时间变化呈浴盆形，即分为初始故障期、偶发故障期和损耗故障期。初始故障期为产品使用初期，故障率高，其故障多由设计、材料和工艺的缺陷造成，修复后故障率迅速降低。偶发故障期，故障率整体较低，比较稳定，偶然失效期的时间就是产品的寿命有效期。损耗失效期，这一阶段的故障率随时间延长而快速增长，故障率递增，这一阶段，产品中很多元件开始失效，损耗严重，寿命即将终止，如图7-86所示。

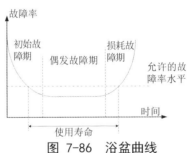

图 7-86　浴盆曲线

3 质量管理的执行力

好的技术标准和技术体系，需要好的人和团队执行，质量管理的关键是强力的管理队伍。倘若管理人员责任意识淡化，职责落实不清，或由于种种原因无法有效执行质量管控，后果是十分严重的。

2003年2月1日，美国东部时间上午9点，载有7名航天员的美国"哥伦比亚"号航天飞机在返回地球进入大气层时突然与地面控制中心失去联系，随后发生爆炸解体。分析认为，航天飞机左翼在起飞时遭到从燃料箱上脱落的泡沫绝缘材料撞击，造成机体表面隔热保护层大面积松动、破损，最终导致返回途中因超高温空气入侵而彻底解体，如图7-87所示。

图 7-87　"哥伦比亚"号残骸

事后的深度分析表明，"哥伦比亚"号已经服役 20 年有余，由于政府资金支持的缺乏，大量已发现的安全隐患没有得到及时消除，并且随着连续成功发射，管理人员的安全意识逐渐淡化，并未对潜在的危险进行处置，采用经验主义代替科学研究结论。在"哥伦比亚"号出事的前一年，美国宇航局安全顾问小组组长理查德·布伦伯格曾对国会说："我对航天飞机的安全问题感到前所未有的担忧，我感觉或许这次或下次发射不会有事，但可能就是再下一次。"但布伦伯格小组出具的报告让美国宇航局饱受批评，后来宇航局开除了小组中的 5 名成员，而忽视了早已识别出的技术风险。

"哥伦比亚"号事件说明不仅仅在技术上，在管理制度和落实上，航天质量的管控也是永无止境的。重大航天事故的起因往往可能只是一个细小的问题，但就是这种小问题，造成了一系列连锁反应，最后酿成重大事故，所以安全问题永远不能掉以轻心。

4　双五条归零

双五条归零管理方法是我国航天发射领域的一项重要举措，已经成为一项国际行业标准，其核心内容是技术和管理的五条归零标准。技术归零五条标准：定位准确、机理清楚、问题复现、措施有效、举一反三。管理归零五条标准：过程清楚、责任明确、措施落实、严肃处理、完善规章。

双五条归零是从方法上实现对质量问题闭环控制的一套管理原则。技术归零的五条标准：定位准确，出现任何问题所有原因逐一排查，原因找清楚；机理清楚，从系统和单机原理上，说清楚在定位的故障条件下，是出现问题的充要条件；问题复现，在同样条件下复现故障，证明定位及机理是正确的；措施有效，针对定位的部位和问题机理，进行改正措施，并经验证有效；举一反三，就是对同型号、同批次、同类型相关产品和相关系统进行相同的改正与纠正措施，确保各系统均不再出现同类问题。

测试发射过程中，应严格按照"进度服从质量"的要求，不可降低标准，一切以质量控制为最终条件，不可拖延甚至放松要求，出现一切问题均应当前阶段排除，不带疑点进入下阶段工作。

5 质量管理的透明原则

航天工程是大系统工程，其分系统众多、团队众多，各专业相互间的技术状态及交底是否充分，配合是否顺畅，是航天工程是否顺利实施的重要因素，各系统质量状态的透明性，对于总体决策起着至关重要的作用。

1986 年 1 月 28 日，美国东部时间上午 11 点 38 分，"挑战者"号航天飞机从美国卡纳维拉尔角 39B 发射台点火深空，升空后约 73s，在人们的注视中，"挑战者"号突然凌空爆炸，机上 7 名宇航员全部丧生。直接经济损失 12 亿美元，导致航天飞机停飞 3 年，成为当时航天领域最严重的一次事故，如图 7-88 所示。

事故原因调查结论是右侧固体发动机装配接头和密封件设计措施，对一系列因素考虑不周全，包括温度、零件尺寸、材料特性、可重复适用性和加注处理等，结果造成装配接头和密封件失效，使固体推进剂燃烧时的高温气体通过破裂的密封圈泄漏出来，将外贮箱烧裂解体，引燃氢、氧燃料，进而造成爆炸。

图 7-88 "挑战者"号爆炸

而进一步调查发现，这一故障因素在接头的设计时就存在了，设计公司和美国宇航局固体助推设计处都了解这一情况，并在试验数据上有所反映，但设计公司和美国宇航局都没有在内部风险分析和警告报告中充分反映这一不合格项，致使决策"挑战者"号发射的人并不了解该密封圈和接头的问题，仅在设计公司和美国宇航局的"认为在飞行风险上是可以接受的"评估报告结论下决策了发射，造成了难以挽回的灾难性后果。

6 细节决定成败

任何技术细节都不能放过，是航天质量文化的重要共识，虽然系统巨大，细节繁多，但越是这样，就越要重视细节管控，对每一个环节必须做到细之又细，严上加严，才能从总体上做好质量管控，确保万无一失。

"阿波罗" 12 号之后，美国启动了 "阿波罗" 13 号登月任务，但 "阿波罗" 13 号飞船尚在环月过程中，就发生了船体猛烈颤抖、计算机系统失灵、报警灯全亮、电压下降等故障，经过故障快速排查，不得不做出不再登月而立即返回的决定，如图 7-89 所示。而造成故障的根源，仅仅是飞船氧气囊的一个小螺丝和它的垫圈生了锈……

图 7-89 艰难返回的 "阿波罗" 13 号

7 双岗与多方确认制度

一二岗 "双岗" 制度，即发射场操作人员任一岗，执行测试发射操作，火箭与发射场系统设计人员任二岗，技术指导并把关。一岗人员相对更加熟悉具体操作，二岗人员相对更加熟悉火箭和发射场特定系统的原理和深层次的技术细节。对于测试的技术状态，一二岗分别确认，这样的分工合作，确保了在生产力水平、质量管理水平较低的情况下，火箭发射场的成功率，是我国较为独特的质量管理文化。

多方确认是公认的有效技术状态管理手段。2003 年 9 月，美国 NOAA N-Prime 环境卫星在制造平台上进行姿态调整时，因为操作人员未注意到固定螺栓已经移除，造成卫星直接坠地，直接经济损失达 1 亿 3500 万美元，且影响了整个工程进度，最终卫星在 2009 年 2 月才发射升空。该事件的最终调查报告写道，"几个因素促成了这一灾难，其中最重要的是缺乏适当的多次反复验证"。事实上，除了操作人员，现场的测试负责人、质量管理人员等，均没有进一步确认固定螺栓状态，这一低级失误造成了严重的后果。

在"双岗"制度基础上，我国还引入了"系统工程师"制度，由任务经验丰富且受过质量管理培训的人员担任系统工程师，技术上抓总，质量上管控，从而进一步形成了"上岗四检查"制度，即一岗检查、二岗检查、指挥员检查和系统工程师检查，完善了多方确认机制。

8 技术安全检查

技术安全工作是发射试验任务成功的重要保证。保证参试人员、产品、设施设备安全与测试发射工作顺利进行，是技术安全工作的基本目的与任务。通过技安检查，可以有效地控制测试状态，避免状态不明确造成的测试问题。

技术状态，是航天发射任务关注的焦点，通过技安检查，明确测试前的各类技术状态，包括人员、文书、场地条件、配合条件等。

技安检查的基本内容是在测试正式开始前，对测试准备情况的全面检查，一般包括场地准备情况、人员准备情况、文书准备情况等，对产品正式加电前，测试区域的供电、接地、防护措施进行检查，确保无安全隐患，对人员的上岗资格、文书是否受控进行检查，确保状态正确。

岗位加电前是否经过了自检；供电、接地、消防、供气、环境控制（如温湿度条件、洁净度条件、光照条件）、产品及设施防护（如防静电、防雷、防潮、防倾倒、防多余物、软件杀毒）、人员防护（防静电、防触电、防坠落、防辐射、防噪声）等技术安全方面是否符合要求，通用仪器仪表是否经过标校并在有效期内，是否经过技安检查合格并进行了挂证确认。

9 双想

"双想"是航天人执行任务的一个法宝，基本内容是预想和回想，就是想想昨天做的事，再想想明天要做的事。其概念起源于 20 世纪 60 年代的军工行业大型试验的质量管理实践，最初叫"两想"。1985 年，原航天部印发的《航天工业部型号飞行试验工作条例》中明确提出，"根据试验工作的进展情况，及时开展'两想'（回想和预想）活动，查漏补缺，采取预防措施"。

回想：对已经完成的各项工作进行回顾。反思已完成工作的质量、状态、环境、记录等过程是否全程受控；查找已完成工作的组织指挥和技术操作是否有不当之处，测试数据判读是否存在疑点或疏漏，当前任务中出现的质量问题是否按放行准则和归零要求进行处置；反思历次任务中出现的故障或问题发生的原因、采取的措施以及需要汲取的经验教训等。

预想：对下一阶段需要开展的工作进行预先设想，梳理各项工作的项目、程序和具体要求，思考可能出现的风险、易出现的问题或可能出现问题的各个环节和注意事项，并提出防范措施和解决办法。

"双想"工作的范围包括所有与任务相关的具有预先识别谋划和事后复查复审性质的工作，如风险分析、重难点问题研究、调度会、协调会（如口令协调会、工作协调会等）、讨论会（如联合操作程序讨论会、指挥协同程序讨论会、技术状态变化及对策讨论学习、发射预案讨论会、各系统预案专题讨论会等）、评审会（如试验文书评审会、质量问题评审会、阶段质量评审会等）、发射预案讨论、各阶段测试数据复查比对、个人"双想"等。

10 进度服从质量

重进度轻质量是严重违背航天测试发射客观规律的，在条件不具备时，强行赶工，其危险性是不言而喻的。我国航天测试发射过程中的转阶段控制，就是严格执行进度服从质量的重要手段，存在任何隐患，绝不转阶段。

1960 年，在苏联拜科努尔发射场执行的 SS-7 火箭发射过程中，发射的爆炸事故造成约 200 名苏联火箭专家、工程师和苏联国防部长、战略火箭部队司令丧生。事故的原因仅仅是因为国家领导人要求赶工。火箭总设计师杨格尔设计的 SS-7 火箭不够完善，安全性上分析和试验不足。但苏联领导人赫鲁晓夫出访美国，为了在谈判桌上增加价码，他下令部队使用这种刚刚研发完成的新型火箭，火箭专家们匆忙执行命令。期间，由于火箭第一级阀门故障，现场总指挥杨格尔向聂德林元帅报告，请求延期 5 天发射，但聂德林仅宽限了一天，并命令杨格尔执行。并且在火箭发射程序中，聂德林不肯去地下掩蔽部，大部分火箭专家只好紧随其后不去掩蔽部。发射倒计时 30s 时，火箭突然爆炸……

11 三误问题

误指挥、误口令、误操作，一般称为"三误"。防止"三误"一直是航天人永恒的话题。人为失误从人类进入太空时代以来一直存在，在故障、事故中占有很大比例。

20 世纪 70 年代美国航天器和武器系统的一份统计资料显示，重大事故中有将近 50% ～ 70% 是由人为失误引起。1978 年，在"阿波罗"号和"联盟"

号飞船联合飞行过程中，由于宇航员操作失误，使有毒气体进入"阿波罗"号飞船座舱，造成航天员中毒；1981 年美国"德尔它"火箭发射双星，加注人员疏忽，少加注了 118kg 的燃料，致使火箭未到达预定轨道；1998 年 9 月，美国宇航局的"火星气候轨道器"由于设计人员失误，没有安全到达火星轨道，而是坠毁在火星表面；1999 年 4 月，美国高分辨率小型遥感卫星"艾科诺斯"没能进入正确的轨道，无法正常运行，原因是操作人员计算错误；2003 年 9 月，美国国家海洋气象局价值 2.4 亿美元的诺阿 -N 卫星在组装过程中翻倒在总装车间的地板上，严重损坏，经过一年的事故调查，最后认为是组装人员失误造成的。

英国曼彻斯特大学心理学家 Reason 认为，在人为事故的所有贡献因素中，最不容易察觉到，因而危险最大的，是那些系统中的"潜在错误"，即管理错误。大量事实说明，这种潜在的错误一旦与某种激发条件相结合就会酿成难以避免的大祸。瑞典工程学者 Lorenzo 认为：如果作用于系统的人的任何行为（包含没有执行或疏于执行的行为）超出了系统的容许度，那么就是人误。我国学者张力认为：人为失误是指在没有超越人—机系统设计功能的条件下，人为了完成其任务而进行的有计划行动的失败，它包括个体的、群体的和组织的失误。人们看待问题的角度不同，人为失误就有不同的定义，但是，不管如何定义它们，人为失误原因研究不仅要考虑个人因素，还要考虑组织因素。三误问题的潜在性也反映出三误问题原因十分复杂，并且很多问题不是由单一原因造成的，经常是多种原因同时作用的结果。

12 技术文件适用性

航天测试发射过程中，严控技术文件的版本是质量控制的重要举措之一。技术文件是质量控制和质量管理的依据，也是测试操作、测试发射的依据，因此，其文件内容必须具有科学性和权威性，具有专业性和时效性，对所描述的专业产品和系统的内容、指标应明确，不能模棱两可，并确保准确无误。

欧洲航天局"阿里安"5 火箭的首次飞行试验于 1996 年 6 月 4 日在法属圭亚那的库鲁发射场进行，火箭携带 4 颗卫星，用于研究地球和太阳之间的相互影响。火箭的芯级主发动机于格林民治时间 12 时 33 分 59 秒点火，7.5s后助推点火，火箭起飞，火箭点火后 37 ~ 39s，两个助推器喷管突然摆到极限位置，火箭很快倾斜，在强烈的气动力作用下箭体断裂，随即箭上自毁系统将火箭炸毁。

事后调查显示，火箭主发动机点火程序后 37s（起飞后 30s）时制导信息和姿态信息完全丢失，这种信息丢失是惯性参考系软件的技术文件中技术要求和指标错误造成的，属于典型的技术文件不适用。

13 多余物控制

多余物是个普适概念，在火箭测试发射过程中，多余物指产品中存在的由外部进入或内部产生的，与产品规定状态无关的一切物质。多余物问题是影响航天试验任务成败的重要因素，运载火箭的设计、生产、装配、测试发射等过程复杂，均存在不同程度的引入多余物风险。运载火箭测试各系统组成复杂，多余物成分形式多样，控制难度较大。航天试验常见多余物见表7-3。

表 7-3 航天试验常见多余物分类统计表

多余物分类	常见多余物
金属多余物	保险丝头、铅封块、铝封块、金属屑、弹簧垫圈碎块、工具碎块、导线头、焊渣、金属密封件碎块等
非金属多余物	毛发、漆皮、塑料皮、丝线头、电缆线头、塑料管、环氧树脂块、橡胶皮块、胶水碎块、仿羊皮纸屑、胶布块、绸布块、布块、清洗液残留物、油类、油膏、石棉布、高温搪瓷锁块、非金属密封件碎块等
多余的零部件	垫圈、螺母、螺钉、工艺堵盖、工艺件、螺丝刀、镊子、其他工具等
其他多余物	灰尘、手套、口罩、塑料布、白布带、钢笔、铅笔、橡皮、锈蚀物、其他化合物、人体汗渍、各种有害气体等

多余物危害极大，主要包括：使运动部件动作迟缓，严重时发生卡滞甚至导致产品功能失效；使密封件失去密封性能，造成气路系统漏率超标，液压伺服系统出现漏油现象；使电路系统发生短路和断路，造成电气设备失去功能甚至烧毁；火工品爆炸后产生的多余物可导致受撞击的系统失效；由于物相（固态、液态、气态）变化形成的多余物，可使部件、电路形成腐蚀甚至导致部组件功能失效等。

多余物引起火箭质量问题甚至造成发射失利的例子众多，这一顽疾称为"运载火箭的癌症"。1965年12月12日美国使用"大力神"2号火箭发射"双子星"6号飞船，火箭点火后没有起飞，飞船内的航天员冒着生命危险，没有逃逸，而是采取了有效措施保住了火箭和飞船。事后调查时，工作人员在发动机氧化剂进口处发现了一个塑料螺帽堵在那里。1980年5月23日，法国"阿里安"2火箭发射时失败，两个卫星坠入大西洋。失败原因是操作人员不慎碰落的一个组合件商标，堵塞了发动机燃烧室的喷嘴。1992年3月22日，我国CZ-2E火箭发射澳大利亚通信卫星，火箭点火后紧急关机，发射失利，原因是助推发动机点火后，一、三助推发动机氧化剂副系统断流活门的电爆管出现了误爆，而误爆的原因是点火控制电路程序配电器的一个控制接点存在微量的铝制多余物，在接点闭合后产生高温引起爆燃。一粒不足1mg的铝屑，造成了这次任务的失利。1993 年 4 月 8 日，美国"发现"号航天飞机发射成功，但是从大西洋打捞上来的两枚固体火箭在进行检查时，发现了一把钳子卡在火箭的壳体外缘。世界上从事航天工作的人员都对"多余物"严防死守，一刻也不能放松。

多余物的防控涵盖多个环节，在航天产品的生产、出厂、运输等过程中，均采取了多余物的防控措施，在测试发射过程中多余物控制的措施包括：过滤器设计，在管路系统关键部分设置过滤器，以防止颗粒物等进入系统；密封设计，包括管路系统的单向阀，各类插头、连接器的密封件等，保持系统的密封效果，可以防止多余物进入；吹除气封设计，管路系统设置吹除气封措施，火箭舱段设置吹除保障，部分连接器的氦气气密封设计等。保持系统的正压，可以有效防止多余物。

测试过程中，采用管路吹除收集、气密性检查、工作介质或保护气体置换、安装保护件（发动机喉部堵盖等）、设置保护压力等措施。并要求参试人员穿戴清洁、整齐的工作服、工作鞋、工作帽，不得携带杂物，落实严格的进舱操作管理和工具管理制度等，全方位做好多余物控制工作，坚持事无巨细。例如，我国火箭总装车间规定不能穿带鞋带的鞋进入车间，只因一次一个工人师傅下班时发现一只鞋上鞋带不见了，工作人员把车间找遍了，又把当天装配的产品一件一件拆开，终于找到了那根鞋带，从此以后，车间明文规定，带有鞋带的鞋不准带入车间。

14 认识提高与技术进步

航天工程是高技术、高风险的事业，许多极限条件和极端的情况难以预知，若认识不到位，考虑不周全，对于可能出现的状况缺乏准备，没有应对之法，其后果将非常严重。

1967 年 1 月 27 日凌晨，肯尼迪总统登月计划中原本应该首批登上月球的三名宇航员（图 7-90）葬身火海。在最后的模拟演习中，他们身着宇航服，在座舱中开始检查仪器设备。三名宇航员进入座舱 5 个半小时，6 点 31 分，一名宇航员报告舱内发生火情，仅过 8s，另外两名宇航员也报告说有火情且相当严重。14s，"阿波罗"1 号飞船外壳无法承受其舱内压力而破裂，宇航员全部遇难。

这次事件是惨痛的，其认识上的不足是采用的纯氧舱内环境，为了减少重量而采用纯氧环境，导致易燃且火势难以控制。经过这次事件，其后载人飞船及空间站等，包括我国的神舟飞船，均采用氧气和氮气混合的舱内环境设计，避免了火情的发生。同时，从风险风控及应急处置方面，"阿波罗"1 号从内部打开飞船的舱盖大约需要 90s，而宇航员没有足够的时间逃脱，因为在火情出现 20s 内，他们便丧生了。

美国人对此次事件的反思举措包括：采用氧氮混合环境（这也是至今各国载人封闭舱采用空混的原因之一）；增加快速打开舱门设备；舱内严格控制，不许有任何易燃品；宇航服采用阻燃织物代替；发射台人员必须接受专业灭火训练；不允许舱内存在裸露电线；铝制宇航员呼吸管换用不锈钢材质。所有这些认识的进步和管理措施的加严，都是地面的一场悲剧和三名宇航员的生命换来的，代价太高昂了。

从左至右，爱德华 • 怀特、维吉尔 • 格里索姆、罗杰 • 查菲

图 7-90   "阿波罗" 1 号乘组

火箭型号的首飞任务失败率较高，其主要因素自然包括认识的不足，由于新型号火箭技术状态新，各方面地面试验无法真实模拟飞行过程，所以在认识方面存在个别缺失，其风险控制难度可想而知。20 世纪 60 年代，平均每年都会出现 1 次首飞构型火箭的发射失利。在 2014 年以前，全球运载火箭首飞失利共计 34 次，占全部发射失利总数的 8%。这说明运载火箭测试发射任务是一个认识不断进步的过程。

参考文献

[1] 杨炳渊，等．航天技术导论 [M]．北京：中国宇航出版社，2009．

[2] 胡其正，杨芳．宇航概论 [M]．北京：中国科学技术出版社，2010．

[3] 刘家骐，等．航天技术概论 [M]．北京：北京航空航天大学出版社，2014．

[4] 李福昌．运载火箭工程 [M]．北京：中国宇航出版社，2002．

[5] 龙乐豪．液体弹道导弹与运载火箭系列：总体设计 [M]．北京：中国宇航出版社，2009．

[6] 冉隆燧．航天工程设计实践 [M]．北京：中国宇航出版社，2012．

[7] 鲁宇．世界航天运载器大全 [M]．2 版．北京：中国宇航出版社，2007．

[8] 刘竹生，等．航天火工装置 [M]．北京：中国宇航出版社，2012．

[9] G.P. 萨顿，等．火箭发动机基础 [M]．北京：科学出版社，2003．

[10] 杨月诚．火箭发动机理论基础 [M]．西安：西北工业大学出版社，2010．

[11] 徐延万．液体弹道导弹与运载火箭系列：控制系统 [M]．北京：中国宇航出版社，2009．

[12] 李学锋，王青，等．运载火箭飞行控制系统设计与验证 [M]．北京：国防工业出版社，2014．

[13] 彭成荣．航天器总体设计 [M]．北京：中国科学技术出版社，2010．

[14] 陈烈民．航天器结构与机构 [M]．北京：中国科学技术出版社，2005．

[15] 万全，王东锋，等．航天发射场总体设计 [M]．北京：北京理工大学出版社，2015．

[16] Jonathan H. Ward ．Countdown to a Moon Launch．UK：Springer，2015．

[17] 朱一凡，李群，等．NASA 系统工程手册 [M]．北京：电子工业出版社，2018．